环境伦理教育研究

成 强 著

东南大学出版社
SOUTHEAST UNIVERSITY PRESS
南京

图书在版编目(CIP)数据

环境伦理教育研究 / 成强著. --南京:东南大学出版社,2015.10

ISBN 978-7-5641-5891-0

Ⅰ. ①环… Ⅱ. ①成… Ⅲ. ①环境科学—伦理学—教育研究 Ⅳ. ①B82-058

中国版本图书馆 CIP 数据核字(2015)第 149144 号

书　　名:环境伦理教育研究
著　　者:成　强
责任编辑:杨　凡

出版发行:东南大学出版社
社　　址:南京市四牌楼 2 号　　　　邮　　编:210096
网　　址:http://www.seupress.com
出 版 人:江建中

印　　刷:江苏凤凰数码印务有限公司
排　　版:南京新洲有限公司制版中心
开　　本:700 mm×1000 mm　1/16　　印张:19　　字数:383 千
版　　次:2015 年 10 月第 1 版　　2015 年 10 月第 1 次印刷
书　　号:ISBN 978-7-5641-5891-0
定　　价:58.00 元

经　　销:全国各地新华书店
发行热线:025—83790519　83791830

目 录

第一章　绪　论

环境与发展是国际社会普遍关注的重大问题，正确解决环境与发展的矛盾，在发展经济的同时保护赖以生存的环境，是人类社会必须正视的首要问题，也是环境伦理研究的根本任务。进入21世纪，人类赖以生存的环境受到严重威胁，环境污染和生态破坏带来的巨大危害促使人们紧密团结在一起，避免以牺牲环境为代价谋求不可持续的经济快速增长。

我国人口众多、幅员辽阔，自然资源相对匮乏，是世界政治经济格局中占据重要地位的最大发展中国家。改革开放三十多年，中国的经济实力大幅增强，经济发展方式不断创新转变，经济增长保持长期平稳态势，人民群众的生活水平显著提高，可持续发展能力不断提升，已成为全球第二大经济体、第一大出口国和对全球经济增长贡献最大的国家。随着经济社会迅猛发展，环境和发展之间矛盾冲突日益凸显，警示人类清醒认识工业文明时代环境污染所引发的巨大破坏力。

地球是人类共有的家园，是已知的适合人类居住的唯一星球，善待地球就是善待人类自己，关心地球就是关心我们的家园。西方工业文明因其内在缺陷，已经无法正确处理人类和自然的关系，不能从根本上解决危及全球的生态危机。随着社会文明程度不断提高，环境伦理教育成为推动可持续发展的强大动力，成为构建资源节约型和环境友好型社会的决定性因素。加快建设生态文明，大力发展绿色经济，树立可持续发展环境伦理观，有效破解经济社会发展过程中资源和环境的瓶颈制约，积极探讨具有中国特色的环境伦理教育新模式，是环境伦理教育工作者需要深入探索和系统研究的重大课题，也是一项艰巨紧迫的历史使命。

我们必须把生态文明建设放在更加突出的战略地位，全面落实科学发展观，自觉珍爱自然，积极保护生态，倡导尊重自然、保护环境、与自然和谐共处的环境伦理精神，坚持“环境保护，教育为本”的战略方针，加快转变产业结构、经济增长方式和消费模式，全面推进资源节约型和环境友好型社会建设，提升国际综合竞争力，推动人与自然、社会与生态环境全面、协调、可持续发展。

第一节 环境伦理产生的根源

一、日趋严重的环境危机成为环境伦理产生的根源

人类自诞生至今在地球上生存了数十万年，在漫长的原始文明时期，人类不断认识自然，逐步摆脱野蛮愚昧的落后生活方式，追求文明进步。由于当时生产力低下，科技不发达，人类在原始社会中主要依靠采集和捕猎维持生计，对自然环境的依赖性很大，“靠天吃饭”的生存方式导致人类对自然环境的干预程度较轻，损害程度并未超出大自然的自我恢复能力，对自然环境尚未造成大的伤害。

进入农业文明时代，人类的科技生产力水平有了较大发展，随着农作物培育和动物驯化技术提高，农业和畜牧业快速发展，社会生产开始出现分工，劳动生产工具由石制工具向青铜器和铁制工具转变，商业和手工业开始走向繁荣，人类对环境的影响和危害逐渐加大，人口增多、开垦荒地、兴修水利、砍伐森林、破坏草原、排放有害废弃物等行为带来了空气污染、水土流失、草场退化、森林损毁、土壤沙化等环境污染与破坏，区域环境开始在一定程度上遭受严重破坏。

进入中世纪以来，伴随着城市规模扩大和人口膨胀，环境压力进一步加大。自18世纪60年代以蒸汽机发明为代表的工业革命以来，科技生产力迅猛发展，大机器集约化生产迅速取代了粗放的手工劳动方式，社会分工趋于细化，各类工业生产行业迅速增加，人类开始大规模破坏自然环境，大肆掠夺自然资源，环境污染程度超出了环境自净能力，环境承载开始不堪重负，区域性、局部性环境危机开始蔓延。严重的大气污染、土壤污染、土地沙漠化、水源污染、森林破坏、生物多样性锐减、臭氧层破坏、酸雨肆虐、温室效应、核泄漏污染事件接踵而至，仅20世纪30年代至60年代就相继发生了令人震惊的“八大公害”事件，对人类健康和经济社会发展造成了极大伤害。

自20世纪60年代以来，人类为了追求自身物质享受，无视自然承受能力，对自然进行疯狂掠夺，环境破坏愈加严重，环境污染问题更加突出，人类生存开始面临严重威胁。大自然的报复已经开始降临，恶性环境公害事件频繁发生，发达工业化国家、广大发展中国家和贫困国家，都不约而同遭受到日趋严重的环境污染，环境污染的突出共性呈现出全球化、突发性和巨大破坏性趋势，“一个美丽的、独一无二的、生命所赖以生存的地球，同时也是一个有限的、被污染的、被人类剥裂和破坏的星球”①。人和环境之间存在紧密联系，环境不仅仅是我们生活的外部环境，人

① 廖红、[美]克里斯·郎革:《美国环境管理的历史与发展》，中国环境科学出版社2006年2月第1版，第137页。

类生活与环境条件紧密相连，环境与人类密不可分，人类“与我们所居住的环境之间并没有明显的分界线”①。伴随着社会进步与经济发展，人类对自然环境的破坏严重影响了人类自身的生存发展，全球性环境危机已经导致人类赖以生存的地球面临毁灭的危险。面对严峻的环境污染和生态危机，催生了建设资源节约型和环境友好型社会的生态伦理主张。

二、公众环境意识淡薄成为激发环境伦理教育发展的内生动力

自20世纪七八十年代开始，现代工业社会加快发展，全球化进程的确立促使环境危机日益恶化，越来越多的恶性环境污染事件令人触目惊心，对人类生存的威胁愈加严重，引发国际社会的广泛关注和深度忧虑。罗马俱乐部1972年发表《增长的极限》一书，对西方社会的高增长、高消费、高污染发展困境敲响警钟，尖锐指出“无限的经济增长”是造成全球环境面临崩溃的首要诱因，如果不及时改变工业化国家过量消费的生产生活方式和环境伦理观念，人类社会将不可避免迅速陷入崩溃。E. B. 怀特感叹人类曾经过于自私自利，无数次试图奴役大自然，为了能够获得更多更好的存活机会，他建议“能调整好与这颗行星的关系，并深怀感激之心地对待它”②。1997年戈尔德曼环境奖得主泰瑞·史威林根曾忧虑地指出：“地球是我们唯一的家园，但是我们在这颗星球上的生活方式，好似我们还有其他备选的容身之处一样。”马歇尔·麦克卢汉呼吁人类必须清醒地认识到，在地球这艘“宇宙飞船”上没有优哉游哉的乘客，“我们每个人都是船员，每个人都要负起自己的责任”③。发达国家和发展中国家共同造成的环境灾难，无一幸免地危害到生活在地球上的每一个生灵，严重威胁着人类的生存发展和整个地球生态系统的安全稳定，这是迄今为止人类面临的最严峻的生死挑战，大自然正在迅速衰退下去，“将很快丧失供养人类生存的能力”④。在英国著名生态学家爱德华看来，全球环境迅速恶化堪比没有枪声的“第三次世界大战”。“寂静的春天”像幽灵般在地球上空盘旋，人类正在自食恶果。

人类的环境认识开始转向，寻求环境公平正义将人与自然的伦理关系置于道德思考和价值评价视域之中，为环境伦理道德的拓展、演变和发展提供了不竭动力。“人类所面临的一切环境问题，归根结底，都是由于人们对自身及自身与生存环境系统关系的非理性认定和无序行为造成的。”⑤人们开始意识到当代生态危机

① 陈望衡：《环境美学的当代使命》，载《新华文摘》，2010年第19期，第87页。

② [美]蕾切尔·卡逊：《寂静的春天》，吕瑞兰、李长生译，吉林人民出版社1997年12月第1版，2005年10月第4次印刷，序。

③ [美]尼克·达拉斯：《低碳经济的24堂课》，王瑶译，电子工业出版社2010年4月第1版，第11页。

④ 惠志娟：《高中地理教学中如何渗透环境教育》，载《环境教育》，2012年4月总第142期，第65页。

⑤ 邝福光：《环境伦理学教程》，中国环境科学出版社2000年3月第1版，2006年8月修订版，第3页。

的实质，是人类对生态规律的敌对漠视，是对人与自然辩证关系的扭曲错位。环境伦理“是人对自然的伦理责任……也是制约人的活动和行为的伦理规范”①，必须在企业经济活动、技术应用、生产方式和消费生活中，有意识地限制可能导致自然环境破坏的人类行为。

经济发展、社会进步、资源环境保护是人类社会可持续发展的三大支柱，可持续发展的生存之道，根基在于人与自然能够和谐相处。“我们不要过分陶醉于我们人类对自然界的胜利。对于每一次这样的胜利，自然界都报复了我们。”②彻底解决环境污染和生态破坏，仅仅依靠经济、行政、科技和法律手段是无济于事的，人类对待自然在本质上、在方式上、在观念上、在道德上都是轻率和错误的，人类必须遵循自然界特有的运行规律，深刻反思生产生活方式和科技文化发展轨迹，充分认识自然资源的有限性，重视生态系统的整体平衡；必须彻底纠正破坏自然的不恰当人类行为，依靠人类的内在伦理诉求，树立新的环境保护意识和环境伦理道德；必须克服人类的贪欲和无知，停止对自然进行无休止的掠夺破坏；必须避免将物质和精神对立起来，将人与自然对立起来，避免产生荒谬的反自然理念；必须时刻保持人与自然的和谐一致，对自然开发利用时顺应自然，在自然环境承载力允许范围内，竭尽全力保护好自然生态环境的良性循环，共同维护所有生命形态共同依存的美好家园——地球。

道德意识在人类社会生活中逐步丰富完善，道德规范的作用范围不断扩大，后现代伦理学将道德的普遍性、统一性和整体性解构为具体可操作的道德领域和道德价值适用范围。环境伦理作为环境哲学思想的重要研究内容，主要对为什么保护环境和怎样保护环境进行系统研究，促使人类重新认识和改变现有的生存方式。环境正义追求环境权利和环境义务的公平对等，正义原则充分体现了人与人、人与自然的和谐公平，包含了人与自然的环境正义和以环境为中介的人际正义两个维度。人类不仅要树立正确的自然观、价值观和道德观，摆脱工具价值的羁绊，热爱和尊重自然环境，超越人类中心主义的藩篱；还要清醒意识到人类是共同生活在地球生态系统的命运共同体，弘扬环境伦理道德在人类与自然之间建立休戚与共的和谐关系，没有自然的滋养就不会有人类的美丽容颜，人类在生存发展过程中要真实感知自然的生存价值和生存权利，自觉善待自然环境，“达到人与社会环境及人与自然环境长久共生共荣的一种道德良知和伦理道德规范”③。充分发挥环境伦理约束力，有效提高环境效益，减少能源消耗、资源浪费和环境污染，坚持人与环境相互协调的道德价值取向，摒弃伦理利己主义道德缺失，避免无视环境伦理对生产力的破坏，保持社会理性发展的正向关联性，真正体现环境道德的本质特征和价值

① ［日］岩佐茂：《环境的思想——环境保护与马克思主义的结合处》，韩立新、张桂权、刘荣华等译，中央编译出版社 2006 年 7 月第 2 版，第 8 页。

② 《马克思恩格斯选集》第 4 卷，人民出版社 1995 年版，第 383 页。

③ 邝福光：《环境伦理学教程》，中国环境科学出版社 2006 年 8 月修订版，第 126 页。

目标。

生态危机主要源自现代发达科技手段和生态无知意识，无视自然环境对人类生态系统的价值体现，未能真正将自然环境纳入伦理道德的关系范畴，成为导致当今社会环境危机日益严重的深层社会心理根源。现代人已经具备了更危险、更具毁灭性的破坏能力，拯救地球的唯一方法不是天真地恢复原始部落时代的生态无知，也不是放任延续现代社会的生态忽视方式，关键在于敬畏自然，尽早构建具有普遍约束力的环境伦理准则与法律规范统一体。

环境道德意识是环境道德实践活动在人类头脑中的真实反映，环境保护意识淡漠是环境恶化的重要根源，环境道德意识与环境保护实践之间相互作用、彼此促进。《时代》杂志曾告诫人们，除非人类愿意"调整其生活方式，否则，保护环境的任何努力都将归于失败"①。地球日宣传手册呼吁人类深陷如此困境，必须全力自救，要从粮食供应安全和经济快速发展出发，普遍关注"地球村"整体利益，克服狭隘的局部环境利益观，真正树立起全球化环境保护意识。

考尔提出"被遗忘的平等原则"②，客观反映出发达国家虽然拥有雄厚经济实力和先进科技水平，却很少主动关心其他国家地区的环境保护问题，不愿意通过资金援助和科技支援帮助欠发达国家改善环境状况，加大污染治理力度，减少环境危害，还假借援助名义将国内高污染、高能耗、低产出的"夕阳产业"转嫁移植到发展中国家，一部分经济欠发展国家为了暂时摆脱贫困，满足基本的生存需要和短期发展愿望，不得已陷入了"先污染后治理"的泥潭中不能自拔，导致原本已经非常严重的环境污染和生态危机雪上加霜，脆弱的环境自我修复能力面临崩溃的危险，对全球环境保护造成极大的安全隐患。

"生存环境系统的恶化，完全是人类非道德行为的咎由自取"③。环境保护实际上是一个层次高得多，内涵复杂得多的人类道德问题，是由人生观、自然观、价值观和环境道德观所决定的深层社会问题。人类赖以生存的生态系统不断遭到严重破坏，环境危机日益严重，环境保护历史和生态环境恶化现实，深刻揭示"环境危机是工业文明的结构性特征④。"工业文明的基本结构和运行机制，决定了生态危机是工业文明的必然产物。工业文明时代环境危机不可能得到根本解决，社会贪欲本能造成自然环境系统和社会环境系统日益恶化。"文明人跨过地球表面，在他们的足迹所过之处留下一片荒漠"。工业文明凭借科技发展新工具手段，肆意破坏自然规律、过度掠夺自然生态，最终导致全球性环境问题。人类必须清醒地认识到"全球近 70 亿人的需求几乎要把地球推向崩溃的边缘"，人类更应该加倍珍惜"和

① [美]丹尼尔·A.科尔曼：《生态政治——建设一个绿色社会》，梅俊杰译，上海世纪出版集团 2006 年 7 月第 1 版，第 30 页。

② 参见[英]戴维·赫尔德：《重构全球治理》，载《新华文摘》，2011 年第 16 期，第 148 页。

③ 邝福光：《环境伦理学教程》，中国环境科学出版社 2006 年 8 月修订版，前言。

④ [英]布莱恩·巴克斯特：《生态主义导论》，曾建平译，重庆出版社 2007 年 4 月第 1 版，总序第 2 页。

蔼可亲”的地球，抓住可能改变全人类命运的喘息机会，彻底放弃“向大自然宣战”，摒弃“战胜自然、征服世界”的狂妄无知，树立正确环境伦理观。为了更好保护地球环境，“从全球着眼，从地区做起”的环保倡议行动呼唤尽快确立“地球人”意识。

生态文明是继工业文明之后更高级的文明阶段，是人类文明的重大转型，是人类应对生态危机的必由之路，生态文明最重要的特征是人与自然和谐。生态文明既关注人类自身权利，也强调对自然的关怀和责任。有机自然观突出自然整体性与内在价值的统一，倡导理性消费与和谐生活，体现了生态文明的重要价值理念。从根本上解决环境危机和生态破坏，必须借助于人类内在的环境伦理转向，体现在人们日常生活方方面面。要充分运用政治、经济、法律、行政和科技手段缓解环境危机，关注人与自然的伦理观念转变，发自内心地热爱、关心和尊重自然，建立新型人与自然伦理观。环境灾难呼唤着人性回归，全民环保意识觉醒是自救的唯一出路，“正是对这种潜在的严重生态影响的新认识，使新的环境运动得以延续，使之有不竭的动力”①。全世界要一致行动起来，共同关心维系人类生存的地球环境，增强环境保护专业知识和专门技能，提高环保意识和价值观念，正确处理好经济发展、社会进步和环境保护的内在关系。“全球性的巨变不过是人人转变观念而已”②。为了在地球家园世世代代生存下去，享有“在尊严和福利的生活环境中生活”的权利，共同承担保护环境的重任，是每一个地球公民责无旁贷的历史使命。

第二节　加强环境伦理教育的重要意义

近代社会工业文明价值观导致个体普遍追求物质利益的满足感，自然无价值论和机械自然观在全球蔓延，感性欲望膨胀不可避免地割裂了代际和代内环境公平正义和可持续发展，追求私欲的冲动催生了享乐主义和过度消费主义盛行。薇琪·鲁宾和乔·杜明桂曾经通过举例示范的方法，讲述了三个石匠对待开凿石头这一简单行为本身的不同人生感悟：单纯机械意义上开凿石头的辛苦劳作；为更好照顾妻儿的谋生手段；心怀敬意为建造神圣教堂虔诚地奉献才智，从中引申出人生的本真意义是拥有明确的归属感，令人愉快的社会生活，惬意自在的生命目标。完美人生需要有明确的目标指引，超越个体的物质意愿满足，内在回报优于外在回报，激发产生内生驱动力，围绕社会整体价值体系，探求人生成功的意义所在，更有益于自我实现和共同体繁荣。

---

① 廖红、[美]克里斯·郎革：《美国环境管理的历史与发展》，中国环境科学出版社 2006 年 2 月第 1 版，第 119 页。

② 《新世纪杂志》，特辑，1990 年春季，第 81 页。转引自[美]丹尼尔·A. 科尔曼：《生态政治——建设一个绿色社会》，梅俊杰译，上海世纪出版集团 2006 年 7 月第 1 版，第 30 页。

道德是维系和延续社会的一个必要条件，建立良好社会秩序离不开道德的维度，个体只有具备基本德性，才能成为一个真正社会意义上的人。当今社会一定程度上处在一个道德危机的时代，“道德危机时代”并不单纯意味人们没有积极实践道德原则和价值追求，不能仅仅根据一些道德失范行为就断言当今社会存在道德危机，不正常行为本身并不意味一个人已经改变了道德信仰，这些关系到人们行为基础的基本价值观念和公众道德态度，更多会造成人的心理危机而不是道德危机。具有不同道德信念的人对社会行为方式产生争执，主要是一种社会或政治危机的体现，具有明确价值追求和道德原则的人不去积极付诸实践，可以视为一种心理或心灵危机。真正的“道德危机时代”是指社会公众根本不清楚他们推崇的价值观是什么，更不能确切知道在特定事件上如何恰当运用道德原则，“这就是一种道德的危机”①。道德危机作为一种无序的社会状态，主要是人们丧失了对正确或错误事物的判断能力，随着时代变迁和科技发展，人们对传统道德原则的意义及运用产生怀疑或迷茫，过去有效指导人们行动的道德原则不再适用，道德的不确定性导致人们对传统价值不能恰当运用，很难按照这些道德原则采取行动，道德信仰与道德实践之间形成偏差和分歧，人们总是怀疑对待特定事物所持有的道德信念是否正确可信。为帮助人们理解自身的道德价值和道德原则，将这些价值和原则正确运用到确定的生活方式上，必须消除道德的不确定性，避免引起道德混乱和信仰困惑，适应传统道德价值观念的时代新要求，重新发现和建构能够正确指导我们生活的新时代价值，将新的道德意识妥善运用到社会新问题所引发的道德困境。

道德教育职责不能简单看作反复灌输传统道德原则和价值观而付出的教育努力，道德教育要呈现出好的道德推理与坏的道德推理的差别，教会学生仔细思考道德原则的意义变化，努力发展内在价值观的判断能力，学会理性作出自我决定和采取行动的能力，提高对传统价值进行再评价、再发现和实践检验的能力。道德教育不是教会学生掌握具体的道德价值或者原则，而是要发展对道德判断、价值原则和道德意识的识别力。一种行为或一个基于道德考虑的道德理由是什么，将是道德判断需要解决的原则性问题，为了发展道德判断能力，道德教育必须敦促人们积极考虑他们的决定和行为的道德意义，获得按照道德思维考虑行为方式的习惯，学会从道德的角度来衡量并作出承担责任的明智选择。

后现代化和后全球化时代伦理道德的发展趋势表明，宇宙万物纷繁复杂的发展变化，充分体现了生命共同体之间的普遍联系，“道德作用是在人和人的关系基础上，掌握了人和宇宙的沟通……要了解这种生命共同体与宇宙的本原”②。社会化大生产与人类赖以生存的地球环境密切相关，物质生产在满足人类基本需求的

① [美]霍尔、戴维斯：《道德教育的理论与实践》，陆有铨、魏贤超译，浙江教育出版社 2003 年第 1 版，第 5 页。

② 成中英：《中国哲学与世界哲学的发展——后现代化和后全球化》，载《新华文摘》，2010 年第 16 期，第 40 页。

同时，必须将环境道德价值凝结其中。人是自然界的有机组成部分，自然界为人类社会繁衍生存和持续发展提供了必需的物质和能源基础，自然环境成为赋予人类生存权利的真正价值主体，没有自然环境支撑，人类不可能长远生存。人类一切活动都在人与自然生态系统相互作用下进行，利益的一致性要求人类不能只注重改造和征服自然，还必须充分认识和掌握自然规律，体现自然世界的根本利益诉求，尊重自然平衡发展，避免人类不合理干预导致自然遭受侵犯，避免单纯注重人类利益损害自然的内在价值，导致全球性生态危机和环境破坏。

目前不适宜解决现代环境危机的价值观念、个体行为和公共政策需要彻底改变。改变社会公众的价值标准虽不是最终目的，却是希望所在。奴隶制兴衰、种族隔离、性别歧视、热带雨林保护、转基因食品开发，甚至对吸烟者的认可度，都经历了漫长的时间维度，价值取向也发生了深刻变革。不容忽视的是，环境伦理道德与传统道德观念相比，内容范围都更加宽泛也更具有隐蔽性，环境伦理道德是人类道德觉醒的历史必然，是从传统人际伦理转向人与自然和谐共生的整体环境伦理的历史必然，这是道德不断走向成熟的必经之路。“伦理学若想坚持捍卫道德的客观性……必须求助于生态学”①。现实生活世界具有明显的生态向度，生态科学是对这一向度的综合诠释，要以科学探究的方式主动倾听自然的言说，绝不能在伦理学和自然科学之间人为设置一道不可逾越的鸿沟。

生态伦理学普及教育对我国社会主义现代化建设具有十分重要的意义，一是可以实现生产领域的生态伦理约束，通过新的伦理规范促使生产方式发生符合生态规律或满足生态需要的自觉转化。二是可以实现生活领域的生态伦理渗透，通过生态伦理教育，不断丰富和促进个性发展，推动精神需求真正超越物质需求，更好地转化为绿色消费和生态消费的一种优势需要。三是可以实现人格的转换升华，改变从纯粹功利角度理解人与自然的和谐关系，学会从人类整体和长远利益出发，承担保护环境的道德责任，自觉提高知行合一的环境保护实践水平，加快推进生态文明建设步伐。

全球生态危机促使人类必须自觉做到和谐共生。人类道德必须超越人与人之间的人伦道德，谴责破坏地球生态健康的不伦理行为，支撑起整个地球生物圈的公道正义。现代化首先是人的现代化，真正的社会现代化必须保证人类在思想、感情和行动上彻底改变，环境道德关注人类与自然环境的道德行为关系，环境伦理调节的道德关系更宏观更间接，反馈也更延时更松散，道德行为主体更容易出现主观忽视和客观无意识状态，人类必须对整个生态环境系统有更深刻的了解，在此基础上，环境伦理和社会伦理更迭、公众舆论导向、法制保障健全、文化传统孕育和生产生活方式改善，才能成为解决生态危机必不可少的重要组成部分。

环境破坏具有明显的跨国界特性，国界不是阻挡环境问题扩张的天然屏障，环

① 卢风:《道德相对主义与逻辑主义》，载《新华文摘》，2010年第18期，第42页。

境问题跨国界转移蔓延到世界每个角落,个体造成的环境破坏和生态资源浪费是其中一个主要诱因,更主要的失误来自地方政府、国家和国际的环境决策和管理政策失当,各级决策者由于环境无知、缺乏适当的教育培训以及正确的环境伦理,势必在更大范围内对地球环境造成更恶劣的影响。

当前我国公民的环境素养尚处于一个较低水平,缺乏整体环境伦理观、环境价值评判和环境保护意识,环境行为失当现象普遍存在,环境自觉意识和科学决策能力较弱,影响了我国环境保护事业健康发展,环境伦理教育目前未能引起人们足够重视,在提高全民族环境伦理意识、自觉运用道德准则规范道德行为、协调人与环境可持续发展方面还有欠缺,全球性环境问题和生态危机至今未能明显缓解,环境伦理教育的启迪作用愈发显得重要。

有效加强环境保护的基本手段,首先是健全社会整体环境规范管理体系,既包括环境法律法规、环境政策和相关环境标准等硬规范,也包括环境伦理道德和环境价值观等软规范。随着经济社会发展和环境危害恶化,软规范在整个环境保护过程中的特殊地位和教化作用愈加突出,在价值多元和社会善恶观念整体淡化的现代社会,道德底线崩溃的重要原因是"缺乏一个符合时代精神的价值共识"①。环境伦理道德已经成为 21 世纪全人类必须共同遵守的行为准则,作为具有普适意义的社会公德,环境伦理道德具有全球性和全民化教育需求,整个人类不分国别、民族、性别或尊卑贵贱,都必须接受环境伦理教育,提高环境道德素养,养成良好的环境道德品质。全球环境意识增强、环保机制建立和环保问题解决已经不再是纯粹的技术性问题,作为与国际经济体系、南北关系和国家主权安全交织在一起的复杂社会问题,对全球经济新秩序、国际化新格局和国家传统安全与主权观念提出了严峻挑战,也对人类"思维方式、发展模式和生活方式产生了深刻的影响"②。环境伦理教育是面向全体民众,面向包括普通市民和最高决策者在内的全民教育,必须争取国际社会的理解、支持和密切合作,"胸怀全球、行于当地"是环境伦理教育共识,必须得到国际社会的普遍确认。美国前副总统阿尔·戈尔 2007 年与政府间气候变化专门委员会共同获得诺贝尔和平奖,他深刻认识到环境伦理教育的时代紧迫性,呼吁想方设法保护人类赖以生存的地球,人类只有一个地球,如果我们无法保证地球的健康与安全,留给子孙后代的所有福祉都变得毫无意义。治理环境不仅是政治立场问题,更是"一项道义责任",为了可持续发展的共同未来,人类要立即行动起来,"要把拯救环境当成人类文明最核心的组织原则"③,清醒意识到现在的地球是子孙后代繁衍生息的根本,生态环境保护者必须义不容辞肩负起保护环境、守护地球的历史使命,以整个社会作为统一的道德共同

① 韩冬雪:《西方国家社会建设与管理的若干经验和教训》,载《新华文摘》,2011 年第 20 期,第 12 页。

② 徐再荣:《全球环境问题与国际回应》,中国环境科学出版社 2007 年 8 月第 1 版,第 236 页。

③ [美]尼克·达拉斯:《低碳经济的 24 堂课》,王瑶译,电子工业出版社 2010 年 4 月第 1 版,第 143 页。

体，加快完善新的参与守则、伦理规范和决策过程，在全球范围积极推行有益于可持续发展的环境伦理教育。

通过对环境问题进行哲学、伦理学、社会学、生态学、经济学、政治学、人类学、美学和神学等跨学科综合研究，有利于从世界观、人生观、价值观和方法论的角度系统探讨人与自然的伦理关系问题，有利于受教育者在教育教学过程中养成“亲自认识置身于其中的实际情景的性质的习惯”①。青少年环境伦理意识、环境伦理行为规范和环境伦理认知水平的高低，直接关系到未来社会环境问题的妥善解决、社会经济的可持续发展、生活质量的全面提高和环保事业的蓬勃发展。统计数据显示，“在学校里传授的环境知识，只有10%可以转化为环境意识，而环境意识和保护环境的行为之间也只有10%的转化率”②。转变环境道德观念是人与环境和谐共处、实现可持续发展的伦理基础，推进环境伦理教育是可持续发展主要推动力。环境伦理学作为环境哲学的重要组成部分，已经成为应用伦理学的一个重要分支，与经济伦理学、生命伦理学公认为应用伦理学三个主要研究领域。环境伦理意识超越了个人主义和狭隘民族主义，是追求人与自然和谐的价值理念，创立一种能促进社会、经济与环境协调发展的新型世界观、价值观和方法论，这是一场传统哲学革命，也是传统伦理学的重大革命。

台湾《联合报》社论倡议建立包括公众环保意识在内的新伦理规范，“价值的确立、行为的塑造以及人格的形成等，教育自为最重要的手段”③。《21世纪议程》强调指出，教育是促进可持续发展的关键，也是提高解决环境与发展能力的关键。教育对于培养环境意识、道德观念、有效参与决策是必不可少的。2001年《公民道德建设实施纲要》提出保护环境是社会公德的重要内容和有机组成部分，社会公德涵盖了人与人、人与社会、人与自然相互关系的道德行为准则，是全体社会公民在社会交往和公共生活中必须遵循的基本行为准则和道德规范。

当前人类面临的环境危机根源就是环境道德危机，环境伦理道德是人类环保意识发展演变的历史必然。环境意识既是人类对环境保护问题的认识程度和认识水平，包括心理、感受、感知、思维和情感，也是人类为保护环境调整自身经济活动和社会行为方式，协调人与环境的相互关系，自觉开展环保实践活动的主观愿望。环境意识是人类对自身与生存环境辩证关系的科学认定，是一种主观能动的思维运动过程，是人类社会与自然环境相互作用过程在头脑中的独特反映。环境意识和环境质量是衡量国家和民族文明程度的重要标志，环境意识经历了由低级到高级的发展历程，既要自觉认识自身与生存环境的辩证统一关系，又要具备善待环境的行为动机，这种环境意识实质上就是环境道德的具体体现。

弘扬环境文化，全面提高公民环境伦理道德素质，根本目的“就是促进人们解

① [美]杜威：《道德教育原理》，王承绪等译，浙江教育出版社2003年第1版，第279页。

② 马桂新：《环境教育学》，科学出版社2007年4月第2版，第5页。

③ 韦政通：《伦理思想的突破》，中国人民大学出版社2010年2月第1版，第186页。

决思想认识上的环境问题，提高环境意识，树立可持续发展的观念”①。如果不能认真解决好人们的思想认识问题，不去主动建立有益环境保护的道德行为规范，我们的环境伦理教育事业和社会综合治理工作就难以发挥有效作用。不容否认，目前我国环境伦理教育过程缺乏广泛的社会认同和全员参与的环境文化大背景，环境伦理教育客观上面临着极其尴尬的不利局面，“社会上一些不利于环境的景象依然存在，这就给孩子造成了一个假象，是不是我们可以说一套做一套”②？环境伦理教育理论与实践紧密结合，可以充分发挥文化素质教育的感染、熏陶、激励、同化和塑造功能，有利于学生做出正确的道德选择，有利于培养学生对未来的环境保护事业承担理应担负的道德责任，有利于人格品质、科学人文素质、团队合作精神全面提高，有利于环境文化建设内涵发展。

对于环境伦理研究领域出现的新现象、新思维、新理论如何认识和把握？如何理解环境伦理学的基本价值、理论内涵和实践意义？我们对待这些基本价值的伦理态度、道德认知和道德情感是什么？如何准确把握这些基本理论和价值体系？如何建设和发展中国特色的社会主义环境伦理学？环境伦理教育如何设计和组织实施？环境伦理教育体系如何在适应中国基本国情的基础上科学构建？环境伦理教育实践模式的新构想如何体现我国环境伦理教育特定的目标定位、理论依据、内容选择、基本方式方法和实践途径？这些理论研究和实践探索是深入拓展中国特色环境伦理教育、增强环境道德意识、改善环境保护自觉行为和实践能力的重要参考。

加强环境伦理教育，是人类面临的紧迫而艰巨的历史使命，对于提高公民环境伦理意识、促进人的全面发展具有重要意义；对于加强环保实践技能、建设环境友好型社会具有重要意义；对于实施可持续发展战略、全面落实科学发展观具有重要作用；对于加强社会主义精神文明建设、加快生态文明建设进程具有重要作用。环境伦理教育是人类社会发展进步的重要标志，要坚持“保护环境，教育为本”和“环境教育，德育优先”的指导方针，充分发挥环境伦理教育对认识和解决环境问题的重要作用，正确处理环境与发展的辩证关系，在发展经济同时保护人类赖以生存的生态环境，切实推进环境保护事业可持续发展。

环境伦理道德作为公民个人道德修养和社会文明程度的重要体现，是评价人格健全与否的重要衡量尺度，环境伦理道德是面向未来的现代道德素养，是环境准则意识、环境责任意识、环境目标意识和环境行为意识的有机统一体。切实转变环境道德观念是改善人与自然关系，在和谐共存中迈向可持续发展的基础条件，“教

① 国家环境保护总局宣传教育司：解振华2002年2月27日在全国环境保护系统环境宣传教育工作会议开幕式上的讲话，《环境宣传教育文献汇编（2001—2005年）》，中国环境科学出版社2006年3月第1版，第25页。

② 周仕凭：《中小学环境教育现状调查》，载《环境教育》，2012年4月总第142期，第19页。

育就是世界可持续发展的基本力量"①。人类必须深刻认识到在环境行为中理应承担的道德责任,站在维护人类行为主体和自然客体双重利益诉求的立场上主动接受环境道德教育,自觉发挥人类主观能动作用。正确解决环境问题必须克服人本主义环境道德的局限性,彻底消除人与环境的对立关系,自觉将人与环境的相互关系和作用过程纳入自我意识的控制范畴,形成可持续发展的新环境道德规范。

中国必须立足本国实际国情,突出特色和优势,借鉴成功经验,全面落实科学发展观,积极探索环境伦理教育新模式,推动环境友好型与资源节约型社会建设。加大环境伦理教育力度,完善环境伦理道德教育的目标定位、内容选择、方式方法、特色途径和伦理规范,建构适合中国特色的环境伦理教育新框架,卓有成效地开展环境伦理教育,充分发挥环境伦理道德教育的育化功能,全面提升中华民族的环境伦理意识和环保参与意识。

① 法文君、李品将:《普通院校普及环境教育的紧迫性及对策》,载《环境教育》,2011 年 3 月总第 129 期,第 65 页。

第二章 环境伦理研究相关概念内涵研究

第一节 伦理研究的相关概念内涵

一、伦理与道德

《论语·述而》中记载:“志于道,居于德。”中国古代所谓“道德”,是指“德”出于“道”,即事物运动变化的规律。人们认识“道”,遵循“道”,内得于己,外施于人,便谓之“德”。“道德”一词到战国后期合二为一,“道之以德,齐之以礼,有耻且格”。强调道德伦理规范出自天道的自然法则,通过是非荣辱的道德引导,人们能够自觉遵守自然法则,出于自觉自愿而羞于作恶,最终能够达到道德的最高精神境界——“礼”,实现“故学至于礼而后止矣,夫是之谓道德之极”(《荀子·劝学》)。“伦理”一词最早见于《礼记·乐记》中的“乐者,通伦理者也”。在《说文》中又提到:“伦,从人,辈也,明道也;理,从玉,治玉也。”阐明伦即是人伦,理即是调整人伦关系的条理和原则,伦理是符合道德行为规范的评价准则。

《尼可马克伦理学》是西方最早的伦理学专著,是对亚里士多德关于人的道德品行的概括论述。“在词源意义上,‘伦理’和‘道德’是相通的。”①伦理学专门用于道德理论命名的普遍提法,在西方始于古希腊的亚里士多德,在中国始于严复等近代资产阶级启蒙学者。威廉·大卫·罗斯作为西方直觉主义伦理学的代表人物,在翻译和注释亚里士多德的著作方面享有盛誉,他在《正当与善》一书中对伦理学概念作出规定:“伦理学的基本概念有三个,即‘正当’、一般的‘善’和‘道德上的善’。”②伦理学的根本任务就是研究这三个概念的性质、关系和涵义。严复在翻译引介托马斯·赫胥黎的《进化论与道德哲学》时,就沿用了《进化论与伦理学》的称谓,以此将伦理学作为研究道德的专门学问。

人类道德生活是一种理性生活,更是一种严肃的人类社会生活,来自道德的约束是人类在社会生活中的一种最基本限制,面对实际社会生活中任何一个道德情境,人们必须凭借道德认知能力做出“善”与“恶”、“正当”与“错误”的道德判断。对

① 罗国杰:《伦理学名词解释》,人民出版社 1984 年 12 月第 1 版,第 1 页。

② 唐凯麟等:《西方伦理学流派概论》,湖南师范大学出版社 2006 年 3 月第 1 版,第 432 页。

道德进行诠释，最容易被人接受的方式，以及确定道德范畴的最简单方法，就是指明人应当具有哪些美德，应当拥有哪些能够促进人类美好生活的良好素质，“道德的目的是促进人类幸福，个人的和他人的幸福”①。有道德的人具备的优良素质可以简单归纳为审慎、责任、勇敢、自制、可靠、真实、诚实、公正、无私和仁慈等等。根据道德组成要素，可以简单地将道德区分为社会性和个体性结构两大序列，道德结构由道德意识、道德规范体系和道德活动方式三大部分构成的相互联系和相互影响的有机整体。

道德原则是调整个人利益、人类整体利益和生态支持系统之间和谐关系的根本准则，是建立道德规范体系的根本出发点，是贯穿整个道德规范体系的主导思想。道德价值是普遍的、统一的、整体的价值形式，现代伦理学确立的普遍有效的统一性原则，“适用于所有人的行为和社会生活的一切领域”②。其他道德规范、范畴、行为评判和道德关系，都是由最基本道德原则决定的，只有具有普遍必然性的道德原则才是真正的道德原则。

伦理与道德的内在联系和独特属性，目前较普遍的理解角度有三个方面。

(一) 伦理和道德两者之间不存在明显的差异性

贾新奇在《公民伦理教育的基础与方法》中，详细讨论了伦理与道德的相互关系，指出在实际应用时可以将它们理解为含义基本相同的概念，相互对应的不同概念之间不存在重要的理论意义差别。

李承宗在《和谐生态伦理学》中认为，道是事物运动变化的永恒规律，德表征人的品格情操和行为规范，道德就是调整相互作用关系的行为准则。“伦理学就是研究道德及其发展规律的科学。”③伦理学的主要研究对象就是道德。

日本学者岩佐茂认为，伦理是为了维系人类共同体长期存在而自觉限制自身行为的规范意识，伦理学就是研究相关规范意识的学问，这种规范意识实际上就是道德认知意识。

(二) 应当在伦理与道德之间进行严格的含义辨析，确立各自恰当的使用场合和表达语境

黑格尔明确把伦理和道德这两个概念加以区分甄别，“有关‘伦理’的论述，实际上是他的有关家庭、市民社会和国家的理论。他有关‘道德’的阐释，才属于通常人们所理解的伦理学研究的范围”④。黑格尔在伦理阶段将普遍的国家福利、人民利益和社会责任当做更高追求目标，同时也承认个人追求自己利益满足具有道德追求的正当合理性。在他看来，良心可以分为形式的良心和真实的良心，形式的良

---

① [美]克里夫·贝克：《优化学校教育——一种价值的观点》，戚万学等译，华东师范大学出版社 2003 年版，第 154 页。

② 向玉乔：《后现代西方伦理学中的道德》，载《新华文摘》，2010 年第 12 期，第 48 页。

③ 李承宗：《和谐生态伦理学》，湖南大学出版社 2008 年 3 月第 1 版，第 1 页。

④ 唐凯麟等：《西方伦理学流派概论》，湖南师范大学出版社 2006 年 3 月第 1 版，第 79-80 页。

心具有主观普遍性，属于道德范畴；真实的良心是主观与客观、特殊与普遍的统一，是客观精神的体现，属于较高的伦理范畴。对善的追求和道德义务的履行，不仅要关注个人福利，也要关心他人和社会的福利，“固执单纯的道德观点而不使之向伦理的概念过渡，就会把这种收获贬低为空虚的形式主义，把道德科学贬低为关于为义务而义务的修辞或演讲”①。

樊和平和许敏认为，我国伦理道德发展变化过程中最重要也最基本的特质，突出表现为伦理变迁和道德嬗变不同步，伦理—道德悖论产生的本质是伦理道德精神链的断裂，伦理与道德作为建构个体与实体、个人与社会同一性的意识形态和人文智慧，其哲学内涵和精神实质既精微又彰显差异，“伦理着力‘人’与‘伦’的关系，道德着力‘人’与‘理’的关系。伦理具有客观性与实在性，而道德具有主观性与个别性”②。需要对伦理与道德、伦理认同和道德自由进行价值生态重建，深度挖掘相近概念之间的辩证互动和理性契合。

李承宗从伦理学研究的阶级性、社会政治经济基础和利益属性出发，认为伦理学和道德是既有联系又相互区别的两个概念范畴，道德思想先于伦理学创立，是伦理学创立的理论基础，伦理学是道德思想的理论化和体系化，在需要严格进行区分的科学论断中，“须加以严格区分，即伦理学是一门科学，而道德则是伦理学的研究对象。”③

（三）伦理和道德之间存在差异，但在合理情景中可以相互替代

邝福光在研究伦理与道德的明显差别和相互联系后指出，“在传统伦理学著作中，不少人是把伦理和道德两个概念作为近义词，甚至作为同义词相互混用的”。虽然伦理作为研究人际间宏观与理性的外化客观规律，与道德所涉及的人际间具体且内化的规范准则存在原则性差别，但出于协调人际互动关系和促进社会和谐发展的最终目的，“在比较多的场合，不少人便把它们混用了，有时则并列使用，合称为伦理道德”④。李承宗也承认在不苛求科学准确性的日常应用过程中，伦理和道德这两个概念是可以相互通用的。

二、伦理学和道德哲学

杜威认为道德（morality）一词源于拉丁文 mora'lis，其中蕴含着与礼仪、风俗习惯、行为、生活方式相关的含义。“道德哲学，或伦理学，是一门区别于物理科学的哲理科学”，⑤道德哲学是一种有关人类行为价值的理论，目的不是对某种经验

① 黑格尔：《法哲学原理》，范杨、张企泰译，商务印书馆 1961 年版，第 137 页。

② 樊和平、许敏：《伦理道德发展的“中国问题”》，载《新华文摘》，2012 年第 18 期，第 38 页。

③ 李承宗：《和谐生态伦理学》，湖南大学出版社 2008 年 3 月第 1 版，第 3 页。

④ 邝福光：《环境伦理学教程》，中国环境科学出版社 2006 年 8 月修订版，第 116 页。

⑤ ［美］杜威：《道德教育原理》，王承绪等译，浙江教育出版社 2003 年第 1 版，第 216 页。

进行描述，而是作为整个经验体系的一个部分，进行相应的价值评价，道德可以引申为涵盖了道德原则、道德规范、行为品质和善恶评价的情操。

彼得斯主张任何道德发展和道德教育都源于一种特定的伦理学观点或伦理立场，都有独特的心理学解释依据或意义阐释，“哲学家对道德教育作出贡献的最明显途径是通过伦理学研究”①，不管是皮亚杰学派，还是弗洛伊德学派，大多数心理学家都会站在一个明显的伦理立场上开展工作。

王泽应在阐述伦理学基本问题研究时认为，伦理学研究涉及伦理学的身份认同和学科体系建立，同时与道德本质、道德原则规范和道德体系建设密切相关。道德作为伦理学的研究对象，我国伦理学界的主导观点是将利益与道德的关系，即“义利问题”作为伦理学基本研究问题，这个道德命题在道德生活和伦理研究中经常遇到，“反映了人类道德生活领域中最普遍、最根本的事实，规定着伦理学的基本内容，制约着伦理学对一系列问题的解决”②。必须积极理性慎重应对。

李建华和邹晖建议伦理学研究包括知识伦理、价值伦理和生命伦理三个方面，作为研究人类处理自由与秩序的关系以及实践智慧的科学，“伦理学的研究对象是道德，具体表现为道德现象、道德行为和道德关系等”③。

李萍突出强调伦理审视的重要性，主张道德问题要以合乎道德的方式来解决，道德规范要体现对全社会公认核心价值观的维护，单纯从伦理建构这个角度出发，人类道德规范主要来自于共同生活的习俗、惯例，“伦理审视就是要发现并促成社会成员共同持有的基本观念和广泛共享的社会共识”④。

王海明为了规避道德规范的主观任意性，充分体现伦理学的真正价值意义——避免恶劣的错误的道德，确定优良的正确的道德，提出“优良道德”的概念，指出伦理学是寻求道德价值真理的科学，“伦理学是关于优良道德的科学”⑤，是关于优良道德的确定方法、制定过程和实现途径的科学，元伦理学、规范伦理学和美德伦理学共同构成完整的伦理学学科体系。元伦理学主要涉及优良道德制定方法，规范伦理学主要涉及优良道德制定过程，美德伦理学涉及优良道德实现途径。

三、本书采取的辨析视角

伦理学是一门关于道德的独立的哲学科学，是哲学科学体系中关于道德、道德

---

① [英]彼得斯：《道德发展与道德教育》，邬冬星译，浙江教育出版社 2000 年 2 月第 1 版，第 153 页。

② 王泽应：《论义利问题之为伦理学的基本问题》，载《新华文摘》，2011 年第 23 期，第 39、43 页。

③ 李建华、邹晖：《从规范走向价值的伦理学：问题、定位与使命》，载《新华文摘》，2011 年第 24 期，第 37 页。

④ 李萍：《社会管理的伦理审视初探》，载《新华文摘》，2012 年第 13 期，第 42 页。

⑤ 王海明：《伦理学原理》，北京大学出版社 2009 年 3 月第 3 版，内容简介。

问题和道德判断的独特哲学思想。伦理学归根到底就是关于道德普遍本性的科学，是一切特殊的、具体的道德问题中蕴含着共同性、抽象性、一般性和普遍性的道德科学，伦理学作为关于道德的哲学研究，也可以简单称为道德哲学。

我国伦理学界普遍将人类社会群体中人与人之间的伦理道德关系作为研究对象，将伦理学界定为以道德问题作为研究客体，从世界观和方法论角度共同揭示道德本质、功能特性和发展规律的科学体系。伦理学研究主要从哲学角度入手，将价值境界作为伦理实践的归宿，将道德追求作为伦理行动的激励目标，将道德价值作为伦理创造的中心任务。伦理学具有价值建构和人生导向的重要意义，所研究的道德和利益之间的内在关系问题，包括了经济利益和道德的关系问题，也包含着个人利益和社会利益的道德关系问题，还涉及人类利益和自然价值的平衡问题，最终决定了道德的根源、本质、社会作用、发展规律和道德体系的原则、规范、标准、方向和方法。道德发挥作用的根本前提是准确反映社会的共同伦理需求，这在很大程度上依赖于人的理性思维能力，做出道德判断不是随意性的主观判断，“是我们对人类社会所要求的道德原则和道德规范形成的稳定的思想观念。”①

关于伦理与道德、伦理学与道德哲学相互之间的概念对应关系，目前伦理学界尚未取得完全一致的意见。鉴于这一争议在短期内难以彻底解决，并且本书研究的重点主要在于厘清环境伦理学的理论渊源，在此基础上着重深入进行环境伦理理论研究与教育实践探索，并不苛求在各个对应概念之间进行严格区分和概念取舍，因此在上述概念的一般使用原则上，将会视为含义相同或相近的概念，根据逻辑习惯和语境需要，适时恰当地加以灵活运用。

第二节　环境伦理学的概念内涵和研究方法

一、环境伦理学的概念内涵

环境伦理学兴起于 20 世纪 60 年代，在建立与完善发展过程中，扩大和丰富了伦理学尤其是应用伦理学的外延和内涵，将传统单纯研究人与人之间关系连接的人际伦理研究范畴，扩展到人与自然的关系、人与社会的关系、人与经济的关系、人与政治的关系、人与文化的关系，进而发展成为在调整人与自然友好相处关系基础之上，综合协调社会进步、经济发展、文化交流、科技合作、道德素养等各个层面内在关系的整体伦理观。

① 唐凯麟等:《西方环境伦理学流派概论》，湖南师范大学出版社 2006 年 3 月第 1 版，第 441 页。

（一）环境伦理学的概念辨析

1. 主张天赋权利观的环境伦理学

20世纪80年代以来，西方环境伦理学开始进入发展繁荣时期，自觉将调整人与自然的伦理关系，同传统伦理学调整人与人的伦理关系紧密联系在一起，极大拓展了传统伦理学的思维空间和研究视阈，引发了传统道德向环境伦理道德领域的新转变。

美国环境思想史学家罗德里克·纳什作为自由主义权利观的代表人物，对大自然权利的论证主要源于对废奴运动进行类比研究，“从思想史的角度来看，环境伦理学是革命性的；在人类思想的进程中，它无疑是对道德的最具戏剧性的扩展”①。他认为18世纪六七十年代的奴隶解放运动，与20世纪六十年代以来的激进主义环境保护运动面临相似的伦理背景和政治境遇，生物中心论伦理哲学终结了美国的自由主义传统，扩大道德共同体意味着扩大责任范围，对人类的绝对自由主义倾向进行伦理限制，动物解放运动、大自然的权利保护运动必将像奴隶解放运动和妇女解放运动一样，经历一个从备受嘲笑到充满争议，再到广泛接受的认识阶段，必将随着文明进程将天赋权利延伸至整个大自然。

霍尔姆斯·罗尔斯顿将环境伦理学界定为关于自然界价值和权利的理论与实践体系，尝试从价值观层面为人与自然和谐关系的重构提供理论基础。

余谋昌在《环境伦理学》、马桂新在《环境教育学》中都认为，“环境伦理学是关于人与自然关系的伦理信念、道德态度和行为规范的理论体系，是一门尊重自然价值和权利的新型伦理学”②。

2. 主张人类义务观的环境伦理学

戴斯·贾丁斯将环境伦理学解释为系统阐述人类和自然环境之间的道德关系、人类对自然界行为的道德规范约束，并从义务说的角度提出如何合理解释道德规范、明确道德责任承担者，并充分论证道德责任与义务。

邝福光从环境伦理学的研究对象出发，认为环境伦理学是研究人类个体与自然环境系统和社会环境系统之间、社会环境系统与自然环境系统之间伦理行为关系的科学，通过系统研究增进对环境道德意识、环境道德信念、环境道德准则、环境道德行为、环境道德评价、环境道德修养和环境道德教育等环境道德现象和本质的内在把握和理性认识。

吴继霞认为环境伦理学是研究人与自然和谐共处的道德问题和伦理学说，为人们理性对待自然和进行环境保护提供了恰当的价值论依据和相应的道德原则和规范。

3. 主张伦理拓展的环境伦理学

王正平提出环境伦理学是环境哲学的重要组成部分，是传统伦理改革的新型

① ［美］R. F. 纳什：《大自然的权利》，杨通进译，青岛出版社1999年版，第6页。

② 马桂新：《环境教育学》，科学出版社2007年4月第2版，第150页，参考第152页。

世界观、价值观和方法论，在经济科技飞速发展、人与自然冲突加剧的新生存环境下，通过对环境伦理问题进行哲学、伦理学、社会学、生态学、经济学、政治学、人类学和神学等跨学科综合研究，可以从世界观、人生观、价值观和方法论的多维视角，深入探讨人与自然的关系问题。

李培超将环境伦理学新的价值思维称为“伦理拓展主义”，他认为环境伦理学研究对拓展伦理学理论谱系具有十分重要的意义，拓展权利主体是文明的象征、道德的进步，自然权利的认定应当是合乎逻辑的。权利主体的权利认可象征着文明进步与道德拓展，“权利主体范围由人拓展到人之外的自然，使自然的权利得到认可，同样也是文明与道德的进步”①。基于环境伦理学基本目的，伦理拓展倾向代表了“人类与自然之间的道德关系而非人类社会内部人与人之间的道德关系，它实现了伦理学由人际道德向自然道德的拓展”②。

（二）本书对环境伦理学的概念界定

伦理是不断进化的过程，伦理扩张是历史发展的必然。对人际关系进行伦理调整时，“人”的范围不断扩展，随着不同人权利赋予范围不断发生变化，人际伦理外延不断扩大，道德网络成为一个不断发展变化的过程体系，天赋权利不断得到修正，奴隶、女人、印第安人、黑人、残疾人这些曾经被人为剥夺的正当权利，已经逐渐被纳入道德关怀体系，不平等人际权利关系被现代文明社会的公平正义所抛弃，道德阳光开始沐浴人类社会每一个个体，社会成员的民主化和法制化进程不断得到完善。

时至今日，即使种族歧视、性别歧视、民族歧视和人格歧视被彻底废除，也无法完全体现伦理道德内涵的应有之义，道德的大门应该全部敞开，道德网络应该涵盖世界上所有的物质存在，包括植物、动物、大地和生态系统在内的完整伦理体系。传统人际伦理已经不可能妥善解决人与自然日益尖锐的矛盾对立，自然界的发展演化过程充分表明，“自然界最了解自己”，环境伦理研究的客体应当涵盖人类所有个体、外化为生存环境的人类社会系统、人与自然环境系统和社会环境系统的和谐共生关系，尊重自然、顺应自然、保护自然成为环境伦理得以健康发展的关键所在。

人与自然协调的环境保护意识成为妥善解决环境破坏和生态危机的迫切需要。环境伦理学理论建构的一个重要支撑点，就在于对于自然权利的阐发和认可，从对整个大自然权利的尊重，自觉过渡到对大自然的道德关怀。环境素养主要包括四个大的方面，一是对整个生态环境的关爱意识和敏感性；二是对环境问题的丰富体验和基本理解；三是关心环境，拥有系统的环境价值观和环保情感，愿意主动参与改善环境；四是拥有辨别、调查和解决环境问题的实践能力。

环境伦理作为有别于人际伦理的“新型伦理”，是由环境伦理的基本原则、德行范畴、行为选择和教育评价共同构成的完整体系。独特之处在于，人际伦理调整对

① 李培超：《中国环境伦理学的十大热点问题》，载《新华文摘》，2012 年第 10 期，第 42 页。

② 刘湘溶：《生态伦理学》，湖南师范大学出版社 1992 年第 1 版，第 1 页。

象只针对人与人的关系、人与社会的关系，环境伦理作为调整人与自然相互关系的社会道德规范，是社会伦理建设的重要组成部分和必然要求，超越了个人兴趣偏好和单纯的人伦关系，成为有效调节人与自然关系和人与社会关系的重要手段，不仅调整人与人之间的伦理关系，也调整人与社会之间的伦理关系，还包括人类与植物、动物、所有生命存在形式以及非生命物质组成的整个地球生态系统乃至整个宇宙，也就是调节人类与整个生存环境的和谐共存关系。

简言之，环境伦理学就是关于人与自然之间伦理关系、伦理原则、伦理范畴和德行规范的知识体系，环境伦理的普遍性、客观性和公正性，通过普遍有效的道德原则和道德规范体现出来。作为环境哲学的重要分支，环境伦理学通过对人与自然环境之间道德关系进行系统研究，主要不是解决世界观和方法论问题，关注重点是在整体框架下研究人与人的关系、人与环境的关系，环境伦理学本质上是生态学思维与伦理学思维的深度契合。环境伦理拓展的根本目的就是从道德行为角度来系统研究人、社会与自然三者之间的协调关系，改善人与自然之间的行为规范和关系准则，核心出发点是尊重、热爱和保护自然环境。

二、环境伦理学研究方法

(一) 普遍联系法

自然环境对人类社会的影响是开放性和全球性的，工业文明和后工业文明时代这种影响更加明显，随着科学技术发展、文明程度提高，两者之间联系越来越普遍，影响程度越来越广泛，任何一个局部环境变化、任何一种环境要素改变，都可能通过共振效应或累积放大效应，带来全球范围环境生态的深刻变化。阿尔·戈尔在《地球的平衡》中指出，人类文明正在对全球环境产生威胁，全球环境变化也反作用于人类文明并造成致命威胁，“彻底改善和最终修复文明社会与地球的关系才是真正的解决方案”①。环境伦理学就是要从人与自然的普遍联系中，探索环境伦理道德的历史起源、本质特性、发展规律和社会影响力，充分发挥人的主观能动性，借助社会物质生产生活与意识形态领域之间的相互联系，建立符合现代环境伦理发展方向的环境道德原则、规范和行为范式。

(二) 理论联系实际法

关于环境伦理学的学科定位，存在两种截然不同的学术取向。一种观点认为环境伦理学应当从理论走向实践，立足于实践应用，侧重于解决具体环境实践问题。另一种观点认为环境伦理学应当抛弃具体的实践框架束缚，立足于道德哲学探究和世界观改造，目前环境伦理理论体系缺乏令人普遍信服的哲学深度，环境伦

① [美] L. H. 牛顿、C. K 迪林汉姆：《分水岭：环境伦理学的 10 个案例》，吴晓东、翁端译，清华大学出版社 2005 年 6 月第 1 版，第 3-4 页。

理要在道德哲学研究、世界观改造和元伦理学探索方面提出哲学理论创新。

在美国佐治亚大学召开的伦理学与环境政策国际会议上，两种观念进行了针锋相对的激烈论辩。诺顿主张环境伦理学不应致力于世界观和价值体系的哲学研究，不必过多争论环境管理抽象理论，要注重实践意义，将环境伦理作为解决实际环境问题的基础工具，集中时间精力解决紧迫的环境争端和公共危机，关注环境管理和环境决策若干实际问题，在问题解决过程中创新环境伦理理论。莱特认为罗尔斯顿和克里考特的自然内在价值学说没有真正关注城市环境问题，存在明显的"城市盲点"，这会使环境伦理学研究误入歧途。要更深入加强理论研究，通过提供环境保护和生态修复的道德基础和伦理依据，支持人们达成普遍环境政策共识，指导人们的态度、行为和公共策略向有利于环境持续改善方向发展，在此基础上关注环境问题解决途径，帮助环保主义者提供可操作的解决途径。

环境科学是蓬勃发展的综合性系统科学，环境伦理学是环境科学在应用伦理理论研究和实践行为的综合体，针对不同的环境科学研究领域和环境伦理发展方向，必须坚持理论与实践紧密结合的原则，借鉴不同国家在不同的时代、经济社会发展水平和文明发达程度下理论研究成果，有针对性指导、规范和调整现实社会中人类对待自然的态度和实践行为。

（三）价值分析法

环境伦理学以人和自然环境的道德关系作为主要研究对象，价值分析不仅有利于人类道德行为的价值判断，也有利于形成具有正确价值导向的道德品行和行为指南。环境伦理学担当着价值启蒙或教化使命，直接影响着环境保护责任，道德关系依赖于价值判断，来源于价值分析和评价，环境伦理通过辨别环境问题的价值立场，可以在坚持环境保护理念基础上，成功实施实践干预的行为指向。在一个可持续发展社会中，需要对教育重新定位，更好地帮助学生进行系统思考、价值分析和道德理性分析。

（四）历史分析和比较研究法

环境伦理学具有久远的历史渊源，国内外环境伦理理论研究经历了百花齐放、百家争鸣的繁荣历程。历史分析与比较研究是尊重历史、认识规律、探寻差距、汲取经验的有效方法，通过对不同历史发展时期和国内外环境哲学理论和伦理观念的比较研究，有助于人们发现不同伦理思想的独特优越性，参考借鉴古今中外优秀环境伦理传统，在参考借鉴有益的伦理行为规范基础上，弥补与发达国家在环境伦理理论研究和教育实践中的现实差距，提高环境伦理认知水平，选择正确的路径为中国的环境伦理创新研究做出有益尝试。

（五）矛盾分析法

研究人与自然的辩证关系，要正确认识到人与自然的普遍联系和辩证统一；研究环境伦理价值既要认清工具价值，又要明确存在内在固有价值；考虑环境利益关系既要考虑人类自身利益诉求，又要考虑其他生命形态的生存权利，不仅需要考虑当代人的利益，还要关怀子孙后代的可持续发展。

环境伦理学研究离不开唯物辩证法的哲学指导，辩证法对于自然界演化、人类社会变迁、伦理理论研究、思维活动发展和心理素质变化过程，具有普遍的科学指导意义。近代以来经济社会快速发展，科技发展水平日新月异，但同时自然环境正在遭受巨大破坏，自然生存条件日益恶化，人与自然的对立冲突已然引发深重的环境危机，大自然的惩罚已经降临。环境矛盾凸显引起人类深刻反思，环境伦理开始出现转向，人与自然的关系究竟是和谐还是对立？人类中心主义与非人类中心主义孰是孰非？自然价值体系如何构建？内在价值与工具价值如何界定和衡量？自然资源如何合理有效利用？科技进步与自然保护如何协调发展？环境伦理道德要"以人为本"还是"以自然为本"？种种矛盾碰撞推动环境伦理研究不断深入，环境伦理理论内涵在发现矛盾和解决矛盾过程中丰富发展。

（六）系统研究法

系统研究法要坚持整体论观念，以综合性、系统化、最优化和整体性原则，对保障人类生存的整个生态系统环境进行系统分析，揭示人与外部环境的复杂关系，对相互联系、相互制约、相互促进的环境伦理体系进行综合研究与深入考察，站在地球生态系统的整体角度研究人与环境的道德关系，研究人类物种与其他生命形态和非生命存在物的相互依存关系。

（七）学科综合法

环境伦理学作为多学科交叉融合的一门新学科，需要综合运用自然科学和人文社会科学研究领域中各种行之有效的研究理论和实践检验方法，调查统计、专家访谈、个案分析、实验验证和行为调查等方法，都可以作为环境伦理研究方法加以综合运用。各种研究方法具有各自鲜明的研究视阈和独特的表述方式，在实际研究过程中可以紧密联系、互相补充、各有侧重、共同促进。

第三节　环境教育与环境伦理教育的内在联系

一、环境教育的概念、特点和研究方法

（一）环境教育的概念发展历程

教育最根本特点就是着眼于人的发展，"使人成其为人"是教育的内在指向。"教育是形成未来的一个主要因素"[①]。美国学者约翰·福布斯论述21世纪全球

① 联合国教科文组织国际教育发展委员会编著：《学会生存——教育世界的今天和明天》，华东师范大学比较教育研究所译，教育科学出版社1996年3月再版，第83页。

教育发展趋势和工作重点，将加强环境教育摆在了首位。自20世纪60年代开始，环境教育逐渐受到国际社会高度重视，形式多样的环境教育活动在全球范围广泛开展，环境教育的概念内涵相应经历了一个逐步细化、明晰、丰富和完善的过程。

1948年威尔士自然保护协会主席托马斯·普瑞查在巴黎召开的联合国大会上，把环境教育理解为“可以将自然与社会科学加以综合的教育方法”①。建议通过教育促进自然科学和社会科学有机融合，实现保护自然的教育目的，这是国际社会第一次正式提及环境教育，被视为环境教育诞生的标志。

1965德国基尔教育会议对环境教育进行研讨，尝试对环境教育进行定义。1970年世界自然保护联盟与联合国教科文组织召开学校课程中的环境教育国际会议，对环境教育的目标定位、环境态度、获取环境问题解决技能和环境教育理论进行探讨，将环境教育定义为“认识价值，弄清概念的过程，其目的是发展一定的技能和态度……促使人们对环境质量问题做出决策、对本身的行为准则作出自我的约定”②。

1970年美国率先颁布《环境教育法》，该法案第三条第二款认为，环境教育概括为关于人与自然环境和人造环境之间相互关系的一种特殊教育过程，集中体现了与整体生存环境的相互依存关系。1971年美国国家教育和环境会议将环境教育理解为集中考虑政治、经济、哲学、技术和教育问题的综合体系，包括传授关于价值判断和对环境的复杂问题清醒考虑的能力。1972年斯德哥尔摩人类环境会议召开，《人类环境宣言》指出环境教育是一门跨学科课程，涉及校内外各级教育，目标是通过教育采取简便的行动措施适当管理环境。

20世纪70年代，英国著名环境教育学家卢卡斯教授提出环境教育三阶段模式，在循序渐进的环境教育过程，“关于环境的教育”、“在环境中的教育”和“为了环境的教育”互为依托、循环上升。英国学校委员会在《环境计划》中首次引用三阶段模式，环境教育理论工作者和实践者广泛认可，在1974年和1976年《环境教育》关于英国“11～16岁教学大纲补充文件”报告中，曾两度正式引用上述观点。

1974年芬兰召开环境教育讨论会，提出“环境教育过程涉及人与自然和人与环境之间的关系”③，环境教育强调与整个人类环境之间的关系，这与美国1970年在《环境教育法》中对环境教育的阐释高度吻合。

1975年联合国环境规划署成立，与联合国教科文组织在贝尔格莱德共同召开环境教育政府间国际研讨会，会议建议设立国际环境教育计划(IEEP)，《贝尔格莱德宪章——环境教育的全球框架》提出，环境教育要为每一个人提供机会获取保护

---

① 彭越等:《民族高等院校非环境专业大学生的环境教育探索》，载《环境教育》2011年第135期，第64页。

② 徐辉、祝怀新:《国际环境教育的理论与实践》，人民教育出版社1998年11月第1版，2003年4月第3次印刷，第29页。

③ 顾明远、孟繁华:《国际教育新理念》，海南出版社2003年7月第2版，第118页。

和改善环境的“知识、价值观、态度、责任感和技能”，创建一个有效改变个人、群体和整个社会环境行为的新模式。

首届政府间环境教育会议1977年10月在第比利斯召开，环境教育在整个教育体系中的重要地位在国际社会得以确认。《第比利斯政府间环境教育会议宣言和建议》明确规定了环境教育的目标任务、指导方针和发展战略，确立了国际环境教育的理论体系和组成框架，对环境教育原理和实践准则进行系统研讨，成为世界各国发展环境教育事业的努力方向。环境教育论证了环境与发展的辩证关系，首要目标是培养人们对待环境和利用国家资源的正确态度。保护环境离不开发展，发展是环境保护的前提，经济发展、科技进步与环境教育有机结合，能促使人们更好理解环境问题，“环境教育应是一种全面的终身教育……在充分尊重道德价值观念的基础上保护好环境，为生活做好准备”①。促使人们客观认识当今环境问题，帮助获得必要的技能和品行，为改善生活发挥积极作用。

贝尔格莱德和第比利斯会议都对环境教育目标体系进行了概括界定，将环境教育视为对整体环境问题具有感受力，具备解决环境问题的“知识、态度、技能、动力和责任感”②。结合不同教育阶段和跨学科特性，提高对现实环境问题的认知能力，克服对环境教育本质特征、研究内容和教育过程的模糊认识，明确跨学科属性、全民教育属性、社会教育与学校教育有机衔接属性，丰富环境教育内涵，促使环境教育在目标、任务、教育内容、教育过程和教育对象之间紧密联系。

1980年哈罗德·亨格福特提出环境教育有五个组成部分：环境意识、环境知识、环境能力、环境态度和环境参与。环境教育课程开发和研究目标划分四个等级：生物学基础、意识和价值、调查和评价、行为能力。

徐辉和祝怀新认为环境教育以跨学科为基本特征，广泛融合各学科知识技能，最佳教学途径是认知教学，属于教育科学范畴的一种教育活动，构成要素包括提高环境意识、理解人与环境相互关系、解决环境问题技能、树立环境价值观与环保态度四个主要方面。

《全国环境宣传教育行动纲要》将环境教育作为提高全民族思想道德素质和科学文化素质的基本手段，作为面向全社会的跨学科终身教育形式。台湾2010年实施《环境教育法》，将环境教育作为实现永续发展的教育过程，“了解与环境之伦理关系，增进国民保护环境之知识、技能、态度及价值观”③。

（二）本书对环境教育本质内涵的界定

通过对环境教育内涵发展的历史沿革进行梳理，环境教育是唤醒环境意识，理

---

① 徐辉、祝怀新：《国际环境教育的理论与实践》，人民教育出版社1998年11月第1版，2003年4月第3次印刷，第23页。

② 黄宇、田青、郭玉峰：《学校中的环境教育——计划与实施》，化学工业出版社2003年8月第1版，第6页。

③ 王彬辉：《台湾〈环境教育法〉解读》，载《环境教育》，2011年10月总第136期，第51页。

解与环境的和谐共处关系，增进解决环境问题专门技能，树立正确环境价值观和态度，内化为环境保护自觉意识，主动参与环保实践行动，面向全社会的终身教育体系。环境教育本身是一个不断完善和升华的过程，是促进教育过程不断更新的重要贡献因素，具有跨学科性、整体性、社会性、综合性、长期性和实践性等多重属性，不仅包括正规学校教育和非正规职业培训，也涵盖不同年龄段的所有人群，教育对象和形式主要包括各个社会阶层的社会教育、各级各类在校学生的学校教育、培养专门环保人才的专业教育和提高在职人员环保素质的成人教育四个方面。

环境教育依据外延涵盖，分为广义和狭义两大类，广义环境教育是涉及全民性的涵盖面更加广泛的社会教育；狭义环境教育涉及面较窄，主要针对环保专业人员的职业教育。环境教育依据教育形式，包括学校环境教育、在职环境教育和终身环境教育三大类。环境教育依据教育内容，包括环境科学知识教育、环境法律法规教育和环境伦理道德教育三类。

（三）环境教育的特点

环境教育事业经过三十多年的理论探索和实践检验，逐步发展成为日趋合理化、制度化、规范化和法制化，多层次、多渠道和多阶段并存的综合教育体系，成为推动环境保护事业蓬勃发展的有效载体，有力促进了经济社会稳步可持续发展。

1. 综合性

综合性是环境科学的最基本特点，环境教育的综合性也称为跨学科性或学际性，源自环境问题的复杂性、广泛性、普遍性和综合性。环境教育与自然科学、技术科学、数学科学、哲学社会科学紧密相关，环境教育只有多学科通力协作才能取得良好效果。从教学内容看，环境教育具备自然科学、社会科学和人文科学多学科协同的教育内涵；从教育过程看，环境教育既可采用跨学科方式融入各学科的教学计划和学校管理中，也可以通过综合实践活动，依托家庭、社区和社会全面开展，还可以单独设立专门的环境教育课程；从学习过程看，环境教育通过教学互动、教学相长，帮助学生多视角了解环境问题和生态系统，掌握社会环境、生态环境及各组成要素之间的密切联系和相互作用。

2. 实践性

环境教育强调在解决现实环境问题的过程中，培养学生知识创新的学习潜能，发展批判思维和发现学习的能力。"环境教育不能仅仅局限于对环境问题的意识……为人们对环境的情感反应提供教育实践的潜力"①。直观的认知教育是环境教育的主要形式，环境教育既需要实践层面的经验支持，又需要将环境教育的理论成果应用到环保实践中检验推广，在实践参与过程中增进交流和理解，加深对环境保护的科学认识，树立正确的环境价值观，保障环境管理的可持续性，促进环境

① ［英］John Huckle，Stephen Sterling：《可持续发展教育》，王民等译，中国轻工业出版社 2002 年 2 月第 1 版，第 59 页。

实践能力提高,正确诠释人与自然的和谐互动关系,养成与环境友好相处的健康生活习惯,提高可持续发展的自觉决策意识。

3. 全民性

环境教育涉及全体民众,全民性源于环境问题的广泛影响,环境质量优劣涉及每个个体成员的正常生产生活和社会活动,消除环境危机离不开全民关心参与,长期困扰人们的环境危机必须依靠民众共同努力来化解,环境教育已经渗透到人类生活的各个领域,为了有效实施环境教育,岩佐茂认为倡导有益于环境的全民生活方式是解决环境问题的重要环节,这决不能仅仅作为个人道德问题,解决环境问题关键举措是加强彼此之间的协作交流,"形成新的共同的生活方式、扩大共同生活圈"①。

4. 全球性

环境教育的全球性特点源于环境问题在全球范围内的严重蔓延趋势。环境危害是跨越区域界限彼此相互影响的全球性问题,宏观自然环境要素无国界扩散的特性,导致局部环境问题频繁引发全球性灾难,环境问题不仅限于个人、家庭、社区、地区和国家,更是整个人类共同面临的生存问题。地球只有一个,全人类必须行动起来,关心爱护赖以生存的美好家园。

5. 终身性

环境教育是贯穿于人的一生的终身教育。《第比利斯宣言》认为环境教育是"全面的终身教育,一种能对瞬息万变的世界中的各种变化做出反应的教育"②。环境教育的实施,包括家庭教育、学校教育、职业教育和社会教育多个阶段,环境教育的终身性决定它必须渗透到从婴幼儿到青少年再到成年直至老年的整个生命过程,环境问题长期存在并日益恶化,迫切需要建立满足终身教育需求的学习型社会和环境友好型社会。英国前国家环境部长 John Gummer 呼吁为了应对未来复杂的环境挑战,环境教育要实施终身教育理念,体现对环境问题的正确理解,积极发挥可持续发展观在经济、社会和政治、思想领域的引导作用,"环境学不应当成为一门独立的学科……年轻人能从整个课程和他们日常生活之余注意到环境"③。

(四) 环境教育主要研究方法

一是学科综合研究法。环境教育作为跨学科的综合教育范畴,学科定位存在争议。一种观点认为环境教育是教育学学科范畴下的分支学科,另一种观点认为环境教育是环境科学分支学科,还有一种观点认为环境教育尚未形成真正独立的

---

① [日]岩佐茂:《环境的思想——环境保护与马克思主义的结合处》,韩立新、张桂权、刘荣华等译,中央编译出版社 2006 年 7 月第 2 版,第 144 页。

② 刘湘溶、朱翔:《生态文明——人类可持续发展的必由之路》,湖南师范大学出版社 2003 年 10 月第 1 版,第 440 页。

③ [英]John Huckle, Stephen Sterling:《可持续发展教育》,王民等译,中国轻工业出版社 2002 年 2 月第 1 版,第 264 页。

学科体系，是自然科学、经济学、教育学、人类学、政治学、社会学、历史学、伦理学、心理学众多学科的共同研究领域。不论环境教育学科定位最终如何界定，对环境教育问题进行研究，因为涉及面广、综合性强、解决难度大，需要综合运用到各相关学科专业知识和相关领域的研究方法。比如经济学的定性和定量分析相结合的方法；数学的模糊分析方法；生态学的生态规律研究定律；环境学科的环境分析和综合治理方法；化学学科的化学反应机理；教育学科的教育规律研究等等。鉴于环境教育的跨学科特性，芬什姆不支持将环境教育设定为单一的学科领域，只有综合运用相关的自然科学、社会科学和人文科学知识，正确把握环境教育原则方法，充分调动整体性思维能力，才能为分析解决环境教育问题提供更权威的指导帮助。

二是系统分析研究法。环境研究对象是整个生态系统，系统分析研究法能够将研究对象纳入大的学科系统之中，按照系统本身规律，注重整体与个体、系统与外在环境、系统与分支子系统之间的相互联系，以系统观念进行深入研究。美国国家科学技术委员会在《可持续发展未来的技术》中提议，因为环境问题经常交织在一起，"实现可持续发展的未来，就得需要系统的思维"①。从环境教育各个方面加以系统研究，从全局角度整体把握教育目的、原则、方法和行为规范，避免用孤立、静止和片面的观点看待环境教育。环境教育各子系统之间存在内在联系和本质区别，需要客观总结环境教育规律，贯彻执行系统优于非系统、层次系统优于非层次系统、开放系统优于封闭系统、动态系统优于静态系统的优先原则，对环境教育开展全面系统的开放性分析研究。

三是比较分析研究法。比较分析研究通过论证、探索和归纳，总结某一特定环境问题与其他问题在不同历史阶段、组成部分、研究背景、文化视角下呈现的本质特征、共同特性和特质差异。这种比较分析研究大致分为纵向和横向两个研究视角。纵向比较法通过时间序列，研究西方发达国家与广大发展中国家在环境教育历史发展过程中的独特演变轨迹，研究客观反映各个时间段环境教育特点的文献资料，分析造成环境改变的历史原因和人为因素，增强对整个自然环境的研究能力和环境保护意识。横向比较法通过价值取向、内容侧重、方式差异等方面研究，对相近历史时期的东西方环境教育进行比较研究，揭示在全球视角下环境教育的共性、特色和差异，归纳总结环境教育共同规律和个性差异以及特定文化背景、时间跨度和自然环境下的特殊教育规律。

四是唯物辩证研究法。唯物辩证法通过发展的、运动的、普遍联系的、对立统一的方法运用，研究分析和妥善解决现实环境问题。环境教育诸多问题涉及事物之间的对立统一和普遍联系规律，人与自然是相互作用、相互促进、相互联系的物质、信息和能量交换过程，环境演变、人类进化和环境教育深入发展，经历了从唯心

① [英]John Huckle, Stephen Sterling:《可持续发展教育》，王民等译，中国轻工业出版社 2002 年 2 月第 1 版，第 291 页。

到唯物、从盲从到辩证的长期发展历程。马克思主义唯物辩证法作为研究环境教育的最根本方法，对于揭示环境教育内在本质，改善人与自然和谐关系，必将起到积极的推动作用。

二、环境伦理教育的概念内涵、基本原则和道德规范教育

（一）环境伦理教育的概念内涵

环境伦理教育作为环境伦理的传播弘扬过程，是一个“生态人格”的塑造过程，是一个认识价值和澄清概念的教育过程，是素质教育和人格教育、社会教育和全民教育、继续教育和终身教育的有机统一体。它有利于养成尊重环境知识和环境法规的伦理精神，是解决环境问题必不可少的重要环节。通过环境伦理教育提高公民环境素养，是解决人类生存困境的道德基础，在更深层意义上，环境伦理教育作为德育教育一个重要范畴，有利于提高受教育者的环境意识，帮助人们形成正确的伦理判断能力和环境价值观，理解保护地球资源的义务和提高环境质量的责任，在维护人类与环境和谐同时，实现人类社会的科学发展，在促进人的全面发展、加强环境保护实践、实施可持续发展和生态文明建设中具有独特的重要地位，是全人类共同应对环境危机的紧迫任务。

环境伦理教育是改变人生观、价值观和世界观，促使环境伦理原则、环境道德规范和环境价值准则向个人道德品质转化的最有效教育途径，是塑造环境伦理精神品格的根本教育措施，人与自然协同进化是环境伦理教育的基本原则，尊重自然环境的存在权利和潜在价值是环境伦理教育的基本立场。环境管理水平的高低、环境行为的合理性、环境伦理道德观念的认同感，都取决于环境伦理教育能否有序开展。为了提高环境素养，环境伦理教育不应墨守成规，不能通过“洗脑”式教育来固定思维定势，要帮助人们学会思考，端正环境态度，理解自身存在的价值意义，培养创造性思维和批判性思维，选择恰当的环境价值观，谨慎做出应对决策，采取正确行动，妥善解决环境破坏问题。

环境价值观和态度培养包括两方面，一是形成正确的价值判断，充分认识生存环境对社会生活和经济发展的重要价值，环境与人类的和谐共生关系，能激发人们尊重自然、热爱自然、节约资源、关爱生命的美好愿望，增强预防和解决环境污染和资源破坏问题的紧迫感。二是建立正确的环境道德规范，制定环境伦理道德准则，在日常生产生活和环境决策过程中，自觉抵制各种有损环境质量的行为方式，正确处理好保护环境与经济社会发展的关系，树立可持续发展理念，形成良好的环境价值观和环境态度，主动维护整个地球生态系统的健康稳定。

（二）环境伦理教育基本原则

环境伦理教育基本原则，就是正确处理人与自然和谐关系、协调人与生存环境利益关系的基本行为准则，这是环境伦理的核心组成部分，是环境伦理规范确立的

根本依据，也是与其他社会伦理和价值观相互区别的重要标志，具有普遍的价值指导性和道德约束力，集中体现了环境伦理学着重调整的最基本道德关系，是指导人类环境伦理行为的行动指南和基本纲领。

1. 环境伦理教育原则确立的四个客观依据

(1) 充分体现人与自然和谐。人与自然和谐统一是新时期环境保护的根本出发点和最终目的，准确把握自然规律，合理调整环境道德主体之间和谐关系，积极发挥人的主观能动性，自觉承担保护环境的责任和义务，是协调人与自然可持续发展的最基本认识。

(2) 充分体现人与自然长远发展的根本利益。人与自然之间物质交换、能量流动和信息传递日益增多，现代科学技术和生产生活方式对自然的影响日益加大，必须正确处理自然进化与社会发展和文明进步的良性互动关系，强调人与自然生态环境的相互依存，消除人与自然的矛盾冲突，妥善解决好经济社会发展和环境保护并重的问题。“道德在事实上都必然表现为一个自然的演进过程。道德只有作为一个自然史的过程，道德才能被我们真正理解”①。在自然的发展演变进程中正确把握人类本质，实现人类活动的目的性与自然运行规律的和谐共生、持续进化，这是环境伦理道德拓展的必然要求。

(3) 充分体现人类利益与自然利益的一致性。权衡人与自然利益的先后顺序，基本优先原则是生存需求高于基本需要、基本需要高于非基本需要、整体利益高于局部利益、物种利益高于个体利益，要以保障自然根本利益为切入点，调节人与自然的利益一致性，人与自然协调发展是环境伦理道德拓展的最重要任务。

(4) 充分体现环境伦理的独特性。不同伦理原则决定不同的伦理道德规范，环境伦理是伦理学科的重要内容，社会伦理、经济伦理、文化伦理、人际伦理都存在不同侧重点和调整对象，环境伦理教育要突出显著表征，充分体现环境道德关系根本特征，引导人们自觉处理好人与自然的道德关系，提高人类维护自然、保护环境的行动自觉性，指明人类环境道德行为规范的努力方向。

2. 环境伦理教育基本原则

(1) 可持续性原则

世界环境与发展委员会在《我们共同的未来》中，将可持续发展定义为“既满足当代人的需要，又不对后代人满足其需要的能力构成危害的发展”②。可持续发展是环境伦理内涵的集中体现，是实施环境伦理行为的出发点。可持续发展强调尊重自然，核心理念是既符合人类持续发展的主观愿望，又遵循自然生态环境客观规律的新型人与自然观。当今世界是普遍联系的道德共同体，经济社会发展和文明程度提高相辅相成，人与自然之间普遍联系的环境伦理观，要求确立

① 郑惠子：《走向自然的伦理》，人民出版社 2006 年版，第 32 页。

② 世界环境与发展委员会：《我们共同的未来》，王之佳等译，世界知识出版社 1989 年版，第 19 页。

整体性意识，清醒认识人离开自然环境支持不可能独立存在，整个生态系统是人与自然环境各个要素、各组成部分和结构层次相互作用、相互依赖、相互影响、共同进化的结果。实现人与自然环境系统共存共生，必须充分考虑生态系统的整体协调，依赖人类主体道德的作用发挥，自觉约束人类的环境道德行为，可持续性是评价环境伦理观念和行为模式的内在要求。

（2）系统性原则

环境是一个有机的综合整体，任何一种环境因素变化，都会引起整个生态系统的连锁反应和环境改变。为了有效揭示当前行为与未来环保效果的永久性联系，无论是提升环境意识，还是加深对环境的理解，或是培养解决环境问题的实践技能，都依赖教学过程中各个环境伦理教育要素的综合解读。要教育学生认识环境问题的复杂性、严重后果和困难所在，教育学生充分认识环境问题的社会性，在环境伦理教育过程中注重与环境自然科学契合，站在处理社会复杂问题的角度，全面理解审美、社会、经济、政治、历史和文化的多因素综合作用，帮助受教育者提高解决问题的社会决策能力和明智采取行动的伦理判断能力，最终实现综合素质提高的教育目标。

（3）道德性原则

环境伦理教育的根本目的是提高保护环境、改善环境质量的道德感和责任心，端正对待环境的态度，培育善待自然、爱护环境的情感。要树立“整体上认识环境”的理念，形成对环境伦理理论和实践行动的整体性认识，在环境知识和技能学习基础上，加深对当今世界主要环境问题的伦理理解，发展对环境意识的认识，树立正确的环境价值观和环境态度，在充分尊重道德价值观念基础上保护好环境。环境伦理教育注重环境道德素质培养，这是环保活动的出发点和前提条件，环境美德是人类应当具备的品格特征、行为习惯和基本道德素养，友好对待自然事物的伦理意识直接反映出行为主体的良好道德品质。人们必须树立正确的环境价值观，具备基本的环境素质和道德修养，理性思索对环境可能造成的不利影响，以高度负责任的道德态度，确保个人利益服从集体利益、局部利益服从整体利益、眼前利益服从长远利益，在此基础上加强国际协作，建立保护环境新秩序。

（4）优先性原则

现代科技发展将整个人类社会紧密联系在一起，地球生态系统成为一个休戚与共的利益共同体，科技进步和社会生产力迅猛发展，迫切需要增强环境伦理道德的有效保障。为了维护地球生态环境，避免人类遭受严重的环境威胁，环境伦理教育必须培养受教育者树立正确的科技伦理，在大力发展社会生产力同时，提高民众的环境道德素质，树立高尚的环境责任感，正确理解环境价值和道德规范，积极鼓励人们加强自我约束，摒弃单纯追求经济利益的短视行为，竭尽全力避免盲目追求经济效益对生态环境产生严重危害，将环境不利影响降低到最小，共同追求最大的环境权益和人类社会生存愿望。

(5) 平等性原则

传统伦理道德处理人与人之间复杂关系的必备前提是平等原则，环境伦理体系正确处理人与自然之间复杂关系也要坚持平等原则。平等原则主要体现在认知态度和行为能力，这是道德主体在精神追求、内在品格和责任伦理上的内在原动力。环境伦理观作为传统伦理道德的延伸和拓展，是符合时代要求和生态规律的新型道德观，平等性原则强调在人与人平等基础上的人与自然平等、人与整个自然生态系统平等。环境伦理教育旨在培养人类成为具有主动环保意识的"道德代言人"，平等关怀和尊重自然界每一个拥有自身内在价值的道德主体，道德关怀的平等原则不能局限于人类内部，随着道德意识提高、道德能力拓展和道德关怀范围扩大，人类的道德责任不断增强，只有平等对待自然，善待自然万物，以实际行动展现对大自然的尊重、敬畏和爱护，作为统一生命共同体的整个生态系统才能更好发展延续。

1) 人与人的平等

环境伦理观主张摒弃"个人中心主义"，不单纯以自我为中心。人类的发展权利以整体生存利益和社会进步为依据，个人生存发展不应妨害其他人的利益诉求，环境伦理道德追求人类平等，包括代内平等和代际平等，这是真正意义上尊重他人及子孙后代享有适宜环境权利的平等。1986 年 10 月日本律师联合会在《关于确立自然保护权利的宣言》中明确提出，"自然享有权"要遵循平等原则，"人生来拥有平等地享受自然恩惠的权利"①。决不允许对自然进行垄断性破坏使用。

① 代内平等

代内平等体现了全球人类的共同利益。当代人在利用自然资源、维系生态平衡、满足自身需求时，必须保证机会均等、权利均等。不论国别、地域、经济社会发达程度、种族、肤色、性别、年龄、智力水平、健康状况和贫富差距，人人享有不对他人构成危害的自由发展平等权利。在实际社会生活中，发达国家与发展中国家之间、国家内部不同社会阶层之间贫富差距悬殊，严重阻碍了社会政治经济文化的平衡发展，人与人之间平等生存发展的环境伦理并没有真正实现，代内不平等现象十分严重。

② 代际平等

代际平等是在环境伦理代内平等基础之上，着眼于子孙后代长远发展的人类平等权利。当代人享有合理利用环境资源、追求安逸舒适清洁生活的正当权利，这种正当诉求对于子孙后代同样必不可少。当代人必须自觉养成环境伦理道德意识，绝不能目光短浅、片面追求自身享乐需求而"吃祖宗饭、断子孙路"。不仅要安排好当前发展，还要为子孙后代着想，为未来发展创造更好的条件。汉斯·约纳斯在《责任原理——对科学技术文明的一种伦理学尝试》中强调，伦理学的责任原理

① 韩立新:《环境价值论》，云南人民出版社 2005 年 4 月第 1 版，第 143-144 页。

必须摆脱相互收益的权利概念，避免产生“迄今为止未来为我们做了什么？未来能否尊重我们的权利?”之类的伦理困惑。不可再生资源过多消耗，环境严重破坏和生态危机频发，必将破坏自然环境的可再生能力和自净能力，最终超出环境承载力极限，导致整个地球生态系统崩溃。当代人的道德责任感和使命感要维护生态系统良性运转，既满足自身环境权益又保障子孙后代生存发展的权利。

联合国《世界自然资源保护大纲》提醒人类牢记，“地球并不是我们祖先遗留给我们的，而是属于我们的后代”。人类历史是一个不断进化的生态史，人类延续取决于环境伦理进化历程，这是维系人类种群延续普遍遵守的道德原则。通过环境伦理教育应使世人认识到，我们不是从父母那里继承了地球，而是从子孙后代那里借来了地球，为了保护地球永续存在、人类世代繁衍和子孙后代长远利益，当代人必须寻求代际平等的环境伦理，纠正不合理消费观念和资源无偿利用的狭隘意识，理性避免过度消费，留给后代人一个生机盎然的生存空间。

2）人与自然的平等

现代环境伦理观倡导人与自然和谐发展，主张摒弃“人类中心主义”。“人类中心主义”必然导致人与自然之间的不平等关系，造成人与自然不和谐，加重对自然的掠夺和破坏，引发全球性环境灾难和生态危机。人与自然平等是环境文明新的体现，要克服“人类沙文主义”，认识到人类利益与整体自然系统有机衔接，将道德关注对象由人类扩展到整个自然界，赋予自然平等的道德地位，将人类利益纳入整体利益平等对待，审慎考虑人类活动对环境可能产生的不良影响，避免由于无知或漠不关心，对人类幸福生活所依赖的地球环境造成无法挽回的严重损害。当然，考虑自然整体利益并不意味要放弃或否定人类自身合理利益追求，也不否认人类主观能动性发挥，而是突出人类关爱自然的主动意识，确立人与自然平等的道德地位和道德权利，增进人类自觉维护生态平衡的决心，在平等基础上充分考虑自然的整体利益及各组成部分的合理利益。

（6）科学性原则

环境伦理教育坚持科学性与综合性、道德性紧密结合的原则，环境问题的解决途径，主要依赖于多学科背景下环境科学系统研究和相互渗透，环境教育涉及解决环境危害问题的相关环保科技知识，主要源自相关学科概括总结的一般性环境科学原理，环境伦理教育提出的价值观培养和意识提高，需要以环境科学知识的传授和运用为基础。恩格斯明确指出，“要确立辩证的同时又是唯物主义的自然观，需要具备数学和自然科学的知识”①。深入研究意识形态领域离不开自然科学体系的有力支撑，环境伦理教育一旦脱离环境科学知识教育，必然陷入空洞的道德说教困境，保护环境、热爱自然、生态平衡将成为一纸空谈，必须注重环境科学知识学习，将提高环境认识与自觉养成环境道德情感有机结合在一起。

① 《马克思恩格斯选集》第3卷，人民出版社1995年版，第349页。

（7）参与性原则

环境伦理教育必须坚持参与性原则。人的思维本质、智力发展与自然界存在着密切联系，环境伦理教育必须理论联系实际，在正确环境伦理观指引下，按照环境道德的规范要求，积极运用环境科技知识，提高保护环境专门技能，通过亲身参与和实践应用，巩固理论知识学习效果，尝试解决人类面临的紧迫环境问题，培养解决实际环境问题的应对能力，真正将环境道德落实到自觉保护环境的实际行动上，“促使个人在特定的现实环境中积极参与问题解决的过程，鼓励主动精神、责任感和为建设更美好的明天而奋斗”①。

（三）环境伦理道德规范教育

道德规范是约束人类道德行为的标准或准则，是随着社会进步逐渐发展演变形成的人类共同生活准则，具有自律性和他律性特征。伦理体系划分为原则规范和价值信仰两个方面，原则规范处于优先考虑地位，在道德教育过程中帮助受教育者明确应该做什么、不应该做什么、应该如何去做，这个教育过程实质上就是对伦理原则和道德规范进行理解诠释，也即“明其理”。在德性培养过程中，对道德规范的理解认同是教育者和受教育者的共同使命，“规范既为行为提供了选择的标准，也为行为提供了判断的标准”②。品德养成是长期的，是习惯性、稳定性、长久性和整体性的心理状态反映，是个体行为在长期遵守或违背道德规范过程中固化下来的行为结果，是已经内化为道德人格或道德个性的道德规范。这种道德人格或道德个性，预示着一个人的品德水平与长期的道德行为相互吻合印证，“品德与道德人格、道德个性是同一概念”③。品德实际上就是道德规范在个体人格和个性上的积淀升华，是道德规范在个人伦理行为的真实体现，是社会外在道德规范的心理内化。

环境伦理道德规范作为特定的环境道德行为准则，是道德规范的特殊表现形式，是传统道德规范的继承、发扬和拓展，是在长期环境实践中逐渐认识、积累、凝炼和升华的。环境伦理道德规范是环境伦理道德的主要表现形式，是调整和约束人类环境伦理道德行为的独特社会规范，也是特定社会历史阶段环境道德行为选择和评价的重要依据，具有客观性、普遍性、制约性和相关性特征。环境伦理道德规范体现了不同生活背景下，人类经过长期道德实践过程形成的环境伦理道德行为模式，是环境道德原则的具体化体现，通过约定俗成的行为习惯、道德观念和风俗传统长时间延续下来。不同时期社会经济发展状况，反映了不同时代生产生活方式和社会组织形式，对环境伦理意识和伦理道德关系产生了深刻影响。环境伦理道德规范形成具有历史必然性，既符合环境伦理道德发展演化的客观规律，也符

---

① 联合国教科文组织、联合国环境规划署：《第比利斯政府间环境教育会议宣言》，中华人民共和国环境保护部宣教文献专栏。

② 杨国荣：《教育的使命》，载《新华文摘》，2011 年第 24 期，第 111 页。

③ 王海明：《关于品德的几个难题》，载《新华文摘》，2010 年第 1 期，第 123 页。

合人类在特定历史时期的经济发展水平、物质生活条件和社会文明程度。

环境伦理道德规范是环境伦理道德体系的重要内容和行为约束，通过对环境伦理道德基本原则的意义体现和具体表达，逐步形成具有明确道德约束力的环境行为范式，通过特定的伦理规则和制度约束，调整人类关于环境行为普遍遵守的善恶标准。道德的制约力量有内在制约与外在制约的区别，“真正意义上的德行就是一种内在的制约力量”①。

环境伦理道德规范具有普遍的指导意义，是对不同社会发展阶段环境伦理道德本质特征和内在联系的必然反映和集中阐释，作为评价环境伦理道德行为善恶的标准，是全体社会成员必须遵守的普适性行为准则，是指导人们在日常环境行为和环境实践活动过程中接受道德舆论监督的外在制约力和内在引导力。

1. 善待自然的环境伦理道德规范

善待自然的环境伦理道德规范长期存在“关系说”和“规范说”两类倾向性观点，“关系说”主张环境伦理主要研究人与自然的伦理关系，强调对伦理关系展开深度认知。“规范说”主张环境伦理主要研究人对待地球上各类生物、非生物和整个自然生态系统的道德态度和行为规范，强调人对待自然的规范性认识和道德行为范式。两者都承认人与自然之间存在重要的伦理行为规范，都主张把伦理道德扩展到自然界，利用伦理道德规范来善待自然，合理调节人与自然的伦理关系，这也是环境伦理区别于传统人际伦理的根本特征。

刘湘溶教授认为人与自然应该保持共容、共存、共生的和谐关系，人类要始终对自然保持感激之心、忏悔之心、敬畏之心、谦恭之心，感激自然为人类生存提供必要的物质生活基础。人类要忏悔因为狂妄无知对自然造成严重伤害，要敬畏自然法则，遵循自然规律，尊重世间万物，时刻克制人类的自私自利欲望。

罗夫·沃德·埃默森在《自然》中形象描绘了自然界的美丽神奇，表达了对自然的向往和挚爱，“喜爱自然的人是那些身心内外仍然真诚地对待彼此的人”②，自然是人类生存发展的物质基础和精神依托，自然的内在价值是最高层次的价值体现，是不依赖于人类主观评价独立存在的固有本性。在妥善处理人与自然的道德实践时，必须树立热爱自然的环境伦理道德意识，自觉维持人与自然的和谐共生关系，尊重自然界客观存在的基本权利，主动把人与自然环境的利益关系提高到伦理道德的高度来认识，将自然界的整体利益作为追求的最高利益，主动保持自然环境系统内在的动态平衡，这是人类对待自然的理性行为和最基本原则。

人与自然生态系统的最终价值体现的是共生和延续，这是“人与环境的伦理道德关系的第一个‘应该’，也是人类代替自然环境利益作出的必需的道德行为选择

① 贾新奇：《公民伦理教育的基础与方法》，北京师范大学出版社 2007 年 11 月第 1 版，第 2 页。

② 廖红、[美]克里斯·郎革：《美国环境管理的历史与发展》，中国环境科学出版社 2006 年 2 月第 1 版，第 68 页。

之一”①。全新的生态价值观是环境伦理学的理论基础，自觉尊重自然环境的内在权利是保障人类生存权利的根本之道，是人类传统道德的本质提升，人类对自然的敬畏和热爱是具有强烈道德意义的环保行动内因，环境伦理道德得到普遍遵循的理想目标，是人类和自然界成为共同受益的“道德共同体”。

只有当人类追求和热爱自然美，内心充满对山川河流、森林草原、花鸟鱼虫、四时更迭的挚爱和容融，人类的道德情操才会得到升华和提高，产生自觉关爱自然、保护自然生态的良好愿望，才会对破坏自然、危害生态安全的无良行为和思想意识产生强烈愤慨，自发担当“道德代言人”角色，积极将伦理关系扩展到广义的人与自然伦理，抵制有损自然平衡、破坏生态系统、忽视自然万物生存权利的霸权行为，才会形成亲近自然、避免环境污染、合理开发利用自然资源、维持人际道德与生态道德相互统一的主观意志，坚决同各种危害自然的行为进行斗争。没有大自然就没有人类的一切，要像对待母亲一样尊重和感激大地母亲，真诚感谢大自然为人类提供了生存发展的宝贵根基。只有当人正确处理好人与自然的伦理关系，清醒认识环境伦理道德的本质、起源、社会影响和发展过程，对环境道德行为和品德修养有了正确选择，并自觉以此来指导环境伦理实践，才能真正获得自由，成为人和环境有机结合的道德自由人，人类的一切所作所为才能时刻维护好与自然环境休戚与共、唇齿相依的紧密联系。

2. 可持续发展的环境伦理道德规范

作为维系人类与生存环境协调发展的基本道德准则，环境伦理道德规范必须由外在的道德约束内化为自觉的道德良心。人类生活在地球上，与大自然和睦相处，必须树立可持续发展观念，将人类发展进化和自然环境发展演变有机结合在一起，在自然可能的承载能力范围内，关注其他物种的生存和发展需求，努力实现不损害后代和其他物种生存权益的可持续发展。要时刻预防人类行为对自然界造成损害，尊重和保护不同生命形态的特殊生境，在合理改善人类生活质量和适度开发利用环境资源时，自觉降低对各类不可再生资源的过度消耗，保护可再生资源的持续利用，杜绝贪欲本性驱使下的道德失范行为，遵循环境伦理规范对生态系统的保护义务和道德责任，有效避免人与自然环境的矛盾冲突。

自然界是人类赖以生存和发展的基础，保护自然实际上就是造福人类。尊重自然规律就必须充分考虑自然承受能力，决不能对自然只索取不保护。经济发展并不必然代表公平正义和道德进步，彰显道德必须在科学发展观指引下，实现均衡协调的可持续发展。为了践行可持续发展的环境保护策略，需要主动改变生产生活方式和行为习惯，倡导持久节俭地利用地球资源，最大限度减少污染物排放，克服过度消费和浪费资源的不道德行为，提高资源利用效益，采取全社会协调行动，实现经济发展、人口增长、资源利用和环境保护的可持续发展。

---

① 邝福光：《环境伦理学教程》，中国环境科学出版社 2006 年 8 月修订版，第 118 页。

3. 自觉保护环境安全的环境伦理道德规范

全世界必须高度重视“可持续安全”问题，可持续安全强调“国家生存的安全环境与生态环境的统一性”①，在一定程度上，可持续安全比可持续发展更重要。目前环境恶化和生态破坏已成为全球范围的严峻危机，整个地球生态系统面临严峻挑战，严重威胁着地球环境安全和人类健康生存，“环境安全已成为当代国际关系中的一项重要议题”②。广泛涉及社会、经济、贸易、政治、外交和军事、国防各个领域。仅以有效防控核安全为例，2012 年 3 月韩国首尔召开第二届核安全峰会，目的是加强全球对核物质的国际化管理，努力打造“无核世界”。美国和俄罗斯是拥有核武器最多的国家，拥有的核武器足以将整个地球毁灭很多次，全球共有约2 万枚核弹头，威胁程度相当于全球每个人头上顶着 3 吨炸药，民众对核安全和核恐怖的担忧与日俱增。此外，全球拥有核电站近 500 座，美国、法国、日本、俄罗斯和英国是 30 个核电国家中拥有核电站最多的国家，日本大地震引发福岛第一核电站爆炸和放射性物质泄漏事件，核污染持续时间之长、破坏力之强、影响范围之广、对生态环境污染之大，给人类带来了难以预计的潜在威胁，再次引起全球对核能安全利用的深度担忧。

环境安全是国家安全的重要组成部分，已经成为社会公众关注的焦点，生态危机难以有效化解，一旦环境破坏和资源消耗造成不可逆转的大范围蔓延，人类生存就会受到极大挑战，严重的社会失衡和国家动荡将趋于激化。生存困境促使人们深刻反省人与自然相互依存和制约的共生关系，反思政治经济制度、生产生活方式与生态文明价值观之间的尖锐冲突。勇于担当的环境保护意识和自觉奉献的献身精神，成为环境伦理的首要追求目标和维护全球生态平衡的迫切需要。

三、环境教育与环境伦理教育的内在联系

英国教育学家艾沃·古德森关注教育变迁理论，注重在教育变迁改革过程中，重新审视个人道德如何积极发挥作用，他认为随着市场经济逐步深入，解决社会问题、道德问题和环境问题变得越来越重要，环境教育与社会道德教育密切衔接具有重要历史意义，建立更加成功的环境伦理教育已为时不远。

环境教育是实现全球可持续发展的基本力量，转变环境道德观念是改善人与自然和谐关系的重要基础。环境教育的历史使命是对教育进行重新定向，实现教育的“绿化”或“生态化”，“对可持续性新环境道德的传播成为教育的一个必不可少

① 刘江永：《可持续安全的战略建构》，载《新华文摘》，2011 年第 21 期，第 9-10 页。

② 邝福光：《环境伦理学教程》，中国环境科学出版社 2006 年 8 月修订版，第 193-194 页。

的维度和要素"[①]。环境价值观和环境意识、情感和态度是环境教育追求的伦理目标，环境教育作为反映地球生态系统发展变化的独特教育形式，要求赋予人们解决环境问题的技能和态度，使受教育者遵循正当的伦理要求，主动改善生活环境。

1970 年美国内华达环境会议已经认识到环境教育具有伦理教化作用，正确处理人类与环境关系涉及价值观培养问题，文化价值观和伦理自我约束与人类对待环境的态度息息相关，在掌握技能基础上的环境价值观念和行为态度转变是伦理道德教育首要任务。

1972 年《人类环境宣言》对环境教育的跨学科特性和教育性质、对象和意义进行界定，强调环境教育对全体民众具有普遍的伦理教化意义。斯德哥尔摩环境会议认为从根本上遏制环境问题需要具备较强的环境意识，环境教育在提高人们的环境意识方面发挥了积极作用。

1975 年贝尔格莱德会议要求环境教育不仅提供科技知识学习，还要注重培养环境态度和价值观念。1977 年第比利斯会议提出环境教育重要目标是"提供机会让每个人拥有环境及改进环境所需要的知识、价值、态度、承诺及技术"[②]。从贝尔格莱德和第比利斯会议的环境教育内涵阐述可以看出，环境教育有助于树立环境道德感，提高环境保护意识，形成关爱环境的价值观和行为动机。第比利斯会议强调环境教育五个具体目标时就涉及环境伦理教育，知识目标要求获得对环境的丰富体验和基本理解；意识目标要求形成对环境的感受能力；技能目标要求获得识别和解决环境问题的有效技能；态度目标要求形成系统的环境价值观，获得参与环境保护的思想动力；参与目标要求获得积极参与环境问题解决的机会。

卢卡斯强调实现环境教育总体目标依赖三阶段模式的综合运用，更取决于个体环境素质的综合发展。环境教育三阶段模式分别对应着知识、技能和价值观三个内容维度，主要参与的三种个性元素分别是知识架构、经验感悟和伦理精神，实证主义、解释主义和社会批判理论是环境教育的三种哲学方法论，环境知识教育、环境技能培养、环境伦理教育分别对应着三种主要教育类别。

环境本身是行之有效的宝贵教育资源，可以提供真实场景，帮助完成亲身体验、主动探究、情感熏陶和伦理升华的教育全过程，发掘环境合作的参与技能，激发热爱环境的道德情操，最终形成正确价值观和行为模式。"关于环境的教育"是初级阶段，目的是了解和掌握关于环境的相关知识、技能和综合信息，理解人类与自然环境复杂的互动联系，树立整体系统性观念，认识各环境子系统、各环境要素、各微观组成部分具有紧密关联性，自觉将环境视为与人类统一的有机共同体。"在环

① ［英］Joy A. Palmer：《21 世纪的环境教育——理论、实践、进展与前景》，田青、刘丰译，中国轻工业出版社 2002 年版，第 1 页译者序。

② 刘湘溶、朱翔：《生态文明——人类可持续发展的必由之路》，湖南师范大学出版社 2003 年 10 月第 1 版，第 441 页。

境中的教育”是强化实施阶段和亲身实践过程。通过提供实际接触环境的体验式感性认识，激发人们认识理解环境、关心环境的主动意识，获得深度关怀区域环境和整个生态系统的知识、信息、技能、态度、情感和道德伦理，以此为根本出发点培育朴实的环境伦理道德。“为了环境的教育”是升华阶段，引导人们利用已掌握的环境知识、信息和技能，探索环境污染问题和生态危机解决方案，培养保护环境的态度观念、道德情感和价值观取向，获得正确的环境伦理思维和行为准则，主动承担保护环境的伦理意识和道德责任。

在卢卡斯三阶段教育论基础上，帕尔默和尼尔提出改进环境教育的综合模式，重新解释环境教育各个组成结构的相互关系和新环境教育课程设计理念，目的在于扩大理论模型的实践应用范围，促使受教育者增进对环境知识理解，提高解决环境问题实际技能，转变环境伦理价值观。

伦敦大学学校考试委员会在哈特福德郡模式 2 中，明确提出 A 级环境学习大纲中关于两年制环境教育课程的具体教学目标和教学任务，建议学生广泛参与田野调查和实验室活动，通过亲身参与正确识别各环境构成因素的相互关系，正确评价如何控制对环境的影响和起导向作用的价值观念。哈罗德·亨格福特在制定课程开发目标时注意到，“对环境的敏感是环境教育的首要的必不可少的目标”①，环境教育要帮助公民掌握环境知识，对多种可供选择的环境调查进行评价，愿意参与改善环境质量，形成个人的环境伦理，成为“维系生活质量与环境质量之间的动态平衡的富有能力和恒心的公民”②。在追求环境意识发展过程中，要从生态和文化角度分析不同的价值观念，明确个人价值澄清在环境决策中的重要影响，掌握对特定环境问题的价值识别能力，提升负责任的公众参与能力。

全国环境保护系统宣传教育工作会议指出，环境意识包括知识、态度、观念和行动因素，加强环境教育必须了解环境问题复杂性，获取环境知识和技能，培养环境价值观和态度，负责任地参与环保行动。罗国杰呼吁开展保护环境教育，通过培育环境道德形成强大的内心信念和社会舆论，为实现社会可持续发展不断提高思想道德素质。许嘉琳提倡通过环境教育，“培养学生具有以‘人与环境’、‘人与人’之间和谐发展为基础的环境道德、环境伦理、环境价值观”③。邝福光认为“环境道德教育是环境教育的最高层次，是实现其他环境教育的根本措施和保证”④。黄宇认为环境教育“学习许多知识和技能、形成能力和价值观，理解持续保护地球资源

① 黄宇、田青、郭玉峰：《学校中的环境教育——计划与实施》，化学工业出版社 2003 年版，第 139-140 页。

② 杜亮：《国外绿色教育简述：思想与实践》，2011 年 4 月 19 日石景山教育委员会绿色教育专栏。

③ 吴继霞：《当代环境管理的理念建构》，中国人民大学出版社 2003 年 12 月第 1 版，第 242 页。

④ 邝福光：《环境伦理学教程》，中国环境科学出版社 2006 年 8 月修订版，第 194 页。

的义务和保持环境质量的责任"①。高军侠主张环境教育可以"养成保护环境的道德责任感,形成正确的环境价值观和态度"②。王国聘认为环境伦理学是环境教育的基础,环境伦理教育为环境教育确立了价值定位,通过对各种环境行为进行道德评价,教育引导人们遵守政治、经济和法律的外在约束,追求环境伦理知识、环境道德意识、环境素养内涵提升,养成对环境负责任的行为习惯。马桂新主张环境教育是面向正规教育和非正规教育的普及教育,本质是环境伦理道德教育,终极目标是树立环境道德,正确处理人与自然的关系。加强环境教育学科建设,一是改变人们对待自然环境的情感、态度、价值观,重建人类文化形态;二是提升人类综合素质,与自然协同进化、和谐发展;三是改变人类生产生活和行为方式,发展生态文明。

综上所述,环境灾难和生态危机日益严峻,人们对环境的关注度普遍提升,环境伦理教育不仅是环境教育的重要组成部分,更是环境教育的核心教育目标。环境教育就是通过各种教育形式,提供环境基础科学知识,发展正确的环境意识,培养环保社会责任感和使命感,运用环境技能参与解决实际环境问题。环境教育的成败关键在于"树立促进和保护环境的道德感和责任感,形成正确的环境价值观和态度"③,最终形成正确的环保决策和行动意愿。提高环境质量、妥善解决环境问题、澄清环境伦理、培养环境价值观是环境教育的重要目标。环境教育大致包括认知、技能和情感三个领域,环境态度和价值观教育着眼于情感领域的最高层次,树立环境价值观,构建环境伦理价值体系,养成稳定友好的环境世界观。

环境教育作为促进环境知识探求,发展环境价值判断和形成环境伦理道德的重要教育过程,可以正确理解人与环境的和谐关系,提高环境意识,在环境实践中妥善解决具体环境问题。健康的环境意识是客观反映人与整个生态环境和谐可持续发展的新型价值观念,是人与自然之间各种复杂关系投射到社会思想、情感、理念、意志和伦理道德上的集中体现,是人类正确认识人与自然环境内在联系的伦理觉醒,是 21 世纪全体公民必备的基本素质,是提高环境素质的首要组成因素,也是培养具有环境意识的地球公民的根本保障。

环境伦理教育与环境教育具有"同质异构"的本质联系,两者既有区别又相互联系。环境教育是有效实现环境保护目标的一种教育形式,是证明环境价值和澄清概念的认识过程,是培养正确理解和评价人与环境相互关系所必需的技能和态度的一个训练过程。环境伦理教育既具有环境教育一般性质,又蕴含着伦理道德教育的特有属性和教育功能。环境教育过程和教育制度的生态伦理转向,是环境教育的重要目标和主要内容,也是环境伦理教育的本质内涵。"环境道德教育是包

① 黄宇、田青、郭玉峰:《学校中的环境教育——计划与实施》,化学工业出版社 2003 年 8 月第 1 版,第 3 页。

② 高军侠:《浅析高校大学生环境素质教育》,载《环境教育》,2011 年 10 月总第 136 期,第 59 页。

③ 徐辉、祝怀新:《国际环境教育的理论与实践》,人民教育出版社 1998 年版,第 33 页。

容在环境教育中、伴随着环境教育成长的、培养生态伦理价值观的教育”①。随着环境教育内涵和外延不断扩展，环境伦理教育日益凸显，成为推动环境教育发展的重要组成部分。

环境教育强调重视环境知识传授功能，更强调对环境伦理的再认识，目标定位是系统掌握环境科学知识和养成环境自觉意识并重，进而“培养受教育者的正确的环境伦理道德观、环境价值观，从而形成有益于环境的行为模式”②。环境教育发展趋势是伦理转向教育，更注重在知识积累基础之上的环境综合素质发展，从单纯的环境污染与防治知识传授，转向更深层次的环境价值观和世界观教育，转变对待大自然的态度，端正保护和改善环境的动机，树立全新的环境伦理观念，获得正确对待自然世界的审美观、伦理道德和文化价值取向，最终达到培养和提高受教育者综合环境素质的目标。

① 曾建平：《寻归绿色——环境道德教育》，人民出版社 2004 年 5 月第 1 版，第 240 页。

② 朱长林、楼振华、沈爱忠：《小学环境素质教育》，中国环境科学出版社 2003 年 2 月第 1 版，序。

第三章 环境伦理与道德教育的研究启示

第一节 环境伦理研究主要流派

环境伦理研究兴起于20世纪60年代，自70年代逐步发展成新的学科领域。环境伦理学不应简单视为传统伦理学一个应用分支，作为区别于传统伦理学独立存在的学科研究领域，独特标志是《环境伦理学和生态哲学》等有代表性的学术期刊纷纷创立；许多哲学杂志开始刊登有关非人类物种和自然界拥有道德权利的理论文章；环境伦理相关的课程和教科书大量出现；1996年罗尔斯顿就详细列出60多本环境伦理学研究著作、教材和文集清单。环境伦理理论体系的建立、发展和完善，有效拓展了传统伦理学思维空间和研究视域，成为当代应用伦理学重要组成部分，与经济伦理学、生命伦理学公认为应用伦理学三个主要学科领域。

一、人类中心主义

人类中心主义是近现代西方主流哲学中具有较大影响力和代表性意义的环境伦理理论体系。人类中心主义关注人类福利，为了人类最大总体利益可以支配资源，以人类为中心的环境保护伦理，着眼点是改善自身健康、子孙后代幸福、贫穷人口温饱和环境恶化治理危机，其他物种生存以及对生态环境的价值认同，只有在影响人类福祉时才会引起功利性关注。人类中心主义在西方长期占据支配地位，主要源于日益恶化的环境对人类生活造成不利影响，“人类中心主义基础有四个：人类健康、资源利用效率、生命支持和人的身心恢复”①。

人类中心主义核心思想根源是人与自然二元对立，人位于自然界中心地位，人是自然界的价值主体，人能够主宰自然，人是唯一具有内在价值的自然界存在物，人是一切价值的主体、创造者和承担者，征服自然界是实现人生目标的手段，是实现人生价值的必由之路。自然界没有内在价值，是无生命的僵化存在，人对自然具有统治支配的权利，环境伦理关注“以人为中心”的利益诉求，自然万物是与“自我”

① [美]伦纳德.奥托兰诺：《环境管理与影响评价》，郭怀成、梅凤乔译，化学工业出版社2004年1月第1版，第2页。

对立的“他我”，生存本身仅是一种可供开发利用的物质资源。

“人类中心主义极端的体现就是17、18世纪从西方的启蒙心态发展出来的世俗的人文主义。”①人类中心主义价值取向有两个盲点，一是忽略了精神性，二是抱有征服自然的态度。科学至上主义泛滥，科技万能论充斥着整个科技界，维护人文精神的“价值理性”被彻底边缘化，“工具理性”对自然界造成严重破坏，已经威胁到人类的生存。西方盛行以笛卡儿为代表的人与自然二元分离论，这种近代自然观建立起人与自然界对立斗争的哲学基础。人是比植物和动物更高级的存在物，人类的灵魂和心灵是精神性的，只有人类拥有心智，拥有思想和理性，人类是真正的价值主体，是自然界最优越最高贵的理性主体，是自然界的绝对统治者。自然界是没有内在价值的客观存在，是被认识、被改造、被开发利用的对象，地球上所有非人类存在物都仅具有机械的物质性，机械论哲学观将人类置于自然之上，人类拥有征服自然并迫使自然为自己服务的天赋权利。

“片面化的人本主义思潮，视‘人’为万物的主宰，整个对象世界仅只是供人取用的资源，从而产生天人相分、主客对立的世界格局。”②这种哲学认识相信，人类利益与自然演化规律彼此对立，实现人类利益必须否定自然界的内在价值，等级区分的工具主义观念表明，低级的物质存在物对高级的精神存在物只具有工具价值和服务本能。康德和黑格尔认为人可以通过实践和外部自然界发生关系，借助征服自然界来满足自己的需要。“天人二分”的思维模式长期误导人们，为了人类福祉驾驭无价值的自然理所应当，所有无主的自然都是人类凭借劳动创造价值的私人财产，只要不危及他人的既得利益，可以随心所欲处置自然界中所有无价值的自然存在物。

环境伦理学界对人类中心主义有不同的理解，其中主要有强势人类中心主义和弱势人类中心主义的划分。强势人类中心主义认为存在两种价值体系，一是工具价值，二是内在价值。只承认人类具有内在价值内涵，否认其他物种和非生命形态具有内在价值，人类保护环境和维护生态平衡是利用自然的工具性价值为人类内在价值提供有益帮助。物种保护的最关键原因不是基于物种的内在价值，物种本身并不享有生存的道德权利。

布莱恩·诺顿创建的弱势人类中心主义主张不能简单建立在纯粹的自我意识上，不能将道德存在物绝对限定在具有自我意识的存在物，要将道德行为能力和道德关怀范围区别开来。试图回避与非人类中心主义直接冲突，避免与非人类中心主义内在价值观彻底决裂，试图改良强势人类中心主义一贯坚持所有非人类存在物只具有绝对工具价值的理念，提倡不要以工具性价值对待所有自然存在物。弱势人类中心主义对简单的价值争论进行变通，以此来弱化人类主体地位，不再把人

① 杜维明:《21世纪儒学面临的五大挑战》，载《新华文摘》，2012年第5期，第34页。

② 陈伯海:《哲学的“终极关怀”》，载《新华文摘》，2012年第17期，第39页。

作为一切事物的价值源泉和宇宙的绝对中心。自然客体的存在价值不仅能满足人的利益,丰富人的精神世界,也能为建构和评价人的价值需要提供基础。诺顿通过转化人类价值观,对人的需求进行必要的限制,自然既具有满足人类需要的直接价值,也具有满足自身存在必要的间接价值或转换价值,在人类转换价值过程中,“一切导致负价值产生,破坏人与自然协调的行为都是不道德的”①。

弱势人类中心主义并没有放弃人类中心主义的价值立场,保护自然存在物实质上是人类利益基础上的价值追求,人类仍然是自然界最高权力体现者。弱势人类中心主义满足人的理性偏好,坚持“非个人主义原则”,强调理性自觉是解决环境问题的根本出发点,要从人的理性偏好出发,约束和限制人的感性偏好。人类需要正确的环境伦理标准来实现环境保护目的,不赞成将人类整体利益还原为个体的感性偏好,不赞成将满足个体感性偏好视为人类内在价值体现,主张人类整体利益相对于个体利益具有优先权,正确处理人类整体和个体之间的平衡,人类整体繁衍是最高价值追求,恰当分配自然资源涉及代内代际公平,正确处理代内和代际公平是满足人整体利益需求的理性偏好。

在环境保护实践活动中,保全(Conservation)和保存(Preservation)代表人类中心主义与非人类中心主义两种主要环境伦理取向。保全是对人类中心主义的改良和矫正,伦理根源倾向于自然的工具价值,保护环境的初衷是“自然环境有用论”,保护目的是为了更好利用,目的理性非常明确。保存代表非人类中心主义立场,保护初衷是遵循自然演化规律,维持自然环境原初状态。保全和保存代表着在森林保护和荒野开发上的不同价值取舍,在实践运动中都明确反对经济利己主义,反对纯粹出于经济目的,无节制地乱砍滥伐或开发利用荒野。

保全的最终目的是保护人类利益,节约自然资源,确保对自然环境长期永续利用。20 世纪初任美国林业局局长的吉福德·平肖是保全主义代表人物,环境保护运动的奠基者和森林有效管理利用的倡导者,倡导保护自然就是为了人类共同利益明智利用自然资源,在精心管理同时对自然资源巧妙加以利用,为了人类及子孙后代获得最佳生存环境,发挥自然资源的最大经济利用效益。美国总统罗斯福支持平肖明智利用的环保理论,科学管理和明智利用自然环境资源,一度成为美国占据主导地位的资源管理思想。这种持续多用途的森林管理理念,反映出合理利用森林的政策倾向,科学管理使用成为具有法律效力的森林保护政策,目的在于消除自然资源的低效率利用,更有效确保联邦政府对公用林地的所有权及商业价值,并没有把森林当做一个以动物为中心的独立生态系统加以管理。

保存的最终目的是为了自然自身利益,维护适宜人类居住和生存的地球。人类要保护好自然环境,维持生物多样性,保持荒野各环境要素完整,不要人为改

① 邝福光:《环境伦理学教程》,中国环境科学出版社 2000 年 3 月第 1 版,2006 年 8 月修订版,第 149 页。

变自然环境本身。环境保护需要注重环境内在价值体现，从维护地球长久可居住性出发，环境哲学倡导的保护精神是最重要的。爱默生在《自然》一书中认为大自然与人类精神体验存在密切联系，是人类的精神家园和想象力源泉，孕育着无穷的精神魅力。梭罗受这种超验主义思潮影响，历经 26 个月的亲身体验，在《沃尔登——林中生活》中记载了与自然亲密接触的生活经历和内心感想，阐述了人在自然中不必运用科学理性来感知人的精神世界，可以通过直观的审美体验，与渗透于自然万物的上帝情感交流，坚信存在一种“超灵”的道德力，弥漫在大自然所有事物之中，主张“毁坏了大自然的面容的人也应被起诉”。约翰·缪尔在 19 世纪 60 年代首次提出大自然拥有天赋权利，倡导进行自然保护和荒野保存。他认为人与自然之间存在神圣的情感联结，动植物和岩石、水流、峡谷等自然物质，不仅具有经济价值，还具有令人珍惜的审美价值、景观价值、艺术价值和娱乐价值，大自然是神圣的人类教堂，是上帝创造出来的生命共同体，毁坏自然在道德上是邪恶可耻的。缪尔的道德价值取向激励他积极投身自然保护运动，通过创设“塞拉俱乐部”，呼吁在约塞米蒂山谷设立国家公园。有些保全主义者认为批准设立约塞米蒂国家公园，是联邦政府出于涵养水源，对圣霍瓦金溪谷地区农业生产有利的功利目的，与以缪尔为首的保存主义者达成妥协一致。但在是否建造赫奇赫奇（Hetch Hetchy）山谷大坝这个代表性事件中，以缪尔为代表的保存主义与以平肖为代表的保全主义进行了针锋相对的斗争，缪尔愤怒地批判那些支持大坝建设的人，指责他们是蔑视自然的“强暴的商业主义信徒”，是不折不扣的“神殿的破坏者”。虽然从 1908 年联邦政府接收建坝申请，到 1913 年美国国会同意建坝，缪尔所代表的保存主义观念最终未能取得胜利，但荒野的内在价值引起广泛关注，人们开始意识到要保护环境资源避免随意破坏。

二、动物解放与动物权利论

（一）动物解放论

彼得·辛格是当代具有广泛影响的伦理哲学家，在实践伦理学领域长期深入研究，以平等尊重为核心原则，呼吁提高动物生存条件，推动动物解放运动，对西方传统伦理观造成严重冲击。辛格批判传统伦理观的局限性，探讨当代实践伦理学新视角，提倡彻底打破人类不平等现状和特权意识，消除人类在种族、性别、年龄、国籍和个性差异上的不平等隔阂，创造性地与动物解放思想密切联系起来，将伦理关怀对象扩大到有感知能力的所有生命。

当时人类根深蒂固的伦理观念是人类享有超出其他物种的独特内在价值，辛格对把动物仅仅当做肉食机器的伦理合理性提出质疑，地球环境之所以正在遭受无法挽回的破坏，根源就在于人类对待环境的错误态度，对待其他非人动物的不公平方式，不允许进行跨物种比较的伦理态度是经不起哲学辩护的。

种族平等和性别平等是人类内部成员关系的合理道德基础，利益平等是人类平等关系的根本性原则，提供了人人平等的恰当哲学基础，但是非人类物种是否也适用于平等原则一直长期困扰着人们。随着人类伦理视野扩展和偏见消除，包括民族、性别、阶级、智力、肤色在内的个体差异，不再成为歧视或者剥削压迫的正当伦理根据，哲学思辨同样在拷问，动物的平等权利是否值得去尊重？

功利主义代表人物边沁认为，应当超越狭隘的人类物种平等观，将对苦乐的感受能力作为平等伦理原则的延伸依据，作为生物拥有平等权益的先决条件。他认为石头、瓦砾等非生命形态没有苦乐感受能力，孩子踢一块石头不会损害石头的利益，但当人类折磨动物个体时，拒绝考虑痛苦感受能力就会失去道德辩护的合理性。人不能因为皮肤黑遭受虐待，也不能因为生来残疾备受歧视，同样，“腿的数量、皮肤绒毛的形式、骶骨终端的形状都不足以作为让一个有感知能力的生命遭受类似厄运的理由”①。边沁不认可用智力来划分道德关怀标准，既然人类种族主义、性别主义等不平等伦理歧视已经废除，将平等原则推广到具有痛苦感受能力和知觉意识的非人类物种，也就顺理成章具备了可行的伦理基础。

辛格的动物解放论吸取了边沁的两大功利主义原则：平等原则和功利原则。

（1）平等原则要求同等对待所有人类个体的利益。辛格把平等原则推广到动物身上，认为仅仅将人的生命视为神圣不可侵犯是物种歧视的典型形态，需要彻底杜绝“物种歧视主义”。辛格同时也承认，对某一道德行为进行衡量的平等原则是“被考虑的平等而不是对待的平等”，平等实际上是“对利益的平等考虑原则”，应该根据利益大小决定道德考虑的重要性。人类和其他非人类动物存在明显的物种差异，这种差异必然带来平等的差异性，平等原则实质上是关心的平等，对不同存在物的平等关心并非绝对的权利平等，将平等原则从一个群体扩展到另一个群体，本性差异决定了平等对待不同群体或物种也存在着差异化原则，人类不能对“平等原则”简单采取一刀切的方式，想当然地假定两者之间拥有完全相同的绝对权利。

（2）功利原则将道德关怀视野扩大到动物界。动物拥有权益的前提条件是苦乐感受能力，这是获得道德关怀的最根本条件，对一个存在物的苦乐感受置之不理是不道德的行为。“感觉能力是关心其他非人类存在物的利益的唯一可靠界限的原因”②。如果存在物不能感受苦乐，也就不可能纳入道德关心范畴，纳入道德考虑范围的决定性因素在于“感受性”——感知苦乐的能力，不取决于是否具备语言或推理等高级思维能力。辛格依据“感受性”论证，尝试拓展人类道德共同体关爱范围，把具有感受能力的动物纳入其中，本意上是“提高动物的道德地位，而决非降低什么人的地位”③。功利主义倾向在哲学思辨上具有致命矛盾和严重缺陷，在呼吁提升动物道德地位同时，忽略了人与动物之间难以逾越的生命本质区别，意外降低

① [美]彼得·辛格：《实践伦理学》，刘莘译，东方出版社 2005 年 9 月第 1 版，第 57 页。

② [美]彼得·辛格：《所有动物都是平等的》，载《哲学译丛》，1994 年第五期。

③ 韩立新：《环境价值论》，云南人民出版社 2005 年 4 月第 1 版，第 77 页。

了感知能力低下或有缺陷人群，尤其是残疾人、智障人、婴幼儿或植物人的生存权益和道德地位。优劣高下的能力主义潜存着道德“滑坡”或“优生主义”的伦理风险，因为感受能力、自我意识和理性思维缺陷，这些人容易引起误解而被无情排除到道德共同体之外。

辛格在《实践伦理学》指出，伦理行为并不要求以传统伦理学关于天堂和地狱的宗教信仰作为支撑，现代实践伦理的源头应该是绝大多数人都应当具有的、对他人和其他物种生命发自内心的仁慈和同情。人类没有虐待和残害动物的权利，无节制地杀害和食用动物以及为了玩乐虐待动物，这些造成动物痛苦的行为都是不道德和不文明的行为。

从善心角度出发提出动物平等，并不代表物种之间存在绝对平等。动物感受苦乐的能力与人类之间存在根本的物种差异，对不同物种感受苦乐能力进行个体差异比较必须持小心谨慎态度。用力拍打马的臀部和用力拍打婴儿的屁股，虽然力道相近，但婴儿遭受的痛苦感要明显大于马的痛苦。由于人自身具有清醒意识，癌症病人与遭受同等命运的动物实验品相比，痛苦感要明显高于其他物种。物种之间感受痛苦的能力存在显著差异，需要理性评判平等权利的实际差异，区别对待并不意味着平等原则不适宜，也不意味着人类的生命价值绝对高于动物的生命价值，伦理内涵应该立足于如何理智减少对动物造成无谓的伤害和痛苦，在满足基本生理需求时彻底改变对待动物的野蛮行径和残忍杀戮。为了维护动物的生存权利，减少对动物造成更大伤害，尽最大可能降低动物遭受的痛苦，辛格提倡人们要适度素食，改变过量食肉的饮食习惯，不要为了口舌之快大量食用动物，通过饮食习惯、生产生活和消费方式改变，在疾病防控、仿生学研究和营养平衡方面寻求有利于动物生存的恰当平衡，避免为了人类较小利益牺牲动物生死攸关的生命权利，最终达到仁慈对待动物的目的。

人类基于人道主义停止虐待动物，不能单纯因为追求经济利益，或仅仅增加感官刺激，肆无忌惮地捕猎动物获取肉食和皮毛制品；不能假借科学实验名义实施惨无人道的动物活体实验；不能出于消遣、娱乐和高消费目的设立狩猎场、动物竞技场、马戏团和皮毛制品交易市场；不能利用高科技手段采用增加动物痛苦的密集养殖方式。动物解放运动得到人们的理解支持，皮毛销售市场受到广泛抵制，狩猎和偷猎行为被美国、澳大利亚、荷兰和英国政府明令禁止，野生保护动物偷猎者因为虐杀动物受到法律严厉制裁的消息屡见报端，瑞典、瑞士和英国等国家还通过法律形式对剥夺动物行动自由的养殖场加以特别限制。

时至今日，值得人类警醒的是，不仅残害和屠杀低级动物的行径仍在进行，就连类人猿和大猩猩这些高级灵长类动物，也因为遭到无情猎杀濒临灭绝。在非洲刚果和喀麦隆地区，基因组成与人类 DNA 有 98.5%相同之处的大猩猩和黑猩猩正在遭受残忍猎杀，被制作成“丛林肉”大量出售。在探讨类人猿享有的基本权利时，L. H. 牛顿和 C. K. 迪林汉姆为类人猿激情辩护，认为类人猿与人类具有极端相似性，仅仅从仁慈对待动物的角度出发，人们也应当坚决停止偷猎行为，保护其生活栖息地不被破坏，按照自身独特的生活规律，在生态系统中稳定地繁衍生息。如同约翰·布朗为美国黑人辩护、劳伦斯为阿拉伯人辩护、反堕胎主义者为未出生孩子辩护、恩格尔哈特为婴幼儿、残疾人、植物人等“准人类”生存权辩护一样，这种人道主义辩护是善良、仁慈、理性和道义的必然体现。约翰·洛克承认对动物的伤害是不道德的错误行径，这种错误并不绝对源于动物的天赋权利，他更倾向于残害动物会对人的心灵产生恶劣影响，人们会因为冷酷无情对同胞缺乏怜悯心或仁慈心。塞尔特认为动物解放运动取决于个人道德潜能的充分发挥，检验人类文明程度的重要标准是拓展同情心或道德认同，对受虐待的动物表示同情，要求善待动物，原因在于“维护动物的权利……是为了人类自己”[①]。仅仅出于保护人类的目的，也应当发自内心地关爱动物，更何况人类文明、民族进步、人性善恶都与动物伦理拓展密切相关，对动物遭受痛苦的感知能力，通过人类的“移情”心理得到直观体验。人类关心动物权利并不会降低人的地位，损害人的正常生存利益，相反可以增进人的伦理直觉，增强人类关爱智障、残疾儿童等弱势群体的道德责任感，拓展人际伦理的思维模式和关怀范围。

（二）动物权利论

美国北卡罗来纳州立大学汤姆·雷根是动物权利论代表人物，承认动物与人一样享有“一种对于生命的天赋权利”，具有天赋价值根源不在于是否禀具理性或具备道德代理者资格，而在于“生命的主体”这一根本地位。他不同意辛格从功利主义角度对动物施加道德关怀，不同意以感觉苦乐能力作为判别动物具有道德地位的唯一依据，他认为人类自身价值体现，关键在于人是能够决定自己生活向度的生命主体，动物与人同样作为生命主体，拥有同等的天赋价值，具有不容侵犯的道德权利。雷根主张某些非人类存在物也拥有道德地位，拥有道德地位的存在物不应仅限于是否拥有意识，所有具有内在价值的存在物都应当成为目的本身，动物所拥有的固有价值不应该被视为满足人类或其他存在物的手段，应当像尊重人的天赋权利一样尊重动物的天赋价值。

雷根对间接义务论、仁慈论和功利主义进行批判和反思。间接义务论是指人类对动物只是负有间接义务，按照契约理论，人类对动物不负有直接责任，不伤害动物只是基于对关心它们处境的主人或其他人负有道德义务。仁慈论是指人类应当关心动物，仁慈对待动物是一种美德，对动物的仁慈举动可以提升人的伦理境界。功利主义的出发点是个体利益如何最大限度超出总体损害，满足个体利益并没有考虑达成目的采取手段是否合理。他认为立足于这三种理论为动物的道德地位辩护都是不成立的，只有从权利拥有者角度理解动物权利，才能摆脱人们固有的

① 张德昭：《深度的人文关怀：环境伦理学的内在价值范畴研究》，中国社会科学出版社 2006 年 5 月第 1 版，第 303 页。

权利意识，在道德原则制约下根本改变对动物的态度，尝试从“生命的体验主体”角度，体会动物所拥有的值得尊重的生命权利。动物权利论者从道义论传统出发，普遍反对狩猎、食用动物、进行动物试验等增加痛苦感的不道德行为，将传统人道主义精神扩展到动物身上，对增强动物保护意识发挥了积极作用。

纳什在《大自然的权利》称赞汤姆·雷根是“唯一能够与彼得·辛格媲美”的动物权利论倡导者，雷根提出的动物权利论，为动物解放和动物权利运动提供了新的道德依据。动物解放和动物权利运动把权利推广到具有内在价值的动物身上，把道德关怀视角从人类中心主义拘泥中摆脱出来，为拓展环境伦理的道德关怀范围作出了重要贡献，“作为建构更为宽广的环境伦理学理论大厦的大师，他们是当之无愧的”①。他们为推进非人类中心主义伦理建构和哲学绿化进程奠定了坚实基础，跨出了从人类中心主义到非人类中心主义的关键一步。

（三）动物解放论和动物权利论伦理反思

动物解放论和权利论将非人类利益和价值定位在感觉能力上，主张动物拥有道德地位，人类对动物负有直接的道德义务，关心动物“福利”符合现代伦理要求，能够感知苦乐的动物具有获得道德关怀的权利，为了满足人类利益迫使动物遭受痛苦是不道德的，这有效扩展了传统人际伦理学思维视野，突破了人类自身“固恋”倾向，为超越人类利己主义提供了更广阔的“道德向度”。但是，将环境伦理限定在动物解放和权利保护范围内的观点也招致了质疑，伦理学界对动物解放和动物权利论的批评主要集中在两个方面。

其一，动物解放和权利论倡导扩展道德共同体，拓展范围仅限于具有感觉能力的高级动物，只有具备足够复杂的神经系统、具有感受苦乐能力的高等动物，才能纳入人类道德关怀范围，没有将道德关怀对象从生态学角度给予更大视域的伦理拓展。那些不具备高级感觉能力的低等动物、植物物种以及无生命感觉的存在物如山川河流，是否不应该得到人类的道德关怀？如果人类日常行动不会影响它们的生存利益，也不会给它们带来痛苦或快乐的直觉感受，人类是否就应该无视它们的存在，将它们排除在环境伦理之外呢？辛格对此也感到迷茫困惑。纳什认为环境伦理处于伦理进化最前沿，试图通过对非人自然物确立道德地位，“把道德范围扩大到非人类动物身上”②，新的伦理拓展阶段决不能止步于非人类动物，不应当是伦理拓展的最后阶段，人类应当超越动物关怀，去拥抱更广阔的大地、高山、岩石和溪流。美国法学家克里斯托弗·斯通曾发表文章《树可以站在法庭上吗》，呼吁进一步扩大道德共同体涵盖范围，首次提议从法定责任的独特角度探讨自然物拥有的权利，尽快明确人类理性对待自然的法定义务，“赋予森林、大海、江河和其他的所谓环境中的‘自然物’以及整个自然环境法的权利”③。1973 年美国颁布“濒危

① ［美］R. F. 纳什：《大自然的权利》，杨通进译，青岛出版社 1999 年版，第 193 页。
② ［美］R. F. 纳什：《大自然的权利》，杨通进译，青岛出版社 1999 年版，第 146 页。
③ 韩立新：《环境价值论》，云南人民出版社 2005 年 4 月第 1 版，第 18 页。

物种法案”,允许公民拥有法定权利对侵害濒危物种的行为提起诉讼。以美国塞拉俱乐部状告迪士尼公司开发国王峡谷案为先例,美国、日本和德国等国家相继出现了以自然代理人身份发起、主张维护“自然的权利”的法律诉讼,比如塞拉俱乐部状告夏威夷州自然与资源保护局、日本发起维护大雁的自然权利诉讼、奄美大岛的自然权利诉讼案等,通过法律诉讼阻止对自然环境的破坏性开发,推动全社会对维护保护义务进行认真思考。

其二,动物解放和动物权利论者忽视了生态系统整体利益,没有充分考虑生物共同体乃至整个生态系统的利益保护,过分强调生物个体的权利和道德地位。美国政治理论家约翰·罗德曼批评动物权利论者,实际上也如同传统的人类中心主义伦理,犯下了类似“物种歧视”错误,这是一种变相的“道德价值等级制”,实际上把大自然中大部分存在物置于万劫不复的危险境地。罗尔斯顿认为,生物物种和生态系统的道德义务比起生物个体拥有更大的伦理优先权,“依据营养金字塔规律来吃一个动物……尊重了那个生态系统”①。人类应该按照“对应原理”严格遵循生态规律,不能想当然地消灭自然界中给其他动物带来痛苦和伤害的食肉动物。由于雷根主张从“生命主体”角度讨论动物个体的道德地位,变相否认或忽视了物种整体权利,巴尔德·克利考特尖锐指出,生态整体的道德价值大于任何一个组成部分,动物权利论实质上是一种“还原主义”理论,是一种个体主义观点,是缺乏整体主义意识的伦理观和价值观,实质上是一种“物种歧视主义”,是“传统自由主义的一个变种”②。他批评动物权利论者对濒危物种灭绝起到推波助澜的不良作用,“动物权利论的环境伦理学不仅仅忽视了,它们实际上加剧了物种灭绝的环境问题”③。在偏爱具备高级感知能力的动物同时,那些生长迅速的动物种群正无情摧毁包括许多稀有濒危动植物在内的珍贵生存环境。

三、敬畏生命与大地伦理

(一) 敬畏生命的环境伦理观

阿尔贝特·施韦泽是法国的环境伦理开拓者,被后人尊为“现代环境伦理学之父”,晚年被授予诺贝尔和平奖。作为 20 世纪伟大的人道主义者,他在非洲加蓬地区创建“丛林医院”,在长期义务医疗诊治过程中,施韦泽感悟到生命的存在意义,“敬畏生命”环境伦理思想得以确立,为现代环境伦理发展奠定了坚实基础。为了唤醒人类对自然的尊敬和爱护,人们要像敬畏人类生命那样敬畏所有的生命意志,停止肆意伤害赖以生存的地球,在巨大神秘的自然力量面前,人类应秉持尊重、畏惧和谦卑态度,防止因丧失预见和自制能力最终毁灭地球。敬畏生命的伦理思想,

---

① [美]霍尔姆斯·罗尔斯顿:《环境伦理学》,中国社会科学出版社 2000 年版,第 110 页。

② 韩立新:《环境价值论》,云南人民出版社 2005 年 4 月第 1 版,第 22 页。

③ 杨通进:《走向深层的环保》,四川人民出版社 2000 年版,第 102 页。

"不仅是人类道德文明史上的一大进步，也为生态文明的发展提供了重要的伦理思想基础"①。关爱一切生命的道德责任，对积极开展道德实践活动产生了重要引领作用。

施韦泽希望将道德关怀范围扩展到敬畏关爱一切生命。以往传统人际伦理学之所以不完整，主要是没有将所有生物的生命视为伦理关怀对象，这是传统人际伦理学一大缺陷。伦理学要解决的真正问题是对世界所有生命的关爱态度，他主张拓展传统伦理关系，像尊重自己生命一样尊重每一个生物，通过对神圣生命的感悟，将伦理关系拓展到人与自然的各个生命存在，只有当一个人敬畏包括人和一切生物在内的所有生命时，人才能真正成为一个有伦理思想的人。

施韦泽强调深化人在自然的道德主体意识，将生命指向从人延伸到包括动植物在内的一切生命现象，不要将人与自然简单对立化，尝试从敬畏和热爱生命的视角，重新审视人与自然万物的伦理关系，不能依据生命高低贵贱来确定伦理关怀。敬畏生命的伦理原则应该成为内在的精神信念和道德责任，尊重生命会提升人的道德觉悟，戕害生命是道德沦丧的必然体现。善能够保持生命、促进生命、推动生命发展、实现人的最高价值，恶只能毁灭生命、伤害生命、压抑生命发展、破坏生命存在价值。"敬畏生命"是人生态度和道德品性的内在体现，是普遍绝对的伦理原理和善恶标准。他在人生实践中积极践行自己的伦理主张，基于生命的神圣奉行人道主义立场，主动救济并避免伤害所有生命。他遵循的基本道德原则就是"维护并珍惜生命就是善；毁坏并约束生命则是恶"②。在实践中要像尊重自己生命那样尊重所有生命的生存意志，基于生命的神圣责任感和道德良知，人只有为了保全自身生命才能不得已做出伤害其他生命的被动选择，即使为了人的生命伤害或杀死动物，也要尽量减少动物的痛苦，并承认为人而死的生命价值。他希望建立新的伦理道德体系，克服传统伦理学只限于人际伦理关系的缺陷，倡导通过关爱生命体味生命的存在价值，主动保护动物生存权利，提升伦理道德修养，将道德关怀对象和道德共同体范围扩大到整个人与自然系统。爱因斯坦在《质朴的伟大》一文中对这位"非洲之子"高度评价，"理想地集对善和美的渴望于一身的人，我几乎还没有发现过"。

美国哲学家保罗·泰勒在《尊重自然》一书中，建立起完整的生物中心主义理论体系，他赞同尊重生命的伦理观，提出所有生物都具有同样的价值并享有同样的权利，他提出四条支持理由：(1)人是地球生命共同体的普通成员；(2)保存地球生态系统的整体性源于相互从属性；(3)每个有机体作为生命中心都具有内在目的指向；(4)人在生态系统中并不占据绝对的优势地位。尊重生物的态度取决于人类对生物的理解程度，自然界各种生物的道德重要性，取决于人类在整个自然生态系统

① 夏东民、陆树程：《后敬畏生命观及其当代价值》，载《新华文摘》，2010 年第 3 期，第 38 页。

② 参考[美]彼得·辛格：《实践伦理学》，刘莘译，东方出版社 2005 年 9 月第 1 版，第 273-274 页。

中的正确地位，是否具有自觉意识不是区分有无内在价值的绝对标准，每个生命都以独特方式追求自身价值，人们如果像对待自己那样平等看待世上所有生命，就会合乎情理将伦理扩展到所有有知觉的生命领域。

泰勒倡导的平等原则是有所保留的，动物并不拥有比人更高的价值属性，要求人类超越自身基本利益支持动物权益，这样的伦理依据不可能令人信服。泰勒提出在相互竞争情境下，人与自然和平共处需遵循优先原则，试图解决动植物生存基本利益与人的非基本利益之间的矛盾冲突。自卫原则、关系适度原则、最小可能恶的原则、分配公正原则和补偿正义原则要求必须正确把握自然生态系统的固有价值。人和其他生物存在相互依存的平等关系，任何生命形式都拥有保持自身善的特殊方式，凡拥有自身善的存在物都拥有天赋价值，尊重人的生命与尊重其他生命具有同一的道德内涵。以牺牲动植物生存的基本利益来满足人的非生活必需是不适当的，在必须衡量作出取舍的基本利益面前，人的基本利益要优于动植物，当人受到动物致命攻击时，人的自卫权具有绝对优先地位，基于理性“人格”考虑，伦理依据标准是人类最根本生存权利必须得到充分保障。

生物中心论将非人类存在物的利益和价值推广到所有生物，主张所有生物都具有值得人类尊重的生存利益和内在价值，提高了对生物多样性保护的伦理认识，延缓了日益严重的物种灭绝速度。“尊重大自然的态度就植根于这种生物中心论的世界观中。”[①]两者的内在联系就是不再强调人的优越性，对物种给予平等关怀，充分尊重自然，保障所有生物生存权利。

（二）利奥波德的大地伦理观

奥尔多·利奥波德是荒野保护主义的重要代表，美国著名生态学家和环境保护先驱，被称为“美国新环境理论的创始者”。《沙乡年鉴》是利奥波德对自然、对大地、对人类与大地关系和命运进行深度思考的代表作，“大地伦理观”扩大了传统伦理关系调整边界，对人在自然界的应有地位和角色转变进行全新考虑，确立了新的伦理价值尺度，被广泛认为是近代自然环境保护的宝贵思想源泉，第一次立足于整体自然生态理论，从道德规范角度倡导人与自然和谐统一，为非人类中心主义奠定了坚实的发展基础。贝尔德·克里考特高度评价利奥波德，认为《沙乡年鉴》中的“大地伦理”本质上代表“伦理整体主义”最高原则，体现了整个生态系统的最高价值评价标准，大地伦理观是社会进化和文明进步的产物，从道德进化的角度来看，道德展现了由人与人之间的道德扩展到人与社会之间的道德，再到人与自然的道德的不断进化趋势。

利奥波德长期从事森林管理和猎物管理工作，生态整体论思想影响下，逐步意识到各种生命存在的必要性，自然平衡是美妙神奇的生命共同体，没有狼群的物竞天择，鹿群会急剧膨胀，森林植被遭到无情毁坏，自然环境保护要抛弃人类中心主

① 吴继霞：《当代环境管理的理念建构》，中国人民大学出版社 2003 年 12 月第 1 版，第 160 页。

义和功利主义偏见，改变通过统一管理模式来保护自然的传统观念，自觉尊重生物多样性和荒野生物圈的协调平衡发展。

《沙乡年鉴》倡导开放的“大地伦理”，新的“处理人与大地、人与大地上生长的动植物的关系的伦理”，呼吁将道德规范从人与人、人与社会扩展到调节人与土地的伦理关系，希望改变政府对待土地和野生动物的管理策略，认可大地生命共同体每个成员享有的生存权利，重视保护整个土地生物圈的完整、稳定和美丽，激发人们热爱和尊重土地的道德责任感，呼唤确立新的大地整体伦理标准。“一个事物，只有在它有助于保持生物共同体的和谐、稳定和美丽的时候，才是正确的；否则，它就是错误的。”①苏珊・弗兰德在《像大山一样思考：利奥波德和其关于鹿群、狼群和森林的生态观念演变》中指出，利奥波德对待荒野的思想已经从消遣立场转向生态伦理的正义判断立场，这种转变是基于道德正义的“生态良心”发现，是“道德共同体”的拓展延伸。这个共同体“包括土壤、水、植物和动物，或者把它们概括起来：土地”②。土地不再是单纯的无机组合，“大地伦理”需要处理人类之间和人与大地之间的相互关系，当前的伦理没有正确反映生态伦理演变方向，没有将大地伦理扩展到所有道德关怀对象，“迄今还没有一种处理人与大地，以及人与在大地上生长的动物和植物之间的伦理观。”③“大地伦理”明确指出要扩大道德共同体边界，土地道德的演化是一个理性的感情发展过程，整个生态系统都应当拥有道德地位。利奥波德在“大地伦理”中所追求的整体、稳定和美丽成为环境伦理的三个重要原则，人类对自然世界担负伦理责任，就应当改变人类自身优越性偏见，将人类从大地联合体的征服者改造为生命社区普通成员，承认自然内在价值并不因为人类存在与否而发生改变。

“一声深沉的、来自肺腑的嗥叫……是对世界上一切苦难的蔑视情感的迸发。”利奥波德在《像山那样思考》中对狼嚎所蕴涵的情感产生发自内心的震撼、感悟和共鸣，正如梭罗所说，“野地里蕴含着这个世界的救赎”。如果不能像山那样真切聆听狼的嚎叫，像山那样深沉思考，不深切感受自然的和谐统一，人类追求的安全、繁荣、舒适、长寿和平静生活就会化为泡影，狼群消失带来的不再是鹿群增多和猎人们的捕猎天堂，也不再是牛群繁盛和牧人们的欢声笑语。鹿群生活在对狼的极度恐惧中，大山也生活在对鹿群的极度恐惧中，被过多鹿群摧毁的山脉很难恢复原貌。如果不能学会以整体主义思维看待大地共同体，违背整体的和谐稳定，破坏自然平衡的人类行为只会自食恶果，最终导致“干旱尘暴区出现了，而河流将我们的未来冲入大海里”。

人类学、历史学、文化学和社会学相关研究警示人类，世界上许多古老文化传

---

① [美]奥尔多・利奥波德：《沙乡年鉴》，侯文蕙译，吉林人民出版社 1997 年 12 月第 1 版，第 234 页。

② [美]奥尔多・利奥波德：《沙乡年鉴》，侯文蕙译，吉林人民出版社 1997 年 12 月第 1 版，第 193 页。

③ [美]奥尔多・利奥波德：《沙乡年鉴》，侯文蕙译，吉林人民出版社 1997 年 12 月第 1 版，第 192 页，参考李培超：《伦理拓展主义的颠覆》，第 98 页。

统和社会文明形态，比如古代美洲的玛雅文化、中东的两河文化、中国的楼兰文化等，都有值得人类深刻反思的消亡原因，“没有遵循人与自然亲和的法则，严重破坏了其赖以生存的自然环境，从而亲手埋葬了自己璀璨的文化和文明”①。个体环境失当行为一旦演变成社会群体行为，立刻便显现出导致社会文化整体消亡的可怕力量，玛雅文明的消失也许正验证了这一点。玛雅文明始于公元前 2500 年，是美洲古代印第安文明的杰出代表，在经历了从公元 3 世纪到 9 世纪繁盛期后，15 世纪走向衰落，直至被西班牙殖民者摧毁而湮灭在热带雨林之中。毁灭玛雅文明的最主要原因，根据科考发现应该归咎于热带雨林大量毁坏导致生态灾难频发。“地球并非人类所有，人类却是属于地球所有”的玛雅预言给人类生存和文明繁衍敲响了警钟。约勒·法略莉援引古罗马博物学家老普林尼在《自然史》中的一段话，“胜利者们凝望着大自然的废墟……无非是想得到他们梦寐以求的东西”，形象表达了古代人类对破坏大自然无动于衷。“人类中心主义的定位，罗马私法本身无力对环境进行系统保护。”②人类热衷于侵略扩张，在攫取物质利益过程中无情摧毁了大自然。乔治·珀金斯·马什在《人类与自然》一书中，记载了因为“资源浪费，生态不平衡等原因导致的悠久文明的消亡”③，根源就在于人类对自然的践踏，告诫人类不能无节制恣意享用自然资源，在很大程度上影响了美国近代环境伦理道德和环境政策制定。唐纳德·沃斯特对人类主动适应自然的漫长历史进行研究，发现在长期环境灾难面前，社会因脆弱性和不稳定性很容易崩溃和倒退，美国西部脆弱的文化前景或许为人类文明演变提供些许启示，“无法摆脱那种自然模式，摆脱人类行动和失误所导致的、周期性的繁荣和萧条”④。环境发展史证明，伴随着西部地区快速扩张，广袤的野生动物乐土和神秘印第安部落家园正从人们记忆中逐渐消退，西部传统文化在动荡不安中迅速消失。

荒野保护是美国民族文化传统和环境历史变迁的显著特征，罗德里克·纳什相信，“一个人进入荒野时，他达到道德上的完美和感知上帝的机会最多”⑤。荒野保护思想在美国不断得到深化发展，以约翰·缪尔发起的塞拉俱乐部为代表，众多环保非政府组织认可“保留那些能让人们享乐、呼吸新鲜空气的美丽而令人向往的自然风景地”⑥。民众意识到荒野保护的重要性，荒野作为精神再造和情感恢复源

---

① 马桂新：《环境教育学》，科学出版社 2007 年 4 月第 2 版，第 23 页。

② [意]约勒·法略莉：《古罗马的环境保护》，载《新华文摘》，2012 年第 20 期，第 149 页。

③ 廖红、[美]克里斯·郎革：《美国环境管理的历史与发展》，中国环境科学出版社 2006 年 2 月第 1 版，第 63-64 页。

④ [美]唐纳德·沃斯特：《热浪袭人：全球变暖与美国大平原的未来》，载《新华文摘》，2010 年第 24 期，第 147 页。

⑤ [美]伦纳德·奥托兰诺：《环境管理与影响评价》，郭怀成、梅凤乔译，化学工业出版社 2004 年 1 月第 1 版，第 8 页。

⑥ 廖红、[美]克里斯·郎革：《美国环境管理的历史与发展》，中国环境科学出版社 2006 年 2 月第 1 版，第 54 页。

泉，不仅仅是供人类享用的原料基地，主张避免盲目侵犯大自然。荒野精神从某种程度上代表美国式开拓精神的时代烙印，如今生活在大都市的美国人渴望能脱离压抑的城市生活，重返大自然体味原始美丽和生命魅力，这在经济发达的西方社会成为一种时尚潮流。

有些质疑声值得引起人类反思。荒野保护是否带有局限性而不具有普适性？生活在贫穷欠发达国家的人们如何体会荒野旅行乐趣？生活在贫穷和饥饿之中，温饱得不到解决，恶劣的生存环境和贫困的生活质量时刻威胁着他们的生命安全和身体健康，原始荒野的树木枯草是他们栖身和取暖的必需品，未开垦的荒地是他们种植农作物赖以果腹的新希望，他们不可能在贫穷饥饿时充满着"饥肠辘辘"的荒野浪漫情结，自然保护的理想情感要让位给严酷的生存现状，人口急剧膨胀、科技匮乏和经济落后，这样尴尬的生存境遇不可能产生美国式的荒野圣地。美国可以享受到经济扩张带来的物质利益，也可以在原始丛林和自然观光中体味美学价值，环境问题的解决更多涉及人类平等和国家经济政治利益重新分配，"全球生态问题的根源在于作为一个整体的发达国家与第三世界城市特权阶层不成比例地享有自然资源的消费"①。要彻底改变不平等的生产消费方式，必须改变文化价值观念和社会公平责任，深刻变革社会政治经济结构，强调理性克制和自我限制下的人类平等和社会公平，消除对荒野保护的认识偏见，真正将荒野保护的价值追求融入和谐社会的可持续发展。

四、自然价值论

霍尔姆斯·罗尔斯顿是当代著名生态伦理学家，曾担任美国科罗拉多州立大学哲学教授和国际环境伦理学会主席。1986 年出版《哲学走向荒野》，1988 年出版《环境伦理学：大自然的价值和人对大自然的义务》，成为"生态伦理学的划时代文献"，深刻阐述了自然的内在价值，改变了传统伦理学根深蒂固的哲学藩篱，成功实现了哲学的价值转向，将人与人之间的哲学伦理视角，转向对自然荒野的价值探索和伦理关注，为当代环境保护运动和环境伦理发展提供了理论依据，奠定了坚实的自然价值论哲学基础。

罗尔斯顿把当代哲学向地球生态系统的转向，称为哲学上的"荒野转向"，罗尔斯顿被称为"一个走向荒野的哲学家"，成为"人对自然负有义务"学说的代表人物。他在《哲学走向荒野》中指出，自然是当今社会具有重大现实意义的古老哲学范畴，"哲学新近转向对人类与地球生态系统关系的严肃反思，较哲学上的任何一次转向都出乎人们的预料。"②他认真思索对自然和非人类生命给予道德关注蕴含的哲学

① 林红梅：《生态伦理学概论》，中央编译出版社 2008 年 1 月第 1 版，第 162 页。

② 郑惠子：《走向自然的伦理》，人民出版社 2006 年 12 月第 1 版，第 3 页。

意义，探索自然本质问题的哲学认识，把哲学研究和文化传承引向人类栖息的自然，包括人对自然履行义务的性质；人应该在何种意义上遵循自然；自然的价值规律；人利用自然价值的合理依据；环境伦理与自然主义谬误的矛盾冲突。

罗尔斯顿在《环境伦理学》着重阐述了对自然本身价值的认识，认为生存是最高价值体现，是“万物的尺度”。为了保持与自然适度交往，环境伦理标准要尊重生命；对族群尊重要优先于对个体尊重；关键是尊重整个自然生态系统；对罕见、美丽、脆弱的自然保护区尽量不改造；自然界是道德共同体而不是单纯的使用物；道德判断要贯穿企业经济活动所有领域。他主张在没有绝对道德信仰的时代，没有正当理由人类不应该屠杀生命个体，更不应该灭绝共同生活在生态系统中的其他物种，人类对物种承担的保护义务绝对优先于对动植物个体的保护义务。在罗尔斯顿早期自然价值学说中，经济价值、生命支撑价值、消遣价值、科学价值、审美价值、生命价值、多样性与统一性价值、稳定性与自发性价值、辩证的价值、宗教象征价值，共同构成了自然的基本价值体系。1992 年 10 月他应邀到中国社会科学院哲学所进行学术演讲，又对自然价值体系构成要素进行拓展，认为自然价值体系还包括自然史和文化史价值、文化象征价值、性格培养价值、治疗价值、尊重生命价值。这些价值要素共同组成自然界的人化价值体系，有力推动了人类对自然的关切和尊重。“自然价值论”简单分为工具价值、内在价值和系统价值，这三大类价值共同建立起完整的自然价值论体系。

1996 年罗尔斯顿提出划分环境伦理学的五种方法：一是人类中心主义伦理，将传统伦理应用于环境，人具有内在价值，环境只具有实用价值。二是动物伦理，主张从道德上考虑动物福利。也有人把动物分为有感觉和无感觉动物，认为道德只适用于有感觉的动物。三是尊重所有生命，包括动植物在内的生物中心主义伦理。四是在不同物种层次上区分对生命的尊重程度，认为只有濒危物种才涉及道德伦理。五是大地伦理，主张将道德因素给予整个生命共同体①。罗尔斯顿发掘自然价值体系，目的不是停留在自然的使用价值和工具价值，要从根本上确立自然生态系统的整体内在价值规律，客观存在的价值体现不以人的意志和好恶为评价标准，它是建立和发展新环境伦理的根本出发点，是环境伦理内在规范的目的性依据。“大自然是一个客观的价值承载者。”②自然生态系统不断进化演变，作为具有内在生存发展需求的和谐整体，存在价值要维护和促进整个生态系统所有存在物的美丽、完整和稳定，这是自然系统内在价值的最高体现。使用价值、工具价值与内在价值在自然平衡过程中形成终极价值理念，共同构成自然界完美的系统价值。生态科学发展推动科学和伦理学深度融合，在传统伦理学“是”和“应该”、“事实”和“价值”之间架起沟通的桥梁。

---

① 参考[美]伦纳德・奥托兰诺：《环境管理与影响评价》，郭怀成、梅凤乔译，化学工业出版社 2004 年版，第 13 页。

② H. Rolston, Environmental Ethics: Duties to and Values in Natural World, Philadelphia. 1988. P. 9.

自然价值是环境伦理学在20世纪最重要的核心概念，自然价值论成为环境伦理学在理论研究领域最富有特色和最具争议的主要研究成果。自然价值论“从价值推导出义务”，对自然价值不同的内涵界定，直接影响到环境伦理学的学科发展方向、论据支撑有效性和理论体系框架建构。自然价值论成为促进价值论研究的重要触媒，反对以个人好恶作为价值衡量尺度，强调自然价值客观性，承认大自然是最高价值主体。通过对人与自然关系的道德叩问和全新诠释，加深对自然的认识把握，为人们检视和反省传统价值观提供了新的参照依据，割裂人与自然关系的价值范式遭到质疑，事实与价值二元对立逐渐被人贬斥，环境伦理学在重塑人与自然和谐生态关系方面向前迈进了一大步。

五、深层生态主义

挪威著名哲学家阿恩·奈斯是深层生态学的创始人，在《浅层生态运动和深层、长远的生态运动：一个概要》中提出深层生态学理论。经过奈斯和美国的G. 塞欣斯、B. 德韦尔、澳大利亚的W. 福克斯等人努力探索，深层生态学理论作为西方后现代生态哲学的显性世界观，发展成为环境伦理学一个主要理论流派，深层生态学运动成为当今环境保护运动激进主义思想的主导力量。

1984年阿恩·奈斯和乔治·塞欣斯在加利福尼亚死亡谷野外宿营，共同起草了深层生态学8条行动纲领：①人类和非人类生命体都有固有的内在价值，独立存在而非源于对人类的生存有用性；②生命形式内在价值丰富多样，有助于实现自身价值；③除基本生存需要外，人类不能随意破坏生命形态；④人类生命延续与非人类生命繁盛之间不存在根本的矛盾冲突；⑤当代人过分干涉非人类世界的行为愈发严重；⑥尽快改变现行工业社会制度，促进经济可持续增长；⑦通过意识形态改变关注生命平等；⑧人类个体要履行直接或间接的责任义务。[①] 行动纲领揭示了深层生态学的“生态智慧”核心，阐释了深层生态学的最基本伦理规范，呼吁人类在更广袤的生命意义上理解“生物圈”的深层含义，最大限度保持生态系统多样性，满足自我实现的真实需要，避免过度掠夺和征服自然，把人类对地球生态系统的不良影响降到最低。

奈斯提出构建深层生态学理论的两条根本性原则：自我实现原则和生态中心主义平等原则。

(1) 自我实现原则。自我成熟需要经历三个过渡性上升阶段，从本我(ego)到社会的自我(self)再到形而上的自我(也称为大我或生态自我，Ecological self)，生态自我是人类自我实现的最高阶段，自我实现实质上是不断扩大对自然认同的过程，人类有足够的能力与现实存在达成整体认同。多样性、自我决定和无等级社会

① 参考杨通进、高予远：《现代文明的生态转向》，重庆出版社2007年版，第50页。

是自我实现的基础，人类不断趋于成熟，潜能得以充分展示，自我认同范围不断扩大，本身就是一个不断自我实现的过程。人类对其他生命形式的认同不断加强，意识形态发生潜在转变，人与自然隔阂逐步消除，原本并不认同的生命形态会触动人的心灵，人能够在生态自我中尊重所有存在物的内在价值，形成对所有生命体的真诚尊重和福祉保全，从中发现人自身的更大价值。

(2) 生态中心主义平等原则。整个生态系统所有存在物都拥有平等地位，具有生命意义和内在价值，没有高低贵贱之分，各自在不同“生态位”发挥不可替代的重要作用，这有助于促进生态系统的完整性、丰富性和稳定性，拥有生存繁衍、展示自我、获得尊重和免受侵害的权利。

通过对环境保护和社会发展过程中复杂社会矛盾以及自然生态价值理念的深层追问和深刻反思，深层生态学主张从思想认识根源上，对人类内在的基本价值观、伦理关系和道德关怀对象深刻变革，在人与人平等基础上改变人类的价值取向，摒弃人类超越自然的优越感，将生态系统视为一个有机整体，建立人与自然和谐平等的价值体系，透过生态破坏的表层现象，探究深层的道德价值观本质，追求“生态自我”的实现。环境危机源于现代人不恰当的伦理价值观和生活方式，人类中心主义和生物中心主义伦理属于环境伦理改良主义的“浅层”生态伦理，目前人们解决环境危机的方式，在根本上属于浅层生态伦理范畴。浅层生态伦理受到传统伦理道德框架束缚，出发点针对的是具体保护对象和局部个体，大多缺乏全局性和整体性观念。深层生态学致力于“对每一个经济的、政治的政策予以追问并深知这种追问的重要性。这种追问是深度的和公开的”①。所谓“深层次”不是一味盲从，也不必过多考虑人能否直接受益，关键就在于深入追问，彻底改变现代人的哲学观念和文化意识，在自然观和价值观、社会观和伦理道德、政治经济观和科技观等涉及环境问题的深层根源和解决途径上，坚持不懈多问“为什么”、“怎么样”，追问文化价值观念和社会伦理道德是否出现错位和偏离。深层生态主义从“纯自然主义”角度阐述最基本的生态道德原则，伤害自然界实质上就是伤害人类自己，为保障整个生物圈的完整性要尽快采取自觉行动。

德韦尔和塞欣斯倡导培养“万物息息相关”的生态意识。他们认为生态学作为一门科学揭示了事物之间的普遍联系，提供了一种新的自然价值观来揭示生态系统的整体性、平衡性、有机性和相互依赖性。澳大利亚的理查德·西尔万和瓦尔·普拉姆伍德赞成不得损害自然系统的福祉。劳伦斯·约翰逊在《有道德深度的世界》建议考虑物种利益要具备整体主义意识，物种利益不能单纯理解为各个物种成员个体利益的总和，应该把物种利益、生态系统利益与个体利益放在一个整体中综合考虑。奈斯在《生态、社区和生活风格》明确指出，人类是地球上唯一能主动限制自身种群数量的物种，通过这种意识维持与其他物种的动态平衡，但事实证明，人

① 杨通进、高予远：《现代文明的生态转向》，重庆出版社 2007 年版，第 57-58 页。

类层面和生物层面关系并不融洽，全球正朝着侵蚀人类生存条件、破坏后代生境的不利局面演变。杰克·福布斯强调从整体性角度考虑“生命之网”的重要意义，人类与其他生命形态在相互关联的生命之网中占据独特位置，尊重和敬仰会促使人类停止对一切生命进行剥削。不可分割的“生命之网”与人类文明共同构成了宗教教义的智慧内核和精神实质。

深层生态运动实现行动纲领的前提是自然界所有存在物拥有与人平等的生存权利和同样重要的内在价值，这个前提带有明显的理想主义色彩，因为缺少严密的理论逻辑招致一些人的反对，他们认为这种乌托邦式环境伦理思潮缺乏可行性，不可能真正实现全民意义上的自我实现和自然认同，过度强调环境保护忽视经济社会发展需求，有可能导致激进的环境保护主义盛行，加剧贫富差距，发展不平衡引发更大社会矛盾。默里·布克钦作为“社会生态学”创始人，明确反对深层生态主义理论，尤其反对深层生态学把环境危机产生根源归结为人类的错误判断，认为深层生态学具有明显反人类倾向，在批判人类中心主义环境伦理时采用还原主义思维方式，缺乏应有的社会批判视角，想当然地认为只要把人类的道德权利最大限度赋予非人类存在物，就能够按照生态学规律彻底解决一切环境问题。“资本对自然的掠夺，发达国家对发展中国家的剥削这些造成贫困和环境危机的真正原因则被‘人类’这一抽象的暧昧的概念所掩盖，所遗忘。”①布克钦指责深层生态主义未能真正发现环境问题产生的社会原因，未能从社会分配不公的现状中发现市场经济的体制弊端，未能清醒地认识到资本逻辑“要么扩张，要么死亡”的趋利本质会对环境造成巨大危害。

六、生态女性主义

20世纪七八十年代生态女性主义伴随女权运动兴起和生态意识增强而产生，伊内斯特拉·金是主要倡导者之一。在1987年致《民族》的一封信中，生态女性主义明确界定为“旨在通过结束人对人的主宰而结束人对非人自然的主宰，从而使生灵得以在地球延续”。生态女性主义强调社会压迫与征服自然之间存在紧密关联性，只有在平等伙伴关系和非等级化的爱的氛围中，对女性的统治和对自然的统治才会终结。理解认识这两种压迫形式必须摒弃三种不合理倾向，一是价值等级论思想，二是价值二元论思想，三是为统治和征服辩护的思想。生态女性主义呼吁要以各种认知方法获取自然知识，赋予自然神圣不可侵犯的理性价值，以科学意识实现与美好自然的适度交往。

激进女权主义者认为妇女和自然的紧密联系是女权得以解放的源泉，妇女与整个自然共同享有类似的身体赋形，女性与自然之间的特殊联系值得尊重、赞美和珍

① 韩立新：《环境价值论》，云南人民出版社2005年4月第1版，第214页。

惜。自由女权主义认为将女性比作自然正是压迫女性、剥夺女性权利的最主要根源。美国著名心理学家肯·威尔伯将生态女性主义和深度生态学这两种生态哲学，分别理解为针对生态环境保护问题的女性价值观和男性价值观。

生态女性主义运动希望终结压迫。从历史的、经验的和象征性意义上，“在对女性的统治和对自然的统治之间……存在着重要的关联”①。荷兰的卡塔丽娜·哈尔克斯在《革新大地的面目》探究妇女与自然和文化之间的相互关系，认为培根提出的征服自然的现代科技发展观，在一定程度上受到征服女人的统治思想影响，“把自然作为必定会被驯服的妇女”②。生态女性主义倡导男女平等和人与自然平等，尝试彻底推翻二元统治的逻辑思维框架，致力于把妇女和自然从压迫中解放出来，克服统治关系，逐渐产生新的权力关系，深入调整人类与环境的伦理关系，塑造一种适度的新型生态伦理关系，“使人与自然关系有一个更为和谐的发展……塑造人类、自然以及人类对非人类自然环境的义务的基础”③。

生态女性主义断言，“反抗对妇女的压迫与反抗对地球的践踏是同一战斗的两个方面”④。布莱恩·巴克斯特分析“生态统治论”形成原因和表现特征，认为生态女性主义者倾向于将男性统治作为女性处于从属地位的根源，男性对女性的统治、人类对非人类存在物的统治，两者之间存在某种逻辑关联，即使没有逻辑联系，至少在道德上也存在必然联系，“都是相同的道德沙文主义现象的一个部分”⑤。人类和非人类存在物虽然没有共同居住在同一个社会空间内，但共同居住在同一个道德空间内，人类不论男女都来自自然，始终是自然的一部分，父权社会强迫女性与自然处于弱势处境，整个社会都缺乏对自然应有的感知能力，机械主义世界观客观上割裂了人与自然休戚与共的内在联系。

缺乏对自然应有的尊重和真诚，根源在于人类中心主义，尊重自然和人类有利于增进人类福祉，有利于推进自然生态系统保护，这是对环境协同论的认可和支持。对女性剥削和对自然剥削之间存在必然相关性，对自然的无序开发会增加对妇女和其他附庸人群的压迫感，这是西方传统思想中主子心态在作祟。这种心态将对自然和对人类的傲慢自大结合在一起，认为具有更高理性能力的高贵人群才能统治世界，妇女和其他弱势人群与自然一起都是被征服和控制的对象。

生态女性主义者将等级制和父权制画上等号，建议以更人性化的态度看待自然以外其他事物，将更多关爱给予独立于人之外的自然，应立足于人与自然休戚与

---

① [瑞士]克里斯托弗·司徒博：《环境与发展——一种社会伦理学的考量》，邓安庆译，人民出版社2008年版，第212页。

② [瑞士]克里斯托弗·司徒博：《环境与发展——一种社会伦理学的考量》，邓安庆译，人民出版社2008年版，第212页。

③ 陈伟华：《生态女性主义伦理》，载《新华文摘》，2012年第8期，第162页。

④ [美]丹尼尔·A.科尔曼：《生态政治——建设一个绿色社会》，梅俊杰译，上海世纪出版集团2006年7月第1版，第106页。

⑤ [英]布莱恩·巴克斯特：《生态主义导论》，曾建平译，重庆出版社2007年4月第1版，第172页。

共的紧密联系抵制父权制和等级制，对适度、融洽、友爱的人与自然伦理关系进行把握，主动脱离狂妄的“自我中心论”，在理解尊重中认清“自我不是自然”，真正做到人与自然适度交往，彻底抛弃对自然的剥削统治。

七、生态中心主义

对自然以及自然界非人类生命体给予道德关注，对人类现有道德体系产生激烈冲击，触碰到传统道德底线和合理性基础。随着现代生态科学发展和环境伦理整体主义拓展，生态中心主义环境伦理观逐步形成，人类开始在道德层面和哲学意义上思考“把作为整体的而非个体的自然生命纳入到人的关怀范围之内。”①

生态中心主义作为一种整体环境伦理，关注生态共同体的价值和利益，深入探讨把道德关怀扩展到人类之外的其他生命乃至整个自然界的合理性基础，不仅承认自然客体的价值关系，也从伦理道德上关心无生命的生态系统、自然过程和自然存在物，将所有物种和整个生态系统作为一个大的生态整体，视为拥有直接道德地位的道德主体。

生态中心主义的道德立场源于一个特殊的终极价值假定，即所有生命形式和非生命存在物都具有独特的内在价值，人类作为道德代言人必须审慎考虑道德利益需求。道德代言人拥有道德权利，在道德行为上负有责任，应该在做出行动决定时审慎运用道德原则，对拥有道德权利的所有存在物给予道德关怀。作为同一道德空间的栖息者，基本道德观念既包括人类，也包括非人类存在物，这绝不仅仅是已有道德圈层普通意义上的简单扩大，各种道德权益主体相互联系，“把道德关怀扩展到具有联系的任何存在物”②。在解决人与生态系统矛盾冲突时，倡导超越传统伦理学道德视角，“发展了某种适合全人类的道德理论，我们就会发现它不仅仅只适用于人类。”③平等关怀的正义原则同样适用于非人类存在物，要充分体现道德关怀的公平正义。

阿姆斯特朗和波兹勒认为“生态中心论是基于自然界具有内在价值的哲学假设”④，支撑生态中心论的伦理基础是非人类物种拥有内在价值。以生态中心论为代表的生态批判是一种伦理价值批判，自然价值论和自然权利论是生态中心主义的理论基础，新的整体系统观要求人类走出狭隘自我中心主义，倡导人与自然之间存在必然的伦理道德关系，以生态共同体普通成员的关注视角，平等对待生态共同体成员，主动维护生态系统整体和谐，避免资源不合理利用、频繁扰动生态系统造

---

① 郑惠子:《走向自然的伦理》，人民出版社 2006 年 12 月第 1 版，第 2 页。

② [英]布莱恩·巴克斯特:《生态主义导论》，曾建平译，重庆出版社 2007 年 4 月第 1 版，第 75 页。

③ [英]布莱恩·巴克斯特:《生态主义导论》，曾建平译，重庆出版社 2007 年 4 月第 1 版，第 98 页。

④ [美]伦纳德·奥托兰诺:《环境管理与影响评价》，郭怀成、梅凤乔译，化学工业出版社 2004 年 1 月第 1 版，第 11 页。

成新的生态失衡。主张传统人际伦理要扩展人与自然生态伦理，整个生物圈应当成为价值统一体，判断环境行为的伦理内涵要依据生态科学整体规律，平等考虑人类之外所有自然存在物的内在权利和道德关怀。小约翰·柯布提出要把生态维度引入后现代主义，“后现代是人与人、人与自然和谐相处的时代……建构一个所有生命共同福祉都得到重视和关心的后现代世界”①。

八、生态马克思主义

生态马克思主义源自20世纪70年代西方马克思主义法兰克福学派，进入21世纪，伴随着系统生态哲学理论发展日趋丰富完善。生态马克思主义在与生态中心主义、技术中心主义的斗争过程中，吸取了绿色运动和社会主义国家环境保护运动的经验教训，实质上是反对资本主义的生态观和生态中心论。

生态马克思主义认为生态中心论割裂了历史观与自然观的有机联系，伦理价值观批判抽象模糊，未能从本质上把握生态危机产生根源，未能妥善处理好以人和自然为中介的人类物质利益关系。“控制自然”的最深层伦理责任主体是“资本”，资本主义制度不能解决好生态问题的产生根源，资本主义的趋利本性本质上是“反生态”的，必须及时开展针对资本主义制度及生产生活方式、生态霸权主义行为及体制机制的批判改造。

生态危机既不能等同于单纯的价值观危机，也不能视为纯粹意义上的人与自然关系危机，人类中心主义价值观和资本主义制度成为生态危机的产生根源，解决生态危机关键是进行独特的社会制度批判，深刻变革资本主义制度和生产生活方式，寻求马克思主义与环境保护思想契合点，合理协调人与人之间在自然资源分配和生存环境保护利用上的物质利益关系，克服科学技术的非理性运用，改善消费主义价值观下的过度消费，彻底转变“控制自然”的环境价值观，最终实现自然与人类的真正解放。

九、环境伦理理论反思

(一) 对人类中心主义和非人类中心主义的反思

自14至16世纪文艺复兴以来，思想运动启蒙主要体现在对人性的理解、认识和启发，人本主义盛行凸显“以人为本”的主体性，这种人性设定刺激了人类功利诉求欲望，不断增长的物质需要带来了现代化大生产、高消费、重污染的社会现状和征服自然的价值取向，“人道主义的僭妄”最终导致走向人类中心主义，忽视了人与人之间、人与社会之间和人与自然界之间的价值关系，作为利己存在者，人类忽视

① 汤一介：《中国社会的“启蒙”将如何进行下去》，载《新华文摘》，2012年第16期，第34页。

了自然界的内在价值,自然界被视为有利于人类生存的工具价值载体,现代性被扭曲为自我利益实现,人类主体性膨胀导致生态关系逆转,征服自然、追求享乐“使人类赖以生存的生态家园变成了人恣意妄为的消费场所。”①

人类中心主义和非人类中心主义进行过激烈争论,最终落脚在人究竟应当是什么样的人的问题,颠覆或者超越人类中心主义,成为环境哲学研究面对的最基本或最核心问题。环境伦理学要实现这种道德扩展,就必须提供哲学意义上的合理性证明,就必须关注人性,追问人的本质,正视“对人的本质的认识问题”。

人类中心主义将人类利益置于最高地位,保护环境的根本出发点和最终目的是为了人类更好生存下去。W. 福克斯认为人类中心主义具有相当大的欺骗性和危险性,人类中心主义“在很大程度上说明了自我的重要性,反映了人类自身利益的需要”②。生物中心主义将道德关怀对象从人扩展到动物,以是否存在感知能力作为衡量内在价值的尺度,动物能够感知苦乐应当免受苦难。美国哲学家范伯格坦承,在现实社会生活中虽然人类确有关爱动物的义务,但这种义务不仅针对动物,关爱义务更要建立在人类群体之中,在人与动物的关系问题上,动物中心主义依然与人类实际认识水平存在一定偏差,人类认可动物权利,提高动物待遇,主要出自提升人类自身道德水准和促进道德养成的角度,并未真正赋予动物平等享有道德关怀的权利。这两种伦理思想都未能在更宽广的视域范围内,深入反思为什么仅仅依靠技术革新和体制改进的“技术乐观主义”、仅仅依靠怜悯仁慈的“生物关怀论”,人类无法准确把握环境问题产生的深层根源,无法真正解决当前环境恶化和生态危机。

自 20 世纪 70 年代以来,动物、植物和生态系统应该得到道德关怀的观点,在环境决策中发挥了积极作用,美国濒危物种法案“至少受到这种道德观一定的影响”③。生物中心主义、生态中心主义环境伦理观逐渐受到伦理关注,绿色和平组织创始人罗伯特·亨特要求将关注对象“从人类的尊严扩展到所有生命的尊严观”。但是生物中心主义、生态中心主义并没有真正成为西方环境伦理主流哲学,人类将道德关怀给予非人类物种,人类需要对非人类动物、植物和自然存在物承担道德义务,这种哲学观点某种程度上被认为是道德泛滥,是刚愎自用进行的自我道德虚构,难以被广大公众理解接受。澳大利亚哲学家帕斯莫尔在《人对自然的责任》一书提出质疑,人类如果真的决定以对待人类的方式同等看待动植物,人与动植物共同构成严格意义上的道德共同体,“要使这个世界变得文明……是不可能的”④。道德自

---

① 漆思:《现代性的主体主义理念批判》,载《新华文摘》,2011 年第 20 期,第 42 页。

② 章海荣:《生态伦理与生态美学》,复旦大学出版社 2005 年 3 月第 1 版,第 107 页。

③ [美]伦纳德·奥托兰诺:《环境管理与影响评价》,郭怀成、梅凤乔译,化学工业出版社 2004 年 1 月第 1 版,第 14 页。

④ 参考[美]伦纳德·奥托兰诺:《环境管理与影响评价》,郭怀成、梅凤乔译,化学工业出版社 2004 年 1 月第 1 版,第 13-14 页。

律能力是获得道德权利的基础，自然存在物不是道德载体，不具备道德自律能力，拥有道德权利是不恰当的，只有道德代理人才能参与到互惠的道德共同体当中获得道德关怀，如果共同拥有权利且彼此承担责任是共同体成员的必要条件，“人和植物、动物和土地这四者并没有组成同一个共同体”①。人对自然进行保护的伦理责任，归根结底仍属于“对人的义务”，仍属于人类自身、人与当代人和未来后代之间理应担负的道德责任，而不是基于自然本身拥有道德地位的新伦理规范，自然具有“内在价值”在学理上是站不住脚的。帕斯莫尔通过对“保存”和“保全”两种环境保护政策的概念界定，试图批判将道德权利推广到动物身上的做法，他认为将道德权利赋予人类以外的存在物，不仅不利于合理保护和恰当开发自然，甚至还会威胁到人类正常的文明进化，全面贯彻执行传统伦理的“不损害”原则，完全可以实现人对自然的责任意识，以及对现代人和未来人的人道主义伦理关爱。

福克斯也对辛格和雷根的动物解放和权利论思想提出质疑，他认为真正拥有道德权利，苦乐感知能力仅是众多先决条件之一，能够获得道德地位一个必要条件是具备有意识的自律能力，没有理性就不可能产生自觉的自律意识，“理性原理”只有作为存在物拥有道德权利的前提条件，才能避免发生伦理滥用行为。单纯的苦乐感知能力作为一种应激反应属于非理性水平，不能正确理解权利和义务的相互对应关系，随意降低道德权利的适用标准，将“无视自我意识、概念操作、运用语言、反省、责任意识等理性能力对于道德地位讨论的意义，是一种主观‘恣意’”②。克里考特对基于个体主义的动物权利论也持否定态度，他坚持整体主义环境伦理观，主张维护生态共同体整体利益可以牺牲个体利益，因为动物具有感觉能力引申出平等关怀权利，这种哲学讨论是违背伦理常识的荒诞言论。

美国当代植物学家默迪认为，单纯从自然界的利益出发，评判人与自然的价值关系是片面的，这种绝对化倾向将导致人类陷入难以摆脱的道德困境，如果人类奉行所有物种都享有平等权利，“就没有任何物种应该在遗传学方面受到控制，或者是为了其他物种的福利而被杀死”③。为了人类健康消灭病菌、为了营养取食动植物就会失去道德合理性，纯粹以自然权利尺度来否定人的合理生存需求，这种绝对的自然主义伦理在实践上根本行不通。人类生存从生态整体角度出发，依赖地球生态系统正常发挥功能，为调和人类需求与自然界之间的矛盾，默迪引进现代科学有机论和哲学整体论自然观，对近代人类中心主义价值观进行改造，主张人的内在价值高于自然界其他存在物的内在价值，人类利益需求满足以不破坏自然界整体性为限度，应该努力克制人类活动不超出自然界的可承受限度。

---

① John Passmore. Man's Responsibility for Nature, Ecological Problems and Western Traditions. New York, 1974, p. 116.

② 韩立新：《环境价值论》，云南人民出版社 2005 年 4 月第 1 版，第 93 页。

③ 张德昭：《深度的人文关怀：环境伦理学的内在价值范畴研究》，中国社会科学出版社 2006 年 5 月第 1 版，第 287-288 页。

科尔曼赞同默里·布克钦"把人类的社会特征视为自然进化的一部分",他认为人类社会是自然世界不可分割的相互关联部分,生态智慧隐含着对直觉和参与性体验的尊重,激发人类深入"理解地球芸芸众生之间的互相依存关系及各个生灵的内在价值",提醒人们对抗人类中心主义要警惕工具主义世界观对地球和人类带来危害。叶平教授反对强势人类中心主义对自然的征服主宰,认同弱势人类中心主义对强势人类中心主义自然观的批判,强调现代社会可持续发展有利于增进人与自然和谐,同时提倡"以类为本"和"创造为本"的环境价值理念,借此推进人类中心主义向自然中心主义转变。郝宁湘教授认为生存危机和环境破坏不应简单归咎为人类中心主义,"减少和消除已经发生的并将继续发生的生存环境恶化"①,克服狭隘的环保思想和对生态规律的无知,为了维护人类自身利益爱护尊重自然是值得肯定的。

(二) 对人与自然辩证关系的反思

"环境哲学的出现……是当代哲学的'人类学转向'。"②当代环境哲学关注的焦点,是自然是否存在内在价值,人类能否将道德关怀扩展到自然或自然生命,由人类自身指向自然的过程,恰恰就是对人类自身本质的认识问题,通过对人的本质的深刻认识,可以最终实现对自然本质的理解。

《圣经》关于人与自然的关系解读,当今社会存在着解释和再解释的问题。《圣经》与社会现实生活紧密联系在一起,为完善环境道德思想提供了坚实基础,成为指导人们友善对待自然的言行指南。为了驳斥人类中心主义,阐明人类保存自然的义务,新的基督教诠释从创世记中努力发掘人类与其他创造物友好相处的凭据,寻求到一种新的环境论解释——管家职责,托管的精神实质在于强调责任而非占有,上帝将自然万物托付给人类,真正目的是希望人类作为地球管理者,能够称职尽到管理职责,协助自然实现平衡完整。在美国浸礼会和福音派路德会看来,上帝创造人类的目的是让人类管理地球和地球上所有存在物,人类要承担照管地球的管家责任,不应剥削统治在上帝眼里有生命的好的创造物。

也有人认为基督教的要旨是反环境论,宗教基要主义者寻求的是不随时间改变、也不因解释变化受影响的永恒知识,这种知识基础牢固不变,任何有理性的人都不会产生怀疑,他们认为《圣经》在指导人生方面清楚明白,不存在解释上的可能性分歧。许多基督徒相信《圣经》明白无误记载了上帝旨意,"再解释导致了混乱与伦理相对主义,因为它以人类的判断取代了上帝对于公正与邪恶的启示"③。人类对自然的统治在一定程度上被视为神授权利,环境历史学家罗德里克·纳什指出,"基督徒的传统可以将《创世纪》1:28 理解为征服自然的每一部分并将其作为人类奴隶的一个神圣命令。"科学史学家林·怀特在《我们今天生态危机的历史根源》承

① 邝福光:《环境伦理学教程》,中国环境科学出版社 2006 年 8 月修订版,第 149 页。

② 郑惠子:《走向自然的伦理》,人民出版社 2006 年 12 月第 1 版,第 44 页。

③ [美]彼得·S. 温茨:《现代环境伦理》,宋玉波、朱丹琼译,上海人民出版 2007 年版,第 334 页。

认，“在所有的宗教中，基督教是最以人为中心的宗教”[①]。基督教通过建立人与自然二元分离的宗教教义，把人对自然的统治支配归因于上帝的意志，“人类是自然的主人”解读成人类中心主义的宗教根源，所有造物都是上帝创造出来为人类服务的，人类比其他生命体拥有更高的生存地位，上帝按照自身形象创造出人类，理所当然要对大自然进行统治。“否认自然的神圣性的二元论和近代的机械论世界观以及以这种世界观为基础的科技革命一起，共同促成了近现代人对大自然的无情剥夺。”[②]逐渐演化成为环境污染和生态危机的罪魁祸首，管家职责理论受到质疑，不能准确表达人类对地球的依赖性，无法明确人类的归属感和适当管理的自然智慧。约翰·霍特指出，“管家职责……不能支撑我们今天所必需的那种生态伦理”[③]。假如人类物种从未在进化过程中出现，地球生命系统的生存状况要比现在好得多。“二元对立的、机械论的、原子论的、人类中心主义的、具有病态层级的世界观”[④]，未能准确把握主体和客体的辩证关系，割裂了生命之网中身体和心灵、主观和客观、文化和自然、思想和物质、价值和事实、精神和物质、人和非人物质的必然联系，过分强调人类主体对客体的改造作用，忽略了客体对主体的制约机制，将人类对自然的征服、个体对他人的征服当做基本思维范式，理性滥用、主体性膨胀的恶果导致人类对自然和他人无情掠夺，社会发展异化为纯粹外部性的经济增长，对物质财富的疯狂获取和对自然的征服掠夺，最终引发了生态灾难和社会危机。

法国思想家拉·梅特里在《心灵的自然史》中，从自然史角度开创性研究人的心理能力，大胆将人的道德感知与动物的感情进行比较，尝试对人的道德意识形成进行自然主义解释。美国生物学家迈尔秉承了达尔文进化论思想主旨，认为1859年《物种起源》阐释的进化论思想彻底否定了“人类道德是由上帝赋予的”[⑤]。众多哲学家们倾力探寻人类道德起源问题，目的在于寻找正确或最佳的道德规范。达尔文通过对道德问题的博物学研究，从自然史角度对人的良心起源进行考察，对动物和人的心理在道德意识方面进行系统比较，试图为人类道德规范提供一种进化论解释，进而为环境伦理学研究提供科学认识论基础。达尔文完全有理由声称：“只有他才第一次系统地研究了‘动物的道德’，并将之同人类的道德进行了系统的对比。”[⑥]在《人类的由来及性选择》第四、五章，达尔文专门从进化论角度探讨了人类道德起源问题，发现人类道德发展是一个标准不断提高、对象不断扩展的过程，“社会性本能”是人类的道德起源。具有道德意识是人与其他动物最重要的区别，个体的自然选择（人的自私天性）和群体的自然选择（乐群感、同情心、良心等社会

① 吴继霞：《当代环境管理的理念建构》，中国人民大学出版社2003年12月第1版，第87页。

② 吴继霞：《当代环境管理的理念建构》，中国人民大学出版社2003年12月第1版，第89页。

③ [美]彼得·S.温茨：《现代环境伦理》，宋玉波、朱丹琼译，上海人民出版社2007年版，第356页。

④ [美]肯·威尔伯：《性、生态、灵性》，李明等译，中国人民大学出版社2009年6月第1版，第4页。

⑤ [美]E.迈尔：《生物学哲学》，辽宁教育出版社1992年版，第78页.转引自郑惠子：《走向自然的伦理》，人民出版社2006年版，第26页。

⑥ 唐凯麟等：《西方伦理学流派概论》，湖南师范大学出版社2006年3月第1版，第390页。

性本能)共同构成了人性的进化论基础,人类在进化过程中展现对低等动物的人道同情心被视为道德进化,同情心广泛传播,从不同种族、肤色扩大到残疾人、智障人乃至全体社会成员,"最终扩大到低等动物"①。达尔文将超出人类范围的人道主义同情心,称为"人类最高贵的美德",人类特有的"社会性本能"随着社会交往逐步扩展同情范围,人的同情心打破了民族和种族界限,延伸至整个社群和民族,出现对人类普遍博爱的人道主义观念,"人类甚至有可能对其他的生物,也产生出一种同情和'泛爱'"②。这种良心和同情心的范围扩展与内涵提升,最终超越人的界限扩展到所有有感觉的存在物。

"道德在事实上都必然表现为一个自然的演进过程。道德只有作为一个自然史的过程,道德才能被我们真正理解。"③迈尔呼吁人们充分认识达尔文"时间因素"的重要性,因为从进化论角度,我们不能简单将人类当做一个孤立的生命奇迹看待,不能否认我们是自然进化的产物,不能从时间上割断人类自身与大自然千丝万缕的联系。彼得·弗莱布在《人类》一书中从进化的角度认为人与其他动物并没有本质不同,"任何对人的独特性的定义显然只是基于程度上的差别"④。进化过程是非线性的,人所拥有的理性和道德感知能力是一种相对独特性,人类并不是物种进化的最终目的,人作为具有道德意识的物种,必须加强与地球生态系统的密切联系,超越以食物为中心的动物胃觉取向世界观,以自我保护为中心的生存取向世界观和以促进种族繁衍为中心的种群进化世界观,充分考虑人与其他物种和整个生态系统的利益关系。进化伦理学家相信道德发展经历了从人类个体延伸到不同部落和民族,再到不同种族和社会群体,直到全球伦理,最终"主张对其他生物施以伦理关怀的'生态伦理'的历史演变过程"⑤。达尔文"关注人性"的科学取向,与环境哲学存在内在思想上的逻辑关联性,是环境伦理学的内在哲学新进展,达尔文的进化论思想是伦理走向自然的重要思想先驱,对于增进环境哲学理解具有特殊意义。

夏东民和陆树程在敬畏生命的伦理基础上提出"后敬畏生命观",本质就是"敬畏一切生命体生命,更敬畏人的生命",主张在敬畏一切生命体前提下,尊重人类生命应当享有优先性,这种优先性取决于人类特有的主观能动性和创造性。只强调敬畏生命的主观动机,不关注行为实际效果,把关爱动物和善待人类的道德原则和道德要求完全等同起来,在逻辑思辨上存在明显混乱,在现实生活中将因为过于机械难以真正实现。"人的生命优先性是一种富有理性的处世哲学……是对敬畏一切生命体生命思想的补充。"⑥人类必须突出人的生命优先意义,在实现人类生命

① Charles Darwin. The Descent of Man and Selection in Relation to Sex. 2nd edn. , London: John Murray, 1882, P124-125.

② 唐凯麟等:《西方伦理学流派概论》,湖南师范大学出版社 2006 年 3 月第 1 版,第 387 页。

③ 郑惠子:《走向自然的伦理》,人民出版社 2006 年 12 月第 1 版,第 32 页。

④ 章海荣:《生态伦理与生态美学》,复旦大学出版社 2005 年 3 月第 1 版,第 107 页。

⑤ 唐凯麟等:《西方伦理学流派概论》,湖南师范大学出版社 2006 年 3 月第 1 版,第 385 页。

⑥ 夏东民、陆树程:《后敬畏生命观及其当代价值》,载《新华文摘》,2010 年第 3 期,第 39 页。

权利最大化时学会尊重其他生命，努力将损害降至最低。

为深入探讨全球性环境危机的产生根源和解决途径，王凤珍建议不能仅从人与自然的客体关系去探究，不能将主要精力放在人与自然的关系上，自然中心主义思潮将环境危机归咎为人类改造自然的结果，消除环境危机必须停止自然改造，这实质上忽略了人本身的主体地位，没有真正找到环境危机的深层原因和解决办法。“人是一种类存在物……不从类存在着眼也就不能解决环境危机。”[①]环境危机严重威胁人类生存，已经成为人类可持续发展一大障碍，人类要牢固树立类本位观念，共同努力来彻底消除环境危机。

布克钦认为人支配自然源于人对人的支配，不合理的社会生产生活方式加重了环境危机，解决环境问题关键是实现人类自身的解放。环境伦理“不仅‘需要走向原野’，学会‘像山那样思考’，同时还要回到社会，要像苏格拉底那样关注人自身，寻求社会正义”[②]。利奥波德的“大地伦理转向”与罗尔斯顿的“哲学荒野转向”都体现了人对自然的道德关怀。美国环境史学家凯瑟琳·麦茜特在《激进的环境思想》强调，人与非人自然物是在整体论意义上相互联系的统一，人与自然都是同一个宇宙系统的有机组成部分。克里斯托弗·司徒博认为“自然不是供人自由支配的客体，相反是具有一种独立于人的自身价值的主体”[③]。有生命和无生命的非人物质世界，需要得到足够的尊重，需要保持尊严和完整性，自然的尊严和内在价值是合理的，人的人道性、自制力和适度化要求承认自然权利必须更加敬重自然，把人权扩大到自然权利提高了自然权利的合法性尊严，“自然的权利都不是自身目的，而是强化敬重共同世界的手段”[④]。弗里特若夫·卡普拉主张人类生活在相互关联的世界上，所有生物种群和个体、社会问题、经济状况、公众伦理、心理意识，都与自然生存环境紧密相关，人们需要用生态学视角看待相互依存的整个世界。整体主义环境伦理在环境保护实践上不再关注个体权利，按照整体利益大于个体利益的贡献率原则，所有个体都被置于“生命共同体”整体框架内进行价值评价，整体主义环境伦理将权利赋予整个生态系统，注重生态稳定和物种繁盛。

生态主义把对道德的传统研究从规范伦理学中解放出来，“重新思考我们的道德理论的基础……非人类存在物的道德地位”[⑤]。布莱恩·巴克斯特尝试在人类与非人类存在物之间建立紧密的社会联系，强调人类作为“自然性的动物”，应当成为理性的、道德的、社会的和文化的载体，要重视自然界传播人际关系的重要性，采

① 王凤珍：《类本位的环境人类中心主义》，载《新华文摘》，2010年第17期，第160页。

② 韩立新：《环境价值论》，云南人民出版社2005年4月第1版，第15页。

③ ［瑞士］克里斯托弗·司徒博：《环境与发展——一种社会伦理学的考量》，邓安庆译，人民出版社2008年版，第311页。

④ ［瑞士］克里斯托弗·司徒博：《环境与发展——一种社会伦理学的考量》，邓安庆译，人民出版社2008年版，第315页。

⑤ ［英］布莱恩·巴克斯特：《生态主义导论》，曾建平译，重庆出版社2007年4月第1版，第227-228页。

取依赖信仰或直觉的行动来明确体现肩负的道德责任。意识形态可以转化,可以从"自我发现"整体理念上确认传统人际伦理内涵外延,将人类置于生物物种本质规定性当中,重新审视人类道德规范的进化论意义,明确人类满足自身利益诉求时必须承担环境责任,认识到实现人类利益要依赖人与人的矛盾解决,也要依赖人与自然的矛盾消除,将人际伦理自觉延伸到自然生态伦理。

(三) 本研究所倡导的环境伦理理念

人产生于自然界,是自然界的客观存在物,作为"社会存在物"不断人化自然界,自然界是人类文明和社会发展的自然基础,人类和自然之间存在复杂的价值关系,"这就是人与自然界的既唯物又辩证的关系的本质"①。人类生命活动是有意识的生命活动,与自然界能动进行物质交换,人与自然界发展演变的历史,实质上就是人与环境相互协调、相互作用的历史,通过主观能动性和创造性,在信息、物质和能量交换实践过程中,实现善待自然、人与自然深度融合的目的性价值。人与自然、人与社会、人与自身和谐发展,是人类可持续发展的崇高理想,是"以人为本"的真正哲学意义,是马克思主义"物我一体"哲学形态的体现,反映出作为主体的人的世界与客体的物的世界之间的辩证统一。"反自然性"的价值观影响了自然环境安全和人类自身的生存发展,必须凸显保护自然、促进自然、人与自然协调、对立统一的价值观,"以爱护和持续利用自然为基础,以促进人类不断提高为主导,最终实现大自然向更高层次的飞跃"②。

环境伦理哲学的本质定位,需要人类在大的思域空间内,将自身看做是既有差异性又有同一性、共同生存在自然界的普通"物种"。和谐共处的正义原则要求从伦理视角正视人与其他物种的内部差异、自然性差异和责任差异,人类应当担负根本性的伦理责任,人类作为伦理主体要避免发生冲突,"种族正义本质上是人类与其他物种相处时如何自我约束、自我规范的正义原则"③。拯救人类和地球的唯一出路,是采用一种更具整体性、更注重关系、更尊重地球、更有整合力、不狂妄自大、非人类中心主义的新型世界观,充分尊重整个生命之网,加强整个生态系统的紧密联系,将生命之网当成人类自己的血脉,尊重和承认其内在价值,弥补人与自然的分裂。人与自然价值观蕴含着人与自然之间内在价值的对立统一、肯定性和否定性关系的对立统一、主体能动性和客体受动性的对立统一,自然界是人与人之间关系的纽带,环境伦理对改变人类价值观、提升人类道德境界、实现伦理超越具有积极的现实意义,这种生命意义"要在以世界为中心的普遍接纳中寻求其语境、补救、结局和解放"④。

人与自然的对象性关系通过人的实践来完成,实践追求人化自然界的和谐可

---

① 薛德震:《论马克思的"物我一体"哲学》,载《新华文摘》,2010 年第 7 期,第 38 页。

② 韩民青:《从人类中心主义到大自然主义》,载《新华文摘》,2010 年第 17 期,第 34 页。

③ 易小明:《种际正义及其生态限度》,载《新华文摘》,2010 年第 3 期,第 160 页。

④ [美]肯·威尔伯:《性、生态、灵性》,李明等译,中国人民大学出版社 2009 年 6 月第 1 版,第 193 页。

持续发展，环境危机带来人与自然的不协调，“实质上就是人与自然的异化”①。在更深层根源上就是人与人的异化、人与社会的异化。纷繁复杂的地球危机是前所未有的感知危机，是机械论世界观在现实社会不合时宜的应用恶果。经济、社会、文化和环境危机的深层根源就是这种被割裂的世界观，环境污染、生态破坏、资源匮乏和能源危机，包括南北差异、贫富分化、健康威胁、高失业率、高犯罪率等社会问题，都是地球危机的不同表现形式，消除危机需要在政治、经济、金融、文化、生产等领域共同作出努力。长远来看，世界范围的生态、经济和金融因素在全球蜕变中更为重要，获得这些因素最终都依赖人类的生态意识转变，如果全球公民意识和世界观没有相应改变，全球性利益实现起来是十分困难的。

新的主客体依存共生的人类主体性演变趋势，有利于在保留人类主体价值同时，促成新的生态主义觉醒，孕育着尊重生态价值、人与自然和谐的生态智慧，新生态智慧崇尚“民胞物与”、“共生共荣”，“为走出人类自我中心化而导致的生存困境和当代的生态危机做出应有的观念调整”②。伦理关系演变过程经历了三个主要阶段，从最初人与人之间的伦理关系，扩展到人与社会的伦理关系，再到涵盖人与自然和整个生态系统的伦理关系，从传统人际伦理衍生出环境伦理，必将对人的环境伦理道德水平提出更高要求。

第二节　中国古代环境伦理思想启迪

从人类文明发展史来看，环境伦理或生态哲学并不是20世纪诞生于西方发达国家的全新伦理观，环境和生态问题既是一个现代问题，又是一个亘古至今的永恒主题，从人类社会出现以来就已然存在，步入工业文明社会尤其是现代社会，愈发凸显重要性和迫切性。人类的基本价值追求，反映了人民群众长期理想愿望，“也是人民正确处理各种关系——人与自我、人与人、人与社会、人与自然等关系的根本准则”③。反思人类文明进化之路，探索生态哲学之源，已是刻不容缓的时代使命。

中国哲学的最大特点和特殊贡献是情感理性学说，通过探讨生命情感意义，“培养和提升人的情感、特别是道德情感，以完成道德理性”④。罗桂环在《中国环

---

① 张德昭：《深度的人文关怀：环境伦理学的内在价值范畴研究》，中国社会科学出版社2006年5月第1版，第300页。

② 漆思：《现代性的主体主义理念批判》，载《新华文摘》，2011年第20期，第43页。

③ 曾建平：《环境正义——发展中国家环境伦理问题探究》，山东人民出版社2007年1月第1版，第3页。

④ 孟培元：《生的哲学——中国哲学的基本特征》，载《新华文摘》，2011年第6期，第42页。

境保护史稿》强调，中国古代的环境保护思想“基本问题探究之执著，涉及范围之广泛，影响之深远都是世界其他各国同类思想史所无法比拟的”。要在历史传承中发扬光大，在改造创新中焕发旺盛生命力。李培超认为环境伦理学带有强烈的现代批判意味，西方主客二分的哲学传统不利于有效解决生态危机，“从中国传统文化中挖掘环境伦理的思想资源……赋予中国传统文化一种新的蕴含或者说寻求一次重估传统文化价值的新机遇”①。中国伦理学界要立足于中国传统文化解读，对环境伦理历史传承进行合法性辩护。

著名哲学家罗素倡议将西方文明崇尚的科学方法和东方文明秉承的正确生命观念“真正逐渐结合起来”②，克服长期以来西方“天人对立”思维模式误导，摆脱人与自然的严重对立，用“尽人道而与天德合”协调人类社会的持续发展。中国传统文化精髓是人文精神，是对价值理想和道德伦理的执著追求，是对尊严、价值和意义的理解把握。古代先贤留给人类的珍贵文化遗产，深深扎根在中华民族的文化心理结构之中，具有超越时空的普遍价值和精神实质。人类要发扬忧患意识，主动化解“人与自然的生态危机、人与社会的文明危机、人与人的道德危机、人的心灵的精神危机、文明冲突的价值危机”③。充分挖掘中国传统文化蕴含的丰富环境伦理思想，展现了中华民族的伟大生存智慧和生态情怀，体现了我国环境伦理理论研究的独特视角，更夯实了我国环境伦理研究的思想基础。

新的伦理道德教育是自身传统文化的再造和延续，是传统文化在更高层次上的自我确认和融会贯通，道德教育现代化并不意味着与自身文化传统彻底决裂，要学会“在树立道德教育的文化本土品格、找寻道德教育的文化根基，以及确立新的文化立场中确证自己道德教育的文化合理性”④。继承发扬中国古代文化传统是考量伦理教育历史维度、谋求道德教育现代化的重要路径，应以理性冷静的扬弃态度，避免人为割裂和简单抛弃，真正做到辩证看待、恰当定位、取其精华、弃其糟粕。中国传统文化蕴含丰富的“非人本中心主义因素，有利于我们去发掘和建构新人文主义”⑤，人在自然中悠然自得彰显出和谐关系的正当性。

中国古代文明在维护自然、保持人与自然和谐方面，拥有值得珍惜的宝贵传统，我国古代人民对自然万物和神秘自然力普遍怀有敬畏的情愫，畏惧、顺应、尊重和爱护自然蕴含着博大精深的生态智慧，一直是古代传统文化居于中心地位的价值取向。约翰·洛克菲勒在《第二次美国革命》尝试提出新伦理改革，其中蕴含着一系列的自然价值观念更新，“在基本精神上与中国传统中儒、道两家的自然观非

① 李培超：《中国环境伦理学的十大热点问题》，载《新华文摘》，2012 年第 10 期，第 43 页。
② 葛荣晋：《实学为我们提供什么》，载《新华文摘》，2001 年第 7 期，第 27-28 页。
③ 张立文：《儒学的人文精神》，载《新华文摘》，2000 年第 5 期，第 131 页。
④ 戚万学：《当前中国道德教育的文化困惑与文化选择》，载《新华文摘》，2010 年第 3 期，第 113 页。
⑤ 高宣扬：《论 21 世纪新人文》，载《新华文摘》，2012 年第 2 期，第 45 页。

常接近"[①]。人与自然保持平衡和谐关系，就是对西方近代科技异化、盲目征服自然、生态环境破坏严重的深刻反省，在现代西方被逐渐公认的新环境伦理价值，实际上是中国古老传统的再认识。中国古代环境伦理思想萌芽是中华民族传统美德，古代朴素的环境伦理理念及价值取向，既是对环境危害的积极应对，也是中国传统文化追求人与自然和谐主流意识的再觉醒，对解决当前生态危机具有重要启示意义，显示出独特的传统魅力，值得学习借鉴和继承发扬。

中国古代哲学基本理念是"天人合一论"，"中国哲学是生的哲学……就是生态哲学的意义"[②]。"究天人之际"实质核心是探索人与自然的内在关系，既不离开自然妄谈人文，也不鼓励人与自然绝对对立，积极倡导"内外合一"、"物我合一"。人类作为德性主体，与自然万物之间和谐统一，"为天地立心"是价值追求，"与天地合其德"是目标理想。从中国古代生态整体论哲学角度看，自然界既是生命之源，也是人类的价值源泉，自然界是一个生命有机体，是以生命创造为根本存在方式的有机系统，是生命创造和价值创造统一的价值主体，生命创造不是脱离人的纯粹客观现象，万物生成"是将人与自然界放在一起思考的"[③]，人类是自然界"内在价值"的实现者，两者具备了哲学层面上主客体二元融合的双向互动关系。

朱熹赞同"天即人，人即天，人之始生，得之于天；即生此人，则天又在人矣"[④]。"天"与"人"具有内在的相互依附关系，"天道"要靠"人道"来彰显，人的生命价值源于自然界的生命创造，生命是自然界的存在本质，理解自然界要认清生命的意义，人类生命运动与自然界内在价值息息相关，人与自然共同构成完整的生命主体，人是属于自然的生存物，既是自然产物，也是自然有机组成部分。自然界为人类成长发展提供必不可少的物质资源，是人类赖以生存的家园，人类不是凌驾自然之上的主宰，不是自然的"立法者"，人不可能脱离自然独立存在，人与自然是内在的共生共荣关系。和谐生态观要以更广阔的生态视野，重新审视和构建人与自然和谐关系，自然生态系统相互联系、相互影响、相互制约，构建人与自然和谐相处的价值理念，以敬畏生命为原点避免生态破坏给人类带来威胁。

一、儒学的人与自然观

孔子作为儒家文化创始人，"天何言哉，四时行焉，百物生焉，天何言哉"！孔子崇尚天，实质上是敬畏自然，将天看作具有生命意义和内在价值、"生生不息"的自然之天，天道根本意义是生，创造生命、四时更迭运行、万物孕育生长，都与自然息息相关。"天生德于予"实际上是指天生万物，也生德性，人先天就具有天赋责任，

---

① 韦政通：《伦理思想的突破》，中国人民大学出版社 2010 年 2 月第 1 版，第 141 页。

② 孟培元：《生的哲学——中国哲学的基本特征》，载《新华文摘》，2011 年第 6 期，第 39 页。

③ 孟培元：《生的哲学——中国哲学的基本特征》，载《新华文摘》，2011 年第 6 期，第 40 页。

④ 汤一介：《论儒学的复兴》，载《新华文摘》，2010 年第 1 期，第 40 页。

努力实现自然界"生生之德"直至"人能弘道"。人作为自然界的生命价值承担者，主体性不仅是认识和改造自然，更重要的是完成自然界赋予的神圣使命，在自然界实现生命的延续，德是人生命的内在本质，是与生俱来的，需要在生命活动过程中培养提高。《易经·系辞传》的"天地之大德曰生"，体现了宇宙万物相互依存，一脉相承，天地本性合乎道德，天地有性、有道、有理、有心，天地之德在于遵循万物生长繁衍的自然规律。《易经·序卦传》指出世间万物休戚与共，"有天地，然后万物生焉"。万物皆来源于天地，是宇宙和大自然的产物，万物生生不息体现了自然界发展演化的客观规律。

孟子主张将天自然化，展现了人与自然内在统一的生命价值意义，"莫之为而为者，天也；莫之致而至者，命也"。"且天之生物也，使之一本。"希望人能顺应自然法则行事，"顺天者存，逆天者亡"。他清醒地认识到人类依赖自然资源生活，自然环境和生态资源是人类的宝贵财富，避免生态破坏，必须尊重自然规律，保证自然系统良性循环，决不能"竭泽而渔"。"不违农时，谷不可胜用也；数罟不入洿池，鱼鳖不可胜食也；斧斤以时入山林，林木不可胜用也。谷与鱼鳖不可胜食，林木不可胜用，是使民养生丧死无憾也。养生丧死无憾，王道之始也。"遵循自然规律，不过分向自然索取，人人安居乐业，社会必繁荣昌盛。

荀子在《礼论篇》强调"天地者，生之本也"。他认为生命起源于自然界，在"生之本"的基础上，要顺应自然规律开发利用自然，提出"以时顺修"和"节流开源"，提倡"敬天而道"，进而达到"制天命而用之"，这绝不是现在意义上的人定胜天，不是"人类中心主义"本源，而是以人与自然和谐统一为宗旨，顺应"天行有常"的自然变化规律。在实践过程中遵循自然规律和运行法则，通过人为努力合理利用自然资源，不贸然破坏万物生长秩序和天地间生养之道。在理智修养和知性追求上，主张对自然的认识应当"知有所止"，人对自然的理解是间接的，人类不可能穷尽自然之道，只能发挥人自身的道德修养，践行爱惜万物的伦理情感，促进技术革新和自然利用，妥善解决好人与自然的共生关系，"群道当则万物皆得其宜，六畜皆得其养，群生皆得其命"。《荀子·王制篇》倡导圣王之制，"春耕、夏耘、秋收、冬藏，四者不失时，故五谷不绝，而百姓有余食也"。这是荀子倡导的生存法则精髓，人与自然和谐相处，合理开发利用自然资源体现了"天人合一"思想，是宇宙间之"大道"。

儒家先贤的"自然"不是机械论和物理学意义上的无机自然，也不是作为客体对象的被动自然，而是充满生命意义、生机盎然的有机自然，是与人类共同生长繁衍的生命组合体。儒家文化的常道是"崇尚道德，以民为本，仁爱精神，忠恕之道，和谐社会；其凝聚为'天行健，君子以自强不息'，'地势坤，君子以厚德载物'"①。儒家最看重"道德教育"、"人格教育"和"文化教育"，崇尚从教育陶冶中塑造道德人格，儒家文化很大程度上是一种道德学说或伦理学说，儒家倡导"天人合一"作为世

① 李存山:《反思儒家文化的"常道"》,载《新华文摘》,2011年第12期,第161页。

界观和思维模式，主张“知天”和“畏天”统一，提倡顺应天理，符合天意，将天之法则转化为人之法则，转化为人与自然的友好共生和相互尊重，为人类安身立命确立了符合人与自然价值准则的道德基础。“天人合一”要求合理利用自然，又要求负责任地担当保护使命，“为解决‘人与自然’之间的矛盾提供有意义的思想资源”①。75名诺贝尔奖获得者1988年初在巴黎发表宣言推崇儒家文化的生存之道，“人类要在21世纪生存下去，必须回到2500年前，从孔子那儿重新寻找智慧”。德国汉学家卜松山认为环境危机日益严重，生态平衡遭到严重破坏，“强调儒家的‘天人合一’，或许可以避免人类在危险的道路上越走越远”②。法国哲学家汪德迈主张对人的权力进行限制，从儒家“天人合一”思想中获取有价值的思想因素，“应该使儒教精神在当今世界诸多问题的清晰追问中重新认识”③。当今社会人类在自然界充分发挥作用，应当实现《中庸》倡导的“参赞化育”，从生命存在的本体意义理解人性和物性，“人与天地相参”，不仅充分尊重物的价值，还要在人性自我反省中以诚待物，“天地以生物为心，人以天地生物之心为心”，做到“并育而不相害，道并行而不相悖”，实现张载的“民胞物与”和王阳明的“与天地万物为一体”，在万物生生不息中获得至上快乐，“仰观天文，俯察地理，内省自身”，在“天人合一”的生命联系中知天命、尊天道。

二、道学的人与自然观

道家主张人与自然和生灵万物保持和谐相处关系，顺应自然、互不侵害、和谐共生。“道家的生态伦理思想可以启发我们重新调整与自然的关系”④，美国学者卡普拉和英国历史学家汤因比都对道家的朴素生态智慧给予极高评价。道家对中西方生态伦理理论和环境保护运动都产生了深刻影响，能够从道德哲学高度认识人与自然和谐相处的重要性，更自觉指导人类维护自然生态平衡。

老子作为道家创始人，第一次明确提出“自然”的哲学范畴，他从形而上的高度否定上帝的存在，崇尚“天道”。老子以“回归自然”作为道家哲学根本，崇尚“道法自然”，以“道”作为道家哲学的基本范畴。在《道德经》第二十五章，老子提出“人法地，地法天，天法道，道法自然”。道是宇宙本原和万物始基，是孕育自然万物的根源，道先于上天而存在，道既不是虚无的精神实体也不是静止的绝对实体，道与自然同生，道是遵循自然法则独立运行的自然之道，自然是宇宙万物本真本然的天性，宇宙万物皆有超越人类主观意志的独特运行规律。“道常无为而无不为”，道家摈弃神学目的论思想，不承认宇宙间存在主宰万物的上帝，自然具有自身目的性，

---

① 汤一介：《论儒学的复兴》，载《新华文摘》，2010年第1期，第40页。
② 张明：《中国传统文化中的生态智慧》，载《环境教育》，2011年10月总第136期，第41页。
③ 汤一介：《中国社会的“启蒙”将如何进行下去》，载《新华文摘》，2012年第16期，第35页。
④ 刘斯奋、刘启宇：《道家伦理与当代中国的道德建构》，载《新华文摘》，2000年第11期，第32页。

人与自然内化为一体，整个自然界是有机的生命整体，人与自然界其他存在物一样，都由道而生、循道而存，人是自然整体中完全平等的有机组成部分，而不是凌驾于万物之上的特殊存在物。道家“无为之义”的博大情怀在于遵道、寻道、体道，天地万物都同等存在，“都应尊重其本真本然性的存在与活动，而不应人为地遏制其存在与活动”①。道不远人，道不弃物，自然法则不可违，人道顺应天道，天道顺应生命的目的性法则，“以道观之”，人类才能与自然融合，克服人类的机械主观目的论，避免与自然产生矛盾冲突。《老子》第五十一章记载：“道生之，德畜之，物形之，势成之。是以万物莫不尊道而贵德。道之尊，德之贵，夫莫之命而常自然。故道生之，德畜之；长之育之；成之熟之；养之覆之。生而不有，为而不恃，长而不宰。是谓玄德。”老子已经将道生万物与德性紧密联系在一起，德性是可以生成的，自然之道可以帮助人实现最高德行“玄德”，人的道德养成源于“道法自然”，人只能“辅万物之自然而不敢为”，人不能为了一己私利破坏自然法则，人的行为界限和利益实现必须严格限定，“道”周而复始，“德”循序养成，对生命目的性的自然追求最终成就了人的德性，道德最终也就成为人与自然和谐共生的目的产物，从而真正实现《道德经》第七十九章倡导的“天道无亲，常与善人”，人与世间万物在天道面前一视同仁，“物无贵贱”，不存在亲疏远近之别，天道之常态就自然而然将道德之善，即仁爱精神给予“有道者”，将道作为存在本源和价值评判标准的价值平等思想，在存在论和本体论意义上，成为道家生态伦理观逻辑论证的立论根本。

《道德经》系统记载了人与自然关系的先人卓见，自然观是重要组成部分。老子在描述宇宙万物生成规律时指出，“道生一，一生二，二生三，三生万物”，对宇宙起源、天地万物本源、人与自然“天人合一”观进行了精妙阐释，天道自然无为，人道顺其自然，蕴含着保持良好环境、遵循自然法则、与宇宙万物和谐共处的早期环境保护思想。汤一介先生认为人类要共同发展，不仅要解决好人与人的关系问题，更要妥善处理好人与自然的关系，“道家‘崇尚自然’的思想无疑可以提供有积极意义的资源”②。我国传统伦理文化的重要特征是自然道德化和道德自然化，将自然万物自觉纳入道德伦理框架范畴，在肯定自然万物内在价值同时，明确人对自然万物的道德责任和关怀义务。“老子对自然之道的认识，对人与自然的关系，对人应该向大自然学习，对人违反自然规律所带来的凶险等，都有极为精辟的论述。”③

三、佛学的人与自然观

中国佛教哲学虽是心性之学，不属于生态学范畴，佛教教义中也蕴涵着丰富的生态伦理思想，具有自身独特的生态价值观。佛教崇尚“佛性”，追求不生不灭的涅

① 王树人：《道家的视野、境界与情怀》，载《新华文摘》，2012年第4期，第42页。
② 张明：《中国传统文化中的生态智慧》，载《环境教育》，2011年10月总第136期，第41页。
③ 马桂新：《环境教育学》，科学出版社2007年4月第2版，第23页。

槃境界,“佛性”乃万物之本原,宇宙万物虽千差万别,表现形式不同而已,“佛性”的本质是统一,保障众生平等和万物皆有生存的权利。佛教生态观的哲学基础是缘起论,缘起论是两千多年来佛教各个派别的立论基础,是佛教区别于其他宗教和哲学流派的根源所在。所谓“缘起”,简而言之就是宇宙万物是相互联系、彼此依存的,任一事物都不是孤立的现实存在,是由众多条件决定的,所有事物之间相互作用,互为存在的基础。条件可分为主要条件和次要条件,主要条件是“因”,是产生最终结果的内在原因;次要条件是“缘”,是促使最终结果产生的具有辅助作用的外在次要原因。“因缘所生法”意指在宇宙万物的普遍联系中,万物皆随“因缘”生灭,“因缘”生灭产生自然万物的“缘起论”,这是对世界本来面目和内在联系的合理阐释。

整体论和无我论是佛教生态观中对人与自然关系的精辟概括。整体论宇宙观认为,人与自然是一个不可分割的整体,相互联系,无法截然分割。佛教思想蕴含了世界构成的全息论思想,宇宙中每一事物都具有佛性,自然界任一细微之处都体现了宇宙的精髓和纷繁复杂。任一事物都拥有万法,天台宗的“十界互具”、“一念三千”,华严宗的“因陀罗网”、“微尘”理论,都阐释了“一法”与“万法”、“一”与“一切”的相互对应与包容①。生态系统就是具有相互依存关系和统一价值体现的完整体系,当代生态整体论与佛教缘起论都是“整体论”思想的一致体现,解决当前生态危机关键是要克服“还原论”和“机械论”世界观,树立“整体论”和“关联论”世界观。

无我论对正确认识人与自然的和谐相处具有积极意义。无我论以大乘佛教的“人空”和“法空”来阐释生命个体和存在物的非实体性,反对以绝对自我为中心,认为宇宙间一切事物都是相对的存在,万物存在状态“既存在又不存在”、“既是有又是无”,包括人类在内各种生物形态和生命主体,优越性都是相对的。

现代环境危机出现和环境伦理道德沦丧,精神实质源于人类中心主义狂妄所导致的人与自然对立,人类将自然视为实现一己之利的工具,为了实现人类对物质价值的追求,人类在利用和征服自然过程中,加重了生态破坏和环境污染。佛教无我论的积极意义,正如日本学者阿部正雄所言,代表的是非人类中心主义人与自然观,是从整个宇宙生态系统出发,将自然与世间万物紧密联系到一起,自然不是脱离人类的存在物,自然也不是人的附属,人也不是世界主宰,人只是自然的一个组成部分,人是与自然万物相互联系的互惠共生整体。西方环境伦理学者施韦泽、利奥波德、罗尔斯顿和奈斯等人,都承认环境伦理理论与佛教存在不可割裂的渊源关系,D.科廷明确指出:“佛教的影响虽然不是处处可见的,却为自我实现和内在价值这类深层生态学的关键概念提出了最直接的表述。”②

---

① 参考杨通进、高予远:《现代文明的生态转向》,重庆出版社 2007 年版,第 355-359 页。

② 张德昭:《深度的人文关怀:环境伦理学的内在价值范畴研究》,中国社会科学出版社 2006 年 5 月第 1 版,第 207 页。

四、善待万物之仁

“德”和“灵”是代表中国古代生态伦理智慧的核心精髓。儒家文化认为人是万物之灵，是万物之最贵，人是有自我意识的精神主体，具有理性思维能力，有德性、知义理。《荀子·王制》指出，世间万物存在一个自然演化过程，从无机到有机，从植物到动物，从低级动物到高级动物再到人类，从物质到精神，从感知到理性，人的主体地位逐步得到彰显。“水火有气而无生，草木有生而无知，禽兽有知而无义，人有气有生有知，亦且有义，故最为天下贵也。”

儒家文化强调人与动物存在差异也有生命联系。“人之所以异于禽兽者几希，庶民去之，君子存之。”孟子认为人与动物相比，本质上并不高贵多少。董仲舒在《春秋繁露·仁义法》阐释了道德对象如何由人推及物之仁，“质于爱民以下，至于鸟兽昆虫莫不爱，不爱，奚足以谓仁?”朱熹在《仁说》提道:“天地以生物为心，人以天地生物之心以为心”，进一步阐明了仁心，人作为万物之灵，具有明显目的性意义，包含着强烈的责任意识，对世间万物负有关心、仁爱、保护、生养的本性。孟子在《孟子·尽心章句上》提倡“君子之于物也，爱之而弗仁；于民也，仁之而弗亲。亲亲而仁民，仁民而爱物”。形象表达了君子的仁义之心，“仁民而爱物”正是由“亲亲”到“仁民”再到“爱物”，最终达到“天地万物一体之仁”，循序渐进体现了儒家文化倡导的仁心实现历程，先自家庭血缘关系拓展到整个人类社会，再推广到整个自然界。“一体之仁”本质上体现出人与自然作为统一的道德共同体，具有统一的本源，是一个有机整体，与当代环境伦理观具有相同的价值取向。“微物亦有天理”，实现了道德情感的跨越与升华，不仅人与自身、人与他人、人与社会、人与自然实现了整体和谐，而且超越了物种界限，达到张载向往的境界，“民，吾同胞；物，吾与也”，“乾坤父母，民胞物与”，将人类与世间万物平等看待，以仁爱之心“爱屋及乌”，生命相通，爱心永恒，共同构建起普遍的生命关怀情操。程颢提出人之至仁则天地一身，“天地之间，品物万形为四肢百体。夫人岂有视四肢百体而不爱者哉?”在处理人与自然的物我关系上，要弘扬人的道德主体性，将世间万物以普遍的人文关怀等同看待。“放在万物中一例看，大小大快活”，人非主宰，不能存有更优越更尊贵的狂妄意识，不可为满足一己私利戕害自然众多生灵，要具备广泛的爱物之心，“己所不欲，勿施于人”，要有“万物一体”的移情意识，在内心深处自觉追求爱人爱物的仁心境界，以程颢的“仁者，以天地万物为一体”和王阳明的“大人之能，以天地万物为一体”为己任，将人类道德情感投射到自然界一切生命，关爱万物，尊重自然，不忍伤害无辜，更不忍践踏蹂躏，真正做到“己所不欲，勿施于物”，超越人之初“恶”的本性，实现人与自然万物真情互通，展开心灵对话和生命沟通，力求实现对生命的终极关怀。

“仁”是道德理性的最高境界，是人类存在的本质所在，“仁爱”是儒家思想的核心价值观，“仁”是天地运行的根本法则。“仁者”方能修身养性，为“天地立心”，珍视自然是人类的精神家园和生命意义所在，对世间万物充满爱心自觉保护，周敦颐“窗前草不除”、程颢“万物生意最可观”、张载“喜闻驴鸣”皆可视为“成己成物”，天地人合而为一，最终达到“参赞化育”的至善境界。《中庸》第22章记载，“唯天下至诚，为能尽其性；能尽其性，则能尽人之性；能尽人之性，则能尽物之性；能尽物之性，则可以赞天地之化育；可以赞天地之化育，则可以与天地参矣。”儒家文化崇尚心灵关怀，追求关爱生命的道德体验和精神诉求，喜乐“各遂其生，各顺其性”的情感本性，最终升华至君子情怀，孟子曾自觉流露出爱物之心，直接体现出君子的宅心仁厚，“君子之于禽兽也，见其生，不忍见其死；闻其声，不忍食其肉。是以君子远庖厨也。”《孟子·梁惠王上》专门记载齐宣王的“不忍之心”，以此来体现对动物的同情关爱。齐宣王看到牛将被杀死用于祭奠时恐惧战栗，顿时心生恻隐之心，令人将牛放生，“舍之。吾不忍其觳觫，若无罪而就死地”。当然，儒学并非追求不杀生的素食主义，儒学倡导的“仁”是不滥杀生。儒学具有明显目的理性，面对全球化时代人类共同面对的生态危机，“在‘新轴心时代’儒家文明的人文主义与生态主义的价值取向能为现代世界人类的发展重新定向，因而具有世界意义”①。儒家具有普世价值的“仁”充分肯定了人的道德主体地位，推崇普遍意义上的同情爱护之心，能由此及彼、由近及远、由人至物，尊重万物，尊重生命，“仁民爱物”的道德情感得到超越，自然的“生”成为实现最高至善“仁”的价值追求目标，“仁远乎哉？我欲仁，斯仁至矣”。

老子主张人与万物享有平等的生存权利，人要遵循自然法则善待万物，使世间万物各得其所，各遂所愿，友好相处。“含德之厚，比于赤子。毒虫不螫，猛兽不据，攫鸷不搏。”老子认为只要人追求至善，奉行善举做善事，将自然万物作为爱心关注的对象，就能够做到以慈待物，如同赤子般与万物无争，纵是猛兽恶禽也不会伤害他，人与动物就会相安无事，和睦共生，归根结底是指人要有德行，要有尊重自然万物之本性，真正做到“不犯于物”。

庄子在《齐物论》中阐明了万物平等的“万物一齐”观，“天地虽大，其化均也”。天地万物依据自然规律生长繁衍，天地化育万物一视同仁，不分贵贱，天赋物权，众物平等，人不能立足于个人好恶、利益需求和欲望满足评价万物之高下，不能按照自己的“成心”人为衡量万物，世间万物是相互联系的平等存在。“以道观之，物无贵贱；以物观之，自贵而相贱；以俗观之，贵贱不在己。”从“超然物外”的角度，世间万物无高贵贫贱之分，各自拥有生存权利，不能自视高贵相互轻视，不能以“一己之见”贵己贱物，禁止以满足人的需求为借口残害万物，倡导“天下有道，则与物皆昌”。人与自然万物和谐共处，共同繁荣，“知道者必达于理，达于理者必明于权，明于权者不以物害己”。既要尊重万物不强求于物，又要物物相互为用，在自身发展

① 吴立保：《中国大学模式的现实困境与建构策略》，载《新华文摘》，2011年第11期，第125页。

的同时促进他物生存，避免按照人类自身好恶肆意行事。庄子以《马蹄篇》的伯乐治马和《至乐篇》的鲁侯养鸟为例，从动物的立场来阐明如何遵循自然规律，尊重动物种群生理特性和习性差异，避免"我善治马"的残害行径，遵循"以鸟养养鸟"的生存法则，学会从动物的本性出发，善待各种不同生物，重视生物多样性。

佛教生态观突出体现了平等生命观。佛教根本教义就是不杀生，主张生命轮回，众生平等。《楞严经》记载"清净比丘及诸菩萨，于歧路行，不踏生草，况乎手拨"！佛教主张"山川草木皆有佛性"，世间万物皆有生存的内在合理性，生命平等观对生物保护运动产生了很大的推动作用，也对当今世界和平进程产生积极影响，成为当代佛教对生态和谐社会建设的最大贡献。

综上所述，中国古代先贤包括儒家道家佛家，皆有朴素的自然生态宗教情感，"天命之谓性"，真正的宇宙中心拥有超越人类和自然万物的神圣力量。"人与自然、个人与社会、自我与他人同属于这个整体……自然与人皆属于生命现象，'天人合一'(即世界的整体性)即合在这个'生'字上。"[①]宇宙生命活动"大化流行，生生不息"，人对天地自然怀有敬畏之心，将天地比作母亲，将自然比作万物生灵的孕育者和缔造者。仁是心的全德，以仁心对待万物，人类的最高价值体现也就是实现生命和谐的根本保障。"敬畏天命"昭示着神圣的光芒，时刻提醒人们要顺应自然、关爱自然、保护自然，不可随意破坏自然的和谐，掠夺自然的恩赐。

第三节　现代环境伦理的发展趋势

一、环境伦理的演进历程

日益严重的环境破坏已经引起全人类普遍关注。伴随着环境污染加剧和生态危机频发，政治、经济、社会、哲学和伦理各个相关领域的关联性研究更加深入，人们对环境问题的认识随着全球一体化进程发生深刻变化，成为促使环境伦理学不断发展演进的重要诱因。

1962 年蕾切尔·卡逊出版《寂静的春天》一书，唤起了公众对环境污染问题的普遍关注和历史性反思，启迪人们自觉提高环境保护意识，主动投身环境保护运动。美国《自然主义者书架》对此书高度评价，称赞在由国家公园式自然保护向关注污染转变过程中发挥了重要作用，"当时正在出现的环境运动的奠基石之一"。蕾切尔·卡逊一生致力于环境污染问题研究和治理对策思索，对深藏在人类意识深处的征服控制自然的绝对正确性提出质疑，通过对杀虫剂和灭草剂的滥用、富

① 陈伯海:《哲学的"终极关怀"》，载《新华文摘》，2012 年第 12 期，第 39 页。

集、迁徙和演变规律进行长期研究，形象描述了地球生态圈各组成部分的物质循环关系，向世人揭示了化学污染物这类“死神特效药”长期威胁着地球生命和土壤、山川、草原、海洋河流和大气循环，呼吁人们和地球其他生命一起共同珍惜地球，避免造成潜在的毁灭性影响，决不能放任“明天的寓言”中没有鸟语花香的寂静春天——灾难性生态危机真正降临人间。

蕾切尔·卡逊尖锐指责试图“控制自然”的人类行径，她规劝世人不能“改造自然以满足我们的欲望……这实在是一个莫大的讽刺”①。她引导人们要反思“控制自然”的妄自尊大和蒙昧无知，提醒人类在迈向生产消费型社会时，不能忽略对人体健康和环境安全的高度关注，“我们正站在两条道路的交叉口上”②，那条“很少有人走过的路”为人类提供了保护地球的最后机会，这是人类探寻绿色文明的必由之路，激励着人类为实现长久生存而自觉保护环境。

《寂静的春天》对DDT(滴滴涕)和其他剧毒农药的危害性进行深刻揭露，触动了一些部门的既得利益，引起了美国生产农药的化工部门和使用农药的农林部门激烈反对，Paul Brooks形象描述道：“没有一本书像这样遭到感觉自身利益被威胁的那些人的刻薄攻击”③，近一个世纪以来可能只有查尔斯·达尔文的《物种起源》能够与之相媲美。蕾切尔·卡逊英勇无畏的科学信念和道德良知推动了人类环境意识觉醒，宾夕法尼亚大学著名博物学家Loren Eiseley称赞她是“对人类的粗心、贪婪与不负责任发起的毁灭性的、铁证如山的、无情的抨击”。最高法院法官William O. Douglas将《寂静的春天》称为“本世纪对人类最重要的一本书”。1964年4月14日，在蕾切尔·卡逊的葬礼上，参议员Ribicoff称赞她促使人“注意到20世纪中叶生活中最重要的问题之一——人类对环境的污染”④。美国前副总统阿尔·戈尔盛赞她是“为生命写作”的人，卡逊激励着他积极投身到环境保护运动中去。《寂静的春天》被看成是现代环境运动的肇始，犹如旷野中一声呐喊，环境启蒙播下了新行动主义的种子，雄辩的论点和深切的感受改变了环境运动历史进程。随着环境保护运动蓬勃发展，绿色民主政治文明深入人心，在制定杀虫剂安全标准、研制可替代新型无毒杀虫剂和病虫害综合防治方面，“没有做到她所期待的一切，但我们毕竟正在她所指明的方向前行”。蕾切尔·卡逊直面农药污染的致命性、环境危害的持久性和生态破坏的严重性，振聋发聩向世人敲响了警钟，提高了人类对环境保护的关注意识，推动了环保运动蓬勃发展。

---

① [美]L. H. 牛顿、C. K. 迪林汉姆:《分水岭:环境伦理学的10个案例》，吴晓东、翁端译，清华大学出版社2005年6月第1版，第94页。

② [美]蕾切尔·卡逊:《寂静的春天》，吕瑞兰、李长生译，吉林人民出版社1997年12月第1版，第244页。

③ [美]L. H. 牛顿、C. K. 迪林汉姆:《分水岭:环境伦理学的10个案例》，吴晓东、翁端译，清华大学出版社2005年6月第1版，第92页。

④ [美]L. H. 牛顿、C. K. 迪林汉姆:《分水岭:环境伦理学的10个案例》，吴晓东、翁端译，清华大学出版社2005年6月第1版，第92页。

基于环境污染已经威胁到人类生存安全，1972年有113个国家和大约400个国际非政府组织代表参加了斯德哥尔摩人类环境会议，这是人类正视环境污染、加强国际环境保护合作、妥善寻求解决方案的重要里程碑。大会审议通过《人类环境宣言》和《斯德哥尔摩行动计划》，标志着环境伦理观发生历史性转变，开始克服原始文明和农业文明时期对自然的畏惧和盲从，认识到近代工业文明对自然的漠视和无情毁坏，试图确立尊重自然的环境伦理观。《人类环境宣言》提出“只有一个地球”的口号，采取措施打破地域性思维局限，旨在倡导全球性环保意识。

1972年罗马俱乐部出版了《增长的极限》，引起世人关注和广泛争议。这本书第一次对盲目追求增长的发展模式提出质疑，警告人们早日采取行动，通过技术、文化、制度各个层面创新，避免人类生态足迹超出地球承载能力，力求保持人类福利长期高水平稳定。日趋枯竭的自然资源和有限的工农业废弃物自净能力，“最可能的结果是人口和工业生产能力这两方面发生颇为突然的、无法控制的衰退或下降”。《增长的极限》从另一个视角向世人表达了环境恶化状况的极大忧虑，在悲观失望和迷茫中隐含表达了寻求可持续发展的愿望，对GDP作为经济增长唯一衡量尺度的“连续增长”模式提出质疑，警告世人地球资源十分有限，自然资源消耗与人口膨胀和经济发展存在尖锐矛盾，随着人口急剧增加，资源消耗和污染程度将呈几何级数膨胀，地球承载能力和环境自身修复能力将不可避免达到极限状态，整个人类经济社会发展将面临瞬间崩溃的危险，必须尽快纠正现存发展趋势和经济政策，防范出现更加严重的生存危机。

经济增长悲观论因过于偏激而饱受诟病，不少经济学家批评《增长的极限》是危言耸听的悲观主义言论，不仅西方发达国家学者大加鞭挞，来自发展中国家的声音也不同程度表达了反对意见。当时经济增长势头良好，西方发达国家正惬意享受着经济高速发展带来的丰硕成果，科技进步、技术发展和经济增长所向披靡，被认为完全有能力解决好所有环境难题，经济零增长在西方社会学者看来是那么的荒诞不经。发展中国家也有些学者认为，零增长不应强加到经济欠发达的发展中国家头上，生活在发展中国家的民众连基本温饱问题还没能解决，在环境保护和经济发展取舍上，他们宁愿选择发展经济、改善生活、摆脱贫困，零增长模式并不适合发展中国家，零增长体现了不公正的环境责任，是对发展中国家发展经济这一美好愿望的束缚和扼杀，甚至可以说是发达国家借口环境危机，试图阻碍发展中国家经济发展的国际阴谋。

随着时间推移，地球环境遭到越来越严重的破坏，“技术万能论”没能达到人们期待的完美效果，世界范围的严重环境危机已经显露端倪，温室效应、臭氧层破坏、酸雨频繁、粮食匮乏、土地沙漠化等令人担忧的危险征兆，开始突破地球有限的承载能力，不可逆转的全球生态危机和环境灾难正在逼近整个人类。人类环保意识开始觉醒，意识到世界经济发展处于不可持续状态，如果不团结起来共同应对，未来世界将出现突然崩溃的灾难性后果，全球范围内的国际合作必须马上付诸行动。

人们开始认同《增长的极限》提出的忠告，开始理解放慢经济增长速度、避免伤害生态环境的良苦用心，认识到人类不应当求全责备模型设计是否有偏差、社会发生崩溃的时间预测是否精确、经济增长速度究竟要降到什么程度、资源消耗速度究竟要降低多少、技术发展水平究竟在多大程度上弥补不合理增长造成的环境损害。模拟极限发生场景不是对人类发展和经济增长盲目悲观，更不是所谓的“新马尔萨斯主义”，这是“很严肃的忧虑，而不是绝望的恐惧”，目的是唤醒人们的环保责任意识，减轻生态足迹的盲目干扰，竭力克制过度追求物质享乐的贪欲。这种对人类经济社会发展和自然环境保护的开创性认识，“为把人类的环境意识提高到环境道德层面提供了有力的佐证”①，对环境伦理学发展奠定了重要的理论根据。

美国著名心理学家肯·威尔伯援引罗杰·沃什在《活着》一书中对生态危机的描述，警示人类正陷入可怕的慢性自杀，“世界正在走向灾难，并且很可能在人类历史上这是第一次完全由人类自身的因素造成的灾难”②。如果不能及时觉醒，谁也不能在这场灾难中侥幸存活下去。阿尔温·托夫勒在《第三次浪潮》中，强烈抨击了第二次工业化浪潮，认为破坏地球环境的侵袭行为，对生物圈造成无情破坏，不可再生能源过度消耗，已经远远超出早先任何年代造成的浩劫。

面对能源危机、人口膨胀、环境污染和生态破坏，联合国号召人类认真思考如何发展的问题，呼吁人们认真研究自然资源利用过程中的最基本关系，确保全球持续发展。1983 年 11 月联合国成立以布伦特兰夫人为首的世界环境与发展委员会(WECD)，专门研究环境与发展的全球性变革问题，1987 年提交的《我们共同的未来》，号召创建不破坏生态系统、不危害环境健康、探索新能源和绿色产业、保证生活质量改善、不断提高生活水平的“可持续发展”模式，从理论上阐述了可持续发展是解决当前环境与发展矛盾的根本出路，并从实践层面提出可行性建议。M. 厄普顿 1987 年提醒人们把自然资源作为特殊的资本形式，认真探讨它的特征和使用策略，避免因人口过快增长，在短时间内逼近资源利用极限。

20 世纪 90 年代初，环境资源对经济发展的影响引起广泛讨论和反思，“环境库兹涅茨曲线”应运而生，这个倒 U 形关系曲线，形象表明了环境污染与经济增长的对应关系。在经济发展初期，环境污染水平随着经济快速发展和收入水平提高，呈现出显著增加的趋势；当经济发展到一定阶段，随着科技水平提高、生产效益改善和环保意识提升，环境污染程度会随着经济持续发展趋于下降。这个关系模型从一个侧面反映了不同的经济发展阶段，环境污染对经济发展的影响呈现显著性变化趋势，增强环境保护意识，坚持可持续的经济增长方式，有利于逐步消除环境污染对人类的危害程度。

1992 年里约热内卢环境与发展大会是人类环境保护史上一个重要里程碑，代

① 邝福光：《环境伦理学教程》，中国环境科学出版社 2006 年 8 月修订版，第 104 页。
② [美]肯·威尔伯：《性、生态、灵性》，李明等译，中国人民大学出版社 2009 年 6 月第 1 版，第 3-4 页。

表人类环境认识转向的大飞跃。共有 102 个国家和地区的主要领导人和 70 个国际组织出席这次大会，会议签署《里约环境和发展宣言》和《21 世纪议程》，提出了“人类要生存，地球要拯救，环境与发展必须协调”的倡议。“只有一个地球”的客观现实，敦促人类建立新的环境伦理观，彻底改变功利主义价值选择，正确处理人与自然的关系联结，清醒认识自然资源有限性和自我净化能力的不足，珍惜自然资源利用效率，变革粗放的经济社会发展模式，减少各类环境要素污染，承担保护地球的责任和义务，为子孙后代保持好属于他们的美好生活家园。

1992 年《增长的极限》(第 2 版)出版，通过回顾 20 年来的全球发展，以《超越极限》为书名再次警示世人，“人类已经超出了地球承载能力的极限”。经济增长虽不会在短期内崩溃，但增长导致需求扩张大大超出地球可能的维持水平，导致“过冲”出现，崩溃必然随之而来。到 20 世纪 90 年代，人类已无法通过明智的政策选择避免出现“过冲”,“过冲”已经成为不争事实。马西斯・瓦科纳格尔通过计算不同国家用于供养人口消费和吸收废弃物的土地数量，对人类生态足迹和地球承载能力进行关系比较，认为人类资源自 20 世纪 80 年代超出自然的正常供给能力，到 1999 年已经“过冲”20%。也就是说，人类在 20 世纪 80 年代初资源使用还保持在可持续水平，从 80 年代后期开始，整个社会的生态足迹相对于地球容量开始出现“过冲”，进入 21 世纪已超过地球承载能力的 20%。到 2004 年该书第 3 版问世时，世界处于“过冲”状态的判断得到相关数据的进一步支持，人类必须尽快从无法持续的恐怖现实中苏醒过来，通过明智的全球政策和技术、文化以及制度改革，将“过冲”带来的破坏尽可能减少。

丹尼斯・梅多斯担心目前政策不能有效应对因为超出生态极限导致的全球性过冲和崩溃预期，认为“过冲”效应在未来几十年里会更加明显。如果不想让正在发生的“过冲”现象在 21 世纪真正演变成崩溃，全球公民都应该对地球资源极限有更多了解和尊重，凝聚所有政治力量，积极采取行动减少“过冲”带来破坏性灾难，将生态足迹减少到地球长期可承受范围内。“我们对地球的未来比在 1972 年时更感到悲观。”①人类已经没有时间犹豫不决，不能再对生态挑战做出“半心半意”的迟缓反应。令人略感宽慰的是，人类正陷入崩溃边缘的严峻事实得到更多人认可，来自 70 多个国家、包括 102 位诺贝尔奖获得者在内的 1600 多名科学家，1992 年共同签署了《世界科学家对人类的警告》，告诫人类正处于与自然世界的激烈冲突之中，“人类和自然正走上一条相互抵触的道路”，人类许多行为对环境资源造成不可修复的严重破坏，对人类社会、地球和动植物王国带来严重威胁。世界银行在 2001 年报告中，也提到发展中国家的环境问题已经导致经济社会合理运行成本增加，对增长和生存的根本经济基础产生威胁。

---

① [美]德内拉・梅多斯、乔根・兰德斯、丹尼斯・梅多斯:《增长的极限》第 3 版，李涛、王智勇译，机械工业出版社 2006 年 6 月第 1 版，前言。

伴随着工业文明进步，全球环境质量每况愈下，生态危机日趋严重，在工业文明时期环境危机不可能从根本上解决，关键原因在于生态危机是工业文明的必然产物，“局部改善、总体恶化”的尴尬境遇引发了人们对工业文明的深层反思，“环境危机是工业文明的结构性特征”①。工业文明时期的政治体制、科技发展观念、经济运行模式和伦理价值体系，不可能在根本上有效遏止和摆脱日益严重的生态危机。人类是地球生态系统中最能动的构成要素，同时也是最具破坏力的危险因素，必须以促进可持续生存发展为终极关怀，以维护地球生态系统的稳定、平衡和完整为道德准则，深刻反思人类的行为模式和文化价值观念，重新拥抱自然、回归自然，寻求幸福生活的真实意义。

20 世纪 90 年代以来，全球大规模环境保护运动方兴未艾，环境问题得到全世界高度重视，现代环境保护主义者倡导尽快实现由工业文明向生态文明转型，生态文明作为文明发展史上的更高级阶段，最终价值体现的是人与自然有机结合，这是提高人类社会文明程度，彻底摆脱生态困境，最终化解生态危机的根本出路。

二、环境伦理理论的时代转型

（一）可持续发展的环境伦理

可持续发展是通过对“发展 = 经济增长”的传统发展观念进行深刻反思的基础上，探索、总结、创新出来的发展新模式。可持续发展最早源于环境保护，但又不局限于环境保护，蕴含着经济发展、社会进步和环境保护协调统一的发展新理念。可持续发展战略是 20 世纪末人类发展史上重大理论创新和实践探索，是国际社会应对环境危机的重要变革，表达了人类渴望世代谋求平等发展的美好愿望。在生态危机日益严重、环境伦理步入理性发展的特定历史时期，能否抓住可持续发展本质，合理解决实践困境和理论质疑，是人类面对的一大哲学难题。

可持续发展理论核心是寻求“人与自然的和谐”和“人与人的和谐”，实现“社会经济发展与生态环境保护双赢”。可持续发展观是一种“多维性”发展观，在大的国家和社会发展层面，可持续发展面临的主要问题是，发展究竟立足于全球世界经济一体化进程，还是从发达国家局部利益出发的可持续发展？发达国家和发展中国家对可持续发展的伦理解读和伦理责任有无重大分歧？环境保护追求全球整体环境质量提高，还是仅作为发达国家实施环境霸权主义的“合理化”托辞？环境伦理与经济可持续发展的复杂关系究竟体现在哪些方面？环境伦理责任承担与经济可持续发展，如何诠释共同追求和不同群体的差异化诉求？

1982 年联合国全体大会以压倒多数赞成票表决通过《世界自然宪章》，提出要共同坚持以道德行为来对待整个生物圈的原则声明。这份声明表明全球对待自然

① 杨通进：《环境伦理：全球话语 中国视野》，重庆出版集团 2007 年 8 月第 1 版，总序第 2 页。

界的观念正在迅速转变，自觉保护自然环境的伦理价值观逐渐深入人心，“许多签署这一自然宪章的第三世界政府在 10 年前的斯德哥尔摩是不会同意这样一个声明的，即使是一个象征性的声明”①。

德国社会学家和经济学家约瑟夫·胡勃 1985 年提出了现代化和生态环境相互作用的生态现代化理论，要求对环境保护和经济社会发展重新定位，变革不可持续的现代化发展模式。未来可持续发展前提是良好的环境保护，生态现代化理论提倡“实现经济与环境的共同发展”②，本质就是经济增长、环境关切、生态可持续和社会发展协调进步。

1987 年世界环境与发展委员会在《我们共同的未来》中，从“共同的问题”、“共同的挑战”和“共同的努力”三个方面，对世界范围内可持续发展问题进行全面系统的界定，积极推进人类之间、人类与自然之间的和谐发展，“可持续发展是既满足当代人的需要，又不对后代人满足其需要的能力构成危害的发展”③。可持续发展环境伦理观从当代伦理扩展到未来的代际伦理，从人际伦理扩展到了包括整个自然在内的生态伦理。

联合国环境与发展大会在 1992 年发布《里约环境与发展宣言》和《21 世纪议程》，赞同实施可持续发展战略，“享有以与自然和谐的方式过健康而富有成果的生活的权利，并公平满足今世后代在发展和环境方面的需要，求取发展的权利必须实现。”要求各国政府制定实施相应的可持续发展战略、计划和政策措施，保证“将国民生产总值的 0.58%用于保护环境”④。

当今国际社会积极追求生态保护下的适度发展，希望在持续发展中既能够使当代人有尊严地生活，又不威胁未来后代和自然的生命尊严。这种发展模式最重要的衡量指标是持久发展，无论数量还是质量的增长，都要以能否长期可承受为衡量尺度，最终标准不单纯以停滞、零增长或快速增长为评价依据。普世基督教教会理事会认为，可持续发展实质上是“保障有意义的发展”⑤，要让正当的事情以正当的尺度、时间和关系达到正当的效果。可持续性意味着人类应该依靠自然的“利息”而不是“资本”为生，要消除人为造成的不可再生资源紧缺，保护生态平衡减少自然“资本”损耗，发挥人类的创造智慧，通过等价替代物的再生推动新“自然资本”形成。在生态利益和经济利益冲突时，环境稳定比经济发展更有优先地位，为避免对环境造成毁灭性伤害，要本着“为自然存疑”的适度伦理原则，规避超越极限发生

---

① 廖红、[美]克里斯·郎革：《美国环境管理的历史与发展》，中国环境科学出版社 2006 年 2 月第 1 版，第 242 页。

② 陈柳钦：《现代化的内涵及其理论演进》，载《新华文摘》，2012 年第 3 期，第 31 页。

③ 世界环境与发展委员会：《我们共同的未来》，王之佳等译，吉林人民出版社 1997 年版，第 80 页。

④ 郝长江：《人类共同的责任——兼论可持续发展战略的实施》，载《新华文摘》，2000 年第 1 期，第 29 页。

⑤ [瑞士]克里斯托弗·司徒博：《环境与发展——一种社会伦理学的考量》，邓安庆译，人民出版社 2008 年版，第 346 页。

不可逆转的损害。

发达国家和发展中国家在对待可持续发展问题上存在明显分歧，激烈冲突的关键根源在于，两大国家群体之间存在巨大的贫富差距，环境资源占有率与消耗量明显不公平。发展中国家经济落后，生活贫穷，生态环境恶化，环境资源人均占有量低下，而发达国家经济发达，资源充足，环境状况改善。"穷国和富国的经济差距不是在减少而是在扩大"①，发达国家和发展中国家对全球可持续发展的"共同利益"认识不统一，实际行动不能协调一致。世界环境和发展委员会倡导尊重自然系统和环境质量，关注全球经济和社会进步，实施可持续发展战略，切实践行帮助贫穷国家，尤其是非洲和拉丁美洲实现经济增长的承诺。"可持续性不仅意味着尊重自然环境，而且意味着公平地分配经济的和社会的报酬和机会。"②这仅仅是一个尚未实现的美好愿望，生态系统中有限资源能否实现公平公正的分配权利，成为决定可持续发展能否实现的关键，目前国际环境政策未能从根本上解决面临的现实困境，比如消费经济的生态影响，生态资源的所有权分配，或者经济增长政策是否环保、可持续。

尽管在里约环境与发展大会上有 183 个国家和地区领导人对可持续发展战略赞同认可，但 1997 年在纽约召开的联合国特别大会上，人们发现发达国家和发展中国家都未能很好地履行承诺，可持续发展实际执行情况很不乐观。"发展中国家的人口、贫困和环境恶化问题是制约可持续发展的关键所在。"③另一方面，发达国家拥有先进生产力，但缺乏资助精神和伦理诚意，成为世界资源短缺和生态环境破坏的另一罪魁祸首。联合国开发计划署在《2001 年人类发展报告：让新技术为人类发展服务》中指出，可持续发展"战略的实施仍处于最低水平"④。可持续发展决定人类社会发展进程，发达国家必须对不可持续发展造成的环境破坏深刻反思，发展中国家也要以生态环境保护为前提，坚决杜绝走先污染后治理的老路。全球出现不可持续的发展结局，主要原因是不平等的国际环境秩序，罗尔斯顿认为可持续发展环境伦理，核心问题是建立平等的国际秩序和生态环境保护政策。可持续发展是重视"可持续性"的发达国家与重视"发展"的发展中国家相互妥协的产物。制约世界环保和可持续发展的关键，是"发达国家对国际环境补偿和援助的力度与欠

① 廖红、[美]克里斯·郎革：《美国环境管理的历史与发展》，中国环境科学出版社 2006 年 2 月第 1 版，第 238 页。

② [美]丹尼尔·A. 科尔曼：《生态政治——建设一个绿色社会》，梅俊杰译，上海世纪出版集团 2006 年 7 月第 1 版，第 104 页。

③ 刘湘溶、朱翔：《生态文明——人类可持续发展的必由之路》，湖南师范大学出版社 2003 年 10 月第 1 版，第 428 页。

④ 联合国开发计划署：《2001 年人类发展报告：让新技术为人类发展服务》，中国财政经济出版社 2001 年版，第 22 页。

发达国家脱贫致富的能力"①。联合国教科文组织在1992年国际讨论会发布《贝伦宣言》，明确指出伦理学"应重视人类与它的环境的关系，它是被普遍的原则所支配的，其伦理准则可以是新的环境道德"②。

当1992年157个国家在联合国环境与发展大会上签署《生物多样性公约》时，美国政府却借故拒绝签署这一公约，对顺利实施公约产生了很大阻力。以美国为代表的部分发达国家，从狭隘局部利益和"本位主义"出发，因为"担心该公约有可能导致发展中国家为遗传资源注册专利，因而要求美国生物技术企业在利用这些遗传资源时支付使用费"③，不愿意承担对发展中国家应尽的技术转让、科技援助、资金支持和国际合作义务，公开阻拦对发展中国家提供资金和技术转让。围绕环境问题的政治立场、国际关系和环境利益博弈，成为美国在相关环境议题国际谈判中的关注点和出发点，美国不愿意履行"发达国家有义务提供发展中国家认为必要的资金"的财政援助条款，认为加入该公约会损害美国医药公司和生物企业的既得利益，妨碍美国生物技术垄断性发展，削弱对生物多样性的相关知识产权保护。

国际环境外交既要突出强调本国利益，也要适当兼顾国际环境权益；既是一个自然过程，也是一个体现政治特征的社会过程；既取决于国际政治权力博弈，又受制于经济基础和科技实力影响；未来经济发展模式实质上体现了国际政治格局，成为21世纪环境外交制高点。2002年9月在南非召开"地球峰会"，目标是协调发达国家和发展中国家的矛盾分歧，推动可持续发展战略顺利实施，动员发达国家主动兑现承诺，缩小巨大贫富差距，为全球可持续发展做出更多贡献。但是发达国家功利主义观念始终在作祟，正当合理的公平竞争原则不被采纳，发达国家和发展中国家矛盾日趋尖锐，发展中国家的正当发展权益得不到合法化保护，无法促进全球经济协调发展、国际社会安全稳定和全球资源公平利用。前联合国秘书长安南无奈地承认，"地球峰会"并未能真正实现既定目标，未能制定出明确的实践计划表和任务书。美国对践行"共同而有差别的责任"置若罔闻，在会前就对签署承诺协议缺乏诚意，前总统布什更是借故缺席会议。英国《独立报》讽刺说："就在世界上100多位国家领导人抵达约翰内斯堡讨论地球未来之际，美国的总统显然认为他去得克萨斯的牧场度假更为重要。"④

环境伦理思想的发展延续，与社会经济发展水平、科技发达程度密切相关，也与精神文化和价值取向协调一致。脱离生态自然演化历程，缺乏公众道德认同感，忽视伦理思维的时代特征，都不利于产生新的伦理意识形态，无法达到真正道德体

① 叶平：《关于环境伦理学的一些问题——访霍尔姆斯·罗尔斯顿教授》，载《哲学动态》，1999年第9期。

② 裴广川：《环境伦理学》，高等教育出版社2002年版，第159页。

③ 徐再荣：《全球环境问题与国际回应》，中国环境科学出版社2007年8月第1版，第193页。

④ 曾建平：《环境正义——发展中国家环境伦理问题探究》，山东人民出版社2007年1月第1版，第62-63页。

验和情感共鸣。环境保护和快速发展有两大尖锐矛盾，一个是人与人的矛盾，另一个是人与自然的矛盾。人与人之间的矛盾，又分为两个大的向度：一个是当代人的矛盾，另一个是当代人与后代人的矛盾。当代人的发展矛盾具有“共时性”特征，是可持续发展顺利推行的关键所在，主要困难在于不同国家、地区、民族、种族、团体、社会阶层在经济发展和环境保护之间面临着现实性矛盾选择和尖锐的利益冲突。当代人与后代人的发展矛盾具有“历时性”特征，意味着可持续发展的代际伦理必须超越时空界限，重新诠释伦理责任的起源和义务归属，摒弃狭隘的“契约互惠”、“权益交换”或“权利相互性”观念，基于“完善自己人格的目的和要做一个道德高尚的人的愿望”①，发扬人类独有的德性意识和利他精神，为子孙后代可持续发展自愿作出牺牲，自愿承担在资源分配和环境责任分担上的代际责任，自愿履行当代人对未来人的伦理义务。

可持续发展作为一个综合发展系统，可以分为“生态可持续发展、经济可持续发展和社会可持续发展三大部分”②。生态可持续发展是物质前提和空间基础，是改善生态系统、促进良性循环的内在要求；经济可持续发展是基本条件和重要任务，是协调经济增长质量，促进共同繁荣的发展基础；社会可持续发展是根本目的，是社会全面进步的内在表现。通过对建立在西方自然价值论和生态中心论基础上的生态文明理论深刻反思，可以发现生态文明在理论上具有境界论和发展观两个维度，既要充分体现境界论的“应然”特征，超越狭隘的自我利益观和价值观；又要突出发展观的“实然”特征，妥善处理好不同国家、民族和地区在生态资源分配和使用上的利益矛盾，“以‘生态’为本位和以‘人类’为本位的生态文明理论的问题恰恰体现在其‘发展观维度’的缺失”③。造成缺失的根本原因是资本主义政治经济制度对公平公正的环境权益存在体制性缺失，最终造成人与人、人与社会和人与自然的协调发展关系错位。

（二）公平正义的环境伦理

环境伦理学思想作为解决环境与发展矛盾的理论武器，自 20 世纪上半叶以来，逐步形成较完备的理论体系，从哲学意义上梳理西方哲学思路历程，可分为两个不同的价值地位和发展状况：(1)“哲学指向自然”可以获得普适性的确定知识，形成西方哲学发展的存在论传统；(2)“哲学指向人类自身”可以获得生活意义和行动规则，形成西方哲学的人类学传统。

环境哲学实现“人类学转向”以来，人本主义和自然主义成为西方环境伦理学的两大主要流派，基于西方历史文化基础和伦理规范，西方环境伦理深刻影响了全球生产生活方式、价值意义诠释和伦理道德规范。西方发达国家夸大了环境伦理的普适性作用，忽略了在环境危机应对和环境伦理构建方面与广大发展中国家的

---

① 韩立新：《环境价值论》，云南人民出版社 2005 年 4 月第 1 版，第 28 页。
② 刘爱玲：《绿色科学技术与可持续发展》，科学出版社 2006 年 9 月第 1 版，第 17 页。
③ 王雨辰：《生态文明理论研究的中国视野》，载《新华文摘》，2011 年第 6 期，第 37 页。

巨大差异。印度的古哈针对奈斯的深层生态学提出严厉批评，认为西方发达国家倡导的环境伦理不适合发展中国家，美国式深层伦理学代表了发达国家立场，对荒野保存、动植物保护的关爱程度甚至超出人类，“忽视连基本生存权都不能保障的发展中国家的人权”①。“西方环境伦理中心主义”霸权意识和不公平观念明显存在，忽视和淡化了发展中国家谋求自身发展的迫切愿望，环境利己主义观念损害了发展中国家的发展权利，西方环境伦理的“非伦理性”日益显现，权利义务不对等引发的“环境不公”问题引起了人们的广泛关注。

发展中国家众多环境伦理学者开始意识到西方环境伦理的非理性、普适虚妄、话语霸权和非正义强权，认为当代西方环境伦理为了维护发达国家既得利益，不惜牺牲发展中国家的生存权利和基本发展需求，将建立在经济发达基础之上的环境道德标准和行为方式，强加给发展中国家，限制公平追求资源所有权和分配权的伦理自由，妨碍发展中国家合理利用环境资源创造经济效益和社会效益，阻挠发展中国家建立基于环境公平正义的国际政治经济新秩序，压抑发展中国家追求环境伦理进步的历史进程，严重损害了发展中国家的经济发展、政治进步、道德提升和环境保护事业，为全球环境加速恶化埋下了祸根。环境正义运动既对当前环境伦理理论和环保实践提出挑战，也指明了环境伦理的发展方向，为”当代环境伦理提供了一个从现实的角度看待和分析环境问题的崭新视角”②。

亨利·苏提出了维护国际环境正义的三个平等原则：(1) 未经同意把某些成本不公平地强加给对方，至少应当承担与以往获益相当的责任；(2) 拥有资源越多越应当在为共同目标努力时担负更大责任；(3) 公平权利要求每个人都拥有尊严生活的基本资源③。在《联合国气候变化框架公约》签署过程中，南北矛盾成为应对全球气候变化、维护环境公平正义最具代表性的敏感话题和争论焦点，发达国家关于限制温室气体排放和向发展中国家提供资金援助以及技术转让时坚持的不公正立场，引发了广大发展中国家对公平问题的强烈关注。

国际社会普遍公认，北美发达国家对二氧化碳排放负有最大历史责任，人均排放量较大的地区如前苏联、东欧和亚洲地区，也要担负相应的历史责任。重新建立碳排放平衡格局，要求发达国家减少人均碳排放量，北美国家应该大幅减少人均碳排放量；发展中国家在人口高速增长过程中要警惕人均碳排放量快速增加。中国人均碳排放量远低于发达国家水平，以 2011 年为统计基数，人均 6.36 吨的碳排放量仅占美国的 36%、日本的 69%、欧盟的 74%④。科学评估温室效应的相对贡献

---

① 韩立新：《环境价值论》，云南人民出版社 2005 年 4 月第 1 版，第 13 页。

② 李培超：《中国环境伦理学的十大热点问题》，载《新华文摘》，2012 年第 10 期，第 41 页。

③ 参考 Shu, H., Global Environment and International Inequality, International Affairs 75, 3(1999), pp. 531-545。曾建平：《环境正义——发展中国家环境伦理问题探究》，山东人民出版社 2007 年 1 月第 1 版，第 3 页。

④ 参考《建设可规则性调控总量和结构性碳排放交易体系》，载《新华文摘》，2013 年第 17 期，第 52 页。

率，合理匡算历史碳排放量，以人均碳排放量为基准进行合理补偿，成为包括中国在内广大发展中国家广泛认可的气候变化公平解决方案。尼克·达拉斯针对广大发展中国家在应对气候变化时遭受的不公正待遇，感慨“发展中国家的人民因气候变化问题而面临更大的危险”①。发展中国家历史排放量最小，受气候变化的影响却最严重。考虑到地理因素和经济因素，美国生态公平组织成员汤姆·阿塔纳苏强烈呼吁，新的全球气候变化公约必须充分考虑发展中国家为摆脱贫穷进行的艰难抗争，否则就注定是个败笔。《斯特恩报告》认为发展中国家在应对气候变化时处于不利局面，“气候变化对发展中国家造成的危害尤其严重”②。发达国家有义务帮助发展中国家，以美国为代表的西方发达国家，不应当继续从狭隘的局部利益出发，一意孤行执意奉行环境霸权主义伦理，拒绝履行温室气体减排义务和必要的资金技术援助计划。现任美国总统巴拉克·奥巴马已经意识到温室气体排放的全球性危害，坦言当今世界所有已知地区都面临着愈发危险的恶劣天气状况，人造自然灾害成为令人恐惧的全球现象，“气候变化不仅真实存在，而且就发生在我们身边”③。从1997年至2012年间，《京都议定书》关于碳排放减少的承诺得到了大多数国家认可，已经成为共同遵循的国际法则，但是气候科学界和新闻媒体最终被美国化石燃料公司金钱收买，从以克林顿到布什再到奥巴马为代表的美国政府，都以约束成本太高为借口拒绝将《京都议定书》提交美国参议院批准，美国人对“地球正在我们周围坍塌”这一严峻事实漠不关心，阻挠各国政治领袖们通过立法共同采取行动缓解全球气候变化危机。美国和加拿大相继退出《联合国气候变化框架公约》及《京都议定书》，既是对维护国际秩序公平正义的公然挑衅，也是刻意破坏国际环境新规范的历史倒退。

西方环境伦理学者哈珀、辛格、亨利·苏、阿提菲尔德等人都意识到环境公平正义的重要现实意义，认为西方环境伦理在强调环境保护全球性责任时，有意忽视了本不应忽视的客观事实，“只有一个地球但存在着两个世界”，这不是地理意义的地域区分，而是发达国家和发展中国家这两大贫富悬殊的社会共同体。环境正义观坚持认为，社会各个阶层成员不能损害别人的环境安康，“穷人和权利被剥夺者是环境破坏与社会不公的主要牺牲品”④。环境公平正义根源是环境利益公平问题，关涉到社会主体的生活信念和精神信仰，是赖以规整环境行为秩序规范性的责任保证，作为环境哲学和环境伦理学研究的前沿课题，发展滞缓的贫困国家和发展中国家与发达国家之间如何彰显环境正义成为一个主要研究领域。广大发展中国家在处理环境与发展矛盾时具有各自不同的伦理特质和实践模式，不同经济状况、

① [美]尼克·达拉斯：《低碳经济的24堂课》，王瑶译，电子工业出版社2010年4月第1版，第57页。

② [美]尼克·达拉斯：《低碳经济的24堂课》，王瑶译，电子工业出版社2010年4月第1版，第59页。

③ [美]尼克·达拉斯：《低碳经济的24堂课》，王瑶译，电子工业出版社2010年4月第1版，第10页。

④ [美]丹尼尔·A.科尔曼：《生态政治——建设一个绿色社会》，梅俊杰译，上海世纪出版集团2006年7月第1版，第108页。

地理位置、区域特点、文化传统、价值观念、社会认知程度和心理预期，决定了各个发展中国家必须探索适应本土实情的话语表达、理论模式、逻辑框架和实践方式，必须发展适合自己的环境伦理思想体系，兼顾不同群体的利益诉求，通过严格自律和外部监督，通过生产生活方式变革，确立新的政治、经济和文化基础，创造新的道德空间和价值目标，真正实现环境公平正义。

（三）适度消费和绿色消费的环境伦理

西方资本主义国家的快速发展，是建立在对全球自然资源无度掠夺的基础上，少数发达国家在快速发展过程中，通过对全球资源的垄断性占用维持奢侈的高标准物质享受。世界上占20%的最富有人口消费了占58%的能源、45%的肉和鱼，最贫穷的20%人口消费能源不足4%、肉和鱼不足5%①。不仅穷国与富国收入差距不断加大，在发达国家和大多数发展中国家内部，贫富人口之间的收入差距也不断增大。1998年《联合国人口发展报告》显示，1960年生活在富裕国家的20%最富有人群，收入比20%的最贫穷人口高30倍，到1995年，20%的最富人群与最穷人群收入差距扩大到82倍。美国自20世纪20年代开始贫富差距就明显扩大，最富有的5%人口到20世纪90年代占据了全部人口总收入的50%，1992年美国最富有的1%人口“从二十年前拥有私人总财产的34%上升到42%，达英国财产集中的两倍有余”②，占到美国总人口40%的最贫穷人群拥有财富仅仅只有400亿美元，令人惊诧的数据显示，这仅仅相当于比尔·盖茨一个人所拥有的财富总量。中国的经济发展状况和生活质量更远远落后于欧美日等发达资本主义国家，“按联合国人均一天1美元的生活标准，中国今天还有1.5亿人生活在贫困线以下”③。消除贫困、缩小贫富差距任重道远，适度消费理念必须长期贯彻下去。

当今世界发达国家和发展中国家经济社会发展水平和科技实力严重不平衡，南北差距带来的贫富悬殊越来越突出，两极分化现象更加严重。1999年环境保护主义者杰夫·格什援引联合国统计报告，世界上最贫穷国家中有20%的人口未能享有最基本医疗保障；有25%的人口未能拥有足够住房；有30%的人无法享用卫生洁净的饮用水。1980年以来有100多个国家在经济上处于停滞或衰败状态，一个非洲贫穷家庭的平均消耗还不到25年前的20%。贫穷与环境恶化互为因果，贫穷驻足于世界大范围的环境威胁之中。

在无节制“生产、消耗并丢弃”的消费主义时代，生产只是为了资本赢利，生产与消费严重脱节，对自然资源和生态环境造成了极大破坏。富裕的北方国家指责贫穷的南方国家未能有效控制人口增长，导致自然资源枯竭，广大贫穷国家严正回应，世界正面临的环境灾难决不应归咎使用自然资源较少的贫穷国家，“错在那些最富裕的国家，他们的国民消费了全球大量的自然资源和能源，导致产生了其中大

---

① 参考[美]彼得·S.温茨：《现代环境伦理》，宋玉波、朱丹琼译，上海人民出版2007年版，第422页。
② [美]迈克尔·桑德尔：《千金难买：市场的道德局限》，载《新华文摘》，2013年第18期，第143页。
③ 戴秉国：《坚持走和平发展道路》，载《新华文摘》，2011年第7期，第2页。

多数环境退化问题”①。为了更好地保护自然，改善穷人最基本的生活水平，富裕国家必须取消过度消费特权，避免过多消耗各类资源。伊利奇在《走进需要的历史》中提出警告，学校教育在诱发这种操纵人们不快乐、不公正的生活需求方式上难辞其咎，奢侈浪费的生活方式在许多方面毫无必要，代价也极其昂贵，非必需的过度索取导致不同国家群体之间产生极端的贫富分化和严重的生态破坏。1995年社会发展问题世界首脑会议发布《哥本哈根社会发展问题宣言》，提出“要在所有教育和保健政策与方案中促进环境意识，包括对不可持续的消费方式和生活方式的意识”②。包尔生在《伦理学体系》强调，快乐体现了不同的伦理价值，只有作为有德行的行为结果时，快乐才真正拥有价值内涵，快乐如果仅仅为了满足低级感官享乐，甚至压制人的高层次精神追求，“就把这种快乐看作卑下的”③。消费理念与拥有财富多少并不存在直接关联，无节制的高消费侵害了资源利用的公平原则，自然资源可持续利用的阈值因熵流加速迅速逼近，子孙后代可能享有的生存发展权利被无情剥夺，环境道德异化导致发展的价值尺度错位，畸形消费观成为人类劳动异化和盲目追求经济增长的工具，“人被塑造成消费机器，成为只知道生产和消费的‘生产主义者’”④。纯粹为了消费而生产，为了生产而消费，社会为满足“享受欲望”和“虚假需要”蜕变为纯粹经济社会。

消费不单纯是经济学所理解的物质消耗过程，消费作为人与外部世界进行物质交换和精神沟通的纽带，是人自我完善和成长发展的必要途径，蕴含着丰富的道德理念、伦理关系和精神境界。“俭，德之共也。”消费的道德性，可以概括为需求的合理性和实现方式的正当性，既是一种生活智慧，更代表一种道德认识境界，不合理消费实质上是一种浪费，背后伴随着道德缺失、价值错位和精神颓废。西方道德哲学中的享乐主义、利己主义和功利主义盛行，人们热衷于用消费数量作为幸福感的衡量尺度，偏离了道德教育倡导的节制观念，过度消费对环境危害的不道德性日益显现。西方工业文明在资本扩张的驱使下，以满足人类需要为借口，致力于改造利用自然，不断创造出更多更好的商品使用价值，“必然导致对自然的过度开发以及过度消费的盛行”⑤。

联合国环境规划署在《全球环境展望》(GEO2000)强调，环境危机是严重的全球性威胁，环境恶化两个主要原因是地球大多数人口的持续贫困和少数人口的过度消费。全球经济在快速扩张时期，资源能源利用危机不断激化，消费能力膨胀造成自然生存环境破坏严重。为了维持自然生态和人类社会可持续发展，开源节流

① ［美］L. H. 牛顿、C. K. 迪林汉姆：《分水岭：环境伦理学的10个案例》，吴晓东、翁端译，清华大学出版社2005年6月第1版，第36页。

② ［英］John Huckle, Stephen Sterling：《可持续发展教育》，王民等译，中国轻工业出版社2002年2月第1版，第288页。

③ 邝福光：《环境伦理学教程》，中国环境科学出版社2006年8月修订版，第178页。

④ 田启波、胡宜安：《发展主义的反思与超越》，载《新华文摘》，2012年第5期，第38页。

⑤ 崔伟奇：《论风险观念的价值哲学基础》，载《新华文摘》，2012年第13期，第39页。

的低碳消费势在必行，环保、人本、和谐的道德价值观需要大力弘扬，“生活消费必须有所节制……符合一定的道德价值要求”①。抑制过度消费的“物性化”占有欲望，就要避免“把消费变成一种为消费而消费，变成一种终极的目的”②，正确理解人类消费活动的内在伦理诉求，积极探索人类消费价值观与道德生活的内在联系，普遍认同人类消费行为的伦理指导意义，成为可持续发展环境伦理观最紧迫的时代需要。

马斯洛在《趋向存在心理学》中，从人性本善的立场提出九条心理健康标准，其中一条就是“能悦纳自己，悦纳他人，接受自然”，在对待自然环境问题上能够“注意基本的哲学和道德的理论”。他认为人的需求排列从低到高依次是生理需求、安全需求、尊重需求、认知需求和自我实现需求，前三项归属为“缺失性需求”，后两项称为“成长性需求”。各个需求层次相对是一个由低级到高级的发展过程，低级需求是最基本的，是高级需求的发展基础，如果低级需求得不到满足，高级需求也不可能发展，连基本温饱、人身安全和人格尊严都得不到保障，妄谈关爱大自然、追求真知和审美情趣、畅谈人生理想都是毫无意义的。当然，人的低级和高级需求的满足和实现也不是绝对机械的，随着人生觉悟的提高和自我实现意愿的不断增强，求知、唯美和自我价值实现等高层次愿望也愈加强烈，人们不再局限于仅仅满足缺失性需求，开始更多强调整个人格的改组和重建。在现代社会的世俗化进程中，人性自由一定程度上被物质欲望所统治，通过低级本能满足追求浅薄的物质享受，最终只能导致人性异化。沃尔夫冈·韦尔施在《重构美学》指出，虽然生存需要是动物的第一需要，但高尚的道德升华是人类的本质性和决定性需要，人类要追求“明显的对‘高尚’的需要”③。消费伦理是在人们所有消费活动中各种道德关系和道德规范的总和，要通过对人类消费行为的道德论证，确定在消费过程中需要遵循的基本伦理原则，探讨“道德标准以及怎么用这些道德标准去指导、规范人们的消费行为”④。寻求合理消费观所蕴含的道德合理性，最终实现“伦理的消费”和健康的基本需求满足。

理性消费崇尚物尽其用的惬意享用，消费作为一种满足人基本需要、达到心理满足的手段，并不是一个单纯的物质财富消耗和再生产的过程，蕴含着人与社会、人与自然的内在伦理关系，消费不等同于浪费，但是过度消费必然会带来浪费。马克思主义倡导满足必要需求的生产性消费，认为合理提高人类消费水平和消费能力能够促进人的个性养成和全面发展。西方马克思主义代表人物哈贝马斯对过度消费和异化消费进行批判，认为这“必然造成对人自身的异化和对自然环境的破

---

① 王小锡：《消费也有个道德问题》，载《新华文摘》，2010 年第 15 期，第 38 页。

② 唐凯麟：《当代新技术革命与人的发展》，载《新华文摘》，2010 年第 10 期，第 114 页。

③ 宋洁：《崇高范畴的美学转向》，载《新华文摘》，2011 年第 12 期，第 94 页。

④ 刘湘溶、徐新：《消费的伦理与伦理的消费》，载《新华文摘》，2011 年第 16 期，第 40 页。

坏”[①]。不仅超出了人类正当的合理需求界限，也对自然界承受极限带来严峻挑战。美国经济学家 T.B. 凡勃伦对公众的奢侈品消费心理进行研究，提出著名的“凡勃伦效应”，他在《有闲阶级论》指出，在工业化社会赢得荣誉的一种普遍方式，是通过金钱力量维持对财物的明显浪费。这种炫耀式消费带来的奢靡之风极大浪费了社会财富和物质资源，产生的超前性和虚假性奢侈消费观念，加剧了对生态系统和环境资源的人为破坏，最终付出了惨痛的环境代价。“我们的生活方式所依赖的正是巨大和源源不断的商品输入……对地球将造成严重损害。”[②]随着过度消费主义盛行，不切合实际的物欲索取换来的是更加空虚迷茫的精神世界，社会伦理道德沦丧，过度消费主义犹如癌症细胞膨胀恶变，文明如潮水般退去。

大量生产、大量消费、大量废弃的消费主义从属于“资本的逻辑”，源于人类自身的物质贪欲。为了追求利润最大化，市场经济超越生活常规，鼓动非理性享乐主义消费。人类生活的最高福祉是生存安全和生活幸福，全球生态危机日益威胁着人类生存，消费领域非理性行为加剧了环境破坏和生态危机，资本逻辑和科技至上主义盲目乐观，科技进步和大规模生产不可能彻底解决人类发展道路上一切问题，人类不可能创造无尽财富来满足极端的物质享受。“对征服力的无止境追求，非但未能让人们生活得越来越幸福，反而置人类于越来越不安全的环境之中。”[③]人类必须重新审视消费观念，正视人生成功与金钱消费，寻找合适的消费视角，摒弃对自然环境的不正当干扰，富有成效地工作，饶有意义地生活。

人与自然对立以及人与社会疏离导致生态环境恶化，激励人们向回归自然、回归社会的生活目标迈进。朴素合理的消费意识会减缓对大自然的掠夺，大量生产——大量消费——大量废弃的过度消费陋习已经引起人们反感。适度的物质消费、朴素的消费习惯、减量的环境破坏和资源消耗，更有利于人类以及人与自然的有机联结，有利于消除生态危机对人类安全生存造成危险。鲁道夫·巴罗感慨全球生态环境恶化帮助人类澄清了观念，“否则，我们肯定会以为人类正在通过物质财富的创造与拥有走向自由幸福的美好未来”[④]。西方社会经济发达并没有带来美好生活，生态保护主义提醒物质消费过程中人类付出了惨痛的环境代价。

绿色消费运动起源于 20 世纪 80 年代的英国，随后在欧美日等工业化国家盛行，绿色消费行动将消费方式、生活方式和生产体制变革紧密联系在一起，主动提高消费者选购绿色商品的自觉性，改变生产者生产设计体制，积极开发绿色环保产品，增强环境友好型企业保护资源、防治污染的绿色生产理念。英国《绿色消费指南》要求公众自觉拒绝不合理消费行为，坚决抵制以下产品：(1) 危害消费者健康

① 罗文东：《建设生态文明必须转变消费方式》，载《新华文摘》，2011 年第 12 期，第 161 页。

② [美]艾伦·杜宁：《多少算够：消费社会和地球未来》，吉林人民出版社 2000 年版，第 30 页。

③ 卢风：《道德相对主义与逻辑主义》，载《新华文摘》，2010 年第 18 期，第 41 页。

④ 李培超：《“绿化”生存与发展的规则：生态伦理学对中国现代化建设意义的探究》，载《新华文摘》，2000 年第 1 期，第 34 页。

的产品;(2) 在生产、使用或废弃过程中危害环境和过多消耗资源的产品;(3) 过分包装或导致不必要浪费的产品;(4) 利用濒危物种或紧缺资源制造的产品;(5) 实施虐待或乱捕滥猎行为获得的产品;(6) 对其他国家或人群造成不良环境影响的产品。

绿色消费崇尚自然保护和生态平衡,通过适度消费行为,在绿色产品生产销售、回收利用、高效节能和生态保护整个循环过程避免或减少对环境破坏。绿色消费理念一是倡导公众使用健康无污染的绿色产品;二是注重环保,节约资源能源,崇尚自然,追求健康,实现可持续消费;三是遵循经济实惠、生态效益和平等人道的"三 E"原则,坚持减少消费、重复使用和再生利用的"三 R"原则。

随着环境伦理教育逐渐深入人心,消费者环保意识不断提高,自觉履行环保责任的消费者比例不断增加,"越来越多的消费者倾向于选择积极参与环境保护的企业所提供的商品"①。消费者越来越排斥污染环境、过度包装、浪费资源、危害健康的无良企业行径。李克强总理在第七次全国环保大会上深刻指出,环境问题在本质上属于发展方式、经济结构和消费模式问题。必须转变发展方式,调整经济结构,变革消费模式。我国经济增长和生态环境保护矛盾非常突出,市场经济快速发展和消费主义日益盛行,导致环境保护在利益博弈中逐渐失衡,公众对环境保护表现出"不应有的淡漠",政治经济一体化的体制性压力和迅速膨胀的个人消费欲求诱发了环境恶化,生态技术应用的社会认可度严重缺失,经济投入的个体化和生态价值收益的大众化,直接导致环境公共属性所固有的内部矛盾。有效化解矛盾需要在博弈视角引导下,通过一系列市场、政府和公共制度安排,综合协调经济、政治和社会各方面利益,强调"以伦理原则作为指导个体行为基础的那部分力量,应能成为克服生态技术社会选择困境的现实之道"②。

过度消费导致大量生产——大量消费——大量废弃的不合理生产生活方式,彻底解决过度消费和大量废弃造成的环境破坏和资源浪费,必须依赖生产销售企业的主体责任,在源头上有效控制生产体制的不合理需求。同时,鼓励消费者主动选择绿色产品,担当"地球公民应尽的社会责任",对生产企业施加影响,促使企业主动采取绿色生产策略,在激烈的市场竞争中赢得消费者的信赖和尊重。绿色生产企业通过生产绿色产品,发挥对环境负责任的品牌效应,采用降低环境负荷的环保工艺,不仅能成功弘扬企业环保文化品牌,也能加快助推企业经济效益增长和社会效益提高。联合国环境规划署 2008 年正式提出"绿色新政"和"绿色经济"的倡议,将绿色经济定义为提高人类福祉和社会公平、显著降低环境风险和生态稀缺的经济发展模式。2012 年联合国可持续发展会议将绿色经济发展推向一个新高度,"六·五"世界环境日将主题确定为"绿色经济,你参与了吗",强调在绿色经济发展

① 韩冰:《日本企业环境教育现状分析》,载《环境教育》,2011 年 11 月总第 137 期,第 48 页。
② 潘睿:《生态技术社会选择的困境及克服》,载《新华文摘》,2010 年第 18 期,第 168 页。

新浪潮中，个体环境友好行为能够对环境保护产生积极影响，丰富多彩的环保主题活动，比如环保主题音乐会、马拉松比赛、社区清洁活动、无车日、绿色征文比赛、环保成果展览、绿色请愿书和环保志愿行动随之蓬勃开展。中国将 2012 年世界环境日主题确定为“绿色消费，你行动了吗”，积极呼应发展绿色经济的主题，重视推广绿色消费，倡导转变社会公众的不良消费意识和行为习惯，推动绿色经济发展模式。托马斯·弗里德曼在《世界是平的：21 世纪简史》一书中积极评价中国的可持续发展变革，“工业革命时期，中国在沉睡；信息革命时期，中国刚刚醒来；如今，中国将要全心投入一场绿色革命”①。

现代环境伦理既注重品质培养和价值观改造，更追求健康生活方式和生活态度。节俭意识提倡物尽其用，适可而止，反对浪费，戒除奢侈。节俭有利于安居乐业、社会稳定和国家发展，也有利于人与自然生态环境和谐相处。崇尚节俭适度消费观，是个人指向环境、影响环境、改造环境的主要行为方式，是人的本质得以确认、本性得以升华的必然体现，是弘扬人的精神文化内涵、重新彰显人性尊严的重要途径和“底线伦理”。全面倡导绿色消费、理性消费、文明消费，是全面实现人类自由和谐发展的必然选择，必须在可能涉及的所有消费领域和消费行为中，全面树立环境伦理道德规范，在基本需求得到满足的前提下，遏制过度消费的异化消费观，减缓资源过度消耗，减少环境污染破坏和生态社会毁灭，给满目疮痍、遍体鳞伤的自然提供一个疗伤的喘息机会。

中国古代先贤崇尚节俭、追求物质节制、反对资源浪费，朴素自然观和合理消费观对遏制无节制畸形消费起到有益的启迪作用。孔子在生活上主张节俭，反对奢侈浪费，提倡对财富追求要合乎“义”，回报自然，尊重自然，避免过度掠夺自然资源。在孔子看来，财富并不意味着幸福，不义之财不可取，精神上的享受、情感上的满足才是真正的幸福，“智者乐水，仁者乐山”是大智慧者热爱自然、情景交融的真实写照，精神愉悦远胜于物质享乐。“奢则不逊，俭则固。与其不逊也，宁固。”节俭的传统美德蕴涵了关爱自然的朴素道德情感，体现了孔子简朴节约的物质生活观念。孟子对物质生活追求主张取之有度，提倡有节制的生活方式，在满足基本生活需求时要克制欲望膨胀，追求精神生活满足。孟子的核心政治主张是仁政论，在耕织结合、自给自足、生产力低下的封建小农经济时代，封建君王要实现“以德服人”的“先王之道”，进行“孝悌”教化，以基本的生活安定和家庭的长幼有序来保障社会秩序稳定，“黎民不饥不寒，然而不王者，未之有也”，也反映出孟子向往节制有度、清心寡欲的生活理想，反对统治者纵欲享乐，主张尊重自然界生命规律，追求道德情操和伦理修养。荀子大力提倡节俭的生活态度和心性修养，“强本而节用，则天不能贫”，“本荒而用侈，则天不能使之富”，值得现代人反思和借鉴。老子主张人们要克制欲望，“知足寡欲”的节俭生活符合自然之道，是人性的本真体现。“五色令

① 梁江涛：《“PM2.5 新政”是科学发展的晴雨表》，载《环境教育》，2012 年 3 月总第 141 期，第 12 页。

人目盲;五音令人耳聋;五味令人口爽;驰骋畋猎,令人心发狂;难得之货,令人行妨。"多欲会蒙蔽人的心智,令人丧失本性,陷入盲目追求物质享乐的狂躁境地。老子规劝人们"祸莫大于不知足,咎莫大于欲得,故知足之足,常足矣"。人只有修身养性,知足常乐,才能与自然万物相合,才能摆脱欲望的羁绊,心灵宁静回归自然,避免恣意索取、随意毁坏自然资源,泯灭朴素本真的善良人性。庄子提出"不奢于后世,不靡于万物,不晖于数度"的消费主张,倡导要节制克俭,积极践行勤俭节约、摩顶放踵以利天下的生活方式。三国时期诸葛亮在《诫子书》提倡简俭生活是修身的基础,良好的道德修养是俭朴生活的升华,要注重黜奢崇俭的良好道德品行。"夫君子之行,静以修身,俭以养德。非淡泊无以明志,非宁静无以致远。"自古以来追求修身养性、勤俭节约的生活理念和消费观念,一直在人们的品德修养中占据重要地位,古人先贤的人格魅力是中华民族世代相传的传统美德,是社会发展的时代需要,更是大自然生生不息的不竭源泉!

(四)全球化的环境伦理

全球化是人类历史进程不可逆转的发展趋势。美国环境社会学家卡顿和邓拉普在《环境社会学:一个新范式》一文中提出两种人与环境关系基本范式:"人类例外范式"是传统社会对环境危机的回应模式,认为人类可以像解决其他社会问题一样,随着文化积累和科技进步最终妥善应对环境问题。"新环境范式"强调环境因素对人类社会发展和全球生态系统具有普遍制约影响,"如果人类不重新认识自己,调整自己以因应自然,前景将会非常危险"①。戴维·赫尔德提出应对全球化挑战必须解决好三大核心问题,一是全球共同关心的生态与环境问题,二是人类可持续发展问题,三是全球竞赛规则问题。当今全球环境问题更加严峻,环境危机进一步加剧,人与自然、人与社会、人与人之间不和谐关系仍在延续,人类正共同面临"人与自然、社会、人际、心灵、文明间五大冲突,并由此而造成生态、人文、道德、信仰、价值五大危机"②。这些冲突危机具有全球性和普遍性,只有通过和生、和处、和立、和达、和爱的综合策略,才能融合分歧、消除冲突、从容应对。

《里约环境与发展宣言》倡议发展新思想新方法,建立新的道德价值标准,争取在解决全球环境问题上取得进步。2000年联合国环境规划署在全球环境报告中指出,控制环境污染和生态破坏虽然取得一定进展,但全球性环境恶化总趋势没有得到根本扭转,全球生态系统仍在继续恶化,经济社会发展面临更严重挑战。"在人与自然的关系上,'我们必须学会和地球在一起生活';在人与人的关系上,'我们必须学会在地球上共同生活'。"③只有充分依靠人类自己,才能解决好与人类生存密切相关的生态危机和资源困境。

---

① 洪大用、罗桥:《迈向社会学研究的新领域——全球气候变化问题的社会学分析》,载《新华文摘》,2011年第22期,第19页。

② 张立文:《和合学三界的建构》,载《新华文摘》,2012年第18期,第42页。

③ 张宇、张涵:《经济学和美学在新世纪的崇高使命》,载《新华文摘》,2000年第10期,第33-34页。

2003年第21届世界哲学大会提出构建“面向世界问题的哲学”，根本目标就是教化人性，帮助人类更好解决全球性世界问题，促进文明进步。当代德国著名哲学家哈贝马斯在大会上着重讨论了当代人类面临的人与人和人与自然之间的生态关系，希望在全球经济文化大变革中，环境伦理能够趋于和谐统一。

在复杂多变的世界多元化关联格局中，全球化环境伦理与环境污染和生态破坏的全球蔓延息息相关，“生态平衡的破坏、人类平衡的破坏、国际平衡的破坏，是当代国际社会共同存在的危机”①。人类文明健康持续发展面临严峻挑战，温室效应导致全球性气候变化，二氧化硫过多排放导致全球范围酸雨肆虐，污染物排放和转移造成全球大气与海洋河流污染，核武器威胁和核物质泄漏造成大范围放射性污染，物种灭绝、森林锐减、草原退化、土地沙漠化、土壤盐碱化也呈现全球蔓延趋势。杨文采院士认为影响21世纪人类社会可持续发展的三个最主要的全球化问题是“全球变暖所导致的‘温室效应’，石油消耗殆尽导致的能源危机和生物种类和数量大幅度减少导致的生物链断裂”②。韦政通在《伦理思想的突破》提醒当前社会正面临能源危机、生态环境危机和官僚机构导致自我意识丧失危机。环境压力越来越大，物欲刺激负面影响日趋严重，伦理道德在自私自利中被腐化消耗掉，“就人伦的意义而言，这是工业社会最深刻的危机。”③

西方发达国家的环境伦理思想探索与实践，虽然开创了环境伦理意识觉醒的先河，但在全球化政治经济一体化进程中并不具备普适性和绝对代表性，全球性环境保护行动迫在眉睫。全球化治理的主体应当是以众多主权国家为主导，在联合国合作框架下，积极吸引“各类国际组织、国际团体和社会群体参与的国际行为综合体”④。环境危害具备“跨国界”和“无边界”特征，环境保护关乎全人类生存权利和切身利益，必须依靠全球各类治理主体的共同参与、齐心努力和全程治理。1991年时任77国集团主席爱德华·库福尔坦言，“我们同在一艘行星之船上”⑤，倘若船沉没，头等舱和经济舱的全体乘客都将难逃淹死的厄运。“责任共同担当、危机共同解决”的全球团结合作意识，是应对全球性环境挑战的唯一出路，“共同但有差别的责任”是妥善解决全球环境问题的根本原则。

时至今日，应对全球性环境危机的最大争论焦点仍是责任分配和权利担当，区别化责任和共同承担意识仍在激烈交锋，“分歧突出地体现为世界发达国家和发展中国家之间的观点分歧”⑥。发达国家已经完成了工业化进程，进入信息化和后工

① 冯天瑜：《“可持续发展”的哲理之源》，载《新华文摘》，1998年第11期，第30页。

② 杨文采：《关注固体地球科学与社会文明的同步发展》，载《新华文摘》，2011年第22期，第124页。

③ 韦政通：《伦理思想的突破》，中国人民大学出版社2010年2月第1版，第73页。

④ 李景治：《全球治理的困境与走向》，载《新华文摘》，2011第7期，第6页。

⑤ 徐再荣：《全球环境问题与国际回应》，中国环境科学出版社2007年8月第1版，第206页。转引自诺曼·迈尔斯：《最终的安全：政治稳定的环境基础》，上海译文出版社2001年版，第222页。

⑥ 洪大用、罗桥：《迈向社会学研究的新领域——全球气候变化问题的社会学分析》，载《新华文摘》，2011年第22期，第22页。

业化时代，广大发展中国家正处在工业化初始阶段，科技落后、资金匮乏、基础设施不完善、人员素质不高、管理效率低下，贫穷落后的状况一直未得到有效改观，甚至连基本生存需求也得不到保障，客观存在诸多发展劣势，迫切需要发达国家给予援助并承担“共同但有差别的责任”。“全球秩序还必须有另一种道德原则的补充，这便是关爱地球生态系统、节制物质贪欲的原则。”①为了消除国家利益分歧主导的消极对抗和激烈冲突，必须超越狭隘地区保护主义，坚持在平等对话原则基础上达成一致的道德共识，在全社会牢固树立兼容济世意识。联合国教科文组织提倡不同国家和地区努力消除冲突寻求默契，“文明对话是人类可持续发展和平等发展的必然步骤”②。这种包容心态是持久和平和历史传承的基础，有利于顾全大局，从自身实际情况、利益诉求和全球共同预期出发，通过文化交融达成共同行动的制度基础和合作框架。

1. 应对气候变化的全球性伦理诉求

全球气候变化是指气候变化的范围、规模和影响已经发生统计学意义上的显著变化，需要动员全球力量来共同应对。根据气候变暖理论，人类活动造成大气中二氧化碳、甲烷、氮氧化物等温室气体不断增加，温室效应对全球气候系统产生明显不良影响。全球气候变化成为全人类面临的主要环境问题，对可持续发展构成严峻挑战。《沸点》作者罗斯·格尔布斯潘对气候恶化现状深感忧虑，认为气候变化是当代可能给人类带来灭顶之灾的最大危机。

人类活动正日益加剧全球变暖危机。在导致全球变暖的温室效应中，CO_2 的负面作用最直接，达到了 70%左右，CH_4 占到 23%左右。18 世纪中叶大气中 CO_2 含量约为 275 ppm，工业革命以来 CO_2 和其他温室气体含量快速增加，1988 年已超过 350 ppm 安全警戒线，“目前已经达到 396 ppm。全球变暖的两个最明显的影响是冰川消融和海平面上升”③。联合国政府间气候变化专门委员会（IPCC）确认，“在 20 世纪的 100 年间，海平面升高了 20 厘米，而全球平均气温升高了0.6℃”④。2007 年《第四次评估报告》研究表明整个气候系统变暖是现实存在的，温室气体排放导致气候变暖的概率达到 90%以上，完全由自然气候进程诱发可能性不到 5%。《气候变化 2013：自然科学基础》指出“温室气体在 1951—2010 年可能贡献了0.5～1.3℃。”⑤IPCC 呼吁高度警惕温室气体排放对气候变化的严重危害性。尽管由于科学发展和认识的局限性，IPCC 报告存在不确定性，但持续的气候变暖确实是近百年来地球气候变化的主要特征，大冰原消融已经将远超预期的大量冰水融入海

① 卢风：《道德相对主义与逻辑主义》，载《新华文摘》，2010 年第 18 期，第 42 页。

② 吴立保：《中国大学模式的现实困境与建构策略》，载《新华文摘》，2011 年第 11 期，第 126 页。

③ [美]大卫·格里芬：《生态文明：拯救人类文明的必由之路》，载《新华文摘》，2014 年第 6 期，第 140 页。

④ [美]尼克·达拉斯：《低碳经济的 24 堂课》，王瑶译，电子工业出版社 2010 年 4 月第 1 版，第 9 页。

⑤ 刘昌义等：《温室气体历史排放责任的技术分析》，载《中国人口资源与环境》，2014 年第 4 期，第 12 页。

洋，极端恶劣天气和严重自然灾害频繁发生，生态环境恶化正威胁人类的生存发展，2009年《上升着的大海》警告人们海平面上升有可能成为全球范围内造成人类灾难的最大威胁，一旦全球变暖形成“失控的反馈环路”，沿海地区潜在气候难民将多达数亿人，人类生存将陷入灭顶之灾。“如果我们坐以待毙的话，气候变化会让不计其数的物种灭绝，同时毁灭地球上最宝贵的生态系统。”①世界自然基金会发表声明，鼓励生产企业和个人明智利用能源，降低二氧化碳排放量，缓解全球变暖进程。大卫·格里芬在《生态文明：拯救人类文明的必由之路》呼吁人们高度警惕全球气候变化，全球变暖和海洋酸化是大气中二氧化碳含量上升的必然结果，必须采取有力措施避免文明崩溃。美国海洋暨大气总署简·卢布琴科博士将海洋酸化和全球变暖视为具有重大生态危害的“罪恶的双胞胎”，如果全球碳排放长期得不到改善，世界末日将在人类无所作为中悄然而至，人类文明将在“抽泣中终结”。

气候变化没有国界，直接关系到全球人民的共同利益，任何国家都不可能独善其身。应对全球气候变化涉及复杂的多重维度，既包含科学技术的衡量标准问题，也蕴含着国际公平和环境伦理问题，还牵涉到国家经济利益分配和政治力量格局调整问题，也是顺利实现全球化环境保护和可持续发展的共同要求，与各个国家的发展水平、生活方式、消费观念、经济状况、人口规模、资源结构、科技实力、产业结构紧密相关。发达国家和发展中国家都应该积极采取措施，广泛利用地热、风力和太阳能等可再生能源，齐心协力开展行动应对挑战。为控制温室气体排放量，稳定大气中温室气体浓度，遏制全球变暖造成灾难性危害，1992年联合国环境与发展大会通过《联合国气候变化框架公约》，要求各个国家明确公布减少温室气体排放工作计划，积极开展相关研究、教育、培训和宣传工作。1995年《公约》第一次缔约方会议在柏林举行，决定成立“柏林授权特别小组”负责起草议定书，在不增加发展中国家额外承担义务基础上，明确发达国家温室气体减排义务。1997年《公约》第三次缔约方大会在日本京都通过《京都议定书》，决定自2005年起正式生效，对温室气体减排种类、发达国家减排时间表和减排额度提出要求，规定2008—2012年温室气体排放量减少5%以上，其中日本6%，美国7%，欧盟8%。全球气候变化已成为全球共同的焦点问题，到2001年7月已经有186个国家签署了《京都议定书》，各个国家纷纷提出应对气候变化实施措施，欧盟对温室气体减排表现积极，确定到2020年要减排15%～30%，到2050年实现削减60%～80%的中长期目标。达沃斯论坛、“G8+5”领导人对话、APEC会议和东盟领导人峰会都将气候变化作为主要议题，联合国多次召开气候变化高级别会议，积极应对气候变化已成为国际社会和舆论关注焦点。

从造成全球生存发展困境的历史责任和解决环境危机的现实能力综合考虑，《京都议定书》提出包括气候变化在内的全球性环境污染，主要由发达工业化国家

① [美]尼克·达拉斯：《低碳经济的24堂课》，王瑶译，电子工业出版社2010年4月第1版，第81页。

造成，发达国家是最主要的温室气体排放者，这种状况短时间内难以改变。美国等发达国家温室气体排放量曾占到全球排放总量的75%以上，对臭氧层造成破坏的受控物质消费量占到全球86%以上。尽管按照《蒙特利尔议定书》要求，许多破坏臭氧层的化学物质已经淘汰，但残留在大气中的有害物质仍将长期存在，恢复到1980年以前较低水平至少需要数十年。“美国人口仅占全球人口的5%，美国每年的温室气体排放量却占全球排放量的20%。”[①]美国政府拒绝签署《京都议定书》，拒绝对减少碳排放指标做出任何承诺，这令国际社会深感失望，更有甚者，美国议会在讨论是否签署《京都议定书》时，竟然未得到一票支持。“美国身为世界上主要的污染国家，却没有签署《京都议定书》，这一点可谓是该条约最大的败笔。”[②]日本在温室气体减排上也未取得实质性进展，2005年温室气体排放反而增加了8.1%。

美国作为应对全球气候变化、减少温室气体排放的“最大拖后腿者”，固执地认为任何削减化石燃料消耗量的计划，都会导致国内出现不可遏制的经济衰退，美国政府不能对经济增长“限速”，不能接受任何可能对经济增长造成破坏的调控措施。美国不愿意承担《京都议定书》“共同但有差别的责任”，反对“发展中国家自愿参加减排”的义务约定，强硬要求各个发展中国家必须被动承担与其历史责任和现实能力不相符的减排义务。“除非发展中国家合作，否则反对给出任何有约束力的承诺。”[③] 1997年12月14日，美国能源部长在电视讲话中公开声明，主要发展中国家必须承诺减少温室气体排放量，否则美国政府不会接受全球限制排放温室气体的相关协议。2001年3月28日环保局长惠特曼表示不再参与《京都议定书》的相关政府间谈判。美国政府基于政治短视和局部利益，无理干扰国际社会的气候变化框架公约谈判，美国前副总统阿尔·戈尔强烈谴责，指控2001年2月6日埃克森美孚国际公司华盛顿办公室曾呈报给白宫环境质量委员会一份传真备忘录，建议免去鲍勃·沃森博士的政府间气候问题专家组主席，免去罗茜娜博士等人在美国国家气候变化评估局的职务，重新任命哈兰·沃森为新的气候变化问题首席谈判代表，任命菲利普·库尼为白宫环境质量委员会办公室主任，这一系列人事任免建议不久便纷纷应验，最终将应对气候变化危机的公众努力引向了拒不合作的错误方向，戈尔以铁的事实和证据向世人披露了美国政府的惊人阴谋，强烈控诉布什政府在商业利益驱动下隐瞒科学真相的丑恶行径。埃克森美孚国际公司成为化石燃料界试图阻挠公众正确认识气候变化危害性的一个臭名昭著的典型代表，美国忧思科学家联盟指责埃克森美孚国际公司受经济利益驱使，沿用了烟草公司惯用的蒙蔽公众的可耻伎俩，通过花费数百万美元来捏造虚假消息，雇佣、游说或资助一些无良新闻媒体、政客和科学家，散布气候变化在科学证据上的不确定性，鼓动人

---

① [美]尼克·达拉斯:《低碳经济的24堂课》，王瑶译，电子工业出版社2010年4月第1版，第56页。

② [美]尼克·达拉斯:《低碳经济的24堂课》，王瑶译，电子工业出版社2010年4月第1版，第38页。

③ [美] L. H. 牛顿、C. K. 迪林汉姆:《分水岭:环境伦理学的10个案例》，吴晓东、翁端译，清华大学出版社2005年6月第1版，第51页。

们对全球变暖的科学共识产生怀疑。大卫·格里芬对混淆视听的可耻伎俩进行了批判揭露，2008年美国一次民意调查显示，有44%的公众认为全球变暖是一个非常严重的问题，令人惊讶的事情不可置信地发生了，埃克森美孚国际公司花费大量资金，雇佣一些社会团体和大众媒体在哥本哈根会议上故意夸大气候变化的不确定性，2009年对化石燃料碳排放量导致全球气候变暖进行投票调查时，持赞成态度的美国人竟然降至35%。

2006年英国经济学家尼古拉斯·斯特恩发布《斯特恩报告——气候变化的经济学影响》，建议到2050年将温室气体排放量降低到2000年排放水平的60%。报告推翻了“治理气候变化会破坏经济”的谬论，指出人类每年必须花费全球GDP的1%应对气候变化，未来十年是二氧化碳排放高峰期，如果现在不采取行动，“全球的GDP就会在原有基础上降低20%”①。斯特恩将全球气候变化视为迄今为止地球上程度最严重、波及面最广的市场失灵事件，他相信现在采取强有力的措施，仍有机会避免更严重后果发生。2001年诺贝尔经济学奖得主约瑟夫·史蒂格里茨高度评价《斯特恩报告》，应对全球气候变化关键不在于人类是否有能力采取行动，而是如果不马上采取行动，人类将无法承担可能的恶果。《独立报》认为这“是人类对抗全球变暖事业的转折点，也可能是人类错失的一次机会。斯特恩先生粉碎了人类无动于衷的最后一个借口”。

为了应对严重的全球气候变化，192个《联合国气候变化框架公约》缔约方于2007年在印度尼西亚巴厘岛召开国际会议，气候谈判归根到底是关于经济发展的政治谈判，是保护气候的南北对话协商。“巴厘路线图”确定了世界各国履行《联合国气候变化框架公约》的具体领域，为《公约》落实指明了方向。“巴厘路线图”有13项内容和1个附录，强调加强国际合作的重要性，要求坚持共同但有区别的责任原则，在充分考虑发展中国家目前发展阶段、应负责任、科技水平和实际能力基础上，各主要发达国家承诺履行可核实、可测量、可报告的温室气体减排责任，在适应气候变化、技术开发转让和资金援助等问题上承担更大责任和义务，向发展中国家提供更多帮助，大力支持最不发达国家、小岛屿国家、非洲国家和部分内陆国家提高适应气候变化的能力。“巴厘路线图”与《京都议定书》“双轨并进”，为未来应对气候变化设定了谈判范围和时间表，争取到2012年京都议定书第一承诺期到期后，顺利达成新的全球性气候变化合作框架，促进全球环境效益和经济可持续发展，确保应对气候变化的国际努力不会中断。

2008年11月中国在环境与发展国际合作委员会年会上承诺，应对国际金融危机决不能以牺牲环境为代价，保持经济增长要保证节能减排和环境保护，要认真履行负责任大国应尽的环保义务，提前完成“十一五”节能减排规划。2009年9月

① [美]尼克·达拉斯：《低碳经济的24堂课》，王瑶译，电子工业出版社2010年4月第1版，第44-45页。

联合国气候变化峰会上，中国明确表态坚持走可持续发展道路，共同应对气候变化，积极实施《应对气候变化国家方案》，将应对气候变化纳入经济社会整体发展规划，加强节能减排，发展可再生能源和核能，发展绿色经济、低碳经济和循环经济，加快资源节约型、环境友好型、科技创新型国家建设。

哥本哈根世界气候大会 2009 年 12 月在丹麦首都哥本哈根召开，这次《联合国气候变化框架公约》缔约方第十五次会议有 192 个国家和地区环境部长参会，共同商讨《京都议定书》一期承诺到期后的后续方案。主要目的是针对未来气候变化采取全球行动，取代 2012 年到期的《京都议定书》，签署新的《哥本哈根议定书》，制订全球约束温室气体排放、遏制气候变暖的新行动纲领。会议的主要议题是发达国家温室气体减排额；发展中国家尤其是中国、印度等人口大国控制温室气体排放；对发展中国家和贫穷国家减少温室气体排放进行资金和技术援助。会议的焦点是明确责任共担和差异化原则，国际社会采取一致行动共同发展低碳经济。发达国家和发展中国家要本着“共同但有区别的责任”原则，分别承担相应义务，立足气候变化中长期目标，在资金、技术和行动透明度等方面达成共识。

为预防全球平均气温上升 2℃可能造成的严重危害，2050 年全球温室气体的排放量至少要缩减到 1990 年的 80%。联合科学院在发布发展与可持续性评估报告时，重申马上采取行动遏制全球变暖，“要让现在的温度相比工业化时期不高过 2℃，这实际上充满了挑战”①。全球近 100 年平均气温升高 0.74℃，气候变暖对人类生存和长远发展带来严重危害，发展中国家普遍都是受害者，工业化进程中燃烧化石燃料造成温室气体增加，发达国家应该为排放温室气体承担主要历史责任。中国在哥本哈根会议上呼吁加强团结沟通，维护广大发展中国家权益，维护好共同发展的良好愿望。作为最大的发展中国家，中国在节能减排上继续努力，为减缓全球气候变暖，到 2020 年将单位 GDP 二氧化碳排放量以 2005 年为基数下降 40%至 45%，提高非化石能源占一次能源消费的比重，争取达到 15%。减排目标和应对举措表达了中国推动气候变化国际合作的最大诚意，减排目标不附加任何条件，不与任何国家减排目标挂钩，为实现全球升温不超过 2℃而不懈奋斗。

截至 2009 年年底，“十一五”前四年我国单位 GDP 能耗下降 14.38%，化学需氧量排放总量下降 9.66%，二氧化硫排放总量下降 13.14%，提前完成减排目标，有力推动了绿色经济快速发展。2012 年 7 月颁布《节能减排“十二五”规划》，要求到 2015 年实现单位 GDP 能耗比 2010 年下降 16%，化学需氧量和二氧化硫排放总量减少 8%，氨氮和氮氧化物排放总量减少 10%，充分展示了中国发展低碳经济的决心，树立了谋发展、促合作、负责任的大国形象。

2010 年 11 月《联合国气候变化框架公约》第十六次缔约方大会暨《京都议定书》第六次缔约方会议在墨西哥坎昆召开，《坎昆协议》倡导设立“绿色气候基金”，

---

① [美]尼克·达拉斯：《低碳经济的 24 堂课》，王瑶译，电子工业出版社 2010 年 4 月第 1 版，第 71 页。

发达国家每年筹集 1000 亿美元帮助发展中国家应对气候变化，重申发达国家应起带头作用，实施具有法律约束力的绝对减排指标。但是，美国、日本和加拿大等发达国家仍然拒绝承担第二承诺期的温室气体减排义务。

2011 年 11 月《联合国气候变化框架公约》第十七次缔约方大会在南非德班召开，主要议题是针对 2012 年 12 月 31 日到期的《京都议定书》，探讨签署议定书第二承诺期，以中国、印度、巴西和南非为代表的发展中国家积极呼吁签订第二承诺期，欧盟也表现出积极态度，但日本、加拿大、澳大利亚和俄罗斯等曾经签订过《京都议定书》的国家，对签署新的第二承诺期存在争议。加拿大成为大会闭幕后正式宣布退出《京都议定书》的国家。美国受国内能源公司维护私利的影响，也一直不同意签订《京都议定书》，对签署新的第二承诺期持明确的反对态度，拒绝承担包括资金援助、技术转让、减排测量和森林保护在内的“共同但有差别的责任”。德班会议最终仅差强人意地通过了“德班系列协议”，决定自 2012 年启动“德班强化行动平台特设工作组”，设立绿色气候基金(德国和丹麦分别注资 4000 万和 1500 万欧元，作为基金运营经费和首笔资助经费)，但是国际社会应对气候变化危机的政治意愿未能达成广泛共识，美国、日本和加拿大等国家缺乏责任意识，在自身减排和向发展中国家提供资金和技术转让时缺乏积极性，并对发展中国家争取发展权利人为设置障碍。

2012 年《联合国气候变化框架公约》第十八次缔约方会议在多哈举行，结束了始于 2007 年的巴厘路线图谈判授权，形成了包括《京都议定书》第二承诺期、长期合作行动工作组、德班平台工作组和资金援助计划的一揽子成果，国际气候治理进程呈现出新的利益关切格局和谈判诉求调整，与巴厘授权“双轨”谈判相比，德班平台“单轨”谈判更加激烈复杂，国际社会在气候制度建构中分歧更明显，围绕是否尊重历史事实，遵循“共区”原则，体现发达国家和发展中国家节能减排责任差异、减排模式和治理规则变化、援助资金来源、技术转让、国际合作机制、法律约束形式等核心关切问题，国际社会展开了新一轮寻求共识的政治博弈。

2014 年 9 月联合国气候变化峰会在纽约总部召开，会议就减排、动员资金和市场、碳定价、加强气候复原力、新伙伴联盟五个方面商讨全球愿景和履行承诺，争取在 2015 年巴黎会议达成全球协定。联合国秘书长潘基文希望到 2015 年 12 月巴黎会议召开之时，“作为人类大家庭做出了规整家园、使之适宜子孙后代居住的决定”。积极应对气候变化“没有备选方案”，人类赖以生存的地球家园“没有备份”，必须团结起来保护“共同生活的星球”。2014 年 11 月 12 日，中国和美国正式发表《中美气候变化联合声明》，令人欣喜地宣布在应对气候变化上的行动目标，“共同但有区别责任”原则和“各自能力”原则，为全球气候变化多边谈判进程注入正能量，中国积极向其他发展中国家伸出援助之手，广泛开展“南南合作”，在资金和技术支持等关键环节“尽我所能”开展行动。2014 年 12 月《联合国气候变化框架公约》第二十次缔约方会议暨《京都议定书》第十次缔约方会议在秘鲁首都利马开幕，主要围绕“细化协议要素”、“明确贡献信息”和“加强行动实施”三个核心议题进行磋商，力争在巴黎会议前的关键谈判阶段，收集来自世界各国的良好政治意愿和合作建议，达成落实各缔约方重要共识的协议草案，谋求推动绿色气候基金正式运转，在减少温室气体排放和改善气候变化方面切实履行各自的承诺。

温室气体历史排放责任问题一直是气候变化国际谈判中南北双方激烈交锋的核心焦点，历史排放责任的争执能否妥善解决，直接关系到各个国家的减排责任和资金技术援助计划，明显影响未来国际气候制度安排和国家发展战略利益。发达国家为了保护国内既得利益集团，试图推翻《联合国气候变化框架公约》确立的“共同但有区别的责任”这一原则基石，逃避承担历史排放责任和未来减排任务，不愿意承担减排责任和资金技术援助，甚至通过设置贸易壁垒推行贸易保护主义强权，公然蔑视和挑战联合国气候变化框架公约，违背全球自由公平贸易规定，以征收“碳关税”的形式逃避应承担的历史责任和减排义务，将全球应对气候变化框架下基于“共区”原则确定的总量减排任务变相转嫁，对广大发展中国家进行强迫性贸易剥削，以征收关税或边境调节税抵消为完成减排目标产生的增量边际成本，试图削弱广大发展中国家消除贫困、实现可持续发展的正当诉求。

近年来国际社会对全球气候变化问题出现过一些争论、怀疑和反对声音。2008 年《全球变化——毫无来由的恐慌》和 2009 年《重新考虑气候变化》，都对全球性气候变化诱因提出质疑。2008 年美国国家航空航天局（NASA）认为气候变化“自然因素才是主要因子”①。国际非政府间气候变化专门委员会（NIPCC）也对温室效应和全球变暖持怀疑态度。还有一些学者认为导致全球气候变化的可能性因素很多，太阳活动异常、地球磁场变化、地球表面火山活动减弱、气候变化模拟效果不确定都是因素之一。2012 年极寒天气席卷全欧洲和东亚地区，整个北半球遭遇罕见的寒冷冬季，又有一些气候学家据此对气候变迁运行模式提出质疑，认为全球变暖不能简单归因于温室气体排放，太平洋和大西洋海水温度的自然周期正由“温暖期”转为“寒冷期”，英国《每日邮报》还宣称持续时间 20 至 30 年的“小冰河期”已经来临。国家气候中心高级工程师王启祎认为，2012 年年初中国和北半球出现极寒天气，是北极冷空气向南扩散时对欧亚大陆造成的影响，全球变暖的总趋势并没有改变，近年偏冷现象只是短暂阶段，短期内极端天气变化不足以反映气候变化复杂的科学机理。

尽管气候变化和温室气体排放是否存在确切关联还存在争议，全球变暖最终到底应归咎于自然气候原因，还是燃烧化石燃料和砍伐森林导致温室气体含量增加，目前尚无科学界的一致定论，绝大多数气候专家坚持认为，草率认定“小冰河期”来临是对全球气候变化趋势的片面误读，全球变暖趋势事实上并未减缓。根据世界气象组织测量尺度，全球气候变化是否发生根本变化，需要考察至少 30 年的

① 李崇银：《关于应对气候变化的几个问题》，载《新华文摘》，2011 年第 5 期，第 138 页。

气候变化平均值，政府间气候变化专门委员会（IPCC）第四次评估报告坚持认为，全球平均气温自工业革命以来上升 0.74℃，已经造成巨大的环境危害，“如果全球气温上升超过 1.5～2.0℃，将会出现灾难性的后果”①。

全球气候变暖之争，反映出气候变化原理具有不确定性，这种不确定性成为某些国家和国际组织反对节能减排行动一个重要原因。当前的紧迫问题是在不确定性客观存在情况下，人类应该尽早决定是否值得作出适当牺牲。国际社会对气候变化诱因存在不同认识，有些研究成果或许可以表明气候变暖的危害性不像想象中那样严重，这是一个很难寻求平衡的两难问题，全球将面临艰难的环境政策抉择。“气候变化是造成全球生态系统和人类灾难的潜在威胁；另一方面，控制温室气体排放的削减计划需要上万亿美元。”②气候变化与温室气体浓度的内在关系问题，从形成机理上看是科学研究问题，但在可能引发的严重后果和变化成因不确定时，人类如何去做，采取什么行动，如何确定减排目标和分担减排义务，实质上是一个伦理问题而不是纯粹的科学问题。

潜在的风险往往指向不确定的未来，在某些情况下尽管人类感知能力不能真实确定风险的存在，但潜在风险可能带来致命伤害，“风险把过去、现在与未来联系起来……不仅适用于生态危机话语，甚至包括全球化”③。针对“气候怀疑论者”对气候模型缺陷的指责和对气候敏感性的质疑，瑞典克雷思迪安·阿瑟教授建议，对气候变化要给予足够关注，防患于未然是人类应对气候变化的责任和义务，不能简单以气候变化模型不完美为借口放弃行动努力。“气候科学的不确定性不能成为不作为的借口……决定都是建立在一种信任和责任基础上。”④政府间气候变化委员会提出忠告，2020 年人类必须将碳排放标准控制在 1990 年排放量的 25%～40%，目前国际社会控制碳排放的行动实际上是失败的，必须在为时已晚之前达成拯救人类文明的行动共识。乔治·蒙比尔特愤慨地指出，国际层面长期缺乏抑制全球气候变暖的有效手段，应对气候变化的政治回应“是世界有史以来最大的政治失败”。大卫·格里芬建议尽快采取后现代视角，帮助人类摆脱过量碳排放引发的生态危机，各个国家的竞争不能停留在非理性经济增长，要根据伦理约束和不同国家可以接受的衡量标准，制定一个法律上可行的公平条约，在经济健康发展框架内关注人类社会公平发展和共同福祉，避免因增加碳排放陷入不可逆转的境地，以一种适宜的生活方式拯救人类。

气候作为一种公共产品，如果缺乏伦理关系制约，尽管可能存在极为严重的危害后果，许多人仍会因其公共属性而袖手旁观，“全球气候变暖所带来的危害在人

---

① 夏堃堡：《低碳经济和气候变化》，载《环境教育》，2012 年 1 月总第 139 期，第 60 页。

② 徐峻：《气候变化的新认识》，载《新华文摘》，2000 年第 5 期，第 155 页。

③ 王积龙：《苹果公司在中国的环境殖民：表现、成因及其应对》，载《新华文摘》，2012 年第 11 期，第 142 页。

④ ［瑞典］克雷思迪安·阿瑟：《温室效应的历史回顾》，载《新华文摘》，2010 年第 18 期，第 141 页。

们的日常生活中不是具体的、直接的和可见的”①，决不能对现实存在的全球气候变化危害刻意逃避，非伤害原则和风险预防原则要求人类决不能坐视不见，决不能仅仅因为气候变化不确定性而拒绝采取任何行动，放任自流、顺其自然、无所作为。“肯定影响确实存在，污染和不合理的资源利用确实造成了损害，要再想扭转这种影响和挽救我们自己与地球就会太晚了。”②在无法明确是否有不利影响时，要小心谨慎地采取一切可行性预防行动，《里约环境与发展宣言》第15条倡导要坚持风险预防原则，核心理念就是“稳妥总比后悔要好”，“不得以缺乏科学充分确实证据为理由，延迟采取符合成本效益的措施防止环境恶化”。气候变化面临着巨大风险和挑战，为避免人类步入无法挽回的生存困境，应当接受忠告积极采取应对措施，每一位公民都有责任增强危机意识，都有义务主动改善气候。欧盟、美国、中国和印度是世界四大能源消耗巨头，必须主动做出正确选择，为应对气候变化危机积极采取措施。

“气候变化是一个道德问题，在应对这一问题的过程中，我们需要的是态度的绝对转变。”③面对气候变暖可能导致的灾难性后果，任何怀疑、抑制和延缓采取行动的做法都是不合时宜的，如果人类无法解决好气候变化问题，人类文明将最终走向消亡。“为了稳定气候而做出的努力将在很大程度上改变人类本身，其影响将大于任何其他事情的影响。”④必须立刻行动起来，从我做起，从现在做起，预防和减少气候变化可能产生的巨大风险，这是人类不容置疑的必然选择。

2. 生物多样性危机的全球化伦理诉求

生物多样性主要指所有来源的活生物体具有变异性，包括基因遗传多样性、物种多样性和生态系统多样性，生物多样性是地球的生命基础，对维持气候、涵养水源、保护土壤以及维护正常生态过程至关重要。生物多样性资源是“人类生存和发展的物质基础”⑤，是地球留给人类的最宝贵的物质财富，当前人类活动对生物多样性造成了严重损害，物种灭绝和濒危的速度令世人惊恐。生物多样性危机日益凸显，已经严重影响了可持续发展，人类必须限制危害环境的各项活动，全力“保护人类赖以生存的生物多样性”⑥。

约翰·图克希尔在《1999年世界形势评述》强调农作物品种多样性对国家粮食安全和医疗卫生的重要意义，呼吁人们高度重视生物多样性锐减问题。商品经济和商业利益表面上增加了国内生产总值，但GDP不能真正衡量人类幸福指数，

① 史军：《气候变化科学不确定性的伦理解析》，载《新华文摘》，2011年第5期，第141页。

② [美] L. H. 牛顿、C. K. 迪林汉姆：《分水岭：环境伦理学的10个案例》，吴晓东、翁端译，清华大学出版社2005年6月第1版，第44页。

③ [美]尼克·达拉斯：《低碳经济的24堂课》，王瑶译，电子工业出版社2010年4月第1版，第133页。

④ [美] 斯图尔特·布兰德：《地球的法则》，叶富华、耿新莉译，中信出版社2012年6月第1版，第23页。

⑤ 徐再荣：《全球环境问题与国际回应》，中国环境科学出版社2007年8月第1版，第182页。

⑥ 林红梅：《生态伦理学概论》，中央编译出版社2008年10月第1版，第4页。

相反会剥夺人类的谋生之道，降低生物多样性迫使人类无法与自然密切合作，“人类的兴盛……源自于与自然的合作”①。全世界90%的粮食来源于屈指可数的20多个植物物种，保存生物多样性对全球粮食安全至关重要，必须密切关注生物多样性缺失带来的巨大风险。

19世纪40年代真菌病毒摧毁了爱尔兰境内相同基因的马铃薯，造成100多万人死亡的大饥荒，20世纪80年代中期，具有真菌剂抗药性的有毒菌株再次导致马铃薯枯萎病蔓延，全球马铃薯产量在90年代减少了15%，导致32.5亿美元经济损失，坦桑尼亚损失接近100%。20世纪70年代，丛矮病病毒在亚洲高产水稻田爆发，育种专家在印度一处野生稻群仅有的一个单簇里幸运地发现了对抗该病毒的遗传抗性。自1904年以来美国番茄品种的81%、豌豆和甘蓝品种的90%以上已经绝种；1949年我国种植的小麦品种有一万余种，70年代仅存不到一千种；20世纪30年代墨西哥种植的玉米品种也仅有20%幸存。利益的驱动导致现代农业追求经济繁荣，不具备商业价值的植物物种被无情消灭，危机四伏的现代农业仅保留为数甚少的高经济效益或高产农作物物种，毁坏了传统农业的稳定性根基，大大降低了防御干旱、洪涝和病虫害的能力，农业生产系统性风险急剧放大。近年来全球范围农业生产增长率出现总体下滑，粮食供应系统的脆弱结构日趋严重，发展新能源与保证粮食安全成为全球两大发展目标，“粮食短缺的风险由2012年的9.4%上升为14.9%，成为第三大社会类风险”②。

地球生物圈的自我平衡是包括人类在内所有物种与整个生物圈相互作用、相互适应、相互协调的结果，必须“寻求使人类需要适合于生物圈其他生命形式的共同需要”③，体现多物种合作共处伦理，成功提升生物多样性保护的主动性，这不仅有利于人类生存发展，也对整个生命保障系统具有重要意义。生物多样性与人类繁荣并不存在必然的矛盾冲突，复杂多样的生态系统可以保持更强的环境适应能力，“成熟的生态系统……都是以丰富的生物多样性为主要特征的”④。

1993年正式生效的《生物多样性公约》强调，生物多样性对保持生物圈的生命保障系统十分重要。自1995年开始联合国将12月29日确定为“国际生物多样性日”，呼吁人类“意识到生物多样性的内在价值，和生物多样性组成部分的生态、遗传、社会、经济、科学、教育、文化和美学价值”⑤。生物多样性对人类具有直接使用价值、间接使用价值和潜在价值，复杂多样的生态功能对生态系统结构稳定和生存环境安全运行至关重要。我们无法预知某一物种在未来的特殊性，无法预测哪些

① [美]彼得·S.温茨：《现代环境伦理》，宋玉波、朱丹琼译，上海人民出版2007年版，第282页。

② 吴志成、何睿：《全球有效治理缘何如此艰难？》，载《新华文摘》，2013年第20期，第32页。

③ [加]William Leiss. The Limits of Satisfaction, Mcgill-Queen's University Press, 1988, P. 113.

④ [美]丹尼尔·A.科尔曼：《生态政治——建设一个绿色社会》，梅俊杰译，上海世纪出版集团2006年7月第1版，第100页。

⑤ 徐再荣：《全球环境问题与国际回应》，中国环境科学出版社2007年8月第1版，第186-187页。

正在消失的物种会出人意料蕴含着珍贵的药用、遗传和生态维持价值。以往被称为“杂树”的太平洋紫杉树树皮，近期发现可以提取治疗卵巢癌和乳腺癌的特效药物，马达加斯加岛暗红色的长春花可用来生产治疗儿童期白血病的新型药物。每个物种都是独一无二的种群，是在古老生态系统共同进化而来的，每个物种意外毁灭都会造成生态系统缺失，并对其他物种带来不可预知的不利影响，物种灭绝是永久性的，物种灭绝意味着该物种彻底在地球消失，“我们永远没有权利取消其在地球上的生存机会……也没有权利永久性地毁灭我们永远无法创造的生物。”①

2004 年国际自然资源保护联合会发出警告，当前地球物种灭绝速度是自然界正常物种衰亡规律的 1 000 倍，物种进化速度明显低于物种灭绝速度。自然界中人类已发现的物种将近 16 000 种，其中有 200 多种被列入“可能灭绝”物种，3 000 多种被列入濒危物种。“在生态系统中，濒危物种是最敏感的因素”②。濒危物种是衡量生态系统破坏程度的重要指标，全球“将近 1 万种鸟类中的 12%易受到伤害或濒临灭绝，30%鱼类物种濒临灭绝”③。2009 年年底国际自然保护联盟警告有 1/8 的鸟类、1/5 的哺乳动物、1/4 的珊瑚和 1/3 的两栖类动物已经达到濒临灭绝状态。世界自然基金会发布地球生命指数评估结果，1686 种脊椎动物种群数量，从 1970 年到 2005 年仅 30 多年就惊人地下滑 30%。由于受到地球生态环境破坏、人类猎捕、疾病和气候变化影响，全球现存物种到本世纪末至少有六分之一将要灭绝。“人类活动的影响是现代物种加速灭绝的最主要原因。”④因为人类活动的频繁干扰，地球生物灭绝速度急剧加快，国际自然保护同盟濒危物种中心预计，到 2050 年至少四分之一物种将陷入灭绝困境，物种灭绝的规模、程度和速度，都对生物多样性造成巨大损害。保护濒危物种，迫切需要提高公众的伦理意识，健全濒危物种保护法律法规，限制各种直接或间接危及物种安全的破坏行为。

2008 年 10 月第三届植物资源持续利用国际研讨会认为，人口增长随着工业化与城市化进程逐渐加快，生物灭绝速率大大增加，生物多样性受到严重破坏。“我国已有 15%至 20%的动植物种类受到威胁，高于世界 10%至 15%的平均水平。”⑤生物多样性因土地和生物资源过度开发面临严重退化，人类正在摧毁地球生命支撑系统。保护和可持续利用生物多样性资源，成为衡量国家综合实力的重要标准，恢复重建生物多样性成为可持续发展主要任务。我国生物多样性保护形势格外严峻，生物多样性保护亟待纳入生态环境保护重点，《中国生物多样性保护

① [美] L. H. 牛顿、C. K. 迪林汉姆：《分水岭：环境伦理学的 10 个案例》，吴晓东、翁端译，清华大学出版社 2005 年 6 月第 1 版，第 135 页。

② 廖红、[美]克里斯·郎革：《美国环境管理的历史与发展》，中国环境科学出版社 2006 年 2 月第 1 版，第 202—203 页。

③ 世界银行：《2005 年世界发展指标》(中译本)，中国财政经济出版社 2005 年版，第 126 页。

④ 徐再荣：《全球环境问题与国际回应》，中国环境科学出版社 2007 年 8 月第 1 版，第 183 页。

⑤ 国家环境保护总局宣传教育司：《中小学环境教育实施指南》，《环境宣传教育文献汇编(2001—2005 年)》，中国环境科学出版社 2006 年 3 月第 1 版，第 319 页。

战略与行动计划(2011—2030年)》有效地增加了我国生物多样性保护力度。

莱斯特大学萨拉西韦斯博士认为"我们已搭上'造成灾难性大灭绝'的列车,与地球地质史上前5次大规模物种灭绝匹敌"。由诺贝尔化学奖得主保罗·克鲁岑组成的专家小组认为,由于地球污染、人口增长、都市化和大规模使用矿物燃料,地球生态多样性和地质结构已发生不可逆转的改变。来自国际自然保护组织的西蒙·斯塔尔特承认,大自然的天平正在倒向对人类不利的方向,地球物种濒危速度非但未放缓,相反正在加速灭绝。

造成生物多样性严重破坏的主要原因:(1)物种和生物多样性保护伦理意识淡漠,环境行为失当。(2)大规模追求高产高利润,生物资源日趋单一化。(3)外来入侵物种干扰严重。(4)温室气体排放、臭氧层破坏和全球气候变暖的威胁增大。(5)人口急遽膨胀,经济快速发展,生存环境严重破坏,栖息地丧失,引发物种急剧下降甚至灭绝。(6)野生生物物种掠夺式捕杀利用。(7)不正当消费需求引发野生动植物违法贸易泛滥。

外来物种入侵造成的生物多样性破坏需要格外重视。外来入侵物种通过争夺养料、阳光、空间、水和食物等生活要素,对当地物种种类、种群结构、食物链维护和生物多样性保护造成极大影响,产生了不可逆转的生态破坏,损害了整个生态系统正常功能发挥,导致当地物种锐减甚至灭绝,直接威胁到生物多样性稳定、人类健康和公共安全,造成严重的经济损失和生态风险。

外来入侵物种引入途径大致分为三类:一是主动引进。引进的初衷是出于生物防治、水土保持、改良土壤、绿化环境的良好意愿,比如作为观赏植物引进的加拿大一枝黄花,作为改良土壤、绿化海滩引进的美国互花米草,作为宠物引进的巴西龟,作为食物引进的福寿螺,作为饲料引进的凤眼莲,都属于主动引入的外来物种,外来入侵物种有近50%是主动引进后泛滥成灾的。二是被动引进。引进者往往是在非主观愿望的情况下,因疏于防范被动完成整个引进过程。传播途径主要通过航空、陆路、水路运输工具,随着进口货物、包装材料、附带设施或旅客个人渠道无意中引入,这种引入形式是目前外来物种入侵的主要传播途径,也是急需通过加强生物多样性保护及外来物种防范有效预防的。松材线虫、德国小蠊、美国白蛾等危害极大的外来物种就是通过这种传播途径引入我国的。三是自然引进。以自然传播途径为主,主要通过大气环流、海水循环、鱼类洄游和候鸟迁徙,依靠非可控途径造成非人为的物种引入。

中国是遭受外来物种入侵最严重的国家之一。2001—2003年我国外来入侵物种达到283种,经济损失每年高达1 200亿元,近几年增至每年2 000亿元。世界自然资源保护联盟确定有100种最具威胁的外来入侵物种,我国已发现50多种。农业部统计全球范围外来入侵物种每年造成经济损失超过4 000亿美元,我国危害最严重的“11种外来入侵物种每年给我国造成大约600亿元的损失”①。外来入侵物种已有46.3%蔓延到自然保护区，对自然生态和生物多样性保护造成严重威胁。预防外来物种入侵成为保护生物多样性的紧迫任务，2009年5月22日国际生物多样性日的主题就是“保护生物多样性，防止外来入侵物种”。防止外来入侵物种必须加强公众教育，了解外来物种的侵入方式，认清外来物种严重的生态危害，掌握基本入侵物种识别常识，提高全社会自觉防范意识。

自觉加强生物多样性保护，提高生态平衡意识，印第安土著部落浓厚的生物多样性情结引起人们广泛重视。珍惜、关爱与奉献是印第安人对土地和生命的诠释，大地母亲情结蕴涵着尊重非人类自然的环境协同论世界观。实现生物多样性保护必须“依靠世界各地传统社会当地思想文化中仅存的独到智慧”②。原住居民是当地生态系统的最佳守护者，他们珍视栖息的森林和土地，关注土地和热带雨林，并不刻意关注木材和土壤农作物的商业价值，“完美无缺的土著群落与未受扰乱的生态系统，带着奇特的规律性交叠在一起”③。要虚心学习原住居民生存智慧，通过自给自足的简单生活方式来表达对自然的虔诚敬意。南达科他州的雷科塔人极度渴望获得财政支持，但为了保护布莱克山，断然拒绝了总值高达3亿美元的政府现金结算，“在印第安人的家乡……地球是神圣的”④。虔诚的宗教式崇拜已经根深蒂固保存在广大原住民心中。

原住居民更懂得保护生物多样性。短视的商业活动鼓励通过技术开发驾驭自然，社会经济增长习惯用金钱来衡量，原住居民合理利用栖息的土地自给自足，以牺牲原住居民基本利益为代价，必然造成对人与自然以及传统文化的伤害。世界银行人类学家谢尔登·戴维斯反对将全球经济扩张“立足于自然资源或者初级商品的开采并导致土著居民的迁移与传统文化的破坏”⑤。缺乏资金、技术和经济基础，原住居民的土地、森林和传统文化正遭受无情剥夺，文化多元性与生物多样性被无情摧毁消亡，人类文化正以史无前例的速度消逝，全球文化多元化丧失和生物多样性丧失同样意味着资源掠夺、文化移植和精神征服。

三、中国现代环境伦理观

（一）中国经济社会发展现状对环境伦理研究提出新要求

中国正处在经济快速发展的关键转型期，人口众多、经济发展水平不高、生态

① 载《环境教育》，2012年1月总第139期，第6页。

② [美]丹尼尔·A.科尔曼：《生态政治——建设一个绿色社会》，梅俊杰译，上海世纪出版集团2006年7月第1版，第101页。

③ [美]彼得·S.温茨：《现代环境伦理》，宋玉波、朱丹琼译，上海人民出版2007年版，第320页。

④ [美]彼得·S.温茨：《现代环境伦理》，宋玉波、朱丹琼译，上海人民出版2007年版，第322页。

⑤ [美]彼得·S.温茨：《现代环境伦理》，宋玉波、朱丹琼译，上海人民出版2007年版，第319页。

环境脆弱、产业结构亟待调整等现实困难日趋严重，实现经济可持续发展、消除贫困、保护环境和减缓温室气体排放都面临巨大压力，转方式调结构势在必行。“中国以占世界9%的耕地、6%的水资源、4%的森林资源养活了22%的世界人口。”①经济增长以资源环境破坏为代价，粗放式经济增长超出自然承载能力，空气、水、土地、生物各类环境要素遭到破坏，生命维持系统的功能快速退化，城乡和地区发展不平衡、不协调和不可持续问题，成为制约经济社会良性发展的基本国情，经济快速增长与环境持续恶化之间呈现明显的二律背反特征。

从1978年到2011年，经过30多年经济持续增长，中国年均增长率达到9.9%，经济总量迅速跃居至世界第二位，“新四化”建设步入改革关键时期。需要警醒的是，我国人均GDP尚不到美国的13%，不及日本的18%，能源资源利用效益较低，生产力水平不高，可持续发展动力不足。科技升级换代创新不够，中国正处于世界第一大能源资源消耗大国和第一大污染物排放大国的尴尬境地，“我国GDP以每年8%～12%的速度增长，环境损失却占当年GDP的8%～13%”②。

2005年中国国内生产总值仅占全世界的5.5%，却消耗了世界54%的水泥、30%的钢铁和15%的能源，单位GDP主要污染物排放量达到发达国家的8～9倍。2012年经济总量约占全球的11.5%，消耗能源却占到全球的21.3%、钢占45%、铜占43%、水泥占54%，原油和铁矿石对外依存度已经达到56.4%和66.5%，“排放的二氧化硫、氮氧化物总量已居世界第一”③。1971年燃烧化石燃料排放CO_2仅占全球5.7%，到1990年上升至10.7%，“2006年成为世界上第一排放大国，2012年比重已经达到26.7%”④。美国是第二大排放国，占全球的比例已经下降到16.8%。联合国环境规划署在“千年生态系统研究”中，对人类活动消耗资源超出再生能力的不可持续发展进行评估，全球自然资源总体服务能力约有2/3处于快速下降通道，许多国家正在减少的自然财富估值为生产财富的3～5倍。联合国开发计划署2013年核算人类发展指数，我国经济社会发展总量规模指标在世界名列前茅，但人口基数大、国土面积大、发展不均衡现象制约效应十分明显，作为全球最大的原油、铁矿石进口国和家电、日用品主要制造国，中国在国际定价机制上话语权明显不足，被动受制格局未能有效改变，中国人均资源指标和发展质量指数仅列世界第101位，远低于中等发展水平的智利(第40位)、墨西哥(第61位)和巴西(第85位)等拉美国家。

“十一五”期间我国国民经济年均增速高达11.2%，国家扎实推进节能减排、

---

① 国家环境保护总局宣传教育司：潘岳2003年10月25日在中国环境文化促进会第二届会员代表大会暨首届“绿色中国”大型主题论坛会上的讲话，《环境宣传教育文献汇编(2001—2005年)》，中国环境科学出版社2006年3月第1版，第58页。

② 刘湘溶：《以生态文明理论支撑美丽中国》，光明日报2013年5月5日头版。

③ 张高丽：《大力推进生态文明 努力建设美丽中国》，载《新华文摘》，2014年第4期，第1页。

④ 潘家华、王谋：《国际气候谈判新格局与中国的定位问题探讨》，载《中国人口资源与环境》，2014年第4期，第3页。

生态建设和环境保护，大力发展循环经济，五年累计单位GDP能耗下降19.1%，化学需氧量、二氧化硫排放量下降12.45%和14.29%。但环境污染、能源消耗和生态破坏问题成为社会经济可持续发展的最大短板，煤炭消耗总量增长超过10亿吨。“十二五”经济增长预期目标是明显提高发展质量和经济效益，年均GDP增长7%，环境保护的主要任务是节约资源，积极应对气候变化，加强生态建设和防灾减灾体系建设，加大环境保护力度，全面增强可持续发展能力。

（二）中国环境伦理研究取得的新进展

中国的繁荣富强依靠科学发展观的全面落实，环境伦理观要深入人心，“促进人与自然的和谐，走生产发展、生活富裕、生态良好的文明发展道路”①。必须深刻剖析环境伦理研究的新思维和新理论，系统研究环境伦理理论的基本价值、理论内涵和实践意义，深入理解环境伦理理论体系和价值构建，综合运用基本价值观建设发展中国特色社会主义环境伦理学。环境伦理是道德意识的主要形态，属于人类主观范畴的主体意识体现，环境伦理研究通过揭示环境道德本质和发展规律，确立正确的环境伦理道德规范，奠定依法治理环境的道德基础，提高公民环境道德素质，帮助公民明确了解应具备何种伦理道德品质，确定怎样的伦理道德标准，具备哪些伦理道德行为能力。环境伦理研究的立论根本需要健全的法律体系和强有力的法治体制来保障，需要以社会主义环境伦理体系为依托。

我国历来高度重视构建人与自然的和谐关系，环境保护意识逐步增强，维护公平正义的新型环境伦理观已经深入人心。为了加快社会主义现代化建设进程，实施可持续发展战略，构建中国特色现代生态文明社会，我国积极倡导可持续发展战略，加快社会主义现代化建设进程，牢固树立环保理念，统筹考虑经济发展、社会进步和资源环境保护，决不走浪费资源和先污染后治理的老路，更不能吃祖宗饭、断子孙路。

良好生态环境是社会生产力持续发展的重要基础，也是生存质量不断提高的根本保障，“自然界是人类赖以生存和发展的基本条件”②。全面落实科学发展观必须彻底改变以牺牲环境、破坏资源为代价的粗放型经济增长方式，着眼长远利益、全局利益和可持续发展，尊重自然规律，深刻理解保护自然就是保护人类自己，建设自然就是造福子孙后代，决不能只索取不投入，只利用不建设，要充分考虑自然承受能力，坚决避免过度性放牧、掠夺性开采、毁灭性砍伐、放纵性污染等破坏生态环境行为发生。

环境伦理是人类达成环境共识的强有力思想武器，环境伦理目的在于确立保护环境伦理义务。环境问题整体主义特性期待采取共同行动，把整体利益置于个

---

① 胡锦涛：《在中国科学院第十二次院士大会、中国工程院第七次院士大会上的讲话》（2004年6月2日），《十六大以来重要文献选编》（中），第114页。

② 胡锦涛：《在中央人口资源环境工作座谈会上的讲话》（2004年3月10日），《十六大以来重要文献选编》（上），第853页。

人利益之上，真正建立自觉约束人类利己行为的环境伦理规范体系。我国许多环境伦理研究者分别从不同的立场、角度和思域空间，对环境伦理进行系统理论研究和含义解读，呈现出各抒己见、百家争鸣、博采众长、融会贯通的繁盛景象，环境伦理研究与生态哲学研究、生命伦理研究、政治经济学研究、道德哲学研究和美学研究各个领域密切联系，已然成为哲学和伦理学研究的一门显学。

环境伦理是一场真正的道德革命，革命的本质是挑战自由主义的社会政治经济结构，基本主张是承认“自然的权利”、伸张“环境正义”、实行“社会变革”。其中“自然的权利”表达了追求人与自然和谐的环境伦理思想，是最彻底的环境保护伦理。“环境正义”阐明了包括中国在内的国际社会各个阶层、民族、种族之间，甚至人类不同代与代之间的环境合作需求、环境政策实施和环境问题应对的伦理诉求。“社会变革”要求超越不合理的社会结构和生产生活方式，通过合理的社会政治、经济和制度变革途径，有效保障环境伦理终极目标实现。

环境伦理观是具有普遍共性的生态文明建设理论基础。生态中心论、现代人类中心论和生态学马克思主义这三种环境伦理观，作为具有广泛代表性的当代主流环境伦理观，集中体现了环境伦理理论的思想争鸣和价值建构基础，围绕当代生态文明建设的理论基础、本质含义、生态治理路径和实践体系构建，客观论述这三种具有代表性的环境伦理观的理论性质和价值立场，有助于促进我国环境伦理理论研究体系的合理架构。

一是生态中心论。理论基础是“自然价值论”和“自然权利论”，核心是将伦理关怀对象拓展到人类以外的自然万物，主动颠覆了传统的人际伦理和主观价值论。在生态中心论看来，生态危机产生的根源是近代人类中心主义环境伦理观，重建人类新的生态价值观成为有效避免生态危机恶化的重要理论建构支点。近代人类中心主义无法真正体现人类内心对自然的敬畏之心，不能彻底改变自然的工具属性，最终无法实现独立的人类内在价值和自身发展权利。生态中心论借助功利主义伦理观、道义论伦理观和生态科学的生态整体论规律，强调对自然的绝对敬畏。有些环境伦理研究者对此进行了深刻反思，认为生态中心论倡导自然价值论和自然权利论，无法在理论推理和逻辑思辨上得到严密的科学论证，“只能使自然神秘化，而且在实践中又必然陷入到反人道主义、反科学主义和反经济增长的结局”①。生态中心论一定程度存在着相对主义和神秘主义的倾向，往往将人类文明发展、科技应用与生态保护对立起来，表达的是充满反工具理性的浪漫主义情感，容易诱导激进的环境保护运动盛行，将人类基于生存发展需要进行的自然改造和利用，看作是对自然环境人为的干扰破坏，对生态文明的片面理解，也可能陷入人类必须完全顺应自然才能生存下去的自然主义谬误。生态中心论借助人的道德境界提升来实现伦理跨越，本身不可避免地存在着从“事实判断”直接推导出“价值判断”的理论难题，

① 王雨辰：《当代生态文明理论的三个争论及其价值》，载《新华文摘》2012 年第 23 期，第 35 页。

最终将局限于“地球优先论”的生态价值观研究维度，无法深入探讨生存危机产生的深层社会、政治和经济根源，以及切实可行的环境危机解决渠道。

二是现代人类中心主义论。理论基础是“人本主义”和“理性欲望”，核心目的是改造近代人类中心主义价值观对“感性欲望”的无节制纵容。在现代人类中心主义看来，以人类利益为中心是环境伦理的根本出发点，抛弃和否定人类基本利益追求，环境保护和生态维持就丧失了内在驱动力。关键是要避免和防止对自然的滥用，着眼于保护人类的整体利益和长远利益。有些环境伦理研究者对现代人类中心论的现实局限性进行了批判反思，认为现代人类中心论在价值立场上仍然限定在人本主义生态价值观的维度，未能合理厘清生态危机的深层社会根源，一定程度上掩盖了环境治理责任缺少公平公正的制度缺陷。现代人类中心论主张考虑人类的整体利益和可持续发展目标，寄希望通过维系现行的社会制度框架，理性运用经过升级革新的替代性新科技成果，辅助以伦理反思和价值观转变，改变传统意义上人与自然之间的强制性单纯占有关系，恢复尊重自然的人格本性，最终实现人与自然的共同协调发展。现代人类中心论忽略了生态文明进化过程中在社会制度层面和价值维度层面的伦理制约，实质上是在追求利润的资本逻辑主导下，建立在工业文明基础之上，源于机械自然观和社会发展观的“资本中心论”和“阶级中心论”，不可能从根本上实现对工业文明的超越，不可能真正终结人与自然之间控制与被控制、利用与被利用、支配与被支配的工具性关系，不可能在资本逐利的原始本性驱动下，在不公正的国际政治经济秩序格局干预下，通过盲目追求使用价值和高消费理念的生产生活方式，创造性地实现人的全面发展，收获合乎伦理的幸福满足感。

三是生态学马克思主义。理论基础是“生态社会主义”和“社会制度批判”，核心目的是认清垄断资本的逐利本性，反对在资本逻辑和不公正的国际政治经济秩序的基础上构建环境伦理价值观，强调要破除工业文明时代的资本剥削、资源掠夺、权利歧视和利益冲突，深入剖析资本逻辑的运行规律，研究资本主义社会与生态危机之间的内在联系，将生态文明建设的社会制度维度和哲学价值观维度两者有机结合在一起，真正关注社会意义上的人类整体长远利益。生态学马克思主义的重要内在逻辑起点是“自然的控制与解放”，科技改良、新需求构建、生态制度重设、社会制度改革等替代性思想的理论着眼点，都是从控制自然向解放自然的实现途径转变，在生态学马克思主义看来，资本主义制度在本性上是反生态的，资本主义制度和过度消费的生产生活方式，以及资本支配下的全球权力关系失衡是生态危机产生的根源。生态学马克思主义“对生态文明的本质和内涵作了独特的阐发。”[①]既批判了生态中心论的自然回归心态，也批判了现代人类中心主义混淆工业文明和生态文明的本质区别，强调要坚决摒弃生态中心论和现代人类中心论在理论建构上的抽象性“自然权利论”、价值立场上的霸权性“西方中心论”、文化传承

① 王雨辰：《当代生态文明理论的三个争论及其价值》，载《新华文摘》2012 年第 23 期，第 37 页。

上的唯利性“经济决定论”，扬弃地继承工业文明的先进科技成就，以满足人的全面发展和基本生存需要为目的，实现科技进步与经济可持续发展、环境保护与资源合理利用、社会进步与文明进化的和谐统一。生态马克思主义对资本主义的生态批判，以及对生态社会主义建设理念的路径阐释，主要是从制度维度上研究人对自然的控制与解放，虽然也包含了一些关于“人的解放”的理论成果，但尚未发展建立起基于“人的全面发展”的系统理论体系，在侧重于社会制度批判时未能关注到环境破坏的综合性成因，会在一定程度上忽视人的主观能动性发挥，尤其是“人的全面解放”对于正确诠释人与自然和谐辩证关系的重要启迪意义，仅仅从解放自然的功用性维度上构建生态社会主义，将不利于马克思主义基本哲学思想和方法论的科学运用，不利于自然的解放与人的解放的有机统一，不利于科学社会主义核心思想的确立，容易缺乏实践基础而陷入空想的境地。

第四节　认知规律的研究启示

道德教育职责是发展道德判断评价能力、养成道德品质、增强道义勇气，在面对危险、痛苦或不确定因素时能够明智抉择、无畏行动。教育民众正确认识道德原则对人类生活的重要启示意义，道德教育要深刻理解教育性质，精确把握教育理论，主动融合哲学、心理学、教育学、社会学、法学等人文学科的独特视域，汲取道德研究领域最新成果。基于认知规律的认知发展阶段理论，是长期道德教育实践探索取得的重要成果，可以为促进环境伦理教育理论研究、体现环境伦理教育实质、提高环境伦理教育效果提供重要借鉴意义和理论支撑，道德教育的启蒙、益智、引导和理性评判作用，受到当代环境伦理教育工作者的高度重视。

一、杜威的道德认知理论

杜威认为道德发展经历了从前习俗水平—习俗水平—自律水平的道德思维发展过程。在前习俗或前道德阶段，行为动机来源于自身本能的生理反应和社会给予的条件刺激，属于完全被动和不自觉的道德认知阶段，个体行为主要由生物性本能和社会性冲动所驱动，后果具有一定的初级道德意义。在习俗水平阶段道德自律得到一定程度的发展，虽然仍处于被动盲目阶段，自我认知能力未最终形成，缺乏独立的道德评判能力，但能够接受外在社会道德规范约束，个体行为几乎毫无批判地接受所在社会的道德标准和伦理规范。在道德自律水平阶段，道德思维能力提高，道德意识趋于成熟，能够依据自身的道德认知水平和思维能力，对道德行为善恶标准进行判断推理，进入独立于外在社会道德规则约束的道德思维成熟阶段，个体不再不假思索地全盘接受社会外在评价标准，而是经过独立思考和自我判断，依据是否符合内在道德目的来具体指导个体道德行为。

道德教育根本目的是发展。道德教育与智育具有类似的教育机理，能够促使积极思考道德问题和道德决定。“生活就是发展；不断发展，不断生长，就是生活。”①发展通过特定阶段进行，道德教育就是要促使个体道德判断能力顺着特定发展阶段向前发展。教育目的是促进包括智力和道德在内人的全面生长和发展，伦理教育和心理学研究有机结合，能够帮助学生塑造自由和强有力的内在品格，有效保证塑造过程有条理进行，必须理解各个心理发展阶段的先后顺序和内在联系，教育的主要贡献就是提供这种便利条件，帮助人的心理机能“以最自由和最彻底的方式成熟”②。

二、皮亚杰的道德心理发展理论

瑞士心理学家和教育家皮亚杰对不同年龄段智力发展阶段进行系统研究，测试结论总体展现出在智力发展阶段上，确实存在某种特定规律性的发展模式。在智力成长发育的同时，人们理解抽象概念和开展道德论证的能力，也在某种程度上遵循一种可以预见的从低到高的阶段模式，循序渐进的品德成长发展阶段值得环境伦理教育工作者在教育实施过程中借鉴。

道德意识成长源于道德判断的四阶段理论，包括 0～2 岁新生儿的遗传个性阶段、2～5 岁的自我中心阶段、7～8 岁的协作阶段和 11～12 岁的规则制定阶段。道德成长经过从低级到高级的连续发展演化，道德判断能力相应经历从无律—他律—自律的内化提高过程，外在客体与主体通过“同化”和“顺应”，在运用已有认知结构获得对客体的认识建构基础上，主体认知水平和接受能力得到改变，内化建构为能够顺应外界刺激和变化的道德观和价值观。道德发展的外在影响因素，包括同伴的合作、教师的指导、社会规则的制约以及外界社会环境的影响，都能够通过道德受体自身的积极活动和主动意识产生相应的道德改变。

霍尔和戴维斯高度评价皮亚杰的道德心理发展理论，认知学派尽管存在争议和不同解释渠道，但是不得不承认，道德发展阶段是可以清晰辨认的，“将这些阶段描述为一个前后相继的连续过程”③，从最初的自我中心主义上升到他律阶段，最终发展自律与合作的阶段。

---

① [美]杜威：《道德教育原理》，王承绪等译，浙江教育出版社 2003 年第 1 版，第 73 页。

② [美]柯尔伯格：《道德教育的哲学》，魏贤超、柯森等译，浙江教育出版社 2000 年第 1 版，第 279 页。

③ [美]霍尔、戴维斯：《道德教育的理论与实践》，陆有铨、魏贤超译，浙江教育出版社 2003 年第 1 版，第 91 页。

三、柯尔伯格的道德认知三水平六阶段发展理论

劳伦斯·柯尔伯格在杜威的道德心理学和皮亚杰的道德心理发展理论基础上，对道德发展阶段进行扩展研究和哲学探索，试图解释人们从幼年到青少年阶段如何形成正确或错误的道德观念，进而做出不同的道德判断行为。“道德哲学和道德心理学是研究道德教育的两个基本领域。”①道德哲学探讨的是道德发展应该是什么的问题，道德心理学研究的是道德发展究竟是什么的问题，两者是相辅相成、彼此关联的。

柯尔伯格认为在不同文化背景下的确可能存在普遍的道德发展阶段，品质发展在很大程度上是道德推理基本原则连续渐进的发展和在行为上运用。他以心理学研究成果为基础，通过对道德推理阶段深入研究，发现道德教育能够促使人的道德判断能力向更高阶段发展，能够为人们依据更高阶段道德判断采取恰当行动提供具有真实道德教育意义的理论基础和方法指导。道德教育关键问题是探讨价值观的相对性问题，即是否存在普遍的价值观？道德教育不单纯是直接传授一些固定的道德准则，道德教育应当被看做是对道德发展的促进，应当以发展普遍的基本道德价值为目标，经过个体在促进社会伦理规范和基本道德价值的心理发生和发展过程，逐渐形成被建构或结构化的基本道德价值体系、道德发展阶段、道德推断能力和道德行为意识的统一体。促进道德发展的基础是提高理性思维和解决问题的能力，公正原则是判断道德发展程度的中心原则，也是促进道德发展的内在驱动力，对于发展道德判断能力至关重要。

柯尔伯格将道德发展阶段概括为道德认知三水平六阶段发展理论。前习俗道德水平包括以惩罚与服从为定向的阶段、以工具性的相对主义为定向的阶段；习俗道德水平包括以人际关系和谐一致为定向的阶段、以法律与秩序为定向的阶段；后习俗道德水平包括以法定的社会契约为定向的阶段、以普遍的伦理原则为定向的阶段。通过对道德发展各个阶段进行详尽描述，发现道德发展阶段与人的智力发展阶段相互适应，从幼年到青少年的价值观形成、道德判断和道德推理，都经历了一个从低到高的顺序发展阶段。

前习俗水平在很大程度上基于个人自我利益的满足和追求物质利益的考虑，个体尚处于前道德层次，不具备真正意义上的道德诠释和价值判断能力，评判好坏和善恶的依据仅凭借奖惩或互惠原则，这是儿童道德思维方式和选择道德依据的典型特征。习俗水平阶段能在满足个人愿望和需求基础上，服从其他社会成员和社会集体的评判意愿和目标定位，在满足社会秩序和权威、法律、道德规则要求下，自觉履行道德义务。后习俗水平可以摆脱个人的自我满足以及社会秩序或法律约

① [美]柯尔伯格：《道德教育的哲学》，魏贤超、柯森等译，浙江教育出版社2000年第1版，第1页。

束，强调在民主自由的社会秩序中履行社会认可的公正平等权利和义务，最高价值追求和道德评判标准上升到事关人类尊严、生命平等、社会公平正义和普遍意义上的道德良心，这是道德教育的最高伦理标准和价值原则，能够做出正确的伦理判断，为更好的社会状态调整或改变现存的社会规范，依据个人道德标准自觉采取合乎社会道德要求的行动。主动保护未来人类赖以生存的地球环境，就是在环境伦理高级阶段进行道德推理和伦理推广的有力例证。

道德发展各个阶段具有独特内涵，深刻理解内涵最基本表征，要厘清道德发展各阶段与逻辑或智力发展阶段的辩证关系，还要清楚道德发展阶段与道德行为的必然联系。个体道德理解能力和水平提高，需要经过循序渐进的道德发展阶段，每一个阶段本身都是以做出道德决定时的价值观认识水平为划分标准的，确定道德发展阶段最终依赖道德思维方式和道德选择依据。

个体不能完全理解高于实际水平之上各个阶段的道德推理决定，道德发展阶段是具有特定顺序的方向性道德成熟选择，道德发展阶段有相对恒定的特定顺序，虽然在时间排列上不可能一成不变，但在发展过程要普遍遵守各个不同阶段的先后顺序。思维方式改变并不依赖于具体经验，当面临与现有思维方式不相适应的道德问题时，个人将被迫发展一种新的思维方式。个体道德发展经历了前后连续的阶段过程，政治经济文化体系中各个不同因素可能加速、延缓或阻止这种思维能力发展，但不能改变这种先后顺序。

柯尔伯格的道德发展阶段理论得到来自纵向研究、交互文化研究和实验研究多个不同研究层面的实践证实。在道德教育的实践领域，要主动通过道德教育刺激个体积极思考道德问题，在道德发展固结在某个低级阶段之前，尽快施加刺激向下一个更高级阶段发展，在道德认知能力得到发展的同时，自觉改变个体的道德行为。为了实现促进发展的道德教育目的，与传统道德教育以灌输、抽象说理和诉诸惩罚为主的教育方式不同，教育者首先要了解受教育者当前的道德发展阶段和思维水平，通过揭示较高阶段的道德推理水平以及利用现有思维水平解决较复杂道德冲突问题时遇到的推理困惑，增进对价值观和伦理原则的了解，帮助受教育者认知这些发展阶段，积极储备道德思维做好发展的前期准备工作，进而顺利提高道德判断和推理发展阶段。处于较高的道德推理阶段的人，尽管仍可能对面临的道德问题做出较低阶段水平的道德推理和道德决定，进而妨碍道德发展实际所处阶段的正常道德思维水平发挥，但并不会引起已达到道德思维较高阶段的人在道德推理能力方面出现退化。在促进人类发展过程中，从低到高的道德思维发展阶段具有不可逆性，只有不断接触较高道德思维阶段，道德发展才能得到提高。

柯尔伯格构建起道德发展哲学、道德心理学和道德教育实践紧密结合的道德认知发展学派。英国心理学家辛格尔称赞在讨论道德发展理论时必须详细考虑和由衷尊重他的突出贡献，否则“都将会是不全面的”①。霍尔和戴维斯也对柯尔伯格给予高度评价，认知发展模式具有相对普遍的适切性，是最具确定性和最引人注意的重要研究成果之一，被公认为是道德思维发展最有前途的心理学理论研究。同时，他们通过对比研究，有针对性提出批评意见，“柯尔伯格的理论绝不是这一领域内的最高真理”②，在理论和实践层面仍存在缺陷，比如研究成果可得到性与整个认知发展理论的一致性存在差距；一些重要概念界定（发展阶段和先后顺序、一般性和特殊性）还存在模糊和混淆之处；道德哲学观点主要来自哲学思辨而非心理学基础；各道德发展阶段思维方式究竟是跨越式还是渐进式尚未明确澄清；道德思维从较低阶段向较高阶段发展属于前后相继型还是两者选其一型仍存在争议；没有确凿证据证实道德发展阶段理论各阶段存在必然关联性或相互排斥性，达到较高阶段就必须对较低阶段重新进行解释。艾里沃特·杜里尔认为从较低到较高阶段转变是对前一阶段的取代和重新建构，在一定程度上可以认为道德发展具有积累的特性。哈桑和梅等人经过研究认为，不同的个人对具体道德问题是以不同方式思考，并不是采用前后一致的普遍思维方式。诺曼·威廉斯认为道德思维具有情景特定性，约定俗成的道德优先于普遍化的道德，道德思维发展具有普遍性发展趋势，关于道德发展从他律走向自律的阶段，他指出可能存在两者选其一而不一定是绝对的前后相继的不可逆阶段。伊丽莎白·辛普逊认为柯尔伯格的研究更多适合第二、三和四阶段，不适宜将某种单一的心理学模式作为道德发展的绝对权威。唐凯麟等人认为柯尔伯格理论局限性主要集中在两个方面，一是过于强调理性认知对道德判断和推理发展的推动作用，忽视了情感因素在道德判断中的作用；二是过于强调道德认知能力发展，忽视了对道德行为研究，不能很好的解释具有较高道德判断能力和道德认识的人，在采取消极道德行为方式时潜在的深层诱因。

柯尔伯格对道德发展阶段的系统研究，引发人们对道德思维发展阶段性和顺序性、普遍性和特殊性的深层思考，在实际道德教育过程中的广泛应用也引起人们的慎重思考和广泛争议，激发了研究和探索欲望，有助于对做出道德决策的道德思维过程进一步反省，促使人们避免在道德教育中采取保守的道德灌输方式，避免在教育实践中过多将注意力集中在衡量判断思维阶段和思维水平的个体差异上。教师要意识到每个学生的道德发展阶段都不是绝对固定和准确的机械模式，“不应也不能被合适地作为任何严格的分类标准”③，不可能在课堂教学和讨论过程中对每个学生进行个别分析和精确判断，在实施道德教育计划时，教师应侧重关注班级整体的一般性思维发展水平，而不是针对每个学生作出绝对精确的思维水平判断。

---

① 唐凯麟等:《西方伦理学流派概论》，湖南师范大学出版社 2006 年 3 月第 1 版，第 382 页。

② [美]霍尔、戴维斯:《道德教育的理论与实践》，陆有铨、魏贤超译，浙江教育出版社 2003 年第 1 版，第 91 页。

③ [美]霍尔、戴维斯:《道德教育的理论与实践》，陆有铨、魏贤超译，浙江教育出版社 2003 年第 1 版，第 114 页。

整体性一般思维水平判断对教师而言有可能达到，也是相对在课堂教学中容易把握和组织实施的。在通过课堂道德讨论提高学生道德水平和获得道德经验时，教师主要通过有效参与形式促进学生积极讨论和相互影响，要避免以太快或过于简单的方式运用道德阶段理论，因为班级所有学生并不是处于相同发展阶段，教师要谨慎避免过快或过于草率地将学生的道德思维水平分门别类，要审慎地通过道德问题课堂讨论，尽可能全方位了解学生整体占据优势的道德水平，在适应学生整体自然发展进程时，通过由处于较高道德认知阶段的教师提出合适的问题，顺其自然发展学生的道德发展能力。仅在个别特殊情形下，教师可以通过新的思维阶段展示，对学生普遍存在的一般性思维水平提出挑战。

霍尔和戴维斯强调指出，情感领域是道德教育重要组成部分，不能简单采用认知情感二分法，道德发展不仅要关注认知过程，更要注重对整个人格发展及相互作用的密切关注。教师要深切体会和理解促进道德发展必需的教学环境或课堂气氛，要在有效进行道德推理和作出道德决策时，既要具有认知能力，也要理解情感作用，认知和情感在道德教育计划中不应当进行绝对意义上的严格区分。在实践过程中要通过特定教学计划，努力创造信任、赞成和产生移情性理解的融洽气氛，将学生注意力引导到作出理智行为决策上来，“情感的发展可以与认知的发展一起得到促进”①。道德教育要时刻注意，表达道德观点通常是根据情感而不是根据判断来进行，人们需要做到移情性地欣赏他人情感，有预见性综合评判采取行动可能引发的各种假设后果，在这个过程中认知发展和情感发展不能相互分离。克拉斯沃、布鲁姆和迈西艾在《教育目标分类学》支持这一观点，情感目标的分类学与道德发展分析在教学实践中趋于一致，良好的教学效果往往就是教师向学生的固有兴趣提出挑战，促进学生深入讨论，进而达到预期的情感目标。

四、彼得斯的道德认知与发展阶段理论

彼得斯在《道德发展与道德教育》中将道德认知与发展阶段分为非理性阶段、自我中心阶段、因袭性阶段和理性化阶段四个过程。受教育者从缺乏理性认知能力的非理性阶段，逐步过渡到以自我为中心、以个人意志和初级情感为基础的道德发展初级阶段，随着个体认知能力和价值评判标准提高，道德情感开始由个人中心转化为传统道德规则、社会文化传统和风俗认定的“合规”阶段，这个阶段的道德判断主要来自对外界社会认同的全盘接纳，从个人、家庭成员的情感沟通扩展到同学、教师、社区和社会大部分成员，个人服从团体并按照团体意愿和规则标准开展道德行为的愿望进一步强化。理性化阶段是道德发展最高境界和理想结果，理性

---

① ［美］霍尔、戴维斯：《道德教育的理论与实践》，陆有铨、魏贤超译，浙江教育出版社 2003 年第 1 版，第 120 页。

思维能力普遍加强，能够理性看待社会道德规范、风俗习惯、行为准则的合理化基础和非理性倾向，根据道德自律行为准则的自我要求，自觉抵制非理性的消极取向，寻求经过修正的理性化行为模式和道德原则指导，努力成为自主自律的“有理性的人”。

彼得斯对皮亚杰的道德心理发展理论进行系统研究，认为皮亚杰对不同道德发展阶段的区分，虽然为道德研究提供了有意义的框架结构，但没有进一步对描述性框架进行严密的细节澄清，没有涉及家庭和学校在道德教育实施过程中，父母和教师促进学生向自律阶段演变的具体方式，也没有涉及在促使学生向自律阶段转变过程中可能影响转变效果的诸多因素，包括道德态度、训练方法和文化因素。彼得斯认为道德教育重点是促进学生参与良好活动体验，尝试了解社会支持系统关心的规则重点，要遵循利益综合考虑的基本原则，培养对基本道德原则和基础道德规则的理解把握，以及合理运用原则和规则的能力，即学生对基本原则进行自主认识、判断、选择和运用的理性道德能力。柯尔伯格赞同道德发展主要取决于道德认知方式发展，而不是获得具体道德内容，主要依靠个体与社会综合教育环境的相互作用，而不是依赖于明确的强化教学。对这一观点彼得斯并不完全赞成，他从社会安全、心理学研究和哲学认知角度出发，认为道德发展必须以恰当的认知能力为基础，因为学生尚未真正建立足够清晰的道德认知能力，必须“进行规则内容的教学”①。在道德萌芽时期为形成实质性道德发展，道德教育需要通过“非灌输”的“启导”式教育方法，教授基本的道德原则和道德内容，关键问题是“传递哪些规则和怎样传递”②。道德教育早期阶段的教学实践必须循序渐进、审慎进行，要合理引导学生对基本道德规则进行评判，借此增进对道德原则的理解和认同，自发探求更高一级的道德行为准则。

五、布鲁姆的认知层次学说和掌握学习理论

本杰明·布鲁姆经过研究提出教育目标分类系统学说，作为美国当代著名认知派心理学家和教育家，“人类特性”理论和“掌握学习”学校教学理论，被视为美国“最有意义的教育研究成果之一”。布鲁姆研究表明，以人 17 岁达到的智力水平为 100％的基准来衡量，4 岁儿童已经具备 50％的智力水平，到 4～8 岁智力水平可以提升 30％，8～17 岁大约仅增加 20％。

布鲁姆在《教育目标分类：认知领域》指出，认知领域人的思维分为六个层次，分别是知识、领会、应用、分析、综合和评价。通过对具体事实的认识，把握知识意义，明确事物真实含义，运用相关规则和原理理解事物本质特征，准确分析把握事

① ［英］彼得斯：《道德发展与道德教育》，邬冬星译，浙江教育出版社 2000 年 2 月第 1 版，第 245 页。
② ［英］彼得斯：《道德发展与道德教育》，邬冬星译，浙江教育出版社 2000 年 2 月第 1 版，第 31 页。

物之间的因果关系，综合分析创设和预测可能发生的结果，最终根据评价标准对事物的价值属性进行价值判断。这六种思维级别构成一个基本的认知技能列表，按照从最简单到最复杂的顺序排列起来，最简单的认知技能是对知识的回忆，最复杂的认知技能是对价值作出判断。布鲁姆在设计课程教学目标时坚持六个不同认知层次都要包括在内，并以最恰当的发展方式逐级梯次上升。

布鲁姆的"掌握学习"理论认为：(1)"掌握学习"前提是具备必要的认知结构。不同学生认知结构存在差异，不同认知结构将影响个体对新知识的理解和接纳能力，影响学生学习效果和学习能力提高。学习积极性提高与所具备的认知条件密切相关，教师在教学过程中要尽快对学生作出诊断性评价，了解学生是否具备必要的学习技能、认知态度和行为习惯，了解学生对教学目标的掌握程度以及需要帮助的程度，根据诊断性评价结果为学生提供知识需求以满足预期目标。(2)"掌握学习"内在要素是具备积极的情感特征。课程学习与情感特征存在较高关联度，是否具有良好学习动机、对学习有兴趣、能够主动学习，是成功取得更好学习效果的关键。教师要密切关注并在教学过程中合理满足学生的情感需要，感受高峰式学习体验，增强成功快乐感，引导学生和谐发展。学生在成功学习体验刺激下，成就动机逐渐形成，学习内驱力大大增强，主动学习愿望不断提高。(3)"掌握学习"核心是反馈矫正性学习。在群体教学时要有针对性进行个体反馈和矫正性帮助。反馈矫正性学习系统包括四个步骤：一是在课堂教学预留一点时间，灵活采用个别提问、口头回答、集体回答、简短笔试的形式，对反映教学目标的课堂教学内容检查测试，强化获取知识的课堂学习效果。二是适时进行单元测试，测试内容优先突出教学目标的新知识点和重点难点。三是参照每个单元结束时的形成性测验结果，进行个别补救式教学，将学生根据学习成绩分布情况合理分成由四五个人组成的学习小组，由"掌握者"帮助"未掌握者"及时发现错误，纠正不足。四是针对形成性测验结果中"未掌握者"的错误所在，选择恰当时间进行第二次形成性测试，获得矫正后的反馈信息，了解学生对新知识点掌握程度，合理调整教学进度，仔细梳理每个教学步骤，通过科学评价进行反馈调整，保证每一个学生都能得到所期待的特殊帮助。

六、迈克尔·卡都图的道德发展阶段理论

迈克尔·卡都图在《环境价值观指南》将道德发展阶段简单归纳为道德他律期和道德自律期两个阶段，以便于环境伦理教育工作者对学生的道德发展阶段进行简单辨别。道德他律期是道德发展的低级阶段，特定的道德行为反应主要基于外在的道德规范约束，行为动机更多来源于崇拜权威、避免惩罚、寻求报偿或奖励、自我满足、顺其自然、知恩图报和模仿主流等等。道德自律期是道德发展的高级阶段，此阶段特定道德行为反应的主要动机，是团队协作、共同理解、相互支持、公平正义、整体利益优先、社会良知和追求平等道德权利等等。

七、珀瑞的发展模型理论

哈佛大学心理学教授珀瑞依据杜威的实用主义教育思想，在皮亚杰道德心理认知发展理论的基础上，提出了珀瑞发展模型，将人的智能和伦理发展，按照由简单到复杂的顺序，划分为四个阶段和九个等级，并对其独特思维特征进行描述。第一个阶段是二元论阶段，基本思维特征是世间万事万物都有绝对正确的答案，对与错的二元化推理意味着非此即彼，非对即错。第二个阶段是多元论阶段，基本思维特征是开始意识到事物是复杂多样的，受到许多不确定性因素影响，可以采用不同方法进行评价，同时也呈现出缺乏客观评价标准的特点，常把许多观念看做是同样正确或者同样不正确的。第三个阶段是相对论阶段，基本思维特征是对纷繁复杂事物的认识是有条件的、受制约的、可以改变的，相对和绝对作为事物性质的两个不同方面，既相互独立又相互关联，针对事物的不同认识，能够理解事物价值具有相对性，真实性和权威性是可以质疑的。第四个阶段是实践相对论阶段，基本思维特征是已经认识到事物发展的非绝对性，有必要对看待和处理问题的立场观点进行逻辑思考，根据具体情景分析作出恰当的行动选择。

依据珀瑞的智能和伦理道德思维水平阶段划分理论，不同年龄段思维方式和道德认知水平存在阶段性差异，初级教育阶段大多处于二元论或多元论阶段，中等教育阶段学生辩证思维能力发展虽然取得明显成效，但仍没有达到辩证思维的成熟时期，等到了高等教育阶段，思维方式可以提升到多元论阶段和相对论阶段。伦理道德和价值观教育要依据道德思维的发展特点，认识到实践是检验真理唯一标准，是提高思维水平、培养思维能力的重要途径，要鼓励审视和坚持论证，加强道德知识传授和理论研究的理性反思，增强社会责任感和道德自律意识。

八、基于认知心理学的道德发展阶段理论对环境伦理教育的启示

哈贝马斯认为在探求社会交往和道德本质的知识结构形成起因时，由于受到工具理性的影响，科学被视为体现价值自由的普遍知识，社会关系被扭曲变形，人与人之间、人与自然之间的和谐关系被异化。他在《交往和社会进化》特别关注个体意识结构和文化结构的同构性研究。经研究发现，个体认知、道德发展和情感认同等意识结构，与集体道德、世界观和团体认同等文化结构之间存在必然的相互影响，两者都植根于具体的实实在在的社会结构和物理形式中，也就是说人类意识的微观和宏观层面具有相同的认知结构。

认知发展心理学研究证实，人在不同成长过程中“存在道德意识发展的阶段，可以用问题解决的前习俗阶段、习俗阶段和后习俗阶段来表示”①。通过对社会机构和

① [美]肯·威尔伯：《性、生态、灵性》，李明等译，中国人民大学出版社 2009 年 6 月第 1 版，第 131 页。

个体行动能力普遍性进行考察，可以看到相同的意识结构既体现在法律机构和道德规范中，也同样表现在道德评判和个人行为中。社会传承和社会成员的社会化是同一过程的两个方面，它们依靠同样的意识结构，这些相同结构在个体和种群进化中都可以看到，这种同源意识形态既存在于个体成长历程，也存在于整个种群发展历史中，既存在于自我发展和世界观形成过程中，也存在于自我认同和集体认同过程中，个体进化和群体进化所共同拥有的基本的微观和宏观结构，可以理解为相同的进化逻辑。正如意识发育经历了从前习俗阶段到习俗阶段再到后习俗阶段的三阶段理论，人类种群也经历了从神秘到神话再到理性的顺序进化阶段。皮亚杰和埃里克·纽曼等心理学家普遍接受深度结构发展过程中的个体与群体并行理论，认知思维的阶段发展理论以及个体与群体进化的同源结构理论，为个体环境伦理道德养成、社会生态伦理观推广以及地球生态文明建设，提供了源自道德认知领域的科学依据。

道德认知发展理论认为，儿童较早就具备了相对成熟的道德推理能力，不同年龄段具备不同的道德思维倾向，能够根据特定阶段的道德准则和认知能力，通过自身认定为合理的、不断受到强化和刺激的习惯性反应机制，对外部信息进行甄别与取舍，确定作为道德评判依据的正确信息和行为规则，自觉抵制自我中心化倾向和非理性本能倾向的干扰，将基本道德准则认同转化为持久的行为选择。

为了发展人类自身环境道德认识，提高道德思维能力，避免盲从和误解，环境伦理教育工作者要正确引导道德思维培养，不要一味灌输成人的道德观念和道德行为规范，要针对不同年龄段儿童和青少年的思维特点和认知能力，对外在的道德观念和道德教育内容进行信息加工，从培养简单直接的道德直觉出发，强化对动植物的关爱、对自然的亲近感和对环境的朴素情感，依据智力发展水平高低，逐步提高环境伦理道德规范的接纳能力和主观判断能力，完善道德推理的思维范式，发展环境道德认识水平。随着环境伦理主体与客体的交叉融合与内涵扩展，环境伦理理论体系不断完善，现代环境伦理教育开始摆脱传统道德教育价值分类评判的历史局限性，主动体验各类生命主体的道德诉求和价值公平，道德关怀开始注重生命价值的充分展现和内在需求的公正对待，开始从特定人群扩展到全人类，再扩展到各类生命形态的物种和无生命体征的自然存在物，传统环境伦理道德规范的人为局限性被摒弃和颠覆，环境伦理道德的主体和客体关怀范围实现了革命性突破，环境伦理外延不断拓展，从人际伦理到动物伦理、生物伦理、生态系统伦理，直至延伸到包含整个大自然的宏大伦理范畴。

（一）环境伦理教育首先要重视环境道德启蒙教育。阿诺德·柏林特认为美学和伦理学之间存在密切联系，人类的生活体验源于感官知觉，作为美学核心感觉，美学领域的亲身体验与基本道德目标一起，共同构成了对美好生活的向往，“谈美学时顾及到伦理学是得当的”①。生态美学或环境美学与环境伦理教育也是紧密相关的，生态美学围绕着人与自然的关系，思考重心是人对自然的恰当性审美态

① ［美］阿诺德·柏林特：《远方的城市：关于都市美学的思考》，载《新华文摘》，2010 年第 14 期，第 145 页。

度，教育核心是人对于自然环境价值观念的根本转变。环境伦理的建构基础是对工具价值和内在价值的准确界定，关键在于厘清自然环境不仅具有工具价值，能够成为实现人类目的的重要手段，更重要的是自然环境具有实现自身独特目的性的内在价值，人们的道德态度应当是保护而不是随意毁损。同样，内在固有价值决定了人们的审美态度，不能随意赋予或者剥夺大自然的审美价值。青少年具有亲近自然、喜爱动物的天性，幼小动物、美丽花朵、自然美景是大自然的美好象征。环境道德教育必须从小做起，利用可能接触到的各种美好环境事物，培养热爱自然的审美情趣，引导他们充满爱心公平对待所有生命存在形式，学会欣赏美丽的自然环境，在亲近自然的过程中培养自然美感和愉悦心理，热爱优美生活环境，在尊重和向往美好生活时潜移默化地孕育环境道德情操。

（二）环境伦理教育要注重教育信息的道德化加工处理。道德发展通过一系列认知阶段发生，个体道德认知水平提高和道德成长的心理发展历程，需要经历一个循序渐进的内在发展阶段，道德思维的认知发展具有明确的“认知结构”或阶段性的“型式思维”，道德认知能力在不同年龄阶段和不同教育背景下，指向不同的道德思维结构定式，在做出道德决定时能够形成相对一致的道德思维发展模式。道德教育需要对养成道德思维意识的各个前期阶段进行系统信息加工处理和正确价值引导，通过向年轻人展现一些较高水平的道德推理实例，对当前思维发展模式进行挑战，通过强化道德教育的育化功能达到一个比较成熟的发展阶段。道德发展与个人成长存在密切联系，在幼年和童年时期作出道德决定的主要影响因素是个人满足或补偿，是以自我为中心的个体利益观阶段；在童年后期和青年初期影响主要来自社会、家庭或团体的非官方准则和舆论赞许或谴责，是以社会或法定秩序为中心的整体利益观阶段；在青年成熟期和成人时期影响作出决定的依据，是自身价值判断和道德原则认同，是自主作出道德决定、采取道德行为的道德思维成熟阶段。道德教育决不能简化为一门可以直接传授的学科，作为不断促进人成长发展的教育过程，教育目标是促使道德思维模式的成熟化发展和道德行为决定的理性化推理。

（三）环境伦理教育需要关注和尊重道德认知规律。作为面向未来的终身行为规范养成教育，要适应道德意识提高的各个发展阶段，依据道德产生与发展演变的普遍规律，将外在道德规范内化为道德自觉，循序渐进理解和遵从道德意志，体验伦理拓展带来的道德快感和成就感。环境伦理教育关键就是要在早期自我中心阶段，通过有意识的褒奖和惩戒措施，逐渐摆脱主观盲目的道德认知局限，主动放弃单纯的自我中心式行为规范，将自我意识逐步延伸，尝试接受外在社会规范的道德约束力，在遵守外在道德规范约束同时，逐渐体验自律带来的道德快感和自身满足。在体验过程中增强个体判断和接受外在规范的认知度，主动根据外在客体的特性和行为规范要求，调整和修正自己的内在需求和行为动机，最终实现提升境界、珍视生命价值、升华环境道德情感的教育目的。

第五节 道德教育规律的研究启示

一、道德可教

亚里士多德主张德有两种存在形式，一种是智慧的德，是从学习中习得的，一种是行为的德，是从实践中习得的，这突出体现了德性的习得性和实践性，人们加强德行修养具有重要实践意义。德谟克利特强调德性教育，主张道德可教。道德教育要以鼓励和说服为主，道德进步改变人的性格，形成人的第二本性。阿德勒承认存在德性差异，但差异性不足以剥夺接受公平教育的平等权利，每个人都可以接受教育成为有责任有自制力的良好公民，都可以接受教育积累美好幸福生活享受所必需的精神和思想财富。教育公平涉及价值判断问题，这是道义上的是非曲直标准，应当相信所有孩子"都可教"，要培养具有自制力的良好公民，通过教育制度努力迈向新的民主制度。

杜威强调道德教育的重要性，生长本身是最重要的道德目的，生活的真正目的是不断改善、成长和精炼的发展过程，道德发展过程实质上就是由坏经验不断转变为好经验的成长过程，"教育的过程和道德的过程是完全一致的"①。获得技能、占有知识、成就教养，仅仅是成长的标志和继续成长的手段。人的社会性来源于教育，教育过程和道德成长过程具有高度同一性，道德教育是实现社会进步和社会改造的最经济、最有效手段。

康德在《论教育学》认定"人是唯一需要教育的一种存在"，教育最终使命是"人的完成"，知识传授、文化传承、能力提升固然重要，德性培养更至关重要，以德性培养为目标的教育过程，成为人性自我提升的重要方面。德性实质上是社会道德规范在一定时代和社会背景下的个体内化，德性培养不是与生俱来的天赋技能，"教育与德性的培养存在着内在的关联"②。德性养成涉及道德规范的内化过程，教育是促成普遍规范内化为个体德性的重要部分，实现德性完美的人性化教育进程，有助于伦理研究和道德教育有机结合，体现人生"有意义的生活"和"有规范的生活"融合统一，实现人真正"有德性"的全面发展。

柯尔伯格主张坚持公正的道德原则，决不允许依据智商高低决定人的价值大小，每个人"都具有同等的、普遍的、基本的价值"③。聪明和机智是值得向往的优良品质，在道德思维领域可以根据个体的发展水平高低，灵活调整道德教育方式方

---

① [美]杜威：《道德教育原理》，王承绪等译，浙江教育出版社2003年第1版，第291页。

② 杨国荣：《教育的使命》，载《新华文摘》，2011年第24期，第109页。

③ [美]柯尔伯格：《道德教育的哲学》，魏贤超、柯森等译，浙江教育出版社2000年第1版，第60页。

法，但是绝对没有任何理由将道德发展水平较低的人粗暴划分为无价值的劣等人群。公平是道德品质，是按照一定社会标准和正当秩序合理待人处事的重要道德性质。伦理道德教育必须坚持教育公平原则，强调“有教无类”。教育公平原则不允许根据学生的智力发展水平和道德推理阶段，将人划定出不同等级，肆意侵犯平等权利，主观随意给予道德歧视和不公正待遇。教育公平可以多角度、多层面，历史性进行动态化理解诠释，如果从伦理学意义上理解教育公平，平等待人的基本伦理原则要求人们充分考虑受教育过程中客观存在的个体差异，以恰当、合理、公正的方式关注和保护最少受惠者的最大权益。苏霍姆林斯基曾断言：“如果你厌恶学生，那么当你工作刚开始，就已结束了。”道德教育的理想是培养健康、幸福、自由、亲切、聪明的一代新人，爱是教师的责任体现，贯穿于教育过程的始终，是道德教育哲学的前提和底线，爱是整个教育过程中不可或缺的组成部分，既是传授知识的教育家必须具备的，也是学生在受教育过程中应该获取的教育结果。

塞耶尔认为人类不是感情和道德相互分离的实在，人是相互关系中存在的个体，恰当的道德选择和道德行为常常来自人类相互之间关系的显著影响。凯瑟琳·林奇认为在教育过程中必须重视蕴含在关系之中的情感，学校教育需要提供一个适宜空间关注学生的情感体验。人类作为拥有伦理意识的存在物，肩负着道德责任，也承载着人类社会的情感关系，为了加强作为道德行动者的行为动机，伦理道德教育必须成为学生发展伦理认知和情感技巧的必要教育经历。

克里夫·贝克认为学校在道德教育方面存在缺陷，缺乏必要的目的性解释，无法帮助学生认识到道德教育的必要性。学校实施道德教育首先要确信它的重要性，不仅要清楚道德是什么，还要树立道德原则和道德规范特殊的重要地位。每个道德情境并不存在一个绝对的正确选择，对事件的重新审视可以帮助人们发现相当多的选择可能性，道德原则和道德规则虽然不能直接决定人的道德判断，但可以给人们提供经过长期实践检验的经验参考，引导我们做出适宜的道德决策。绝大多数人的道德素质和道德行为倾向是通过后天教育和学习获得的，教育对建立道德原则和作出特殊的道德判断与行为决定具有重要作用，通过接受道德教育，可以广泛受益于对认识道德本质和做出道德判断的学习，增加权衡各种价值判断的体验，提高道德判断悟性，避免不能充分理解道德需求而犯低级道德错误。

二、学校和社会在道德教育上的有机衔接

人们普遍存在一种根深蒂固的道德教育偏见，希望通过学校教育来促进人类幸福的目标实现，试图通过在学校强制实施道德说教式教学方法，加强、补充甚至替代学生在家庭、教堂或社会生活中获得的道德教育，最终将可以接受的道德行为模式灌输给学校教育体制下的所有学生。

事实证明，学校教育体系必须遵循客观存在的道德教育规律，科学合理采取正

确教育形式健全完善人的价值观念。现代教育改革要实现理想的教育目的，必须坚持促使人类生活美好且有价值的基本价值观念，真正转变当代“为控制人类以及自然而设计的”学校教育体系，摆脱不公正的、具有破坏性、过于奢侈、与人类幸福或美好生活不相容的生存和学习方式。普拉卡什在《美国式教育：适当抑或失当》中呼吁正确认识学校教育与社会教育的密切联系，他援引了伊利奇的建议，社会对学校教育的依赖，根本在于“创建人类与其环境之间的超新型关系”①。真实的道德世界不能止步于精神世界或观念王国，必须深入到物质世界和经济社会生活的整体发展进程之中，道德生活不是孤立的道德观念更新与变革，道德作为一种社会存在的派生物，教育成效取决于社会物质生产生活方式和政治文化价值观念的综合影响。

杜威强调社会环境具有明确的教育功能，社会环境是社会成员共同参与的载体，实际教育效果与个体成员在社会活动中的参与程度呈正相关关系，能够通过个体的社会参与活动，塑造个人行为的智力和情感倾向，唤起和强化实现某种目标和承担某种后果的情感冲动。个人在参与社会联合行动时如果明确了解活动的内容和目的，熟悉活动参与的方式方法，必将获得技能提高和情感熏陶。受教育者的心理发展过程是一个社会过程和参与过程，教育的社会属性是第一位的，目的在于培养个人与他人共同生活、合作共事的沟通协调能力。教育任务就是通过参与者兴趣和理解认同，对行动手段和目的产生共性理解，逐渐融入并积极参与各种社会群体活动，在不知不觉中深刻体会更密切的教育陶冶。

学校和家庭是在社会生活中发展道德态度和道德倾向时必须具备的“环境中介”。教育的目的是把在学校中的研究学习、在家庭中的熏陶学习，与在社会环境中的理解教育同化起来，加深和扩大个体的社会接触、交往以及共同生活范围，为将来顺利建构更有价值和更富成效的社会关系打下基础。道德教育的方式，不是直接传授信念、情感和知识，而是以“教育即指导”的途径，依靠更大范围的学校活动和社会参与，找到道德意义的判断标准，帮助学生达到必要的内在控制。教育过程是一个不断改组、改造和转化的连续过程，道德教育关键是塑造一种性格，培养一种道德兴趣，有效发展参与社会生活的能力，对特定行为感兴趣，对个体成长必需的重新适应能力感兴趣，对社会生活接触中捕捉学习灵感感兴趣。

道德教育的价值衡量标准，在于为满足实现继续生长愿望提供明智负责任的真诚帮助。教育应当持续进行下去，保证能够从家庭、从学校、从社会、从一切生活过程中学习进步，“这就是学校教育最好的产物”②。道德原理认识过程与人类社会生活紧密联系，只有当个体通过“可信赖的行为方式”，饶有兴趣为道德目标努力工作，才能身体力行体验道德生活。道德原理的引领力量是真实存在的，内化为学

① [美]克里夫·贝克：《优化学校教育——一种价值的观点》，戚万学等译，华东师范大学出版社 2003 年版，第 205 页。

② [美]杜威：《道德教育原理》，王承绪等译，浙江教育出版社 2003 年第 1 版，第 74 页。

校学习、社区生活和社会工作各个结构层面，每一门学科、每一种教学方法、每个生活经历都“孕育着道德可能性”①，只有通过在检验或实施道德观念时作出积极反应的学科教学，通过独立或主动探究，获得道德感觉和道德态度，并自觉体现在实际行动中。

法国教育家郎格朗长期致力成人教育理论研究和实践探索，在1965年召开的第三届促进成人教育国际委员会会议上，首次开始探讨终身教育问题。终身教育在国际社会已经得到普遍提倡和推广，从一种教育思潮转化为范围广阔的社会实践，把学校教育和成人教育有机连接在一起，充分发挥各自独特的教育效能，全面满足人生各个阶段的学习需要。学校教育结束后，人们内在的学习动机并没有减退，“教育即学校”的传统观点已不能适应现代学习型社会，教育不能单纯理解为学校教育期限的简单延长，教育的内在学习动机促使人们更主动学习，自觉在人生各个阶段促使“教育年龄”延长。学习不再局限于所谓的最佳生理年龄，还应当包括最佳的心理年龄和健全的心理状态，人们要求自我开发、自我学习、自我提高和自我实现的内在学习动机，成为终身教育得以实现的最根本原因。悉尼·胡克在《教育中的道德原理》中指出，道德教育是一个永恒的时代主题，有效实施道德教育，必须依赖国家教育、社会教育、学校教育、家庭教育和宗教教育的有机结合，最终将依赖终身教育模式的深刻变革。

环境伦理教育尤其需要突出终身教育理念。环境伦理道德教育是一个渐进式螺旋上升的终身教育过程，不同认知阶段因为认知水平和行为能力的个体差异，环境伦理道德观和行为范式呈现出各自不同的差异性特征。环境伦理教育基本规律是客观存在的，需要经历一个不断发展完善、持续一致、内涵提高的阶段过程，必须依照环境道德教育的目标设定，在整个终身教育体系中有计划有步骤地系统推进。要注重在物理学、化学、生物学、生态学、环境科学与工程、人文社会科学等多个学科相互渗透，寻求环境伦理教育在学科融合上的协调一致和循序渐进，促进各级教育机构和家庭教育、社区教育、职业教育与社会教育的合作互补。

三、道德教育的非灌输性

道德教育领域必须保证没有灌输的可能性，“灌输”被普遍认为是违反道德教育规律的，“灌输是错误的”首先基于对灌输的确定性价值判断，灌输减少了人类思想和行动自由，无论从教育角度还是从道德养成角度，“灌输都是错误的，因为它妨碍或阻止了任何个人都有权自由地或自主地进行理智思考的过程”②。伦理学教学实践过程中，教育者不能通过灌输道德规则和道德特性来实现和促进受教育者

① ［美］杜威：《道德教育原理》，王承绪等译，浙江教育出版社2003年第1版，第30页。

② ［美］霍尔、戴维斯：《道德教育的理论与实践》，陆有铨、魏贤超译，浙江教育出版社2003年第1版，第18页。

的道德生成。这种方式不利于人们内省地辨析自己的情绪和道德态度，不利于在复杂的人际交往关系中对感兴趣的伦理关系密切关注，不利于帮助受教育者养成良好道德习性，主动认识置身其中的实际情景的真实道德意蕴。

法国思想家卢梭强调“教育是一切有益人类的事业中首要的一种”，是促进社会发展、个人素养提高和家庭安康的必由之路，他和英国教育家斯宾塞等人一起，从尊重身心发育特点和鼓励对权威解释进行质疑的角度，主张取消强制性教育灌输，积极采取自然教育的方式，促进人的本性回归。杜威明确反对在伦理教学过程中采取“教授伦理学”和“道德说教”方式，认为“教授伦理学”和“道德说教”是一种错误的道德观教育，“是伦理学的科学方法及其科学目标的讽刺画”①，是盲目操纵和强行灌输道德戒律的道德教学方式，这种传统的错误的道德教育形式，实质上是来自上面和外部的“灌输”理念，灌输会使人们的智慧受到阻挠和压制，会使人们作出的道德决定与构成我们合法性社会体制基础的个人责任心失去内在的必然联系，导致受教育者的良心培养被忽视，单纯地将道德教学视为传授特定行为规范的僵化教学模式。

灌输最初是一个毫无偏见的“与教育同义”的概念，后来逐渐被赋予了强制教育这一异化内涵。20 世纪初杜威等人将灌输演变阐释成“教育的对立物，成为当代西方主流教育学界口诛笔伐的对象”②。抛弃灌输的教育偏见要坚决杜绝把教学看做是将知识灌输进等待装载的心理的和道德的洞穴，看做是填补缺陷的一种有效方法，依据实践伦理学原理，“发展是道德教育的根本目的”，将道德教学视为行为规范传授的固定教学方式，从根本上看不利于人的良知培养和情感发展，“反复灌输道德规则和为数众多的惯例一样不可能形成人的品德”③。有效的道德教育需要教师积极的教学组织形式和阶段性提高思维能力来实现。

杜威归纳总结了传统教育和进步教育相互对立的一些特点和表现形式。传统教育把成人的衡量标准、教材和学习方法强加给正在发育成长的儿童和青少年，超出了能力水平或经验范围。新型教育实践强调个性展示，强调从经验中自由学习，利用现实生活各种机会主动学习，强调对未来世界的变化尽可能多地熟悉了解，反对灌输和外部纪律制约，反对以训练的方式从教科书或教师身上教条地获取孤立的知识技能，反对教育目标僵化和教材内容一成不变。进步教育反对将成人的知识、方式方法和行为准则强加到儿童身上的错误做法，不能简单理解为成人的知识和经验缺乏正确的教育指导价值，只是这种外部的强制灌输限制了儿童的智慧和道德发展，妨碍了学习者的学习自由。进步教育迫切希望建立基于经验哲学的教育理论，作为教育者必须明确辨别各种不同情感态度和行为习惯对继续成长的引

---

① [美]杜威：《道德教育原理》，王承绪等译，浙江教育出版社 2003 年第 1 版，第 277 页。

② 孙来斌、谢成宇：《西方灌输概念的历史嬗变、当代阐释及其启示》，载《新华文摘》，2010 年第 22 期，第 141 页。

③ [美]杜威：《道德教育原理》，王承绪等译，浙江教育出版社 2003 年第 1 版，第 277 页。

导抑或妨碍作用。教育者要详细了解各种外在条件可能形成的良好借鉴经验和一般原理，更要认识到哪些周围事物有利于引导经验的成长，并学会利用现有的自然条件和社会环境，帮助学生获取一切有助于价值形成的成熟经验。这些经验具有连续性和交互性特点，为教育者提供了可能的价值取向标准和教育经验衡量意义，教育者可以通过适当调整影响这些经验发展进程的客观条件，依据受教育者的能力、要求和发展水平，利用适当的教材和教学方法，促进特定个体在特定时间或情境下形成具有教育价值的经验体验。

彼得斯也对英国的传统学校德育教学方式进行批判，认为过分强调传授具体道德规则或价值准则不利于学校德育教育开展。灌输式方法不是自由教育的有效方法，无法正确引导学生对约定俗成的既定道德规则采取主动批判态度。道德发展不仅包括知识和理解能力发展，也包含情感和回应方式发展，以及意识品质发展，应该坚持个人的真实想法，反对不假思索迎合或屈从权威人士的灌输意见，注重"个人基于理性基础之上的自主选择和自治"①。

柯尔伯格主张道德推理原则不能直接简单化地教授给学生，道德教育过程中教师应当成为"道德指导者"，而不是外部道德规则的"强制执行者"。美国品格教育研究会经过大规模心理学调查后认为，不能通过说教和奖惩的方法灌输道德规范，"儿童的道德表现主要依赖于具体情境"②。道德教育目的是促进学生道德判断能力自然而然地发展，而不是具体道德规范的固定化传授，不同的道德阶段反映出不同的道德判断或道德推理结构，决定了在解决具体道德问题时道德选择的价值倾向，教师的任务就是促进学生从自身出发，循序渐进发展道德思维，帮助学生时刻注意到真正的道德冲突，集中考虑解决道德冲突的推理过程，而不是具体的道德内容选择，时刻注意检查学生在思维方式上的矛盾和偏离，帮助学生找到解决问题、化解冲突和转变行为态度的合适方法。道德教育促进道德思维向更高阶段发展"是一种对以'自然的'方向运动的促进"③。道德判断和道德推理教育要有效实现来促进道德发展水平提升，不能仅仅通过直接的教学和训练来完成，稳定的道德判断结果并不依赖于某种特定的意识形态，思维方式的发展变化依赖人逐渐增强的自主性创造发现。"新的道德思维方式是从内部发展出来的，而不能从外部强加给儿童。"④教育者不必直接采取道德灌输的方式，通过特殊的道德教学内容或经验传授促进学生的道德发展，教育者要促进学生"自然的"道德发展，顺其自然完成整个发展阶段的成功转变。

"灌输"不能泛滥化，反对"灌输"也不能随意化，不能将所有的教育实践活动和道德训练过程，都不加甄别地理解为道德教育正在实施"灌输"行为。父母和学校

① 杨韶刚：《西方道德心理学的新发展》，上海教育出版社 2007 年 10 月第 1 版，第 413 页。
② 唐凯麟等：《西方伦理学流派概论》，湖南师范大学出版社 2006 年 3 月第 1 版，第 374 页。
③ [美]柯尔伯格：《道德教育的哲学》，魏贤超、柯森等译，浙江教育出版社 2000 年第 1 版，第 58 页。
④ [美]柯尔伯格：《道德教育的哲学》，魏贤超、柯森等译，浙江教育出版社 2000 年第 1 版，第 79 页。

在儿童早期对行为规范和生活方式的反复传授，既是必需的，也是不可缺少的。在少年儿童能够有意识地接受道德教育、理性作出道德决定并主动承担责任之前，早期传授教育是帮助儿童在生理成熟期之前培养自主思考能力的有效途径。西格尔反对将反复强调某些既有的道德原则一律界定为"灌输"，如果道德教育是以发展理性为目的，应当称其为"教诲，而不是灌输"①。威廉·H.克伯屈赞成无需将早期对儿童开展训练和教育都机械地看做是灌输。道德思维发展是一个长期的渐进过程，道德教育必须清醒意识到，在不成熟和道德责任之间存在一个中间区域或灰色地带，这个区域人们很难确定儿童是否成熟到可以负责任地做出自己的决定，教育者必须试图阐明和澄清"灌输"的构成因素和避免产生"灌输"的衡量标准，真正重视在心理成熟之前能够有效实施道德教育，警惕在心理成熟到足以作出自我决定时，如何有效避免出现"灌输"问题。

霍尔和戴维斯认为理解"灌输"主要存在三种不同的认识角度。一是"内容灌输论"，教育之所以沦为灌输，根源在于学科内容存在严重教条主义，被教授的学科内容往往建立在某些没有理性基础之上的既定教条、价值倾向或世界观。二是"意图灌输论"，教育是否成为灌输的根源，不在于学科内容是否合理，而在于教授一门学科的方法论是否正当。仅仅说服人们相信或者接受某些道德观点，但又不允许深入探究这些道德观点的理论根据和基本原理，这种教育方式就可以断定为"灌输"。三是"可靠性灌输论"，认为灌输本质就是对一门学科的可靠性做出错误表述。由于灌输是一个涉及学科内容和教育目的或意图的综合概念，作为知识交流，既要考虑知识本身，又要考虑知识传达，客观上往往很难对灌输的理解给予绝对化的判断标准。在给灌输下定义时，可以将教育内容确定为一个以经验为根据的特定标准，用"非灌输"这样一种否定的形式来表述灌输的含义和标准。以经验为根据进行甄别的标准，是指所讲授事实或理论的可靠性必须是对知识情境的实际情况进行客观分析和经验总结，从而避免对灌输产生理解上的困难，在对共同面临的教育题材做出判断时，断定是否正在进行灌输，既要依据表征有关知识情境可靠性的指示物，又要考量知识陈述的准确交流方式。

为了恰当表述伦理道德教育内容的可靠性，避免在传达和交流知识时犯"灌输"错误，在教学实践过程中教育者必须客观公正介绍人们广泛接受和主张的各种不同信念和态度，不能单纯采用简单的对错两分法。要尽可能向学生全面介绍现有知识结构和道德发育水平下可供选择的各种学说和理论背景，要求学生对不赞同或不认可的各种不同意见给予同等关注和慎重考虑，同时引导学生理智地对各种观点的优缺点展开严肃讨论和理性判断。道德教育效果对做出理智的道德决定至关重要，"公平对待"原则要求在实际道德教育过程中不能违背"非灌输性"原则，

① 孙来斌、谢成宇：《西方灌输概念的历史嬗变、当代阐释及其启示》，载《新华文摘》，2010年第22期，第143页。

要承认不同价值倾向和信念追求具有独特的、值得受人尊敬的道德地位，教育者要公平介绍一些主要见解，时刻提醒自己对整体知识情境不作错误的表述，全力避免灌输代表个人好恶的价值体系或信仰标准，决不能将施加给学生的道德影响演变成对特定信念和教育者自认为合适的道德态度、习惯和行为方式的反复强化灌输。只有教育者愿意通过持续不断的努力避免灌输和价值扭曲，愿意随着知识转变和社会态度进化，对不同道德观念进行同等的公平考虑和理性思维，"没有灌输"的道德教育目标才能逐步得以实现。

努力实现道德教育过程中"没有灌输的教育原则"，并不能等同于"自由放任政策"泛滥。"自由放任政策"不利于教育者有效处理道德信念和道德价值，在鼓励学生自由选择具体道德态度时，往往会导致年轻人不再慎重考虑道德原则的不利结局，进而"造成了思想的肤浅和对承诺的轻率态度"①。在教育者和受教育者之间存在着正确处理"顺导"和"引导"辩证关系的问题，"顺导"在一定程度上意味着避免单向灌输和片面强制，同时要注意"顺导"决不能演变为"迎合"，"迎合"不利于学生道德水平提升，相反还存在降低现有道德认知水平的潜在风险，起不到应有的道德教育理想效果。教育过程实质上是一个教育者和受教育者彼此之间良性互动的主动沟通过程，注重"顺导"同时应该"给予'引导'以相当的关注"②，要充分尊重受教育者的自主意识，积极关注受教育者的内心意愿和兴趣爱好，着力在"引导"上下工夫，促进学生在道德认知和价值判断方面得到实质性能力提升。

科恩认为在现实教育实践中存在事实上的偏见问题。教师不应该试图培养学生的价值观念和行为模式，不应该试图向学生传授自以为是的固有观念，应该主要为学生提供作出自我决定必需的各种技能。费希尔和希克斯认为教育的重要目标是学会学习、解决问题、澄清价值和作出决定，赞同采取价值中立的教育做法，"教育的关键是探究而不是知识本身"③。为了避免教师权威主义和灌输意识盛行，避免将自认为主流的价值倾向强加给学生，避免学校通过教育特权和主导地位干扰或影响学生的价值判断，许多道德教育专家提出要突出教师的多角色扮演，譬如技能训练者、讨论组织者、挑战权威者、价值澄清倡导者或自然发展促进者，希望借此妥善解决"谁的价值将被教授"的诘问窘境，鼓励教师将注意力集中到帮助每个学生充分理解环境伦理的讨论主题，从不同信仰立场和价值判断出发，精心准备支持观点的理论依据和伦理规范，鼓励教师寻找适合的切入点，通过参与讨论、提出问题、征求意见等形式，引导学生相互尊重个体伦理诉求，关注环境伦理可能涉及的矛盾冲突，提醒学生妥善处理个人自由与社会利益的平衡，正确认识公民在解决环

① [美]霍尔、戴维斯：《道德教育的理论与实践》，陆有铨、魏贤超译，浙江教育出版社 2003 年第 1 版，第 15 页。

② 杨国荣：《教育的使命》，载《新华文摘》，2011 年第 24 期，第 110 页。

③ Fisher, S. and Hicks, D. (1985) World Studies 8-13: A Teacher's Handbook, Edinburgh and New York, Oliver and Boyd, p15.

境问题时应当承担的责任道义，通过分析、评价和综合运用批判性思维，学会创造性思考环境伦理问题，反思个人和他人的价值观取舍和信仰差异，提高语言表达能力、价值取向理解能力、尊重他人选择和友好合作能力、客观辨别事实的逻辑推理能力、慎重做出决策并付诸行动的问题解决能力，逐步深入认识自然、经济、社会、政治与伦理约束和法律监督的复杂关系，学会采用突破传统的变革方法、创造性思维和革新措施，探索如何解决环境伦理的两难问题，比如发展核能还是消除核威胁，保护湿地还是围湖造田，发展旅游业拉动经济增长还是保护原始生态环境，研究开发转基因作物促进粮食增产还是加大农药化肥新品种的研制力度？

克里夫·贝克对教师的价值中立立场从另一个角度提出质疑。他认为过分强调价值中立立场不符合现代教育规律，教师在教学过程中坚持纯粹的价值中立是不可能的，也不利于学生的道德进步。坚持价值中立立场，不能简单从字面意义上僵化理解和实施，完全脱离教师自己的信仰与价值观，强硬要求教师恰当地讨论其他人的世界观和价值观在实践中很难顺利实施。“从教育学意义上讲，价值中立也让学生感到无所适从”①。布里奇斯虽然也认为面对争议和偏见，教师必须采取中立立场，同时他对中立和公正进行了明确区分，提出所谓中立应该是一种策略，通过这种策略要么一视同仁支持可供选择的所有观点（可称之为肯定的中立），要么拒不支持任何观点（可称之为否定的中立）。中立实际上可以理解为“公正”，布里奇斯赞成贝利的观点，在课堂讨论时应该有确定的目标，包括对感兴趣的观点范围进行恰当表述的目标，也包括运用理性批判努力确定事情真相的目标。他主张“公平的”中立，允许客观真实支持或者表达某种特定观点，只要这个观点不是简单基于个人的自我兴趣选择或直观感觉。柯尔伯格反对将每个社会成员的道德价值和信念自由一概而论界定为完全相对性或同等正确性。人们尊重每个社会个体的权利，并不能必然从逻辑上推导出每个个体的价值观都是同等重要或同样正确的。他坚持认为个体在信仰和价值领域拥有同等权利并不意味着必须将个体的“价值观看做是同等的正确”②。个人价值信仰自由不应当违背整个人类的价值体系和社会核心道德价值追求，学校在实施卓有成效的道德教育时必须“表明一种立场并采取行动”③。价值中立需要把握好尺度，价值中立的伦理教育理念不是盲目禁止教师支持或反对某种道德价值，教师的重要角色定位应当是“道德和价值的支持者”。

杜威和柯尔伯格都赞成教师应该从如何理解道德问题的角度，积极激发学生探索和解决问题的兴趣，不能把某些预定的价值体系灌输给学生，不能机械地指令

① [美]克里夫·贝克：《优化学校教育——一种价值的观点》，戚万学等译，华东师范大学出版社 2003 年版，第 160 页。

② [美]柯尔伯格：《道德教育的哲学》，魏贤超、柯森等译，浙江教育出版社 2000 年第 1 版，第 59 页。

③ [美]克里夫·贝克：《优化学校教育——一种价值的观点》，戚万学等译，华东师范大学出版社 2003 年版，第 199 页。

性确定必须采用的道德规则，教师必须认真思考道德问题，在尊重伦理原则的基础上处理好摆脱权利束缚的良好人际关系。道德教育的方法论研究表明，将道德教育看做是传递教师、学校或社会团体特定价值观念的传统概念是不可取的，教师在避免向学生强加灌输价值观时，需要以恰当的行为方式讲授教学内容，通过教学方法改革来“传递价值”。教师所发挥的作用应该是辅助而不是阻止，教师不应该试图把自己的观点强加于学生，不能拒绝学生接受其他观念，或者“禁止学生对其他观念感兴趣”①。教师“传递价值”需要创造一种融洽的课堂气氛，在课堂上既有扎实精深的教育内容传授，也有供学生自由选择价值观和理想信念的充足空间，促使学生能够真正自由地发表不同意见，提出解决问题的各种设想，并帮助学生不断检验和修正自己的个人观点。教师需要以良好教育者的恰当形象出现，并为自己的价值观信仰进行充分辩护，否则，学生不会对教育内容充分尊重，不会严肃认真对待价值学习。

教师需要将大量的信息和理论介入到学校伦理教育当中，避免学生因为认识上的缺乏和无知，在探索伦理问题和道德教育时难以取得较大进步。教师和学生在价值观交流上的失败，原因并不应归咎于价值理念的相对性，最主要是言辞表达和思想发展水平上存在显著差异。为了提高教师与学生公平有效地对话交流，教师不能想当然地自认为所有问题都有卓越见解，能够通过与学生的相互作用，促使学生发生很大的观念转变，教师需要更充分表达出对自身价值观和信仰的看法，提供充足证据来支持自己的价值判断，引导学生增加价值判断鉴别能力。

四、道德教育的课堂教学实践规律研究

（一）关注真诚和尊重的课堂教学氛围培育

霍尔和戴维斯认为道德教育的课堂环境必须是开放和真实的，作为有效促进道德成长的课堂环境，不应成为简单传授道德指令和进行道德影响的场所，应该努力创造能够促使年轻人学会道德思考的良好环境。课堂教学既要符合非灌输原则，又要将道德发展阶段的心理学研究与道德判断的哲学分析紧密结合在一起。

为了增强道德敏感性和促进道德成长，教师既要拥有自己的道德见解，时刻注意不能将自己的见解视为绝对正确的答案，又要鼓励支持学生发展独立思考的道德思维能力，要对学生以诚相待，诚恳倾听学生的意见，“避免迫使讨论向着他自己预先想好的结论发展”②。教师应该抛弃指导者或教育者的狭隘角色，向学生提供发展道德思维技能的更好机会，通过更高层次的道德推理引导道德问题讨论，主动

---

① ［美］克里夫·贝克：《优化学校教育——一种价值的观点》，戚万学等译，华东师范大学出版社 2003 年版，第 193 页。

② ［美］霍尔、戴维斯：《道德教育的理论与实践》，陆有铨、魏贤超译，浙江教育出版社 2003 年第 1 版，第 48 页。

帮助学生澄清自己的思想情感和价值考虑。

教师作为有效的学习“促进者”，要努力在课堂教学建立良好的学习环境，创造相互尊重、相互信任、真诚坦率的新型教育气氛，“促进学生更加清楚地形成和表达他们的观点和决策”①。教师的“教”达到预期的最根本检验依据是学生的“学”达到良好效果，“教”与“学”的效率都得到优化提高，实现“教学相长”。学生的“学”只有在学生自觉主动学习时才会达到预期效果，教师如何保证“学”的效果，是需要掌握的基本教育技巧。为了达到良好的课堂讨论和教学效果，教师要避免过早进行概括总结，避免成为单纯的知识传递者，学会掌握适应课堂情景变化的技巧，通过协助学生表达真实情感、允许学生自由作出道德决策、提高角色扮演和情景模拟的组织掌控能力，促进道德教育效果的提高。教师在课堂教学中要恰当运用“主动倾听”的能力技巧，树立以学生为中心的意识，学会尊重和了解学生，尝试让学生真切感受到自己的存在受到教师关注，鼓励学生在从事道德问题讨论时能将真实感受表达出来。教师对学生真诚坦率表达出来的感受要有技巧性地作出适当反馈，在保持开放式情感交流、不做过度分析和劝阻同时，努力促使倾诉者感觉到内心感受得到充分理解，感觉到自身价值追求和人格尊严得到尊重和珍视，为进一步的移情沟通打下良好基础，学生更愿意表达内心深层的思想情感，在互动交流中尝试改变某些情感，或在更深层次上全面诠释自己的情感。

1989 年，约翰·威尔逊评价 1967 年他和心理学家诺曼·威廉姆斯、社会学家巴里·舒格曼共同出版的《道德教育导论》时指出，将道德教育新方法付诸实践虽然存在许多智力方面的困难，但最主要困难不是来自智力因素而是情感因素，真正阻碍道德教育效果的是“我们自己的道德过失”②。为了建立教师与学生的良好互动关系，在教育过程中要努力促进真实情感表达。一是要体现人格理论家卡尔·R.罗杰斯所倡导的“真诚”。教师要尝试将自己的内心世界诚实地向学生显露，引导学生也能自然流露他们的真实思想和情感，道德教师给予学生的最好榜样就是真实体现出在形成和表达自己决策时应有的坦率。道德决策要促进自我意识养成，必须以个人的真实思想和情感为基础，真正发展做出决策的能力。二是要体现出“接受和信任”。鼓励学生作为具有自身价值的独立个体，将想要表达的思想充分表达出来，教师要给予学生最根本的尊重和最充分的信任。三是要体现出“移情性理解”。教师要尝试换位思考，从学生的角度出发来理解对世界的态度和看法，尊重学生那些尽管看起来稍显肤浅或不成熟，但最能体现学生本真心态的真实情感表现。

林德通过一系列道德判断测验，对道德发展进行验证性评估。他认为道德发展可以分为两个部分，包括道德态度的改变和道德判断能力的提高，在影响道德发

① [美]霍尔、戴维斯:《道德教育的理论与实践》，陆有铨、魏贤超译，浙江教育出版社 2003 年第 1 版，第 124 页。

② [英]约翰·威尔逊:《道德教育新论》，蒋一之译，浙江教育出版社 2003 年第 1 版，前言。

展的诸多因素当中，最重要的是角色承担和相应的反馈支持。当前道德教育一定程度上忽略了对道德判断能力的培养，原因在于未能提供适宜的环境来保证足够的角色承担机会。有效促进道德发展，必须通过道德教育改变人们的道德理念，创造机会促使人承担相应的道德责任，主动提高道德判断能力，引导养成良好的道德行为习惯。为了在道德教学中充分体现伦理学的教育特征和精神实质，杜威竭力主张“伦理学是起作用的人际关系的表现”，要学会鼓励学生加强对复杂世界的伦理关系进行研究，而不是单纯对严格固定的伦理行为规则进行研究、辩论和传授。道德教育的实质不在于“做什么”，而在于“如何决定做什么”，教师在伦理教学时要时刻注意，所有问题和建议都要有意识地帮助学生培养道德情境想象力，要在内心深处时刻关注学生讨论的伦理观点，时刻关注学生的交往和沟通情景，时刻注意将他们的观点引向正在讨论和思考的问题，启迪和培养学生抛弃单纯的道德规则训练，增强对特定伦理关系的同情心、想象力和品格分析，学会从整体对个体的利益与个体对整体的利益相互一致的关系连接中汲取灵感和道德动机，致力于在生活的行为世界中实现道德想象。

（二）关注移情或同情能力的培养

移情或同情能力作为道德思维一个重要组成部分，可以理解为能够在后天获得，或者既是先天具备，后天也可以得到改进提高的独特情感能力。这种能力可以理解为对他人的处境和道德观点具有敏感性，能够恰当理解他人情感、态度、兴趣和需要的特殊感受能力。“同情是道德知识的一般原则”[①]，“同情”提供了分析解决复杂问题并进行合理判断的有效方法。“同情”有助于设身处地为别人着想，从充满同情心和毫无偏见的观察者角度，获得具有普遍性和客观性的道德知识。在黑格尔看来，真正的道德是一个人内心最深处本性的自然表达，道德“都是趋向超灵的驱动力”[②]。爱默生和叔本华也都赞成整体自我或者说超灵与道德概念和道德本身发展具有密切关系，道德意识的发展从不同视角来看，经历了物理中心主义、生物中心主义、社会中心主义和整体世界中心主义，目前已进入到以世界为中心的直接体验，一种整体的世界自我体验，一种思考自我的生态体验，为了确保每一个事物和存在都是自我同一本质的体现，从超灵的角度去包容一切、理解一切，体验与整个世界所有人共呼吸同命运的“内在同情”，这种同情能让我们从其他人那里认识到超越了二元分离幻觉的真实自我，达到一种更高的内在同一和超越。

霍夫曼认为移情这一道德情感是重要的道德动机源，移情倾向可以显著加强个体的公正或者关爱的道德价值取向，面对道德冲突时，移情可以激活道德原则，影响道德判断和推理，移情水平高低影响到道德动机大小，进而决定个体能否作出正确的道德抉择，顺利完成道德行动。道德发展实质上就是逐渐形成对他人、对社

① ［美］杜威：《道德教育原理》，王承绪等译，浙江教育出版社 2003 年第 1 版，第 275 页。
② ［美］肯・威尔伯：《性、生态、灵性》，李明等译，中国人民大学出版社 2009 年 6 月第 1 版，第 296 页。

会、对全人类乃至整个自然的尊重情感。移情对道德的特殊贡献在于，能够将仅仅从课堂和书本或空洞说教中获取的缺乏道德动力的道德信念，从一种“冷认知”状态转变为亲社会行为的“热认知”状态，能够更加关注社会的同一性而不是单纯强调自我，通过加强道德的同一性建构，巩固对道德规范的认识和理解。尤尼斯在吸收和借鉴埃里克森关于自我同一性的思想基础上，主张“道德行为与道德同一性是相辅相成的，道德行为促成了个体的道德同一性”①。道德同一性产生的认同感能够唤起强烈的社会责任感、使命感和道德政治意识变化，这种道德教育形式能通过为学生提供“追求卓越”的良好社会服务和实践机会，促进道德观念和道德行为改善。

“道德的发展主要是普遍的人类移情（关心他人利益）和公平（关心平等和互惠）倾向的重新构造”②。教育者要对移情能力培养高度重视，充分认识到促使学生建立和发展对他人情感的感受能力，将有助于道德思维的发展，在人本主义道德教育过程中，合作对于实现人的理想目标是十分必需的，一个人关于对错的决定很大程度上取决于个人的各种兴趣和情感，脱离兴趣和情感不利于发展自己的价值观念。兴趣爱好是最好的老师，也是有效学习的直接动力，教师要时刻清醒地意识到，作为一名“促进学习者”，注意力要集中到学生最明显的道德追求和价值原则上来，要引导学生对他人的情感感受和社会普遍倡导的价值标准产生移情和共鸣，学会通过人际关系的协作交流和多学科协调，促进个体多方面道德潜能的连贯发展。要努力教导学生意识到道德意识问题是支配自己道德生活的有效方法，坚信“人们的确是根据道德理由来行动的”③，人们需要在教育过程中主动寻求并获得作出道德决策的技能和能力，在经验交流和生产生活过程中更好地发展自己的道德观点。

（三）关注明确的道德教育目标

英国哲学家、教育家罗素在《教育与美好生活》中，将教育的基本目标描述为品格的发展，“活力、勇气、敏感和智慧”是形成理想品格的基础，通过对儿童身体、感情和智力的“恰当处理”，上述品质可以得到普遍的培养。罗素认为儿童与生俱来的本能和条件反射，可以在环境影响下发展成为特定的习惯，形成特定的品性。品性教育应该从幼儿时代的本能训练开始，幼儿时代是养成良好品性的最佳时期，可以引导儿童养成良好的生活习惯，自行产生基于本能的道德行为模式。六岁以前的儿童如果受到良好的品性教育，在学校教育阶段通过加强知识教育，品性会在知识增长同时得到进一步发展。

法国教育学家马利丹作为新托马斯主义的主要代表，认为人是有理智有文化的动物，教育的目的就在于把人培养成为有知识、有判断能力和有道德的“完人”，

---

① 杨韶刚：《西方道德心理学的新发展》，上海教育出版社 2007 年第 1 版，第 341 页。

② [美]柯尔伯格：《道德教育的哲学》，魏贤超、柯森等译，浙江教育出版社 2000 年第 1 版，第 46 页。

③ [美]霍尔、戴维斯：《道德教育的理论与实践》，陆有铨、魏贤超译，浙江教育出版社 2003 年第 1 版，第 186 页。

教育的最主要任务是通过知识、智慧、意志和爱心的解放，而使人获得内部的精神自由。德国教育家凯兴斯泰纳认为学校的目的就是教育培养有用的国家公民。为了改革传统教育方式，他以卢梭的自然主义教育和杜威的实用主义教育理论为基础，结合蒙台梭利的“自由教育”思想和梅伊曼、赖伊等的“实验教育学”主张，提倡尊重青少年的心理特征，通过实践劳动和实际认识来提高青少年的求知兴趣，注重人格陶冶。他积极将这一新的教育理念运用于“劳作学校”的教学实践，通过亲身的劳作活动体验，努力达到陶冶道德品格、完成公民教育历史使命的目标。他于1912年出版《劳作学校的概念》，提倡劳作既是道德陶冶手段，也是职业生活的准备、国民教育和素质提高的基础，借助学校的手工劳作和亲身体验发展儿童的身心，培养学生热爱劳动、热爱生活、独立自主的生活习性。

约翰·威尔逊在1967年出版《道德教育导论》，认为道德教育的目的不是力图传递任何具体的内容，而是要使别人熟练地运用一种方法，教育不应该传授成套的具体道德规则，而是要训练养成能够发展个人道德原则的理性方法，通过对道德思维的必要构成要素进行系统教育，在不灌输具体道德原则的情况下促使进行道德理性思考。

克里夫·贝克倡导学校教育应立足于增进人类的幸福、满足人类的渴望、实现人类的追求。学校教育是一个不断进行的、目的明确的知识传授过程，价值判断的出发点是基本的人类价值，比如生存、幸福、友谊、自尊、知足等等。他赞赏儒家的中庸之道和道家的顺其自然，强调教育理论和教学实践必须有机结合起来，教育目的和价值观必须要扎根于自然和人性之中，自然和人性的不断变化推动知识不断创新。

杜威倡导的最基本教育理念是“教育即生活”，教育上合乎需要的目标和价值本身就是合乎道德的。教育目标必须经过现实社会生活经验的修正，教育理论要与实际工作紧密联系，价值观教育要与其他普通学校教育紧密结合，要与社会、经济、政治和其他研究领域密切联系。单纯传授价值观容易导致道德准则绝对化，价值观教育目标和手段必须相互统一，学校的教育目标必须清晰明确，只有目标明确清晰，手段切实有效，才能顺利实现既定的教育任务。

（四）关注知行合一的道德教育理念

英国道德教育课程设计学校委员会认为，道德判断与个体的各种感受、情感和态度是密切相关的，预见行为后果的必要性会促使教育者必须加强与道德判断相关联的各种实际知识和行为方式的训练。道德教育作为学校课程体系的重要组成部分，应该特别注意培养和发展学生的一般辨别力。道德教育工作者的重要任务就是教会人们理智思考各种行为过程，鼓励学生运用自己的辨别力和想象力预见可能发生的行为后果，作为进行道德判断的一个先决条件，这种能力并不是一个人在未经过道德教育之前就事先具备的，也不是先天就已经达到的一种理智的发展水平，需要在道德教育实施计划中加以引导，在具体实践过程中有意识地吸引学生的注意力向这种技能发展，并根据具体情形权衡能够预测到的行为后果，最终作出明智的行为决策。

杜威强调道德教育最重要的知识和行为的关系问题——“知行合一”。道德与人的整体性格有关，道德行为根植于道德意识的倾向性变化，如果知识增长与道德发展没有必然的密切联系，知识不能与人们的行为动机和世界观融为一体，道德就会变成空洞的道德说教，道德教育也就会失去目的意义，这样的道德教育就是没有希望的教育，就会成为一种教义问答式的枯燥教学形式，成为无效的脱离实际的“关于道德”的课程。从“教育就是生活”角度出发来深入理解，道德教育的精髓所在就是维持教育有意识的、持续不断的、能够重新开始的能力发展。道德教育从根本上说就是要塑造一种性格特征，既能从事社会必需的特定行为，又对个人成长所必需的重新适应过程感兴趣，能够有效参与到社会生活之中，并对生活中接触到的各种学习内容真正感兴趣。真正具备道德兴趣的人，就会以掌握道德知识、发展道德卓识、形成道德特性为生活和学习目的，将道德学习和道德行为养成有机结合起来，争取成为一个“有用的好人”。

道德教育不是对所谓的“正当事情”进行评价，而是要对道德思维的性质和作出道德决定的判断能力进行有效引导。道德问题要求人们不能孤立探讨任何一个有关人类行为领域的问题，道德因为涉及价值观和理想信念，针对道德问题的任何具体决定，都与人的价值选择和道德原则存在必然联系。知识学习必须能够应用于现实社会生活，道德教育对养成固定的行为习惯具有重要实践意义，“最好的道德教育乃是作出道德决定的经验和实践”①。道德教育应该是个人和社会如何“作出决定”的教育，应该是人类明智地确定基本伦理原则、观念和价值的教育，“知行合一”的道德教育是成功的关键，道德教育要通过观察和实践改变人们的理解方式和行为方式，实践是正确理解道德教育与行动抉择的核心。

（五）关注道德教育与价值观教育的有机结合

道德教育要考虑“基本的传统价值”②，这实际上就是道德选择的内在动因。一个人只有有效建立了自己的道德价值体系和道德判断标准，才能称之为一个有道德的人，才能自愿接受道德准则，作出道德决定，考虑行为的深远后果并承担行动的责任，心理学家葛登纳将人们追求的主要价值概括为“态度、习惯和判断事理的方法”③。

为了有效实施道德教育，克里夫·贝克认为道德教育可以看做价值观教育的一个亚领域，道德价值观不应看作是一个独立范畴，道德价值观是价值观系统的有

---

① [美]霍尔、戴维斯：《道德教育的理论与实践》，陆有铨、魏贤超译，浙江教育出版社 2003 年第 1 版，第 9 页。

② [美]霍尔、戴维斯：《道德教育的理论与实践》，陆有铨、魏贤超译，浙江教育出版社 2003 年第 1 版，第 56 页。

③ 韦政通：《伦理思想的突破》，中国人民大学出版社 2010 年 2 月第 1 版，自序。

机组成部分，目的就是促进人类幸福。将道德教育和价值观教育有机结合起来，有利于突出道德的重要性和道德教育在学校教育中的重要地位，原因在于单独处理道德问题效率是非常低的，“道德是独立领域”的信念不利于道德教育的学科整合，妨碍学生在多学科领域内综合成长。在实际教学过程中很难将课程中的道德价值和非道德价值问题截然区分开，道德教育和价值教育高度重叠在一起，为避免“陷入简单的说教和枯燥的分析”①，必须在教育实践过程中广泛涉及价值问题。奥利弗和纽曼提倡为了避免和克服价值教育中可能出现的所谓“灌输”问题，伦理教育需要制定明确的教学大纲，教师和学生都可以有更多的机会来深刻审视价值问题，批判性地评价不同的道德选择。教师要适时地对教与学的效率进行反思和评估，主动对自己的价值观和所有可能对课堂教学行为产生影响的潜在因素进行探索。要在课堂教学中注重推理技能的传授而不是简单的价值内容讲授，要明确课堂教学的重点不是帮助学生获得某些现实的价值观点，而是要给学生提供能够在现实生活中灵活运用的良好推理技能，获得一个在分析的框架下澄清争议并圆满解决问题的完整价值体系。

以环境伦理教育为例，“生态问题应该在伦理学课程中处理还是在个人和社会价值教育大纲中处理（进一步来说，还是在地理学中处理）”？学校教育实践应当充分认识到“学校的道德/价值大纲不应限制在正式课程以内很重要”，要意识到“学生通过实践经验对道德/价值问题的学习，常常与通过正式学习和讨论获得的一样多”。普拉卡什认为，处理道德和价值问题并非一定要局限于正规的学习和讨论，家庭、学校和社区教育的相互渗透能够为学生正视道德问题提供更多的重要机会。为了论证将道德和价值学习整合到学校其他学科教育中的可行性和必要性，克里夫·贝克坦承，尽管他更倾向于单独设立伦理学课程和价值课程，以此来体现伦理道德相关研究领域的重要性和涉及问题的广泛性，但是相当数量的特殊道德问题和价值探索仍然可以在许多其他课程中得到妥善解决。人类价值观的发展涉及许多研究内容，道德问题的解决离不开价值领域的教学探索，学校的道德课程和价值教育需要通过专门的价值和道德教育课程与其他学科课程的紧密结合来实施，也需要通过正规学校课程和校外实践活动的相互配合来提高教育效果。

宗教信仰早在17世纪以前就已经成为一种习惯性的思维方式，在西方社会生活中扮演着非常重要的道德教育角色和价值观载体，宗教的思维方式直接影响着人们对世界的理解、价值观认定和行为方式。涂尔干承认宗教信仰可以帮助人们获得基本的价值观念，在他看来，道德教育的理性化过程绝不是简单化地将宗教因素从道德概念中剔除出去，“必须发现那些长期承载着最根本的道德观念的宗教观念的理性替代物”②。要更明确地用理性语言表达出其中的道德含义和真正性质，

① ［美］克里夫·贝克：《优化学校教育——一种价值的观点》，戚万学等译，华东师范大学出版社2003年版，第158页。

② ［法］爱弥儿·涂尔干：《道德教育》，陈光金、沈杰、朱谐汉译，上海人民出版社2001年版，第12页。

如果在理性道德的名义下将蕴含在宗教信仰中的道德意义一并取消，这种危险做法将会造成道德的贫乏与苍白。克里夫·贝克也认为人类的幸福依赖于拥有一个相对完好和广泛的世界观，以及拥有对"超然的"现实和理想的开放性，没有广泛意义上的宗教信仰，人们不可能过上美好生活，"一般来讲宗教通常还是支持一种能够很好地体现基本价值的美好生活方式"。这里所说的广泛意义上的宗教信仰，也可以通俗地理解为明智的"生活哲学"，即为了拥有理想的人生价值观，必须超越通常所理解的"价值术语"对事物的通俗看法和态度，这种价值观认识也可以用"灵性"来表述，作为与人类内部本质或精神密切相关的有价值的个人特性综合物，"灵性"的一个最重要特征就是要处理好"内部本质"，有灵性的人是内部生活和外部生活的完美结合。

具体到环境伦理教育领域，广泛意义上的宗教信仰涉及我们对现实本质和生活意义的总体理解，灵性品质作为价值的一个重要亚类型，需要认真加以研究和培养，处理和解决价值问题必须注重灵性教育，如果没有对广泛意义上的宗教信仰和灵性教育给予广泛而持久的关注，人们不可能妥善处理好环境伦理所涉及的一系列价值观问题，也不可能在环境伦理教育实践环节真正意识到人的神圣性和保护全球环境的重要性。

（六）关注教材的选择与课程的设置

从教学方法和教材的关系角度出发，杜威认为道德教学的一个重要方法就是合理安排好教材，使教材真正得到"最有效的利用……方法从来不是材料以外的东西"①。有效就是花费最少的时间和精力，利用可掌握的有限教学资料，达到最理想的教学目的。合理的教学方法就是教师对教材等教学资料进行优化处理，使教材产生有效导向，达到理想教学目的的指导性活动。教材可以看做是在目的情景中"观察的、回忆的、阅读的和谈论的种种事实，以及所提出的种种观念"②。优秀的教育方法尤其是个人的正确学习方法，必须具备直截了当的学习态度、虚心坚韧的学习意志、思维灵活的理智兴趣、目标明确的完整责任。只有这样，才能实现对经验材料最有成效的明智发展与利用。教师在教学过程中的主要任务，就是提供能够刺激学生的反应和指导学生学习过程的教学环境，通过有效地改变刺激效果，帮助学生形成良好的智力和情感倾向。教师需要将注意力集中在教材和学生当前需求能力之间的相互作用上，而不是单纯地关注教材本身，既需要精通教材，熟练地掌握和运用教材，又需要了解学生当前的认识范围、能力水平和特殊的学习需求愿望，能够通过对教材和教辅资料进行特别的选择、表述和组织，采取恰当的传授方式发展学生的科学洞察力和价值判断力。

1989 年联合国教科文组织和环境规划署在《地区间教育计划与管理的环境教

① [美]杜威：《道德教育原理》，王承绪等译，浙江教育出版社 2003 年第 1 版，第 90 页。
② [美]杜威：《道德教育原理》，王承绪等译，浙江教育出版社 2003 年第 1 版，第 105 页。

育训练课程》中，推荐了美国亨格福德设计的环境教育课程开发目标，为各个国家和地区在开发环境教育课程和师资培训时提供参考。这套课程开发目标包括了生态学基础层次、概念意识层次、调查和评价层次、环境行为技能层次四个主要目标层次，其中在概念意识层次、调查和评价层次主要是发展学习者的环境概念意识，分析个人或集体行为对环境质量和生态文化的不同影响，激发保护环境的意识，主动寻求解决环境问题的价值取向和方法途径，并通过调查和评价来澄清个人的环境价值观。以历史和地理课程设置对环境伦理教育的影响为例，历史和地理等学科之所以在学校课程中设置，其中一个主要原因就是可以阐明人和自然的相互依赖关系，可以在自然和人类这两个大的方面，在时间和空间这两个大的维度上向外延伸，为各种道德或不道德的行为传递特殊的道德教训，构建特殊的道德意义。

自然界是“发展的材料和媒介”①。目前许多学校的自然研究普遍存在着教材孤立、研究课题缺乏整体观念的弊病，许多事实脱离了各自产生和活动的背景，被撕扯得支离破碎，学生对自然研究缺乏想象力和注意力，真正的补救办法应该“使自然研究真正成为自然的研究”，而不是对众多片断进行毫无意义的研究，要将自然作为一个整体来研究，从而对自然界的各种现象和人类生活产生自然的同情和情感的联想。德国教育家利茨作为乡村寄宿学校的创始人，他把乡村劳作看做是教育的基本特征，以培养感情丰富、思维明晰和富有实践能力的“全人”为理想目标。利茨认为“在青年的精神世界中发展道德人格和真正的理想”是教育的根本使命，青少年必须学习能够最大限度发挥能力素质、实现天资的一切知识，所有能够充实和发展文化内涵的乡土、祖国、地理、世界、历史等学科都应当成为青年们的必修课，因为人的生存离不开“自然及其法则”，自然科学的学习也就显得十分重要。

（七）关注道德原则的普适性和优先性

道德原则具有普遍性和一贯性特征。所谓道德原则的普遍性，不仅特指适合于某个或某些特定情境以及专指某个人或某些特定人群，不应该表述为“我应该……”或“你应该……”，也不应该表述为“这件事应该……”或“那件事应该……”，而是要具有连续一贯的道德思维，要坚持将同样的原则运用于自身和他人，要将道德原则提升到“一个人应该……”或“谁都不应该……”的普遍性道德地位，要将道德原则的运用理解为适合所有人的普遍规律，避免存在特殊的道德“孤岛”。为了避免在具体道德原则和特定道德行为正当性方面、道德判断和道德推理构成要素方面产生分歧，可以尝试着对道德进行定义，提出一个中性的、具备一般特性、普遍接受的道德概念。这个概念包括四个主要特征：(1) 道德判断是促使人作出决定和采取行动的原则问题；(2) 道德原则相比于其他行为动机需要优先考虑；(3) 道德原则普遍存在，公平适用于一切道德行为和道德判断；(4) 道德原则和道德观点体现了个体对自身生活和理想社会的综合理解。

---

① [美]杜威：《道德教育原理》，王承绪等译，浙江教育出版社 2003 年第 1 版，第 143 页。

道德原则的适用范围是广泛的,在特定适用范围内任何人都不能例外,道德原则普遍适用于所有人。针对道德教育原则的普适性,约翰·威尔逊明确指出道德教育不是基于特定的信条、文化或者社会传统,道德教育不是任何国家或文化所独有的,"本身就有存在的合理性"①。从考虑道德原则的价值问题实质出发,道德原则是一种理智地判断事物道德意义的有效方法,是行为者对特定道德问题进行考察的基础,作为分析特定情境下的特定道德规则的一种普遍方法,并不是一种"为或不可为"的命令方式,而是倾向于引导人们如何在行动前进行审慎的考虑和情景判断,通过创设恰当的情感和与认知相结合的情境陶冶环境,有效激发强烈的情感体验,促进对道德原则的理解和认同。

道德原则实际上就是道德思维和道德语言对行为的指导作用。真正的道德原则目标是有效提供帮助个体分析具体情境中善恶要素的立场和方法,通过对可能预见到的行为后果进行呈现,指导个体密切关注和思考具有重要道德意义的主要行为途径。道德原则具有普适性,道德决定的基础就是道德原则,作出决定和系统提出原则之间存在一种内在的联系,道德所涉及的行为原则或道德行为基础就是原则的决定,道德行为的一般特征就是有原则的行为或与基本准则相一致的行为,实际作出决定的行为往往就是道德原则形成的一个开端和契机。

道德教育要尽可能帮助受教育者摒弃自己的偏见,充分认识到自身道德选择范围,客观考虑作出决定的道德情境,促进道德思维的正常发展,学会准确评价和恰当区分适合的价值和事实的道德理由。通过引导学生认真考虑行为的道德理由,帮助提出最好的理由来优先考虑"道德价值的等级性特征"②。基于道德思维动机的实际需要,在作出道德决定时,要对道德原则的优先性和灵活性进行慎重考虑。这种优先性并不要求人们将道德原则或价值观念确定一个固定格式和等级制度,也无需将整个道德体系机械分解成若干个具有先后顺序、适合各类道德情境的道德价值评级标准。道德原则的适当灵活和优先考虑是一个人道德成熟的显著标志,道德行为通常可以看作一个人在直接的道德情感基础上,从整体上进行道德判断和综合考虑后,可能采取的最客观反映道德理由的恰当行为过程。

(八)关注道德教育的助成长性

杜威认为教育过程与道德发展过程是完全一致的,道德发展过程实质上就是一个从坏经验不断转变为好经验的成长过程,成长本身就是道德发展的唯一目标,道德生活最终目的不在于追求尽善尽美的终极目标,在于追求不断改善、成长和精炼的持续发展过程。道德教育过程,不在于静止的成果和结局,看重的是成长的过程、不断改善进步的过程。作为一个持续不断的成长过程,教育目的不是仅存的关键点,过程同样至关重要。评价道德教育质量要注重衡量如何能动地改变现存的

① [英]约翰·威尔逊:《道德教育新论》,蒋一之译,浙江教育出版社 2003 年第 1 版,中文版序言。

② [美]霍尔、戴维斯:《道德教育的理论与实践》,陆有铨、魏贤超译,浙江教育出版社 2003 年第 1 版,第 65 页。

情境，如何通过教育做好贮备、获取知识技能、养成习惯，使受教育者能够获得接受再教育的可能性，为将来增长经验和持续不断的改造做好准备。获得技能、掌握知识、提升教养都是“生长的标志和继续生长的手段”①。道德的高尚意义就在于为每个社会成员的全面发展作出贡献，依据内在发展秩序和自然成长规律，“通过恰当的教育，使儿童的身心得以顺利发展”②。

道德教育的检验标准，就在于通过教育，让每个个体充分发展个性所可能达到的最高程度。我们反对将过去的知识当做教育目的，只是将其作为增进成长的手段，为了摆脱可能导致的混乱，使受教育者熟悉过去、有效认识现在和促进未来成长，道德教育就必须注重发现真正存在于经验中的过去成就和现在之间的紧密联系，要注重加强教育与经验积累之间的有机联系。经验的连续性原则是建立在习惯这一事实基础之上，“习惯包括各种态度的养成，情感的和理智的态度”③。作为一个合格的教育者，不能想当然地简单采用科学知识传授所常用的教育方法，要学会根据道德知识的独特性质，采取可以区别对待的特有道德教育形式，这也正是道德教育者在教育实践过程中未能真正准确把握、需要切实引起重视的薄弱环节。教育者不仅要了解掌握实际经验得以形成的一般原理，还要清醒地察觉到哪种态度或哪些周围事物有助于引导继续成长、哪种态度或哪些环境因素会阻碍成长的进行，善于利用广泛的经验智慧，创造性地利用现有自然和社会环境，吸取一切教育经验，推动价值形成和道德成长。

（九）关注道德思维的培养

霍尔和戴维斯从哲学角度对道德思维进行阐述，提出道德思维具有四个基本特征：一是依据道德判断和道德原则作出道德决定；二是在作出道德决定前优先考虑道德理由和动机；三是形成道德观点依赖道德原则的普遍性或一般性原则；四是构建道德价值结构和道德理想格局需要整合相互联系的各个道德概念。通过恰当的教育方法促进道德思维的发展完善，必须具备四种基本技能和态度：一是将他人当成与自己地位平等的人给予关心；二是具备正确认识他人情感意识的能力；三是了解与道德决定相关的知识储备；四是具备自我决定采取行动的能力。

道德教育者要清醒地认识到，道德思维不单纯指向某种知识和原则，道德教育要帮助学生发展如何运用道德观点进行道德思维的能力，道德教育过程就是促使学生自觉进行道德思考、发展道德思维、自主作出道德决策、在实践中不断检验、逐渐走向道德成熟的成长阶段。道德思维是一个循序渐进的发展过程，道德教育需要鼓励和引导年轻人不断发展和充分考虑自己的道德观点和理想信念，一个人道德思维的成熟过程对道德教育的实施提供了理论支持和实践指导。在道德思维的早期阶段，人们要做出决定之前面临着复杂多变的情境，作出道德决定可能涉及的

① [美]杜威：《道德教育原理》，王承绪等译，浙江教育出版社 2003 年第 1 版，第 291 页。
② 陈丽鸿、孙大勇：《中国生态文明教育理论与实践》，中央编译出版社 2009 年 6 月第 1 版，第 17 页。
③ [美]杜威：《道德教育原理》，王承绪等译，浙江教育出版社 2003 年第 1 版，第 301 页。

道德原则也是一个复杂的非单一指向的集合体，进行道德思考时需要对作出道德决定和行为判断时所依赖的道德原则进行优先性考虑和筛选甄别。人们需要形成一种在普遍性和一贯性道德原则基础上的道德思维模式，将这些道德决定和最终采纳的道德原则，以一种相互联系的方式整理成一定的逻辑体系，构建适当一致的道德概念格局，最终建立相对成熟的价值参照体系和道德理想。在道德思维的成长发展过程中，人们要根据不断变化的新情境，寻找适宜的更具道德说服力的新理由，作出与以往决定不同的价值判断和道德决定，发展和重建新的价值体系和伦理格局，在此基础上不断推动个人价值观和伦理观发展完善。

行之有效的道德教育需要以成熟的道德思维为基础，对道德思维发展过程有清醒认识，了解道德思维成熟和发展所经历的不同思维阶段，通过对当前道德思维特征进行判断，帮助学生逐步实现日趋成熟的道德思维发展阶段。道德思维在本质上趋向于个人自觉服从并普遍运用道德原则，哲学家和发展认知心理学家对道德思维的发展和成熟过程理解上是高度一致的。心理分析理论为道德教育提供了来自心理学研究领域的基础支持，弗洛伊德和艾里克·艾里克森等人都认为，“儿童的发展要通过一系列与身体成熟相联系的心理阶段”①，道德发展心理学密切关注个人成长阶段遇到的那些自我冲突的确切性质。成长各个发展阶段呈现出自我冲突的道德特征，对这些道德冲突进行心理分析与个体发展计划密切相关的，道德行为实际上就是通过积极或消极的心理强化效应，产生道德情感和自我控制能力的外在行为表现形式。行为研究学派不可能全面阐述道德发展理论，但作为道德教育的研究基础，已经很好体现了个人价值体系发展与道德教育研究是密切相关的，尤其是认知能力发展和道德思维能力发展，与道德教育的目标实现具有直接的内在联系。

五、道德教育实践的方式方法研究

不论从哲学角度还是从心理学角度分析，道德教育都需要集中关注具体的道德决策，同时积极提供机会，保证能够独立自主地发展道德思维，道德教育计划具备两个基本特征：一是以具体行为决策为中心，刺激学生针对自己的行为和他人的决策提出质疑。道德教育主要帮助学生在自己的思维建构过程中树立道德原则和价值理想，而不是灌输式传授原则和价值观，应当结合具体道德实例，从解决问题的实际决策入手，促使学生从道德探究的角度检验道德决策的正当性，帮助学生尝试进行非灌输的道德思维方式。道德教育领域既是一个理性思维领域，也是一个心理发展领域，道德思维发展过程中对各种原则的理解和价值认同来源于个人参

① [美]霍尔、戴维斯：《道德教育的理论与实践》，陆有铨、魏贤超译，浙江教育出版社 2003 年第 1 版，第 85-86 页。

与行为决策的经验积累，这些原则的理解和价值认同不能仅停留在演绎性的假设阶段，需要不断归纳总结付诸实践。二是强调教育过程和方法而不是特定的教育内容。依据道德原则做出的道德判断具有普遍优先性，通过结合道德思维的各方面特性，从不同问题的各个不同角度进行探究和思考，促使行为决策能够具备明智的道德观点。

道德教育的目的是帮助学生发展自己的道德观点，而不是从哲学的角度分析人类的逻辑思维，或从心理学的角度辨别思维的不同认知类型。探究式学习有利于学生在教师的积极引导下，对道德教育课程涉及的学习内容进行系统探索和发现学习，有效提高学生发现问题、提出问题、分析问题和解决问题的主动学习能力。采取有效的道德教育方式，更有利于各个发展阶段的持续成长，从而尽快提升自主决策的道德水平。道德教育过程在开放的氛围里可以达到最好效果，这可以“通过各种案例问题、分析法和游戏的运用来实现的”①。

（一）典型事例研究法

对典型事例进行情景研究是道德教学实践的最有效方法之一，欧美国家曾经广泛应用，已成为制订教学计划时选择道德教材的核心组成部分。在实施道德教育过程中，学生置身于某个特定的假设情境中，根据自身道德观点进行情形推断分析，作出道德决策并采取实际行动。教师提出各种可能面临的问题，帮助学生发展道德能力和提高道德思维水平，促使学生从不同角度对各种决策方案和行为模式进行思考。在这种开放式讨论教学中，学生需要围绕典型事例各个特定层面，客观真实反映不同道德思维发展阶段上各种可能的判断理由。

典型事例研究法主要促使学生展示某个特定道德阶段较不成熟的道德思维，吸引学生向更成熟的思维形式发展，进而认识到在较高阶段进行道德推理是更合适的道德思维方式。道德思维形式的发展变化帮助学生尝试不同的实验性探究机会，认真考虑各种道德决策和行为方式的支持理由，为道德心理发展提供更有利的教学策略。典型事例研究法在哲学方面能为道德思维提供技能训练经验，在心理学方面能建立促进道德正常发展的客观情境。这两个目标既相互联系又具有差异性。适合不同目标的道德教学策略也相应存在相通性和差异性，理性策略适合哲学目标，冲突策略适合心理学目标。合理引导学生理解两种策略的差异性，设计更多的兼顾型综合改良方案，将有利于广泛采纳各种策略优点促进道德发展。

其一，通过理性策略进行道德实例的课堂讨论，需要提高促进决策的技能，包括设计和选择行为方案的能力、预测结果的能力、通过行为动机分析价值取向的能力。

1. 陈述经典实例。选择事例最好源于日常生活的真实情景，或者涉及历史、

① [美]霍尔、戴维斯：《道德教育的理论与实践》，陆有铨、魏贤超译，浙江教育出版社 2003 年第 1 版，英文版出版说明。

经济、法律、文化、环境等道德教育构成基础的简短假设情景，避免过多进行限制，允许人们在作出行为决策前面临多重选择的可能性。

2. 寻找可供选择的行为方式。让·保尔·萨特将道德决策看做“发现各种创造性选择的事”①。鼓励从问题情境中发现未曾考虑或接触到的新行为模式，而并不局限于非此即彼式的决策探究。在班级讨论做出决策表态前，要保持足够的开放精神，探究可能存在的最适宜于真实情景的选择方式，尽最大努力找到特定事例情景所有的可能因素，提供更广泛的选择方案和参与机会帮助学生锻炼道德推理能力，加强技能培养，体验讨论过程中的智慧传递，提高道德决策的正确性和道德思维的敏捷性。

3. 估计预期后果。道德思维是作出决策和承担义务的基础，通过有效组织课堂讨论和道德判断，敦促学生发展道德观点，尝试全方位考虑选择方式可能导致的行为后果，学会评估道德行为优缺点，锻炼学生主动评价选择理由，鼓励进行哲学分析或逻辑推理区分。人们在实际决策前的逻辑思维步骤，有助于将各种可供选择的决策及可能后果呈现出来，并在作出实际决策时充分考虑，这是帮助学生发展道德观点的重要逻辑支撑。

4. 进行哲学分析。着眼于“苏格拉底式”哲学检验原则，通过区分事实与价值、最佳方案设计、决策适用性筛选、价值甄别等不同探究方式，促使学生更有成效地思考，并为自己的见解提供可靠证据。

(1) 区分事实与价值。这是进行道德判断的关键，事实和价值紧密相连，努力区别事实与意见选择“有助于澄清道德思维”②。在进行实例情景讨论分析时首先要认清事实真相，探究事实是否陈述有误或表达含糊或存在历史疑问？努力就讨论问题达成一致的事实认定，对涉及的观念和价值进行合理的哲学分析。

(2) 最佳方案设计。促使做出行为决策的终极道德理由或道德动机，相对于其他理由或动机，在道德判断中占据更重要的位置。为实施道德行为寻找更理性的决策理由，将促进学生从较低道德认知水平向较高阶段发展。教师需要明确目标促进学生道德发展，不能传授特定的道德判断标准或者教授某一思维水平上的道德理由，要允许学生表达自己的理解，给学生提供展示自信或相互质疑、冲突的恰当环境，在学生自主作出决策判断前，通过交互活动和相互影响提高自主思维能力。教师在提供开放式讨论环境时，可以自由表达代表自己观点的决策标准和价值倾向，但要学会避免将此作为“权威”或“大多数人都认可”的主导建议，强制要求学生当做绝对正确的决策依据。学生不会轻易接受高于正常认知水平的更高级阶段道德判断，也不会轻易放弃自认为正确的最好理由，在为自己的行为理由寻求辩

① [美]霍尔、戴维斯:《道德教育的理论与实践》，陆有铨、魏贤超译，浙江教育出版社 2003 年第 1 版，第 141 页。

② [美]霍尔、戴维斯:《道德教育的理论与实践》，陆有铨、魏贤超译，浙江教育出版社 2003 年第 1 版，第 145 页。

护时，将尽其所能与自己思维水平匹配的最基本、最真实的道德原则和价值观念呈现出来，这些价值冲突通过课堂讨论和潜移默化的相互影响，在一定时间跨度内引导学生逐渐接受较高层次的行为理由，这是一个渐进而非突变的过程，是一个逐渐积累的由量变到质变的过程。

(3) 对决策适用性进行筛选。对具体决策进行检验要认清道德原则的普遍性，各种好的道德判断相对于类似问题情境具有较普遍的适用性。在课堂讨论和探究过程中进行“苏格拉底式”探究，要根据特定情境下所有参与者的综合考虑作出决策，尝试将这种决策运用于各种可能的相似情景，探讨相类似的事例或环境的轻微改变是否会影响决策差异性，以及这种差异性会在多大程度上影响决策。这种探讨方式有助于在作出决定前反复比较和综合权衡各种决策可能，最终选定自认为普遍认同的价值判断，自觉自愿地为之辩护。

(4) 价值甄别。道德教育工作者要尝试将可能涉及的各种价值观念表述出来，促使学生意识到这些价值观念在个人生活中的独特地位，避免学生陷入单一性的价值局限。人们做出决策和采取行为的动因与内在的道德思维观念相吻合，对各种典型事例的价值讨论，最终都会自然而然归结到对道德思维观念的甄别上，有助于在每个道德发展阶段上进行道德思维决策的周密考虑。

5. 作出最终决策。最终决策阶段是对典型事例讨论分析、道德思维推理、价值判断以后决定采取实际行动的关键环节。道德发展逐步成熟的标志就是从各种困难复杂的现实情境中作出抉择，并有勇气承担决策可能带来的各种后果。在课堂讨论和事例分析环节要鼓励学生为作出最终判断寻找理由依据，课堂讨论既不能机械传授具体道德体系，也不能强制要求对某一事例形成最终一致的共同看法。教师的角色扮演是讨论参与者，在讨论过程中教师的观点和看法也会随着讨论深入受到不同程度的影响，他的意见不应代表权威的主导性观念。教师在课堂讨论中要鼓励形成“使意见和判断的差异性得到尊重的气氛”，而不是确认众多陈述观点的对错，要创造自主决策的课堂氛围，允许学生真诚开放地表达自己的决策，身体力行作出适宜的决策并自觉提升道德判断能力。

其二，通过冲突策略进行道德典型事例研究，不能以完整的思维过程和技能发展阶段为重点，而是要设法创造一种冲突情景，促使学生尽力为相互冲突的价值取向进行辩护，在冲突过程中帮助学生认识个人道德思维上存在哪些问题，对更高阶段的道德思维产生兴趣。这种冲突策略曾经在哈佛大学和卡内基·梅隆大学的道德教育课程发展计划中进行过有益尝试。

1. 提出两难道德情境。冲突策略并不要求找出解决冲突可能存在的各种选择项，而是仅仅确定一种可能性选择，希望学生在作出自我选择时采取截然不同的辩护理由。

2. 陈述选择的理由。通过促进意见冲突进一步凸显观点的差异性和两难困境，针对特定道德事例的讨论过程，可以设计出多种不同的两难情境来不断深化课堂教学计划。当某一种两难情境讨论最初意见分歧在辩论中不断缩小并逐渐趋于一致时,教师要善于发掘和尝试新的两难情境,深入刺激后续的差异性选择。

3. 推理辩论和效果检验。鼓励学生在小组讨论、课堂辩论和观念冲突中,对两难情境下持相同或相反意见的支持理由进行深入探索,找出学生自认为最佳决策的理由依据。

4. 决策反省。冲突策略并不要求最终决策时必须取得一致意见,重点要着眼于对辩论观点的理性推理、合理性支撑和可借鉴性评价进行归纳总结,从中学会欣赏对不同立场观点的精彩辩护,主动反省并尽可能减少决策的主观臆断性。

上述两种讨论策略不是处于绝对的对立和矛盾状态,可以结合不同的典型道德事例取长补短综合加以运用。理性策略强调严密的分析理性,有可能导致学生探究兴趣减退,无法有效激发主动思维能力。当学生对探寻问题的众多细节感到厌烦或失去兴趣时,如果得不到有效激励或情感刺激,学生不可能在最适宜的道德思维水平上充分交流,道德观念的改变在一定程度上将丧失主动性。冲突策略如果过分强调冲突效果而忽视决策的理性思维过程,有可能引发或加重情感焦虑和主观武断。过度强调绝对化的两难情境和"非此即彼"的对立观点,容易导致学生在作出道德决策时误认为"各种决策就是人们予以辩论的事,而不是自始至终予以推理的事"①。在处理道德问题时要根据学生的兴趣、爱好、需要和道德能力水平,综合考虑各种行为方式的可能结果、隐含的价值观和需要承担的责任义务,鼓励学生在作出决策前尽可能进行理性严谨的道德辩护,避免匆忙或武断地做出决策。教师要尝试从中找出恰当的引导方法,采取相对令人满意的课堂讨论组织策略,既能通过冲突策略提高学生积极介入的兴趣,又能通过理性策略帮助学生深入思考各种可能性,在相互冲突、质疑、谅解、借鉴、吸收、共鸣、认同、欣赏、移情等情感碰撞中真正促进道德思维能力发展。

针对典型道德事例的不同情境选择,不同探究策略的适用性应当有所侧重。比如,对当前公众普遍关注或感兴趣、处理结果容易引发争议、在相互辩论中能激发或活跃思路的典型案例,一般来说比较适合运用冲突策略,"问题越是容易引起争论,教师能指导学生注意做出决策的理性过程的可能性越小"②。而对于以前曾经接触过的类似事例,学生可能已形成相对较稳定或倾向性看法,此时运用理性策略可能更有利于对各种行为决策后果进行深入的系统分析,此时教师要注意避免和防范学生的思维惰性,如果不能积极调动参与课堂讨论的活跃气氛,学生有可能拘泥或停滞于已有观念,不去主动寻求和探究可供选择的其他可能性。为此,在设计道德教育的课堂讨论事例时,要主动适应学生的道德水平和兴趣爱好,特别关注

---

① [美]霍尔、戴维斯:《道德教育的理论与实践》,陆有铨、魏贤超译,浙江教育出版社 2003 年第 1 版,第 155 页。

② [美]霍尔、戴维斯:《道德教育的理论与实践》,陆有铨、魏贤超译,浙江教育出版社 2003 年第 1 版,第 158 页。

学生感兴趣的那些典型道德事例，避免对不合时宜或者不贴合学生道德认知发展水平的事例进行讨论，从而导致学生抵触甚至反感，对学生的道德决策产生较大的消极影响。

（二）道德概念分析法

道德概念分析法与典型道德事例研究法关系密切，但是从讨论引导者的角度来看，实际上存在着较大差异。道德实例研究法侧重于综合考虑不同的选择路径、可能后果、决策支持或反对理由，最终做出适宜的道德判断。道德概念分析法侧重于对某种明确的道德概念深入反思，取得更好的道德概念理解。道德教育基本目标就是发展人们对道德概念的理解力，深入理解道德概念的本意和深层含义，能够更好对道德问题进行道德思考，作出基于最基本概念之上的恰当道德决策。道德概念分析法主要是一种归纳的研究方法，集中分析作为道德思维最基本组成部分的道德概念，促进学生对自己的经验进行反省，从了解的事实中概括出各种结论，获得道德思维的实践经验。

道德教育着眼于发展思维方式，重点不是寻求能够解决具体问题的正确答案。在课堂讨论过程中，如果假定所讨论的道德问题存在明确的对或者错，教师的任务只是引导学生去认识那些对的答案，这种“简单问答式”的讨论形式对发展学生的道德思维是极其有害的。假定在教师心目中已形成某种自认为正确的概念，这种概念对学生或许是一种全新的体验和认识，学生对讨论的道德问题尚未形成预设或自认为正确的观念，教师的任务就是鼓励学生去领会尚未掌握的新概念和观点。由于缺乏对学生主动参与意识的培养，具有“明确指向式”的讨论形式不值得提倡。假定学生对探究的问题不存在唯一的答案，片面鼓励学生在课堂讨论中主动形成和表达自己的观点，一味提倡各种意见之间不存在绝对的好坏之分，也有可能引起人们的误解，容易造成道德思维仅仅是个人意见表达的假象，道德决策最终会演变成个人意志和情感的自由体现和自主选择。因为与道德教育的真实目标不相符，“全面开放式”的讨论形式也是不可取的。我们需要积极提倡“批判探究式”讨论形式，能够充分尊重个人的观点差异，虽然并不苛求得到所谓的正确答案，但经过深思熟虑后最终选择的道德观点更具有说服力，为了检验个人主张的道德观点、言辞和概念，鼓励进行灵活开放的批判性检查，这种讨论方式可以适当兼顾学生自身的发展兴趣，有效克服对权威的盲从心理，有利于在观念碰撞交流中增进理解，提高沟通能力。

在发展学生的实际决策能力方面，道德教育尚未真正做到富有创造性妥善解决各种可能接触到的复杂现实问题。对道德概念进行开放的“批判探究式”讨论，在道德教育实践中具有重要意义。这种讨论方式不是集中研讨学生并不了解的复杂道德概念和价值概念，也不是直接传授大量新概念或新经验，而是帮助学生提高对已知基本道德概念的精确理解。教师最需要做的是尽可能保持积极的讨论气氛，帮助学生妥善处理直接面对的道德问题，逐步学会把道德思维技巧自觉运用到解决各种实际问题中。教师作为明智的引导者，要努力帮助学生从不同角度对某个道德概念进行全面考察，发展学生的敏锐洞察力和理解力，促使学生在值得期望和充分尊重的气氛中，通过积极思考更好地完善道德思维。

（三）游戏和情景模拟法

这种方法可以帮助人们为道德问题做出决策和实际选择提供直接经验，帮助人们意识和体验到对道德情境作出决策时面临的实际压力，有效消除在各种假想的讨论分析中可能被忽视或排斥的情感倾向。情景模拟和角色扮演相对于讨论分析而言，是一种为达到伦理教育目标"寓教于乐式"的活动方式，有助于以真诚的感性认知实现对道德问题的理性认识，在做出道德决策前能有效介入，自律地促使行为和态度发生真实变化，最终形成比较全面的伦理认识。

游戏和情景模拟法在道德教育实践中的积极教育意义，在于对各种游戏经验进行反思，将游戏者的注意力引导到预定教育目标上。作为一种学习活动过程，游戏和情景模拟法能提供对道德问题进行哲学反思的直接经验，这种经验作为较易获得的有效学习方法，能得到有益的教育启示，促使在现有经验基础上升华提炼新的见解。角色扮演是最常用的课堂游戏方式之一，角色模拟的真实情感体验在道德教育中具有更深切的教育启迪效果。教师角色扮演过程中要有效引导讨论深入进行，解释清楚角色特征和模拟环境诸要素之间的关系，培育特定情境下的"同情"感，帮助学生体验所扮演角色的心理目标、生活方式和行为模式，激发学生思考价值观的形成动机，可以与典型事例研究法和澄清性概念分析相互结合，促使学生自觉发挥主体能动性，直观地体会角色扮演的实践教育价值。

课堂游戏设计、角色扮演和情景演绎需要教师和学生共同付出努力，需要更多的经验积累、技能培养和时间精力，还会受到场地、环境、设备等诸多因素限制，实际课堂教学中不可能频繁运用较多场次的模拟和游戏活动。实践表明，一种游戏可以通过不同活动方式得到不一样的经验体验，一年当中开展两三个游戏活动，就会使整个课程教学效果焕然一新，这些颇具潜力的游戏活动是探索提高伦理教育质量的重要领域，应当引起教师和学生的广泛关注并积极参与。在活动中要客观体现在做出决策与价值观蕴含之间的关联度，帮助学生理性分析已接受或认同的价值陈述与他人的对立冲突，在模拟情境下探索不同价值观选择可能导致的结果，引导学生在道德意识和价值观念的冲突与协同之中，自觉做出符合自身道德意识发展规律的道德决策。

第四章 环境伦理教育理论研究

第一节 环境伦理教育的本质特征

环境伦理教育的本质特征概括表述为：根据环境伦理原则和道德规范，通过系统的伦理理论学习、自觉的实践意识和有组织的活动形式，加深对环境伦理价值准则的理解和认同，进而内化为个人道德意识和行为准则的一种教育形式。

环境伦理教育的本质特征，从目标指向角度出发，是一种素质教育和人格教育形式。从受众覆盖面来看，是一种社会教育、大众教育。从时空跨度来理解，是一种全面可持续发展的终身教育形式。

环境伦理教育目标是培养拥有环境保护知识，具备正确环境态度和价值观，养成良好环境伦理道德，能够有效实现环境保护行为的人。环境伦理教育还具有教育受体普适性、教育对象大众性、教育过程长期性、教育实践艰巨性、教育效果示范性、教育方式多样性等明显特征，通过环境伦理教育付诸实施，可以有效提高公众的环境意识、环境伦理情感和道德意志，自觉运用环境伦理道德准则，规范约束自身的道德行为，主动协调人与自然的和谐关系，达到促进人类与环境可持续发展的目标追求。

人是物质和精神的统一体，冯友兰先生认为人可以实现由自然境界、功利境界向道德境界和天地境界的无限升华和跃迁。创新现代德育必须结合时代特点，关注教育新视角，自觉提升实效性，善于运用文化视野进行嵌入式、培育式教育创新，在文化浸润和人文关怀中引导养成自觉品格，实现精神境界的跨越性升华。“反思道德教育的知识化路径……对于解决目前我们普遍遇到的道德滑坡、学校道德教育有效性低下等问题具有一定的启示意义。”[①]道德教育不能简单采用知识迁移的学习方式，纯粹的知识学习只能使解决道德问题步入一个错误的轨道。作为德育创新的重要组成部分，增强环境伦理道德意识是建立现代生态文明的基础，是深刻反思传统物质文明的时代产物，环境伦理教育不能仅仅关注环境科学知识学习，为了确保人类社会可持续发展的迫切需要，环境伦理教育的根本目标和本质特征是建立完善的环境伦理学科体系，提升环境伦理道德素质，养成环境友好的价值观，

---

① 谭维智：《道德教育的非知识化路径》，载《新华文摘》，2011 年第 20 期，第 119 页。

倡导保护环境的社会道德风尚，改善人类的环境行为方式，推进生态文明建设跨越发展。

在具体环境伦理教育的实施过程和操作层面上，依照价值取向递进选择的理解原则，不同价值取向的选择过程诠释了环境伦理教育实施过程中尊重价值文化多元性的本质特征。通过实施环境伦理教育，受教育者可以在自我评判和认同基础上自觉内化建构伦理行为规范，提升伦理思维认知能力的完整学习过程。

一是纯学术取向。教师在开展环境伦理教育过程中只呈现有伦理争议的环境问题，与学生共同勾画出各种可能存在的伦理价值观，鼓励学生独立思考和评判，教师本身只进行纯粹的学术研究与探讨，不对学生做任何价值倡导和心理暗示。

二是伦理倡导取向。教师帮助学生从伦理观念上认识在具体环境情境中应该选择或者坚持何种价值观和伦理观，要求学生针对自身的环境伦理观进行反思和批判，但并不要求作出具体的行动实施规划。

三是环境倡导取向。教师要求学生充分讨论辩护，在最终选择不同价值取向的环境伦理观基础上，规划与实际环境情景紧密相关的环境友好行为实施计划。

四是特定倡导取向。针对基于不同伦理价值取向的环境伦理观可能导致的众多环境行为及影响结果，教师组织学生进行全面讨论比较，综合论证可能产生的差异性和优劣之处，从中选择值得倡导的环境伦理观和最佳环境问题解决方案。

第二节　环境伦理教育的活动要素

环境伦理教育主要是指教育主体通过环境伦理道德教育，提高道德教育客体的环境伦理道德水平，自觉在环境行为中践行环境伦理的教育过程，具体实施过程主要包括四个方面：基础理论知识教育；具体内容教育；实践引导教育；全方位社会化教育。通过环境伦理教育过程的协调统一和知行合一，由“教化”到“内化”，可以最终实现教育的整体价值目标。环境伦理道德教育具备的“教化”外在性和内在性特征，通过教育实践过程融会贯通，道德主体性通过教化历程中有意识、有目的的引导性活动得以实现。“教化的社会性处境和定向性引导……成为将外在的客观知识内化为生命之德性能量的必要手段。”①通过主动接受教化，帮助个体摆脱原初本能，顺利进入精神性或道德性的存有状态，逐渐熟悉和适应环境，诠释生命意义，提升人格境界。

环境伦理教育根据教育实现过程和品德结构组成要件，分为四个活动要素：

一是环境伦理道德认知。针对人与自然的实践合作关系，对产生的道德关系

① 景海峰：《从诠释学看儒家哲学的教化观念》，载《新华文摘》，2012年第8期，第40页。

及相关的原则、规范、理论进行正确理解和把握，这是环境伦理的理性基础和道德判断的构成前提，也是环境道德行为的理性向导，没有正确的道德认识，难以产生正确的道德判断和道德推理，也不会形成正确的道德行为习惯。

二是环境伦理道德情感。道德情感与道德评价密切相关，道德评价（认同或不认同）在一定意义上可以视为道德情感的构成主体，道德情感在很大程度上能够影响道德选择。道德选择是在人的道德意识支配下，能够自觉从活动目标、行为方式、品质类型和人格模式选择适合个体自由意志的精神活动形式。道德选择是道德主体在自主状态下做出的选择性取舍，是道德主体经常从事的一种自由自觉的道德活动，既构成人类道德实践与道德生活的主要内容，也能客观反映人的道德实践与道德生活的价值取向。内外自由度的大小决定着选择者应当承担的道德责任，道德情感对道德选择的显著影响主要体现在道德主体的内部因素上，包括认识、动机、意图和目的等精神活动。环境伦理道德情感在个体环境道德的形成过程中具有特殊地位和重要作用，是处理人与自然关系时，根据自身道德需要产生的内心体验，是对人与自然道德原则、道德规范的认同，对人与自然和谐的道德理想向往，对形成环境人格起到激发、评价、选择和预测作用。环境伦理道德情感作为环境道德意志的前期阶段，是处于两可状态的道德意志。

三是环境伦理道德意志。道德意志产生于道德认识和道德情感，道德意志是道德情感的巩固，是正式确定下来的道德情感，道德认识和道德情感是道德意志的形成前提，道德意志是道德认识和道德情感在发展过程中相互作用的产物，具有自主性、自决性、自律性和自应性的特点，反映出向更高道德层次转化的自觉意识和道德超越。环境伦理道德意志是道德主体在履行环境道德义务时排除干扰，主动实现环境伦理目标的精神追求，是一种具有能动性的道德品质。

四是环境伦理道德行为。环境伦理教育目标是建构知、情、意、行各个层面相互协调统一的环境品格结构，前三个活动要素主要集中在意识和观念层面，环境伦理道德行为作为知行合一的实现载体，主要集中于物质和实践层面。环境伦理实践行为模式复杂多样，可以按照影响力度划分为环境道德行为、环境道德交往和环境道德调节等形式；也可以按照环境道德实践的表现形式划分为环境道德言语、环境道德行动、环境道德习惯和环境道德风俗等形式；还可以从心理学角度，根据环境道德行为过程的构成要素，阐述环境行为的发生机制，比如杜威认为名副其实的道德行为是明智的富有理性的行为，是自始至终都被认定为“善的”行为。可以将理智的道德行为看做是涉及道德原则和德性目的、能充分表达自由意志的谨慎行为意识。美国的雷斯特将环境伦理行为过程概括为解释环境伦理情境、作出环境伦理道德判断、进行环境伦理选择决策和履行环境伦理行动计划的四步骤实施过程。美国环境伦理学家托马斯·希尔在《环境伦理》杂志上提出要转换环境伦理学的研究思路和教育导向，从关注环境道德行为本身转向对实施行为者的道德品质发展进行深入研究和有效教育。公众实施环境行为有着复杂的内在过程与心理机制。“环境认知、环境价值观、环境关心、环境情感、主观规范、个性特质等心理性因素对公众环境行为产生影响。”①环境伦理教育要注重强化和提升环境伦理道德的认知、情感和意志，积极开展形式多样的环境伦理教育活动，培育公众的环境伦理认识水平，持续有效提供恰当进行自我激励的心理动力，促进具有良好道德取向的公众环境伦理行为顺利实施。

第三节　环境伦理教育的组织结构

环境伦理教育的理论依据和支撑体系是环境伦理学和教育哲学，环境伦理教育的组织结构也必然要在环境伦理学和教育哲学的指引下，以其特有的德育表现形式，进一步突出环境伦理道德教育的重要地位和特殊作用。环境伦理教育的组织结构，特指环境伦理教育的存在形式和具体开展方式，最根本的实施目的在于实现环境道德自律。通过认同环境伦理原则，制定环境伦理准则，完善环境伦理道德规范，内化为环境道德素养，养成良好的行为习惯，成为具备自觉环境伦理实践能力的道德个体。

道德教育的组织结构主要通过正规教育和非正规教育两种形式实现，环境伦理教育作为道德教育的重要组成部分，必然要遵循广义道德发生发展的普遍规律，依据德育教育的特殊规律和不同年龄阶段认知水平来有效组织实施。其中正规环境伦理教育主要指国民教育序列中的学校教育，包括从小学到初中到高中再到高等院校的基础教育、中等教育和高等教育阶段。非正规环境伦理教育主要包括家庭教育、社区教育、社会教育和继续教育等多种教育形式在内的参与型和非参与型教育。不论是正规还是非正规的教育过程，都应当帮助人意识到环境恶化问题，培养学生的责任感、行为方式和奉献精神。正规和非正规教育形式共同构成了完整的环境伦理教育体系，对环境伦理教育的全方位实施提供了重要组织结构保障。《21世纪议程——促进教育、公众意识和培训》强调指出，正规教育和非正规教育对于实现环境与发展协同、提升环境保护意识具有重要意义，“教育对于促进可持续发展和提高人们解决环境和发展问题能力极为重要”②。学校正规教育是环境与发展教育的主要基础，非正规教育对于改变人们的环境态度也必不可少，正规教育和非正规教育都是促进环境伦理教育的必要组成部分，要共同致力于保证所有不同年龄段的人都能获得环境与发展教育，培养可持续发展的环境道德意识、价值观、态度以及技能行为，应当特别强调对决策者进行强化培训，更好带动和实现公

---

① 彭远春：《公众环境行为的培育》，载《新华文摘》，2012年第2期，第160页。

② ［英］John Huckle，Stephen Sterling：《可持续发展教育》，王民等译，中国轻工业出版社2002年2月第1版，第284页。

众对环境决策的有效参与。

学校正规环境伦理教育体系必须与学生的智力发育阶段和成长过程相适应，根据影响学生智力和道德发展的不同变化倾向，积极发挥一体化的综合教育职能，促使“在智力和分析能力以及情感、精神和道德素质之间达到一种平衡”①。要系统分析学生的智力和道德成长过程，探索适宜于特定年龄阶段的教学内容和教育方法，提供适当途径将价值观教育结合进课堂教学，通过差异性分析，引导学生利用价值澄清规律消除内在冲突，检验自身价值观体系，客观衡量不同价值观和信仰追求的优劣，辨别不同环境问题的道德属性，深刻反省道德选择，运用普遍认可的道德原理，对各种环境行为进行价值判断和是非评价。

学校作为积极有效的社会生活组织形式，必须提供与社会生活息息相关的课程内容和科目设置，帮助儿童获得继续成长的机会，密切配合在社会和家庭生活中获得的道德训练，加深和拓展与社会和家庭生活紧密联系的价值观念，共同分享人类宝贵精神财富，为社会进步和环境改善充分发挥能力、爱好和兴趣。教师作为学校教育集体的主要成员，要依据较多的经验和较成熟的学识，帮助儿童探索在真实社会生活情景训练中选择决定性的影响因素，有针对性做出恰当的情感反应，避免将学校仅仅当做传授科技知识、学习课程教学大纲、灌输伦理价值观念或者训练行为习惯的封闭场所。

学校正规环境伦理教育是发展推广环境道德的核心载体和基本实践方式。调查发现，青少年70.3%的环境知识和环保意识来自学校正规教育，学校环境教育成为获取环境知识、提高环境伦理意识最重要的来源渠道。为了积极发挥环境伦理教育的教育本体功能，淡化直接功利化倾向，学校进行正规环境伦理道德教育，要积极通过环境知识学习，不断深化学生的感性认识，培养形成环境科学概念和意识、情感、态度、价值观时，更加关注学生的健全人格塑造和整体环境素质提高，注重对人类社会和自然环境的终极关怀，有效消除对环境知识的误读和混淆，激发对传统环境观念、环境风俗习惯和环境行为的质疑与反思，遵循从感性到知性再到理性的发展规律，明确不同年龄段的环境伦理观念、环境道德责任和环境规范意识，引导学生养成自觉履行环境道德规范的行为能力，培养造就适应未来社会发展需要、具备可持续发展思维方式、行为习惯和生活模式的合格公民。环境伦理教育作为素质教育重要组成部分，要突破以知识传授为本的环境教育观，促进环境知识教育和环境伦理教育深度融合，帮助树立关注环境质量的责任感，正确把握环境与发展的关系链接，注重培养公民的综合环境素养。环境伦理教育必须与学校的整体素质教育结合，积极融合到思想政治教育、科学文化教育、爱国爱校教育、遵纪守法教育、实践技能教育和社会主义核心价值观教育各个方面。

① 赵中建：《全球教育发展的历史轨迹——国际教育大会60年建议书》，教育科学出版社1999年12月第1版，第500页。

在正规环境伦理教育过程中培养环境价值观和态度，一是要形成正确的价值判断，充分认识到生存环境与人类的和谐共生关系对人类社会生产生活和经济发展具有重要价值，正确看待环境问题产生的严重后果，能激发人们尊重自然、热爱自然、节约资源、关爱生命的美好愿望，更加关注环境保护的重要意义，增强解决和预防环境污染和资源破坏问题的紧迫感。二是要建立正确的环境道德规范，自觉抵制日常生产生活和环境决策过程中可能损害环境质量的行为方式，正确处理好保护环境与经济社会快速发展之间的矛盾，帮助正确树立可持续发展理念，形成良好环境价值观和环境态度，主动维护整个地球生态系统的健康稳定。

非正规环境伦理教育是与正规教育并行不悖的教育维度，与正规环境伦理教育共同构成连续不断、相互补充、全方位促进的完整环境伦理教育体系，家庭、社区、社会在个体环境伦理教育的社会化过程中发挥了重要作用。国际环境教育计划丛书第23辑《非正规环境教育指南》强调，为了保障公民明智有效处理好环境问题，一定要在发展正规环境教育同时，大力发展非正规环境教育或者校外教育。著名教育家马卡连柯认为家庭是每个人参加社会化的起点，父母是每个人社会化的启蒙老师，家庭是每个人向社会迈进的第一个教育场所，家庭启蒙环境教育在个人环境伦理意识培养过程中起到至关重要的教育效果，许多学生家长已经深刻体会到环境对每个人将产生不可回避的直接影响，环境保护意识在许多家长心目中处于非常重要的位置，他们十分赞同在学校和家庭教育中进行必要的环境教育。然而有一个不容忽视的现实困惑凸显出来，North Cumberland 护士学校调查学生家长对环境的关注程度，发现有相当一部分家长因为缺乏环保方面的知识储备，自愿放弃了家庭教育的积极影响，选择寄希望于通过学校“提高他们自己对环境的认识”①。杜威认为正规学校教育和非正规教育在社会层面上过程和目的完全相同，“教育即是生活”的理念预示着教育是生活的必要手段，教育过程是个人参与人类社会活动的过程，通过个人能力发展、意识熏染、习惯形成、思想锻炼、感情或情绪激发，教育会在不知不觉中逐渐分享人类世代积累下来的宝贵智慧和道德财富。《教育——财富蕴藏其中：国际21世纪教育委员会报告》认为终身教育超越了启蒙教育和继续教育的传统区别，成为21世纪教育变革的关键所在，终身教育理念与“教育社会”这个先进理念紧密联系在一起。“教育第一”行动计划事关世界公民培养、有尊严生活和2015年联合国千年发展目标的实现。习近平同志2013年9月25日参加联合国“教育第一”全球倡议行动一周年纪念活动，明确表示中国将始终把教育摆在优先发展的战略地位，努力发展全民教育、终身教育，建设学习型社会。联合国秘书长潘基文呼吁充分调动国际社会对教育的广泛支持，能够负责任采取一切教育变革行动。

① [英]John Huckle，Stephen Sterling：《可持续发展教育》，王民等译，中国轻工业出版社2002年2月第1版，第85页。

构建终身学习型社会决定了环境伦理教育的形式多样性、主体广泛性、内容全面性、时间连续性和空间复杂性。正规环境伦理教育不能完全满足人们对环境知识传授、环境思维训练、环境能力培养、环境伦理培育以及环境实践检验的全方位需求，“环境教育不仅仅局限于正规教育之中”①。利用各种社会媒介和非正规教育形式进行环境伦理，充分发挥教育引导和实践检验作用，是加强和优化环境伦理道德教育的有效措施和必要保障，这些隐性教育模式能够充分利用校园文化、社区文化、企业文化的媒介作用，引导社会公众在隐性教育情境中获取环保经验和环境价值观，潜移默化地指导个体采取合乎伦理的环境行为取向。

环境伦理教育还要注重突出职业道德教育，通过具体实践活动进行嵌入式教育，培养环境友好型的职业道德良知，针对不同职业背景的管理者和一线工作人员，通过岗位培训、技能提高和大众媒介舆论监督等各种有效形式，自觉养成严格遵守环境伦理准则的职业操守，从点滴做起、从自我做起，在各类生产实践活动中提高环保自觉性和主动性，使环境道德真正成为指导人们具体环境行为规范的思想指导和伦理体现，成为致力于提高环境意识、行使环境权利、明确环境责任的重要载体。

第四节　环境伦理教育的功能价值

道德教育功能是指通过评价和激励措施，引领社会风尚，塑造道德榜样和理想人格，“培养人们的道德观念、道德境界和道德行为”②。道德教育作为知行合一的全民终身教育形式，在形成人类最本质的道德品质和协调人际关系过程中发挥了重要作用。环境伦理道德拓宽了道德关注和伦理协调的自然视角，将人与自然的道德关系纳入其中，环境伦理思想的延续、发展和推广，不仅与社会经济发展水平、科技发达程度密切相关，也与精神文化内涵和伦理价值取向协调一致，发挥环境道德教育功能必须以传统道德意识为基础，通过环境道德评价和行为习惯养成等外在制约作用，经过道德行为主体内部自我调节，升华为严格自律的环境道德行为，最终体现为环境道德的教育功能，在全人类普遍形成内化的道德力量。环境伦理是全社会普遍追求的整体性伦理思想，也是个人信仰追求的个体德性伦理，环境伦理具有对内和对外双重功能，对内可以提升个人道德境界和文明素养，对外可以促进人与自然的和谐、推动社会政治经济文化的稳定发展和繁荣。脱离了生态自然的演化历程，缺乏社会公众的道德认同感，忽略环境伦理思维的时代特征，都不利

① ［英］John Huckle，Stephen Sterling：《可持续发展教育》，王民等译，中国轻工业出版社 2002 年 2 月第 1 版，第 149 页。

② 邝福光：《环境伦理学教程》，中国环境科学出版社 2006 年 8 月修订版，第 135 页。

于完善环境伦理意识形态，达到真正的道德体验和情感共鸣。

为了满足地球上每一个公民的生存和发展需求，《联合国国际经济新秩序宣言》建议树立满足社会多元化以及人与自然平衡协调的发展观，新的全球伦理“承认人与自然以及人与人之间复杂而不断变化的关系”①。为了消除环境污染与破坏、贫穷与饥饿、剥削和压迫，人类必须以有益于全人类的方式开发地球资源，既有利于经济增长，又不破坏生态环境，不对人类造成危害；既发展本国经济、促进财富增长，又不牺牲别国利益和发展需求；既推动世界资源的公平分配和所有人的正当需求满足，又保证消费水平的提高不损害他人利益。现代教育制度改革是建立全球伦理观的有效途径，只有通过环境教育促使人们自觉接受改善环境质量和人民生活质量的价值观念，自觉付诸实际行动，环境与社会经济、政治和文化的协调发展才会成为可能。

社会主体潜在意识的培养和生存习惯的养成，依赖道德教育功能的充分发挥。面对日益严重的环境问题和教育功能缺失，联合国教科文组织副总干事科林·N. 鲍尔认为，教育是可以自由支配的有效手段。联合国教科文组织和国际教育局鼓励加强环境研究和教育开发，激发儿童和青少年对自然多样性充满热爱和尊重。全球日益严重的生态危机和日益凸显的环境问题是环境伦理教育兴起和繁盛发展的重要原因，环境科学与生态科学的蓬勃发展为环境伦理教育的发展奠定了科学基础，国际社会对普及和发展环境伦理教育、提高公众环境保护意识的认识不断加强。

环境道德的养成依赖于教育，环境伦理教育成为解决当今世界环境问题和生态危机，促进世界经济、政治、文化、社会、生态环境协调可持续发展的重要途径，在满足生态平衡、当代与后代需求、优化人类道德素质的基础上，对自觉提升环境道德品质具有无比重要性。环境伦理教育不再仅局限于对具体教育目的、对象、指导原则和解决环境现实问题进行研讨，更重要的是要超越外在的行为规范约束，主动提升全人类自觉地关注环境、保护环境的高层次环境情感和道德意识，养成尊重和热爱生命的正确环境审美观。环境道德意识提高最终体现为道德规范在道德主体意识中的内化，这是一个环境道德由他律转为自律的过程，也是环境道德转化为环保实践行为的思想前提。环境伦理教育要超越外在的行为规范遵守和环保知识获取，内化上升至道德伦理情感的认知领域，培养具有自觉环保意识并能自觉采取行动的理性人，最终树立改善生态环境和提高生活质量的全球伦理。

片面追求物质利益的环境资源外部效应，导致人类社会对自然的无情掠夺和无序开发，造成整个生态环境严重破坏。为了构建对所有生命共同体福祉给予足够关心重视的和谐社会，牢固树立“人和自然同属于一个生命共同体”的宇宙整体

① 赵中建:《全球教育发展的研究热点——90年代来自联合国教科文组织的报告》,教育科学出版社1999年12月第1版,第6页。

观，要对解决好“人与自然”和“人与社会”关系问题保持清醒的自我觉醒。构建新的可持续发展模式必然伴随着环境伦理道德的演化推广，要从环境与发展全局来慎重审视人类的历史文明进程。中国的可持续发展必须依靠教育来支撑，21 世纪作为知识化、信息化和生态化的新世纪，要顺应“人口、资源、环境与发展”四位一体的社会综合发展进程，共同构建以正规学校教育为主、社会教育和家庭教育以及职业教育密切配合的可持续发展终身教育体系。

环境与发展是当今国际社会引起普遍关注的重大现实问题，正确解决环境与发展的矛盾是环境伦理思想变革的首要任务。发展社会主义环境伦理学，不仅需要健全的环境法律法规和强有力的环境法治，还必须以社会主义环境道德为依托。环境伦理研究的主要实践价值是通过揭示环境道德的本质和发展规律，确立合理的环境伦理道德规范，奠定依法治理环境的道德基础，提高公民的环境道德素质，帮助公民明确了解应具备何种环境伦理道德品质、应确定怎样的环境伦理道德标准以及应具备哪些环境伦理道德能力。随着经济社会的迅猛发展和民主政治文明的不断提高，我国环境和发展之间的矛盾和冲突也日益凸显，西方工业文明导致的严重污染和环境破坏时刻提醒我们，要清醒地认识到工业化所带来的负面效应和巨大破坏力，深入探索适应中国特色，加快经济社会发展，繁荣物质文明、精神文明、政治文明、生态文明，推动人与自然、社会和经济的全面协调、可持续发展，这是环境伦理学教育工作者和研究者面临的一项艰巨而紧迫的历史使命。

第五节　环境伦理教育的评价方式

所谓评价实质上就是评价者通过一定手段对人或事物的价值进行衡量，判断被评价对象满足基本需要的程度。评价作为价值判断的有效形式，是一种主体性活动，一个综合性过程和一个动态发展阶段。评价本身尤其是教育评价，不是简单的一项人工操作技术，也不是以达到严格精准为目标的一门精确化科学，评价需要充分尊重和考虑各个方面汇总上来的不同结论。正如英国学者皮特·朗所言，教育评价应当是一个长期过程，因为人内心世界的发展复杂性，通过教育来促进人的道德发展和改善社会精神面貌需要长时间的检验来科学修正评价结果。

联合国教科文组织将教育指标体系概括为教育供给、教育需求、入学条件、内部效益、教育产出五大组成部分，用于衡量和评价总体的教育均衡发展状况。世界经济合作与发展组织将教育指标体系划分为四个一级指标，包括：教育机构产出对学习的影响，教育财政投入和人力投入，教育机会和个人进步，学习环境和学校组织结构。提高社会公民综合环境素质的目标定位，必然涉及教育评价方式的改革创新，权威机构的评价指标体系具有显著的教育导向和教学激励功能，对于建立学校教育和社会参与教育相互融合的环境伦理教育评价模式，具有重要的参考价值和启发意义。

作为环境伦理教育的重要组成部分，环境伦理教育评价比起可以量化的环境知识和环境能力评价，难度要大得多，可操作性和公信度难以有效衡量，必须根据环境伦理教育的本质特征进行相应调整。环境伦理教育评价目的是促进学生环境伦理道德的成长发展，评价主要是为了促进教师改善教学策略提供帮助，并不是对学生进行简单的优劣评价，更不是对人的环境道德水平做出终极判断。环境伦理态度和道德意识很难进行直接量化测试，价值观的改变和行为方式的转变大多是隐性的，测量的真实性不能通过简单的标准化测试结果得到全面证实，对评价可信性产生困惑完全可以理解。人们有理由质疑某个声称关爱环境的被评价者是否真正重视环境保护，是否真正关心清洁水源或茂密森林，也无法确定某个声称应该节约资源避免浪费的人是否会自觉履行承诺积极付诸实际行动。

杜威对教育评价过程进行过系统研究，详细阐述了值得借鉴的教育评价理论。他认为评价就是估量价值，不仅包括评价标准选择，也包括“评价的特殊方向”①。这两种评价意义类似于内在价值和工具价值的区别。所谓内在价值，就是科学对生活经验作出了独特贡献，不应当作为判断对象简单进行价值比较，内在价值相对于价值主体而言是无价之宝，两种不同事物的内在价值不存在所谓的价值大或小、好或坏、优或劣的绝对区分，不存在对价值大小进行比较的问题，每个事物都有独特目的和内在价值，不存在评价好坏的问题。但是在某些特定情境下，比如几种事物之间发生根本性的价值竞争或利益冲突，人们就必须进行价值比较，必须依据评价手段或工具价值进行选择性取舍。为了满足特定情境下的行为目的，进行不同程度的价值排序来区分工具性价值大小也就成为可能。杜威认为每种价值分类都具有长期效度，任何事物的工具性价值都可以看做是为了达到某种目的而采取的手段，工具价值具有为了达到特定目标的内在价值基础，针对环境伦理教育课程来说，各种环境伦理理论既具有自身独特的内在价值，同时又具备相应的工具价值，整个环境伦理课程体系实质上是各种内在价值和工具价值并存的教育科目之间相互影响和相互作用的价值综合体。

环境道德教育评价就是依据素质教育的目标要求，运用科学可行的办法收集、整理、分析、评价不同教育资料，对环境教育的对象、内容、教育过程和效果进行价值判断。为了发挥评价机制的正面引领作用，必须将评价过程与效果检验和体系构建紧密结合起来。环境伦理教育评价要侧重于对组织实施过程和教育效果进行评价，评价依据主要来自社会公众对环境伦理道德的认识程度、环境伦理意识的转变程度以及环境伦理行为的自觉程度。评价的具体参数主要涉及环境伦理教育的组织管理和课程协调、教学装备条件和经费保障、师资培训和教学研究、显性和隐

① ［美］杜威：《道德教育原理》，王承绪等译，浙江教育出版社 2003 年第 1 版，第 151 页。

性课程开发、环境文化建设成效、教育效果和实践检验等因素。

评价活动主要包括四个方面：一是对环境伦理道德教育的内容进行评价。包括教育目标是否科学合理，具体任务是否明确，课程体系是否健全，课程设计是否具备多学科综合渗透和培育道德意识的特点，教育形式是否兼顾理论与实践紧密结合，教育方法是否遵循认知能力的阶段与道德养成规律。二是对环境伦理道德教育的组织管理情况进行评价。主要是指国家、政府和非政府组织对环境伦理教育的重视程度，教育与环境保护主管部门组织实施环境伦理教育的机构是否健全，运行效率是否高效有序，保障措施是否得力，指导环境伦理教育实施的管理规章制度是否完善，学校环境伦理教育与社会教育框架体系是否建立，环境伦理教育各级实施机构的工作计划执行情况是否严格规范。三是对环境伦理教育的师资建设情况进行评价。主要考核环境伦理教育的师资配备和教育培训状况、理论与实践教学前期准备工作、结合教学大纲实施教学过程的规范化程度、教师的工作积极性、实际教学效果和实践教学的参与热情、教学研究活动评比等。四是对环境伦理教育的学习效果进行评价。主要考查受教育者在各个年龄和智力发展阶段的环境意识是否得到有效增强、对环境伦理道德规范的认可与接受程度、环境伦理道德水平是否自觉提高、环境友好行为习惯的伦理素养是否真正养成。

环境伦理教育评价重点是课程评价。课程评价既要评价学生的学习效果和取得的进展，也要评价课程的组织程序和教学效果，评价的根本目的是求证学生通过课程学习，是否如期获得了正确对待环境问题的伦理态度、付诸行动的环境伦理知识背景及参与技能，评价的最终效果取决于能否帮助学生提高环境伦理道德水平，能否有助于改善环境质量。为了有效提高环境伦理教育课程的评价质量，迪安·贝尼特在《评价学校的环境教育》一书中建议，评价内容要充分体现学生通过课程学习获得的环境伦理知识增长评价；新教学方法应用效果评价；学习环境改变对教学组织实施、受教育者和现实环境带来的影响评价；课程短期和长期目标的恰当性评价；课程实施必要性、可行性和重要性评价；环境伦理教育课程与各种环境人文社科类课程和环境自然科学类课程的相关性和关联度评价。

环境伦理教育的课程评价需要综合考虑各种正规评价和非正规评价手段的有机结合，要将课堂测验、单元测试和课业标准化考试等正规评价手段与直观观察、调查研究、课堂讨论、家庭作业、课后实践行动等非正规评价方式视为同等重要的评价依据。克龙巴赫倡议教学过程中的一个基础性工作，就是及时向教师和学生提供关于课程教学实施过程成功或失败的评价反馈，环境伦理教师要确保在课程设计之初就将评价活动有机结合到课程组织全过程中，从设定教学目标时就提前考虑如何评价考核成绩的优劣，而不仅仅局限于课程结束时的总结评价。

环境伦理教育课程的评价要素主要包括教学目标、课程教学内容设计、教学方式方法、教学过程和教学效果等多个方面，具体评价类型大致分为三种类型。

一是预测性评价。在开展课程教学之前，教师采用各种正规或非正规的评价方式，对学生的环境认知能力和环境伦理理论背景进行预设式测试，了解掌握班级全体学生的整体环境道德认知水平和差异化程度，为后续课程教学积累基础性资料信息。学校进行环境伦理课程教学评价的最终目标，就是提供良好的教学策略，促使学生朝着预先设定的目标转变，促使环境情感得到发展，环保技能得到训练提高，环境价值观得到提升，参与环境保护的主体意识和合作精神得到弘扬。

二是过程性评价。过程性评价更强调定性分析，尽管对评价精确性缺少量化考核标准，但可以为一些无法精确测量的细微变化提供评价便利，也称为成长记录型评价。教师通过对环境伦理课程教学进展和阶段性学习效果进行比较研究，衡量学生随着课程学习的逐步深入取得的实际进展，评价方式可以采用正规的标准化考试形式，也可以灵活运用观察、调查问卷、单元小测试、课堂讨论、家庭作业、课堂笔记、个人访谈等多种非正式评价技巧，督促学生明确学习目标和学习预期，同时可以通过评价反馈帮助教师及时调整教学方案，适时改进测试的信度、效度和可行性参数，更加真实客观地反映个体差异性。

三是总结性评价。这是对学生环境伦理课程总体学习效果和教学质量的最终评价结果，主要通过书面测试、知识竞赛、课程口试、作品创作、实践参与等形式进行，评价时不仅要注重学生的学习成绩，还要检测学生是否达到了预期学习目的，在环境价值观、审美观、责任感和道德感等情感领域是否得到全面考核；对环境问题的伦理认知能力是否提高，环保参与意识是否得到调动；更重要的是反思如何改进标准化考试与非标准化评价的契合度，帮助教师动态化修正相关课程的重点教育内容。

评价工作要慎重考虑的影响因素：一是整个评价要确保公平公正，具备连续性和可操作性；二是鼓励学生在评价过程中积极参与，踊跃提出改进教学和评价效果的合理化建议；三是评价工作要考虑到环境问题的现实性以及社会、学校、学生和家长的伦理需求，兼顾课程师资、资金投入和教学资源的可获得性；四是评价结果要在一定范围内分享以获取更多的支持和理解；五是评价活动要与环境伦理教育的预期目标吻合，要有利于增强主动参与意识，促进相关环境专业知识技能提高；六是评价课程的实际教学效果和参与意识，要客观总结学生通过课程学习是否真正提高了环境伦理意识，是否主动利用已了解和掌握的环境知识和技能，积极采取行动解决环境问题。

环境伦理教育主要涉及环境态度和环境价值观养成以及环保意识提高，为了增加环境伦理评价的可信度，教师收集信息必须充足可靠，要采取适当的检验方法验证学生环境伦理态度是否真正发生转变，是否真正促使新的环境行为习惯养成，是否真正敦促学生表里如一地践行环境伦理规范。通常情况下，环境伦理教育量化评价更需要紧密结合“观察法、座谈法、作业评阅法等非量化方法”①。

① 祝怀新、林道辉：《环境教育的理论与实践》，中国环境科学出版社 2005 年 7 月第 1 版，第 53 页。

一是采用调查问卷方式。对有关环境问题的伦理意识和行为规范，按照认可程度提供备选方案供学生选择，在课程教学结束后对选择方案进行差异性比较，客观真实地反馈教育效果。

二是采用分级排序方式。将不同地域范围内面临的环境问题按照严重程度和紧迫程度排序，让学生根据自己的认识水平进行认可选择，选择答案的前后排序及调整变动情况，可以从一个侧面反映学生的道德发展过程和认知水平变化。

三是采用价值分段量表方式。对所有备选的环境问题从肯定到否定或从否定到肯定进行逐步过渡式的价值判断排序，在组织实施环境伦理教育课程之前，让学生从各自不同的判断角度进行界定，期末进行重新测量，比较价值判断的变化轨迹，分析学生对特定环境问题的伦理倾向是否向有利于环境的行为方式转变。

四是采用行为比对调查方式。对一些涉及环境伦理的日常行为习惯进行专项调查，调查不只局限于课堂提问或填写调查问卷等直观形式，而是要对学生在接受课程教育前后的一个较长时间段进行跟踪调查和实际观察，也可以有意识通过一些环境接触类社会实践活动来检验学生知行合一的自觉意识。琳达·坎贝尔、布鲁斯·坎贝尔和迪伊·迪金森积极鼓励在真实教学情景下对教学效果进行跟踪评估，便于学生在熟悉的环境里用熟悉的方式充分展示自己，“在学生们积极地参与日常的教学活动中进行评估，评估和教学之间的界限就消失了”①。

五是采用两难抉择方式。在环境伦理问题产生、发展和解决过程中，因为不同价值观念往往导致各种冲突和矛盾，面对两难或多难选择时能否综合运用价值分析、道德推理进行理性思考和价值评判，直接关系到评价结果的客观性和决策的有效性。选择两难问题容易引起认知冲突和意见分歧，有利于通过矛盾思辨方式对学生的环境道德推理能力进行检验，这种情感经历可以帮助学生自由开放地发表自己的观点和想法，学会在特定的环境伦理冲突过程中挑战固有的伦理信仰和价值观念，促使道德推理能力和认知水平得到超越式提高。在尝试解决环境道德两难抉择过程中，问题情境的搜集与设计、问题内容的深入理解、两难或多难困境要素的呈现、道德判断的理由阐述、团体讨论与价值澄清，都是至关重要的评价步骤。教师要注意尽可能保持中立，鼓励学生阐述自己的价值观点，同时对相互存在分歧的伦理倾向进行公开讨论，引导学生在新旧观念碰撞中发展完善道德推理和逻辑思维能力，在道德焦虑中释放内心的真实道德情感，不断克服心理彷徨和情感沮丧，在更高层次上对环境伦理意识和环境行为动机产生“共情”。

① ［美］詹纳·格洛克、苏珊·沃茨、玛吉·迈耶：《自然智力——校园中的科学》，邵红香、周亚译，教育科学出版社2003年版，第4页。

第五章 环境伦理教育发展历程

第一节 国际环境伦理教育产生和发展历程

全球生态危机日益严重,现实环境问题日益凸显,成为环境伦理教育兴起并繁盛发展的重要原因,环境科学、生态科学和伦理科学的学科研究新进展,为环境伦理教育发展奠定了科学基础。国际社会对发展环境伦理教育、提高公众环保意识的认识不断加强,促进世界政治、经济、文化、社会和生态环境协调可持续发展,成为环境伦理教育的重要历史使命,必须发挥更大的教育作用,帮助人们养成科学高尚的环境伦理道德品质和价值观念。

一、国际环境伦理教育的诞生

随着人类社会与环境的相互影响、生态文明的演化进程和环境教育的日益推广,国际环境伦理教育逐步萌芽发展。以蒸汽机和纺织机的广泛使用为标志,18 世纪第一次工业革命顺利完成,伴随着科技进步和生产力飞速提高,环境污染问题开始显现,泰晤士河污染和雾都伦敦开始影响人们的身心健康。19 世纪初电气时代到来,人们在享受第二次工业革命带来的惬意生活时,明显感受到环境污染对人类社会造成的严重危害,环境污染治理问题引起人类普遍关注。20 世纪 40～60 年代,电子科技和原子能时代来临,第三次工业革命开始迅猛发展,科技进步日新月异,物质文明飞速提高,西方经济高速发展直接导致生态环境日益恶化,全球环境恶化和生态破坏程度令世人震惊。

1952 年至 1965 年德国国内生产总值和国民收入年均增长速度达到 9.8%的增长奇迹,西欧国家国民生产总值平均增长率也由 1950 年代的 4.4%增至 1960 年代的 5.2%,追求 GDP 增长的工业化发展成为社会发展的代名词,经济增长取代了一切。经济高速增长激化了原有的通货膨胀、失业率居高不下等社会矛盾,引发了南北差异、能源危机、环境污染和生态破坏等更严重的新问题。环境退化和生态系统失衡导致严重的全球性生态危机接踵而至。"地球日"倡导发起人盖洛德·纳尔逊尖锐指出，“没有一个国家能从被毁坏的自然环境中迅速崛起”①。来自大自然的威胁远比战争更加危险，全球生态环境恶化被许多生态学家和政治家视为人类在 20 世纪犯下的难以救赎的错误行径，严重后果堪比“第三次世界大战”。环境伦理教育受到国际社会的高度重视，人类开始认识到，必须大力发展环境伦理教育，正确认识人与环境的相互作用，尽快唤醒广大民众的环境保护意识，正确处理人类活动与环境保护之间的友好关系，有效避免对自然资源和生态环境不合理开发利用，减少对生存环境的肆意破坏。

1948 年原苏联的莫斯科大学开始开设环境保护类课程。1949 年联合国召开资源保护和利用科学会议，联合国教科文组织发起成立国际自然与自然保护联合会，设立专门教育委员会，试图通过环境教育这个有效形式，“拓宽和增进人类的国际环境意识，并着手付诸实践”②。20 世纪 50 年代以后，许多国家和地区相继成立各类环境保护专门组织机构，尝试通过新型的教育模式和课程设计，指导各相关学科的交叉融合，希望通过环境伦理教育增进环保意识，共同关心和保护赖以生存的地球环境。

“现代环境时代”自 20 世纪 60 年代开始，环境伦理教育提高公众环保意识、缓解全球生态危机的观念逐步深入人心。蕾切尔·卡逊在《寂静的春天》中揭露了农药残留对生物链、人类健康甚至地球生态系统造成了严重危害，引起全世界对环保责任的深入思考，被后人视为唤醒民众环保意识、引领西方环保运动蓬勃发展的重要标志。美国、前苏联和英国开始陆续将环境伦理教育引入学校教育体系中，许多环保组织编辑出版环保类书籍、刊物和教材，积极参与环境保护运动，传播推广环保知识和环境伦理。

1965 年德国基尔大学召开了环境教育大会，对环境教育内容和教学方法进行专题研讨，建议通过积极教育鼓励人们加深对自然环境的认识和理解，增进环保责任感。联合国教科文组织 1968 年提出开发环境教育类课程，通过技术推广和人才培训提高对全球环境的关注程度。1969 年美国环境质量委员会倡导人与环境和谐共处，1970 年美国率先颁布《环境教育法》，1971 年成立美国环境教育协会，州一级的环境教育总体规划和环保机构相继成立，环境保护开始成为美国的一项全国性政策。

自 60 年代末开始，法国民众对自然环境持续关注，生态环保理念得到广泛传播，1971 年法国环境保护部成立，“人们对环保价值的理解却仍然是肤浅的，消费社会的理念仍旧根深蒂固，环境教育也还缺乏整合”③。蓬皮杜总统提出和大力倡导的“环保道德”短时间内未能真正推广实现。

---

① 崔建霞：《公民环境教育新论》，山东大学出版社 2009 年 3 月第 1 版，第 15 页。

② 陈丽鸿、孙大勇：《中国生态文明教育理论与实践》，中央编译出版社 2009 年 6 月第 1 版，第 19 页。

③ [法]维拉希尔·拉克霍、埃德温·扎卡伊：《法国环境政策 40 年：演化、发展及挑战》，载《新华文摘》，2012 年第 4 期，第 146 页。

1970年在美国卡森市林业学院召开环境教育国际会议，会议建议政府和国家教育机构通过整体性课程改革，将环境教育纳入学校教育体系，在必修和综合性教学内容加入相关的环境教育改革，将环境教育视为确认价值、梳理概念、增进技术、改变态度的教育过程，“用于帮助增强对人与文化及其生物圈环境之间相互关系的认识和理解”①。英国“1970年乡村研究会”第三次会议根据内华达会议精神，在1970年10月明确了环境教育的本质和发展目标，希望帮助人们深入理解所处自然环境的主要特征、与自然环境的相互关系、管理自然环境的能力选择，“培养个人责任感和对自己环境状况的积极关注，鼓励他们对环境表现出热情和乐趣”②。

1971年欧洲环境保护教育会议在苏黎世召开，尼科尔斯强调应对环境危机教育应发挥更重要的作用，环境教育可以“开发全民环境意识，另一方面培养解决人类面临的复杂问题所需要的环境专家和其他人才”③。帕里查德积极呼吁政府将环境教育作为优先发展领域、重视发挥环境教育的两元化功能，既大力开展培养专门人才的职业训练，又实现“培养环境问题的公共意识，实现自然资源的保护和鼓励享受环境这样的最终目的”。尼科尔森认为到了1960年代末，通过各类国际组织和大众传媒在世界范围内的广泛传播，环境伦理教育思想开始产生深远影响，在1972年出版的《环境革命》一书中，他主张将“不断增长的对环境问题的关心”这一新型环境伦理观，通过不同层次的教育系统加以普及并付诸实践，所向披靡的新时代真正代表“对人类环境的关爱”④。

二、国际环境伦理教育的发展历程

(一) 国际环境伦理教育的成长阶段

1972年苏格兰环境部在《你想如何生活》中指出，地球是人类的栖息地，它既是一个物质世界，也是价值载体。“环境教育的道德目标就是使公民理解这些价值，批判这些价值，在必要的地方改变这些价值。”1972年5月在《学会生存——教育世界的今天和明天》中，联合国教科文组织国际教育发展委员会对教育目的进行了界定，认为教育要走向“科学的人道主义”，要努力使人成为“一个完善的人”，要把人的体力、智力、情绪、伦理等各方面因素综合在一起，引导环境伦理教育在理性发展和创新变革过程中，正确意识到人类的使命，寻求个人的智力、德行、情感和体

① 艾沃. F. 古德森:《环境教育的诞生—英国学校课程社会史的个案研究》,贺晓星、仲鑫译,华东师范大学出版社2001年版,第121页。

② 艾沃. F. 古德森:《环境教育的诞生—英国学校课程社会史的个案研究》,贺晓星、仲鑫译,华东师范大学出版社2001年版,第125页。

③ International Union for Conservation of Nature and Natural Resources. Final Report, European Working Conference on Environmental Conservation Education, Supplementary Paper, No. 34, Switzerland 1972(IUCN), P2.

④ M. Nicholson. The Environmental Revolution, Harmondsworth, Penguin, 1972, P12.

格等各个组成部分与环境协调和谐。

1972 年召开联合国“人类环境会议”，有力促进了全球人民对环境伦理教育这个新兴教育领域进行全面思考，这次大会被视为环境伦理教育运动的全球发端。会议强烈建议教科文组织建立一个服务全体民众、通过教育促进环境保护的环境教育国际计划。大会第 96 条建议呼吁加快发展具有广泛基础的环境教育，全力应对全球环境危机。会议正式通过《人类环境宣言》，倡导“不仅对成年人，而且对年轻一代要在环境问题上进行教育”，要切实扩大环境保护的启蒙教育，增强全社会保护和改善环境的责任感，强调要着重加强环境伦理道德教育，通过教育对保护和改善人类环境的行为进行舆论监督，掀起了波澜壮阔的全球性环境保护伦理研究，开启了绿色生态运动新篇章。“人类环境会议”突出了环境伦理教育的重要性，认识到环境与发展必须相互协调，环境伦理教育是提高人们环境保护意识，妥善解决环境危机必不可少的重要手段，推动了环境伦理教育在全球范围的迅猛发展。会议明确指出联合国教科文组织和其他相关国际组织要及早采取行动，建立一个国际性的环境教育规划署，加强对环境伦理教育和环境科学教育的国际合作指导，要充分利用跨学科方式，在各级正规和非正规教育、校内和校外教育中，对普通市民进行包括环境伦理在内的环境教育。“只有一个地球”的强烈呼吁，促使联合国将每年 6 月 5 日确定为“世界环境日”，在世界范围内积极开展各类环保主题活动，突出保护和改善人类环境的重要性。联合国环境规划署于 1973 年 1 月正式成立，1973 年 10 月总部由瑞士日内瓦迁至肯尼亚首都内罗毕。众多国家层面的环境管理机构在西方发达国家相继成立，民间非政府环保组织更是繁盛发展，各类绿色政党不断诞生壮大，新环境保护运动开始日趋活跃。

1974 年苏格兰教育部在《环境教育》报告中提出：“环境教育的最终目标是培养对环境负责任的态度和一种环境伦理。”①受联合国教科文组织的委托，1974 年芬兰国家委员会在查米召开了环境教育国际讨论会。1975 年联合国教科文组织和环境规划署共同组建国际环境教育规划署（IEEP），作为负责国际环境教育合作活动的专门机构，开展环境教育全球规划，收集整理相关环境教育资源，制定具体环境教育方针政策，开展环境教育课程开发和师资培训活动，以及进行环境教育的理论研讨。国际环境教育规划署全面开展关于环境教育具体内容和教育方式方法的研究工作，教科书、师资培训方案、中小学环境教育实践经验、教育方法论、文献指南、环境教育标准化术语词汇表等环境教育资料逐渐丰富完善，形成了一个较完整的系统教育体系。通过组织实施环境教育课程规划和师资培训计划，提高了环境教育规划专家和环保决策者对环境教育必要性的认可，环境教育开始频繁体现在各国政府的工作发展规划之中，逐渐演变成全球性的环境教育行动。

---

① [英]Joy A. Palmer：《21 世纪的环境教育——理论、实践、进展与前景》，田青、刘丰译，中国轻工业出版社 2002 年版，第 10 页。

联合国教科文组织和环境教育规划署共同合作，于 1975 年正式启动“国际环境教育计划”，1976 年编辑出版了以英语、法语和西班牙语三种文字发行的环境教育通讯刊物《连接》，专门宣传介绍环境教育的理论与实践，在全球范围广泛收集和传播不同国家地区的环境教育信息，建立了环境教育计算机信息资料中心，编印《环境教育机构指南》和《环境教育期刊指南》，推介全球环境教育组织机构信息、活动组织开展情况和期刊发行情况，帮助国际社会与广大民众认识和了解环境教育演进历史，有效提高了环境教育在伦理研究领域的国际合作。

1975 年 10 月联合国在贝尔格莱德召开了国际环境教育研讨会，这次教育大会是以环境教育为主题的一次最高级别国际研讨会，共有 65 个国家的教育专家参加会议。《贝尔格莱德宪章》要求“树立全球的道德……反映出对改善环境及改善全世界人民生活承担义务”①。通过环境问题跨学科合作，培养人们的环境认识，阐明环境伦理教育的跨学科特征，形成创造全社会环保精神的行为新模式。《宪章》倡导人们要更加认识和关注经济、社会、政治和环境的相互依存关系；要创造机会帮助每个人获取保护和改善环境所需要的知识、价值观、态度、承诺和技能；要创设保护环境的道德责任意识，鼓励人们对片面追求经济效益的政策行为提出质疑，自觉承担保护环境和改善全人类的义务，避免对环境资源造成不良影响。“建立新的发展观和世界经济秩序，关键在于教育过程和教育系统的改革”②，要在学生与教师之间、学校与社会之间、教育系统与全社会之间建立一种卓有成效的新型相互关系，培养具有自觉环保意识并能自觉采取行动的理性人，贝尔格莱德会议对环境教育的伦理教化功能进行了全新的理解和诠释，至今仍具有很好的借鉴和指导意义。会议主张环境教育作为一门新兴学科，要发展成为运用环境知识和价值观深化教育形式和学科内容改革的新兴手段，着眼于培养儿童和青少年的环境伦理知识，对未来的环境质量产生积极影响，不仅要对具体教育目的、对象、指导原则和环境现实问题进行研讨，更要规划未来的道德信念，超越外在的行为规范约束，内化上升至情感和认知领域，主动提升全人类自觉关注环境、保护环境的环境道德情感，深刻领会保护生态平衡、提高人类素质、满足后代需求的伦理教育现实意义。

（二）国际环境伦理教育的蓬勃发展阶段

1976 年英国国家环境教育委员会在《目标声明》中，对学前、小学和中学不同年龄段的环境教育目标进行阐述，要求将教育重点放在对环境概念理解力、价值判断能力和环境伦理观的培养，并对符合法律规定和伦理规范约束的环境行为形成正确认识。

---

① 徐辉、祝怀新：《国际环境教育的理论与实践》，人民教育出版社 1998 年 11 月第 1 版，2003 年 4 月第 3 次印刷，第 21 页。

② UNESCO. The International Workshop on Environmental Education: Final Report. Belgrade. Yugoslavia. Paris: UNESCO/UNEP, 1975。参考祝怀新、林道辉：《环境教育的理论与实践》，中国环境科学出版社 2005 年 7 月第 1 版，第 13 页。

第比利斯政府间环境教育会议于1977年10月召开，环境伦理教育在国际社会的地位得以确认，各国普遍重视环境伦理教育的重要地位，国际环境教育开始迅速发展，大会呼吁要有意识将对环境的关心和具体活动内容引入教育体系和教育政策之中，在进行必要的技能培训时，鼓励培育人们保护环境的主动精神、责任感和使命感，培养人们为改善生活、保护环境而奋斗的道德价值观念和品行修养。英国代表团认为环境教育是环境伦理哲学普遍深入的教育体现，是全面渗透到各个学科的综合性教育方法，通过传授“自然和生态平衡的价值观，使人们积极关注环境，这可以使人类能够设计并建造一个适宜居住的地球”①。环境教育作为教育科学范畴下的跨学科课程，能够唤醒环境意识，理解人类与环境的互利关系，树立正确的环境价值观与态度，发展解决实际环境问题的实践技能。会议建议国际社会积极关注环境伦理建设，全面完整看待环境问题，注重培养学生的感知意识，提高批判性思维能力，加强环境问题的专门解决技能学习。环境与发展存在辩证统一关系，保护和改善环境离不开发展，发展是保护和改善环境的前提。第比利斯会议明确提出环境教育首要目标是培养人们对待环境和利用资源的正确态度，在意识、知识、技能、态度和参与五个方面对环境道德教育加以特别关注，强调环境教育的努力方向和行为准则，“鼓励形成构成自我约束基础并与保护和改善环境相协调的那些道德的、经济的和美学的价值观念”，实现环境道德教育的特殊教育功能和引领作用，这实质上拓展了环境教育的内容和方法，把环境教育引入更广阔的伦理教育空间，为全球环境伦理教育的发展构建了基本框架。

1978年奇德莱斯对公立中小学的环境教育大纲和课程特征进行研究分析，重点涉及年级、目标、负责内容选择的人员、影响内容选择的因素、课程组织、教学内容和教材来源、教学方法、课程发展局限性等方面。研究发现，在幼儿园低年级、小学五六年级和中学十至十二年级，环境教育开展最为普遍，参与率最高，但资金和时间配置不足被公认为是阻碍教育推行的最大困难。影响课程内容选择的最大因素是师生兴趣和学生需求，教师自己编写教材，全州没有编印统一的环境教育教科书，相关立法影响力也相对较小。最常用的教学方法是小组活动计划、课堂讨论和野外或社区调查访问，环境教育计划推行多学科和跨学科教育方法，公众普遍认为培养学生的环境意识比帮助学生掌握解决环境问题的直接技能更为重要。

20世纪80年代是环境伦理教育蓬勃发展的重要阶段，许多国家和地区开始全面探讨环境伦理教育内容、主题和方法论，希望通过加强环境教育的跨学科研究，学习生态系统运行规律和环境问题治理知识，深入研究影响环境退化的潜在原因，及时纠正忽视伦理情感教育的现状，积极关注环境价值观和环境情感养成教育。80年代初期欧洲建立了许多自然学校，推行的环境伦理教育理念是“在环境

① [英]Joy A. Palmer:《21世纪的环境教育——理论、实践、进展与前景》，田青、刘丰译，中国轻工业出版社2002年版，第9页。

中的教育”，在自然主义教育思想影响下，利用现实环境资源作为教育载体，借鉴早期自然学习经验和户外实地亲身体验的教育形式，增强学生对自然的热爱，妥善处理人与自然的关系。

国际自然与自然资源保护同盟、联合国环境规划署和世界自然基金会于1980年联合出版了《世界自然保护大纲》，强调环境伦理教育在维持人与自然和谐关系构建的重要性，呼吁人类彻底改变对待生物圈的传统行为模式，通过环境教育加强符合新伦理要求的态度和行为养成，为防止不合理的环境态度和不适宜的环境价值观对经济社会发展造成不利影响，要在环境态度和价值观方面积极进行教育变革。环境伦理学等环境人文科学研究有序开展，推动可持续发展思想萌芽，环境保护与经济可持续发展合二为一，整体哲学观开始引起人们普遍关注。

1982年5月内罗毕会议讨论通过《内罗毕宣言》，再次确认《人类环境宣言》仍是指导全球环境保护事业的基本行动指南，同时提出要加强对教师、专家、企业管理人员和决策者的环境教育和培训，向媒体、社会公众和科学家及时提供环境相关信息，提高公众对环境保护重要性的伦理认识，呼吁人们清醒看到人类的无节制活动仍在加剧环境恶化，公众环境宣传教育和伦理育化功能并没有真正得到重视。

1987年世界环境与发展委员会发布《我们共同的未来》，通过这个被称为“关于可持续发展的第一个真正的国际宣言”，可持续发展作为改善环境与发展关系的核心思想得以确立，成为指导环境伦理教育实践的基本原则。人类对环境的态度转变，依赖教育形式和公众讨论以及公众参与方面的大规模运动，环境教育需要综合考虑环境本身及相关生态资源、人口结构、经济发展模式、社会伦理意识等因素，为了子孙后代的美好未来，人们需要团结起来建立环境伦理和持续发展新理念。

联合国教科文组织和环境规划署于1987年8月在莫斯科联合召开“国际环境教育与培训会议”，纪念第比利斯会议胜利召开10周年，这是继1977年第比利斯会议以来的环境教育盛会，进一步提高了全体民众的环保意识，来自联合国80多个成员国的300余名代表参会。会议发表《90年代环境教育和培训领域的国际行动战略》，成为国际社会在1990年代的环境教育总体行动计划，会议针对国际社会普遍关注的环境教育议题进行集中研讨，环境伦理教育重要性得到普遍认可，彻底消除人类面临的全球环境威胁，长远之计在于深刻变革公众环保意识，教育公众普遍认识到环境质量改善与人类需求满足之间存在密切联系，环境伦理教育正是增强环境意识的有效途径和行动策略。“我们认为通过一定的环境教育使人们的环境意识得到加强，这是非常重要的原因。”①为了实现“达到可持续性是环境教育的最高目标”，建议将1990—2000年十年时间确定为加强国际环境教育的十年。1988年欧共体成员国在部长级会议上通过决议，同意采取必要措施在相关教育领

---

① [英]Joy A. Palmer:《21世纪的环境教育——理论、实践、进展与前景》，田青、刘丰译，中国轻工业出版社2002年版，第17页。

域促进环境伦理教育，在欧共体范围内加以推广应用。1988 年联合国教科文组织正式提出“为了可持续发展的教育(EFS)”和“可持续发展教育(ESD)”，这标志着国际环境教育进入可持续发展教育新阶段。

20 世纪 80 年代末，英格兰国家课程委员会专门成立了环境教育工作组，基于“学龄儿童接受环境教育是一种权利”的教育理念，在《国家课程》中将环境教育和健康教育、公民教育、职业教育与指南、经济与工业一并确定为五项跨学科的教育主题。指出在环境教育和学习过程中，知识、技能与观念是三个最根本的构成要素，为更好提供机会提高学生的认识能力，必须鼓励学生开阔视角，从各个不同学科领域出发，调动参与环境问题解决、加强环境管理的积极性，自觉将个人行动付诸实施。

联合国环境规划署历来重视人类环境意识的提高，将每年至少五分之一的经费预算用于环境教育和培训，认为人们的环境认识将最终决定未来的环境状况，要“提高公众的环境意识，并促进社团和政府在解决全球性、区域性和地方性环境问题上采取行动”①。1989 年第 15 届理事会会议审议通过国家环境教育计划，决定与联合国教科文组织共同实施，在全球范围内对教育系统内外各个不同年龄段人群开展环境教育，共有 150 多个国家参加这一教育计划，上万名环境教育工作者和教师得到了培训提高，有 60 多个国家在学校各年级增加了环境教育课程，其他大部分国家也在一年级或高年级课程中不同程度增设了环境教育课。同时，环境规划署还通过大众新闻传媒宣传、出版环保书籍、加强与其他非政府组织和大学及科研机构合作等有效形式，进一步传播环境保护相关信息，促进公众环境意识提高。各种地区性和国际性环境教育专题研讨会议在全世界范围内广泛召开，仅从 1975 年 10 月到 1993 年 6 月，“全世界召开的地区性或全球性的有关环境教育专家会议、研讨会议、培训班等就有 50 多次”②。多种形式的教育培训活动，加强了与环境教育相关的信息交流、政策研讨、刊物发行和数据库建设。

1991 年世界自然与自然保护联盟、联合国环境规划署和世界自然基金会联合出版《保护地球：可持续生存战略》，目标是更加关心地球，提高所有人生活质量，建立一个新价值理念和经济社会发展体系。通过对“新的道德规范作出世界范围的、深刻的许诺”，尽快将可持续生存的道德规范原则付诸实施。同时，将人类行为活动严格限定在地球承载力以内，通过保护和发展的有机结合，提高全球人民的生存状况，享受长期健康和满足的美好生活。针对环境教育还专门列出具体行动计划和明确完成时间，提出到 2000 年前，环境教育培训投入增加到 1990 年的两倍，到 2005 年前将环境教育纳入所有国家的教育课程体系，到 2010 年前将环境教育和培训的投入总量增加到 1990 年的四倍，表达了人们对环境伦理教育的普遍关注、

---

① 徐再荣：《全球环境问题与国际回应》，中国环境科学出版社 2007 年 8 月第 1 版，第 124—125 页。

② 邝福光：《环境伦理学教程》，中国环境科学出版社 2006 年 8 月修订版，第 195 页。

对可持续生存的迫切需要以及对生命形态的自觉尊重，明确了人类必须履行的环境道德义务和必须坚持的环境道德准则。

自1992年以来，许多环保官方机构和非政府组织如雨后春笋般蓬勃发展起来，环保NGO的兴起成为环保事业一大最令人瞩目的发展变化，自然之友、绿色和平组织、手拉手地球村和地球村是较著名的环保组织，通过形式多样的环境宣传教育活动，致力于解决日益严重的环境问题和全球生态失衡，对激励和动员全球公众广泛参与环境保护事业起到积极的推动作用。1994年欧洲环境教育基金会倡导发起"生态学校计划"，到2001年初已经扩展到六千多所学校，涵盖英国、德国、爱尔兰、葡萄牙、法国、意大利等21个国家，约有四分之一的学校获得"生态学校奖"。创建"生态学校"、建立生态学校网站、发行《生态学校通讯》、召开生态学校年会，明显提高了学生的环境意识，提倡和重视"生态学校"或"绿色学校"创建活动，成为许多国家和地区开展环境伦理教育的有效模式和载体，"'生态学校'的概念和实践方式被广泛在世界各地传播"①。

（三）可持续发展环境伦理教育观的确立

进入20世纪80年代以来，可持续发展思想开始得到国际社会普遍认同。可持续发展思想以"人与自然和谐共存"为核心，是对人类传统经济发展模式，尤其是工业革命以来的物质和精神文明进行深刻反思后形成的新型发展模式。从经济学角度理解，可以促使环境资源利用效益最大化；从社会学角度理解，可以改进人类生活质量，保证在地球生态系统负荷能力内支持全球经济发展；从生态学角度理解，可以寻求生态系统的完整平衡，实现美好的生活愿望；从伦理学角度理解，可以建立新型环境伦理道德观，保障人与自然的和谐可持续发展。

可持续发展环境伦理观经历了一个长时期的探索、争议和认同过程。自20世纪40年代以来，环境与发展的辩证关系就一直困扰着人类，随着科技进步和经济社会发展，环境灾难日益深重，生态危机日趋严重，人们对发展进程中的环境恶化十分困惑，环境问题引起世界普遍关注和深度忧虑，人们开始反思目前的发展模式能否避免环境进一步退化？人类社会如何避免重蹈发达工业化国家"先发展、后污染、再治理"的老路？为了保护人类生存的地球环境，广大发展中国家谋求发展是否必定会加剧环境退化？发展中国家为适应环境变化是否只能牺牲发展需求？发达国家应该如何体现环境伦理的公平正义，帮助发展中国家走出环境与发展的两难困境？

率先觉醒的环保有志之士和社会团体肩负起历史使命，开始踏上探索真知的艰难征程。蕾切尔·卡逊呼吁人们积极行动起来抵制环境污染，寻求人类与自然环境相互融合。她振聋发聩地向全人类呼吁："一条'很少有人走过的'岔路——为

① 国家环境保护总局宣传教育司：《全国"绿色学校"标准》，《环境宣传教育文献汇编（2001—2005年）》，中国环境科学出版社2006年3月第1版，第302页。

我们提供了最后唯一的机会让我们保住我们的地球。”①要主动避免环境破坏，与其他生物共享地球。她援引鲁波绍芬博士的话说，人们必须结束违背自然规律的粗暴做法，“现已被强加到留给我们的、至关重要的、几乎是最后的自然生存空间中”②。人类不能在创造文明的过程中因为无知而亲手毁灭自己的文明，为避免“生活在幸福的坟墓之中”，必须寻求环境污染问题的合理解决。“控制自然”是妄自尊大的想象产物，应当归咎于科学上的蒙昧无知。将先进科技盲目应用于化学杀虫剂，粗暴地实现控制昆虫的目的，是人类处于生物学和哲学低级阶段的错误行径，当今世界面临着巨大不幸，人类亲手研制的最现代化学武器，在对付昆虫所造成的危害时，转而开始严重威胁到整个地球生命。卡逊倡议人类要学会与环境和各种生命打交道，要认真看待生命的强大生命力，要“高度理智”和富有“人道精神”，将生态环境的巨大生命力量引导到对人类有益的轨道上来，寻求生态系统和我们人类本身可能形成的“一种合理的协调”。

1972 年罗马俱乐部发布《增长的极限》，利用“世界末日模型”向人们做出惊人的预测，人类经济增长将很快达到极限，“世界体系的基本行为方式是人口和资本的指数增长和随后的崩溃”，人们开始忧虑、重新审视和理性思考传统经济发展模式所带来的现实危害。1980 年《世界自然保护大纲》探讨了以可持续发展方式保护资源、维持经济增长和环境保护和谐关系的重要意义。1987 年世界环境与发展委员会出版《我们共同的未来》，在国际社会上尤其是在环境伦理教育领域引起强烈反响，“可持续发展”的新概念首次正式提出，环境与发展的关系问题成为环境伦理教育的主要研究内容，全人类在长远利益上改善环境的价值取向，使得“可持续发展”作为环境伦理教育长期目标得以确立。公平性原则、持续性原则和共同性原则成为指导环境伦理教育实践的基本原则，环境伦理教育的重要地位得到巩固提高，可持续发展的环境伦理观在国际社会逐步得到公认。

1991 年世界自然与自然保护联盟、联合国环境规划署和世界自然基金会联合出版《保护地球：可持续生存战略》，可持续生存和发展理念进一步加强，环境伦理教育进一步关注如何将可持续发展观转化为实际行动，主张通过正规的学校教育加深对人与自然关系的理解，加强人类可持续生存的环境价值观和环境知识教育体系建设。

1992 年“联合国环境与发展大会”发表《里约热内卢环境与发展宣言》和《21 世纪议程》，成为指导世界各国在 21 世纪实现可持续发展的重要行动纲领。可持续发展思想开始从理论走向实践，可持续发展战略开始正式在全世界组织实施。《21 世纪议程》强调了环境伦理教育的重要性和必要性，认为“基础教育是实施可持续

---

① [美]蕾切尔.卡逊：《寂静的春天》，吕瑞兰、李长生译，吉林人民出版社 1997 年 12 月第 1 版，第 244 页。

② [美]蕾切尔.卡逊：《寂静的春天》，吕瑞兰、李长生译，吉林人民出版社 1997 年 12 月第 1 版，第 262 页。

发展教育的根本”，青少年的环境素质对促进可持续发展战略具有不可替代的重要作用，加强环境伦理教育应当成为世界公民的必备通识和国际社会的共同责任。为了帮助人们树立可持续发展观念，把掌握环境知识和技能学习转向环境意识觉醒，环境伦理教育要发挥主动增强环境情感的潜在精神动力，“教育是使人类和社会能够充分发挥潜力的途径”①。呼吁环境伦理教育在今后的实践过程中要重新定位，重新确定教育方向适应可持续发展需要，提高公众环境伦理道德意识，培养有效参与决策的价值观与态度，要切实加强伦理教育和培训，通过各级正规和非正规教育促使人们转变对环境的态度，充分表达对可持续发展的关心，进一步拓展了环境伦理教育的努力方向，明确了环境伦理教育的前进道路。“对教育的重新定位”本身就是对教育的重大挑战，环境伦理教育要在教育过程中更注重培养环境意识、环境关心、环境伦理、环境价值观和环境行为能力，以人为核心，以人的全面发展为目标，培养未来“合格而负责任的公民”。可持续发展教育当务之急是恢复社会民主，在保障社会公正、公民权利和可持续发展基础之上，通过教育促进道德经济达到可持续性社会再生产的目标。“教育在高层次上被当做更可持续社会的关键”②，是可持续社会深化变革的动因和潜力，教育作为变革主题需要引起重视，为了可持续发展的环境伦理教育时代必须尽快在国际社会正式确立。

联合国教科文组织和环境教育规划署于 1993 年正式出版《转变关于地球的观念》，收集整理了从 1976 年到 1991 年期间，全面阐述环境教育发展历程、理论研究和实践方法的经典文章，堪称环境教育思想和可持续发展史上一个重要里程碑。国际社会普遍将环境教育作为社会变革的重要组成部分，作为“环境政策和可持续发展的一部分”③。包括中国在内的世界各国政府和非政府组织纷纷响应，积极开展可持续发展教育。联合国可持续发展委员会 1993 年应运而生，集中审议《21 世纪议程》在全球各国的实际执行情况，各国陆续制定环境教育行动计划来加强环境教育的功能发挥。

1993 年 6 月东南亚国家联盟举办可持续发展环境教育会议。1993 年 8 月第二届世界宗教议会在芝加哥召开，《全球伦理——世界宗教议会宣言》倡导改善人与环境的传统道德行为准则，坚持将“己所不欲，勿施于人”的基本道德原则贯穿到伦理教育全过程，将人类伦理关怀扩展到人类之外其他部分直至整个宇宙，“献身于一种共同的全球伦理，更好的相互理解，以及有益于社会的，有助于和平的，对地球友好的生活方式”④。通过更宽泛和更严格意义上的伦理教育达到对地球的充

① 《21 世纪议程》，国家环保总局译，中国环境科学出版社 1993 年版，第 297 页。

② [英]John Huckle, Stephen Sterling:《可持续发展教育》，王民等译，中国轻工业出版社 2002 年 2 月第 1 版，第 21 页。

③ [英]John Huckle, Stephen Sterling:《可持续发展教育》，王民等译，中国轻工业出版社 2002 年 2 月第 1 版，第 242 页。

④ 邝福光:《环境伦理学教程》，中国环境科学出版社 2006 年 8 月修订版，第 231 页。

分尊重。1993 年 9 月在印度新德里举行为实现持续发展的环境教育全球讨论会。1994 年联合国教科文组织提出“为了可持续性的教育”，开始将环境教育转向可持续发展，并正式启动环境、人口和发展项目（EPD 项目），推动环境教育的系统化、综合化、整体化和全球化进程。1995 年 6 月联合国教科文组织、环境规划署和地中海地区环境、文化与可持续发展信息处在希腊雅典召开了环境教育会议，讨论实现环境教育的重新定位，将人口、环境、资源与发展有机结合起来，加快实施可持续发展教育。

1996 年德国环境教育学者赖纳·多拉瑟提倡在环境教育中坚持情感第一，主张人的环境素养是真正解决环境问题的关键，环境情感不仅决定了环境知识的学习兴趣，也决定了对待环境问题要坚持乐观豁达的生活态度、求真务实的科学态度和宽容大度的人生态度。人类价值与自然价值高度融合，能够在学生内心深处树立对真善美的价值追求。

1997 年联合国环境规划署发表《关于环境伦理的汉城宣言》，呼吁清醒认识全球环境危机的深层根源，必须克制过度贪婪的利己主义，彻底消除盲目自满的科技万能论的认识谬误，对最终导致危机发生的价值体系和生态信仰进行深刻反思。联合国教科文组织 1997 年 8 月在印度新德里召开“全球环境教育会议”，会议主题是“通过环境教育达到可持续发展的全球战略”。11 月份发布报告《教育为可持续未来服务——一种促进协同行动的跨学科思想》，目的是描绘出可持续发展教育的概念和关键信息，实现环境与发展之间的动态平衡，将教育看做是探索可持续发展的“最好希望和最有效手段”。12 月初在曼谷召开的第 3 次国际教育会议，重点讨论了“可持续发展教育改革”相关问题，充分认可“加强和推进可持续发展教育”的工作思路。

1997 年 12 月联合国教科文组织召开“环境与社会国际会议”，《塞萨洛尼基宣言》确定了“为了可持续性的教育”理念，主张通过教育提高为可持续未来服务的公众意识，“可持续性是指道德的、伦理的规范，其中包含着值得尊重的文化的多样性及传统知识”①。环境教育与和平、发展、人口、伦理和民主教育紧密结合在一起，开始形成完善的可持续发展教育框架，推动绿色学校创建活动蓬勃发展。

2000 年《联合国千年宣言》提倡全球化时代必须做到兼容并蓄，通过广泛持续的努力创造共同的美好未来。可持续发展依赖于“尊重大自然”这个基本的环境伦理价值观，为了更好地应对全球挑战，更好地保障人类福祉，在管理利用各类生物资源和自然资源时，人类必须谨慎行事，将可以带给人类无穷财富的完整大自然完好无损地交还给我们的子孙后代。

2002 年 9 月可持续发展世界首脑会议在南非约翰内斯堡召开，《约翰内斯堡可持续发展宣言》呼吁人们尽快采取行动，建设一个崇尚人性、公平公正、相互关怀

① 马桂新：《环境教育学》，科学出版社 2007 年 4 月第 2 版，第 52 页。

的美好社会,“确保他们继承的世界不再有因贫困、环境恶化和不可持续的发展方式造成的有失人类尊严和体面的现象”①。要高度重视环境伦理教育对实现全球可持续发展的重要意义,强调“在实施《21世纪议程》过程之中考虑道德因素”②。非洲科学联盟和联合国教科文组织等教育科研机构在会上联合发布《尤班图宣言》,呼吁为了全社会进步和可持续发展,建设一个可以实现可持续性教育的全球学习型社会,加强各个层次教育机构之间的合作交流,以创建可持续发展的高等教育区域中心为基础,把大学、技术学院和中小学各级教育机构有机地联系在一起,重新审视中小学和大学的课程计划,更好地应对可持续发展的挑战和把握好发展机会,在中小学教育阶段注重开发学生的综合性、非工具主义问题解决能力,在高等教育阶段注重科学研究能力开发,和谐开展技能、知识、道德和价值观教育。

从斯德哥尔摩会议到里约热内卢会议再到约翰内斯堡会议,人类的环境保护和环境教育事业已经走过了坎坷的探索之路,为了子孙后代和共同的未来,为了实现可持续发展的美好愿望,2002年召开的约翰内斯堡会议,把环境教育作为实现全球可持续发展的必要途径,可持续发展教育成为国际社会加强环境伦理教育的战略选择和必由之路,更多国家将包括环境伦理教育在内的环境教育列入基础教育体系,视为可持续发展能力建设的重要组成部分,可持续发展的教育目标、方法、内容和效果评估在探索中不断充实完善。

2002年12月联合国第57届大会审议通过第254号决议,将2005—2014年确定为“联合国可持续发展教育十年”,联合国教科文组织具体负责教育活动的稳步实施。2005年3月1日正式公布“联合国可持续发展教育十年(2005—2014年)国际实施计划”,通过七项推进战略确保公众态度和教育方法适应全球可持续发展的挑战。2005年可持续发展理念在教育领域深入尝试,欧盟把全球气候变化与学校教育教学活动紧密联系起来,通过推行“碳校计划”,加强欧盟各国中学生对全球气候变化问题的多学科合作研究,目前已有英、德、法等九个欧盟国家的学校教师、科研人员和在校学生参与到“碳校计划”实践活动中来,提供了很好的可持续发展教育理论研究与实践支持平台。2007年法国召开格勒纳勒环境论坛,目标是发动“绿色革命”,创建在政府引导下,企业、工会和环保组织积极参与,推动国家环境公共政策结构性调整,加快实施气候、能源和绿色产业可持续发展的开放式环境保护制度,论坛对完善欧洲可持续发展环境政策产生了重要影响。

可持续发展观是充分发挥人类主体意识、充分尊重环境权益、充分认识支撑人类生存的环境价值、积极协调人类与环境系统各要素协同发展、根本性转变人类道德观念和道德规范的新时代发展观。可持续发展观是关于人类和生存环境在伦理

---

① 国家环境保护总局国际合作司、政策研究中心:《联合国环境与可持续发展系列大会重要文件选编》,中国环境科学出版社2004年5月第1版,第1页。

② 国家环境保护总局国际合作司、政策研究中心:《联合国环境与可持续发展系列大会重要文件选编》,中国环境科学出版社2004年5月第1版,第8页。

关系上求得共存与和谐发展的全新发展理念，是人类理性思维发展的跨越性进步。可持续发展观教育的核心是价值观教育，价值观教育的重点是学会尊重，学会正确理解自己和他人以及人类与自然环境和社会环境的紧密联系，这种理解正是“养成尊重的坚实基础”①。

第二节 我国环境伦理教育产生和发展历程

国外环境伦理教育理论与实践的推介资料和译文著作相对有限，我国环境伦理教育目前尚处于起步阶段，具有中国特色的环境伦理教育理论研究和实践模式创新正在蓬勃发展。随着国内环境保护事业的快速发展，环境伦理教育理论研究和实践探索越来越重要，深入研究环境伦理教育新模式，成为中华民族伟大复兴新时代赋予广大环境教育工作者的历史重任。

一、国内环境伦理教育的产生阶段

与西方发达国家相比，我国对环境问题严重性的认识相对滞后，1972 年斯德哥尔摩人类环境大会召开，开始引起我国政府对环境保护事业的关注。1973 年 8 月 5 日至 20 日，第一次环境保护会议在北京召开，《关于全国环境保护情况报告》和《关于保护和改善环境的若干规定》推动了我国环境保护事业艰难起步，揭开了当代环境保护的序幕。《关于保护和改善环境的若干规定》明确指出通过电影、电视、广播和书刊等多种形式，宣传环境保护的重要意义，普及科学知识，推动环境保护工作顺利开展，并要求“有关大专院校要设置环境保护的专业和课程，培养技术人才”。继北京大学创办了首个环境保护专业不久，清华大学、中山大学和北京工业大学等高校相继筹办环境保护专业，公民自觉参与环境保护事业的积极性显著提高。

国务院环境保护领导小组 1974 年 10 月 25 日正式成立。各省级环境管理机构、环保科研监测和教育机构相继设立。《寂静的春天》、《只有一个地球》等一批优秀的国外环保启蒙读物引介到中国，环境伦理的启蒙教育对公众环保意识觉醒产生了广泛触动。1978 年 2 月《中华人民共和国宪法》明确规定“国家保护环境和自然资源，防治污染和其他公害”。环境保护事业在国家根本大法的法律地位正式得以确认。

1978 年 5 月 5 日中国环境科学学会正式成立，这是隶属于中国科协的全国性

① 马桂新：《环境教育学》，科学出版社 2007 年 4 月第 2 版，第 57 页。

一级学会，业务主管部门是中国科学技术协会和国家环保总局，这是由政府主管部门发起成立，专门从事环境保护事业的国内成立最早的非营利性环保非政府组织，学会的一项主要工作任务就是普及环境科学知识，提供环保技术培训，加强群众性宣传教育活动，树立全民环境意识和可持续发展观念，大力开展环境科普宣传和继续教育。1978 年 12 月我国在《环境保护工作汇报要点》提出，普通中学和小学要相应增加环境保护的教学内容，为环境教育从社会宣传教育扩展到中小学正规教育体系确立了政策依据。许多高校也开始陆续设立环境保护类专业和专门的研究机构，中小学在自然、地理和科学课程中也增加了环境保护方面的教学内容。

1979 年 9 月环境保护基本法——《中华人民共和国环境保护法(试行)》颁布实施，中国环境保护工作的法制化建设初见成效，充分调动了广大科技工作者和环保工作者的积极性。1979 年 11 月，中国环境科学学会环境教育委员会第一次会议在河北保定召开，明确提出在广州、辽宁、甘肃和上海等部分省市中小学实施环境教育试点，建议在高中增设环境地理课，为我国实施环境教育积累了宝贵的实践经验。1980 年 5 月国务院环境保护领导小组制定了《环境教育发展规划(草案)》，从 1980 年开始陆续在部分幼儿园和中小学开展普及环境科学与伦理意识的教学试点工作，环境伦理教育开始纳入国家教育计划当中。1981 年国务院在《关于国民经济调整时期加强环境保护工作的决定》提出中小学要普及环境科学知识和道德观念，在同年召开的全国环境教育工作座谈会上，“加强环境教育是发展环境事业的一项根本措施”得到了社会公认。

二、我国环境伦理教育的稳步推进阶段

1982 年城乡建设环境保护部专门设立环境保护局，有针对性地加强环境保护的组织机构建设。1983 年 12 月第二次全国环境保护会议正式确认“保护环境是中国一项基本国策”。1984 年《中国环境报》创刊，国务院专门成立环境保护委员会，组织协调全国环境保护工作，积极倡导环境宣传教育工作对推动环境保护“战略措施”的重要意义。1987 年国家教委制定了“九年义务制教育全日制小学、初中教学计划(试行草案)”，强调环境教育涉及能源、环保和生态领域，要有机渗透到相关学科课堂教学和课外活动中，鼓励有条件的学校尝试单独设课或开设讲座进行环境教育。1988 年全国中小学教材审定委员会在审查九年义务制教学大纲时，也对增加环境教育内容提出了明确要求。

1988 年国务院专门设立国家环境保护局，下设宣传教育司，加强对全国环境教育和宣传工作的统一领导。1989 年全国第三次环境保护会议提出“要加强环境保护的宣传教育，提高全民族的环境意识”①。全国第一次环境社会教育工作会议

① 国家环保总局:《第三次全国环境保护会议文件汇编》，中国环境科学出版社 1989 年版，第 11 页。

1990 年召开，明确提出了提高全民族环境意识的历史任务，确定了要加快环境教育社会化，推动环境教育顺利开展，环境伦理教育开始从环境保护系统内部扩展到多元化的全社会教育。原国家教委 1990 年颁布的《对现行普通高中教学计划的调整意见》，对普通高中增设环境保护类选修课提出明确要求。人民教育出版社编辑出版《环境保护》作为高中选修课教材，在广西、辽宁等省市召开现场经验交流会，为加强开放式环境教育教学实践奠定了基础。

1992 年上半年，全国中小学教材审定委员会审查通过了义务教育阶段的小学和初中各学科教学大纲，环境保护知识教学渗透在相关学科教学内容中明确要求，许多学校在课外活动加强环保科学知识宣传教育，部分学校还在高中阶段开设环境保护选修课，环境伦理教育内容也在基础教育以制度化的形式确立下来。

1992 年 11 月第一届全国环境教育工作会议在苏州召开，会议强调要从幼儿园到九年义务教育阶段全面加强环境教育，环境教育重点时期是基础教育，这是提高国民综合素质、环境保护意识和环境保护能力的重要基础。根据《环境教育“八五”计划和十年规划纲要》，提出“环境保护、教育为本”的战略构想，凸显了在基础教育阶段开展环境教育的重要指导方针，明确把环境教育纳入九年义务教育的课程体系，工作重点是提高全民族环境道德素质和环境科学文化素质，中国环境伦理教育事业开始步入新的发展阶段。

1992 年联合国环境与发展大会召开不久，中国制定了“环境与发展”十大对策，“加强环境教育，不断提高全民族的环境意识”成为“环境与发展”十大对策之一。可持续发展教育作为环境教育在新时代的新拓展，已经由技术和知识层面扩展到“环境意识、态度、价值观和环境伦理的广度”①。《中国 21 世纪议程》和《中国环境保护行动计划》明确提出转变传统发展模式，实施可持续发展战略，可持续发展战略成为中国经济社会发展的基本指导思想。《中国 21 世纪议程》客观分析了我国环境教育发展现状，尽管中国政府一贯重视青少年在可持续发展中的积极作用，但由于经济、政治和社会体制等多重因素制约，青少年与可持续发展的内在要求仍存在差距，尤其是接受教育培训、参与社会决策和实现可持续发展领域更为突出。今后要进一步加强可持续发展思想的教育引导，在相关课程增加资源、生态、环境和可持续发展内容，在高等学校开设《发展与环境》选修课程，设立环境类硕士专业，在整个学校教育体系中充分体现可持续发展思想。《中国 21 世纪议程》特别提出提高公众环境意识，培养学生的环境情感和社会责任感，改变不可持续的生活方式和行为模式，成为指导我国环境教育事业长期发展的指导性原则。

1994 年 3 月，中国第一个民间环保组织“自然之友”正式成立。“自然之友”自创办以来，积极开展群众性环境教育，传播具有中国特色的绿色文化，积极倡导环境保护全民参与意识，通过各种环保专题活动、新闻出版物和大众传媒向社会传播

① 崔建霞：《公民环境教育新论》，山东大学出版社 2009 年 3 月第 1 版，第 205 页。

绿色环保意识，倡导人与自然和谐共处的生活方式。自此开始，环境保护非政府组织如雨后春笋般蓬勃发展，成为推动环境伦理教育普及和公民参与的重要力量。各种非政府力量的广泛参与，充分表达了关注环保、关注民生、自觉接受教育、参与环保事业的美好愿望，环境保护事业从边缘走向中心，从草根意向进入政府决策，有力推动了环境保护政策的科学民主化进程。

1996 年 7 月 15 日至 17 日在北京召开了第四次全国环境保护会议，会议强调环境意识和环境质量成为衡量国家和民族文明程度的重要标志，保护环境就是保护生产力，贯彻可持续发展战略、加强环境保护功在当代、利在千秋，要公开谴责向我国转移污染物的"不道德行径"。联合国环境署执行主席伊丽莎白·多德斯韦尔呼吁，可持续发展应当成为全人类共同追求的道德目标，全球道德和人道主义已经成为创建世界新秩序的重要道德基准。8 月 3 日国务院颁布《关于环境保护若干重要问题的决议》，要求加强环保宣教工作，广泛普及环境科学知识和法律知识，增强全民族环境意识和法制观念。

1996 年 12 月 10 日《全国环境宣传教育行动纲要(1996—2010 年)》全面总结了我国环境教育成功经验，对环境教育的概念、性质、作用、内容和未来十五年主要工作任务进行了系统阐述。《纲要》认为环境意识是衡量国家和民族文明程度的重要标志，环境意识对顺利实施科教兴国战略、完成环境保护目标意义重大，我国环境教育已初具规模，环境伦理教育、环境科技教育和环境法制教育构成环境教育主要内容，环境教育体系多层次、多形式和多渠道建设步伐正不断加快。环境伦理教育是环境教育和素质教育有机结合的重要载体，是提高思想道德素质和科学文化素质的重要手段，增强环境意识、提高法制观念、促进环境决策能力是主要奋斗目标，环境教育体系的制度化、规范化和法制化建设需要进一步加强。目前公众环境意识总体比较低，不同地区和群体环境意识差距还很明显，提高全民族环境意识仍是十分紧迫的重要任务。各级环保、宣传和教育部门要把环境教育作为一项重要工作来抓，齐心协力深入开展环境宣传教育，认真做好组织协调工作，广泛动员公众参与。在教育实践活动中教育部门发挥主导作用，环保部门积极配合，加大环境教育和宣传力度，引导公众在参与环境宣传活动中受到教育。师范院校和中专学校尽快增设环境保护必修课程，高校的非环境类专业开设环保公共选修或必修课，环境类专业要切实结合专业特点，在整个教学过程中实施可持续发展教育，在全国范围内开展各类绿色学校创建活动。清华大学 1998 年率先制定《建设"绿色大学"规划纲要》，推行"绿色大学计划"，倡导绿色教育思想、绿色科技意识和绿色校园示范工程，1999 年 5 月与教育部、环保总局、世界自然基金会共同举办了"大学绿色教育国际学术研讨会"，随之成立"全国大学生绿色教育协会筹备委员会"，南开大学、北京师范大学、上海交通大学、哈尔滨工业大学、华中农业大学等一大批国内知名高校相继开展绿色大学创建活动。

世界自然基金会、中国教育部和 BP 公司 1997 年 7 月共同开展"中国中小学绿色教育行动”，针对中小学环境教育现状，中国政府、国际非政府组织和跨国企业密切合作，在正规教育体系中推进可持续发展教育，培养环境伦理责任感强、社会实践能力突出的合格公民。借鉴环境教育国际先进理念，结合中国国情，将可持续发展教育理念、内容、方法和评价体系引介到中国，结合正在实施的基础教育新课程改革，在能力建设、资源开发、政策影响和网络建设基础上，明确进行可持续发展的环境教育转向。合作期限在十年内分三个阶段依次进行，初步构建了一个覆盖全国的可持续发展教育网络，先后在高校建立 21 个可持续发展教育中心，在 23 个省市设立 76 所中小学试点学校和 3 个环境教育野外基地，组建专业师资队伍，为 4 000 多名教师和管理人员进行可持续发展理论与方法培训。其他国际非政府环保组织也相继在中国开展环境教育项目，联合国教科文组织启动“环境、人口、发展教育”项目，联合国开发计划署资助“互动式环境教育”项目，美国前副总统戈尔发起“Globe 计划”项目，进一步推动了我国环境教育国际化进程。

新国家环境保护总局 1998 年成立，随着环境宣传教育工作深入开展，借助“中华环保世纪行”系列活动，社会环保基础得到巩固扩大，人们普遍认识到环境伦理培育关系到广大人民群众切身利益。2000 年国家环保总局和教育部联合表彰全国首批创建绿色学校先进学校和优秀组织单位。环境伦理教育作为素质教育的重要组成部分，已经融入国家课程、地方课程和校本课程之中，绿色学校和国际生态学校系列创建主题活动方兴未艾，加快培育“绿色校园文化”、突出“生态特色”办学理念，成为学校提高社会影响力、素质教育质量和国内外知名度的重要举措。

自 1998 年开始，我国积极开展 EPD 教育项目（联合国教科文组织关于环境、人口与可持续发展教育项目），教育内涵是广泛进行环境、人口与可持续发展教育，努力提高人口素质和生态文明，促进环保事业和经济社会可持续发展。2003 年 8 月 4 日，温家宝同志在实施 EPD 教育项目的 126 所学校校长联名倡议书上批示，要求将环境、健康与可持续发展教育同公民道德教育、学生素质教育结合起来。教育部结合基础教育课程改革，进一步强化现有课程中有关环境、健康和可持续发展的教育内容。2003 年 10 月联合国教科文组织总干事松浦晃一郎在巴黎与教育部签署合作备忘录，继续支持和帮助中国推进 EPD 教育项目。11 月 8—11 日首届可持续发展教育国际论坛在北京召开，联合国教科文组织等 8 个国际组织和 29 个国家的政府领导人、教育专家和教师代表汇聚一堂，共同研讨可持续发展重大问题，联合国教科文组织副总干事丹尼尔充分肯定了我国 EPD 教育取得的成功经验，赞扬对早日实现联合国可持续发展教育十年规划目标（2005—2014 年）具有重要示范推动作用。中国 EPD 教育项目注重发展理念与发展战略有机结合、理论与实践深入研究、教育内容和教育方式的有机衔接、长远目标与短期行动计划相互配合、教育过程与人的自身发展过程协调统一，为推进中国特色可持续发展教育奠定了坚实基础。

2000 年由世界资源研究所发起的 BELL 项目引入中国，旨在推动商学院开展环境教育，培养具有较高环境意识、环保管理技能和环保创业能力的高层次管理人才。针对环境与可持续发展主题，通过一系列深入的理论探讨、案例教学、师资培训和教材开发活动，在清华大学、北京大学、北京师范大学、哈尔滨师范大学和内蒙古师范大学30余所高校开设50多期课程，形成了主题性强、跨区域特色的精品课程群，中国BELL教育项目2011年年末被世界自然保护联盟评选为“2011年度最佳”奖。

《公民道德建设实施纲要》2001年颁布实施，提倡加强环境教育，培养良好环境意识和环境伦理道德观念。2001年6月1日出台的《2001—2005年全国环境宣传教育工作纲要》，强调环境教育是素质教育的重要组成部分，是推动环境文化健康发展的重要力量，弘扬环境文化、促进环境文化建设是必要的功能体现，学校要重视环境教育，鼓励师范院校把环境教育列为必修课或选修课，在全国高校开展绿色大学创建活动，注重环境意识提高和环境文化建设。

2001年6月18日教育部颁发《基础教育课程改革指导纲要(试行)》，培养学生逐步养成正确的世界观、人生观和价值观，具有创新精神、实践能力、科学人文素养以及环境意识。2001年10月21日《生态道德教育读本》发行，倡导生态道德建设坚持依法治理和以德治理相结合，作为新时代处理环境问题的新视角，生态道德建设成为人类在自然领域内思想升华和文明进步的重要体现。2002年11月28日“百年树人”杯生态道德教育征文活动在北京举办，活动主题是在全社会加强生态道德教育，传播生态道德理念，在心灵深处构筑牢固的生态屏障，树立热爱自然、保护生态安全、改善生存环境的环境伦理道德观。2003年国家环保总局宣教中心编制《绿色学校指南》，提出规范指导绿色学校创建活动的建设步骤——作出创建决定并成立相应机构；制定创建计划；组织实施；自我检查和纠正；申请验收。截至2004年12月31日，全国绿色学校总数已经达到一万七千多所。

为落实《基础教育课程改革纲要(试行)》精神，结合基础教育新课程改革实践，利用国家、地方政府和学校三级管理权限，在相关学科的教学内容设计上进行环境教育渗透，将环境教育作为跨学科主题，主动纳入中小学综合实践活动课程，在教育部、世界自然基金会(WWF)和BP公司共同努力下，2003年10月9日《中小学环境教育实施指南(试行)》(以下简称《指南》)正式颁布实施，这是我国第一部国家级环境教育指导性文件，在我国环境教育发展史上具有里程碑意义。《指南》分为前言、目标、学习内容、实施建议和评价建议五个部分，着重提出引导学生关注环境问题，加强综合素质培养，提高环境意识，树立正确的环境价值观，积极实施环境教育，全面提升素质教育质量。将环境教育定位为新国家课程组成部分，在1～6年级、7～9年级、10～12年级三个不同学段，从情感、态度与价值观，过程和方法以及知识传授三个方面，构建螺旋上升式环境教育一体化课程。将环境教育渗透到各个学科，不仅要加强自然生态知识学习，更要培养学生实现可持续发展的技能、态度与价值观，增强行动积极性和主动性，成为对环境、对社会有责任心的世界公民。

《中小学环境教育实施指南(试行)》是中国献给地球的第一份教育礼物,标志着环境和可持续发展教育成为基础教育一个重要组成部分,正式出现在我国的正规教育体系,对全中国近2亿名中小学生的环境道德意识和行为习惯养成产生了广泛影响。

2004年国家环保总局印发《关于加强未成年人生态环境道德观和价值观教育的通知》,要求将提高青少年环境意识与未成年人思想道德建设紧密结合起来。加强和改进未成年人思想道德建设,就是要引导未成年人树立良好的生态环境道德观和价值观,以创建绿色学校和绿色社区、开辟环境教育基地为活动载体,切实加强未成年人环境素质教育。培养未成年人从身边做起,从自我做起,热爱自然,热心环境保护,积极参与环境保护实践活动。从教学改革、实践活动、学校管理多个方面推进环境伦理教育,培养学生环境意识。尽快完善丰富多彩的教育资源,包括形式多样的环境教育基地、便于接触和有效参与的实践场所、环保主题讲座和培训活动、环境科学普及读物和宣传材料等。

《2005年全国环境宣传教育工作要点》要求努力提高全民环境意识,推进环境保护公众参与,宣传生态文明,弘扬环境文化。鼓励和支持全社会参与环保宣传教育活动,推进环境宣传教育社会化进程,倡导绿色消费行为,在全社会树立环境伦理道德观念。与环境伦理教育相关的培养目标、教育内容、教学活动和评价要求开始主动渗透到相关课程标准中,截至2005年全国已有90%的义务教育新课标"将环境意识培养作为重要培养目标,环境教育得到了空前的重视"①。综合实践教学活动也紧密结合当地环境问题实际,鼓励学生参加环保行动决策,切实提高环境伦理教育的实效性。

2006年4月召开第六次全国环境保护大会,倡议全面落实科学发展观,加快建设环境友好型社会,号召从力所能及的事情做起,自觉参加环保活动,大力开展环境宣传教育,增强全民环保意识,弘扬环境文化,在全社会形成保护环境的良好氛围。2006年10月《中共中央关于构建社会主义和谐社会若干重大问题的决定》提出"人与自然和谐相处"的战略发展新要求,构建和谐社会必须做到全民族思想道德素质、科学文化素质和健康素质明显提高,资源利用效率显著提高,生态环境明显好转。全面提高环境素养是人与自然和谐相处的基本前提,这是时代赋予环境教育的历史使命,是环境伦理教育加快改革、谋求发展的战略选择和时代机遇。2007年8月,中国环境科学学会第六次代表大会召开,会议主题是加强环境科技工作和环境教育,广泛开展环保科普宣传,不断提高环境保护能力和公众环保素养。

国际生态学校项目是国际环境教育基金会在全球开展的五个主要环境教育项

① 国家环境保护总局宣传教育司:陈小娅2005年6月4日在全国绿色创建活动表彰大会上的致辞,《环境宣传教育文献汇编(2001—2005年)》,中国环境科学出版社2006年3月第1版,第79页。

目之一，已发展成为全世界最大的青少年环境教育项目，先后有 50 多个国家参加，依照国际生态学校建设七项标准，帮助学校改善当地环境，节约资源，减少碳足迹，加强环境教育和可持续发展教育。我国自 2007 年开展国际生态学校创建活动，先后有 2 000 余所学校申请注册创建国际生态学校，已有 30 余所学校通过国际生态学校项目中国办公室专项评审，荣获“生态学校”绿旗荣誉和证书。引入“生态学校”项目，改善了学校环境教育方法，为提高青少年环保动手参与能力积累了宝贵经验。

“青年环境友好使者活动”2009 年 6 月正式启动，“千名青年环境友好使者行动”项目犹如绿色“播种机”，通过“指数传播效应”，迅速传播环境保护意识，带动环保教育事业积极开展。从 2009 年 5 月到 12 月，千名青年环境友好使者的再培训人数超过 100 万人，2011 年 10 月 15 日千名青年环境友好使者华北地区培训会议在北京启动，青年环境友好使者自觉树立绿色观念，主动承担环保责任，努力践行环保承诺，已经成为引领社会可持续发展的绿色领袖，成为推动中国绿色变革的主力军。

2010 年 7 月 29 日《国家中长期教育改革和发展规划纲要(2010—2020 年)》指出，“中国未来发展、中华民族伟大复兴，关键靠人才，基础在教育”。我国正处于改革发展稳定关键阶段，经济建设、政治建设、文化建设、社会建设和生态文明建设“五位一体”的总格局，凸显了提高国民素质、培养创新人才的重要性和紧迫性。人口资源环境压力和经济发展方式转变都迫切要求坚持德育为先、以德树人的原则，全面实施素质教育，构建大、中、小学有机衔接的完整德育体系。环境伦理教育是德育工作重要组成部分，对于培养具备良好环境素养的合格建设者和接班人意义重大。

2011 年 4 月 13 日中央人口资源环境工作座谈会召开，社会生产力持续发展，人们生存质量不断提高，良好生态环境是一个重要基础。经济增长不能以牺牲环境为代价，眼前利益、局部发展不得损害长远利益、全局利益，牢固树立保护环境观念，就是要在全社会营造爱护环境、保护环境、建设环境的良好风气，增强全民族环保意识。

2011 年 4 月 22 日环保部等六部委联合颁布《全国环境宣传教育行动纲要(2011—2015 年)》，针对环境伦理教育，“十二五”期间环境宣传教育目标主要是增强全民环境意识，提高全民环境道德素质；构建多层次、多形式、多渠道的全民环境教育培训机制；形成全民参与环境保护的社会行动体系。各地区各部门要把加强环境宣传教育工作、增强全社会环境保护意识放到更突出位置，通过加强学校期间的环境教育及职业教育活动，将环境教育纳入国民素质教育全过程。鼓励在课程渗透环境教育内容，开办各种环境教育课堂，提高环境意识和参与能力。尽快建立包括认识意识、关注意识、行为意识、道德意识在内的环境意识评估体系。探索环境宣传教育规律，构建具有鲜明特色的环保宣传教育理论体系。加强环保理论研究，探索创新环保新道路，为发展环保事业提供理论支持。宣传生态文明思想内涵，提高生态文明建设水平，促进正确的生态环境道德观和价值观。2011 年 8 月，环保部制定《〈全国环境宣传教育行动纲要（2011—2015 年）〉重点工作分工方案》，专门成立实施工作领导小组和办公室，通过召开部级联席会议，加强六部委在环境教育工作上的协同合作，更好地总结经验、分析形势、研究思路、明确方向。

2011 年 10 月 17 日《国务院关于加强环境保护重点工作的意见》明确提出，要加强高等院校的环境类学科专业建设，积极推进生态文明建设试点，通过生态示范创建活动，不断增强环境保护能力。要全面推进监测、监察、宣教、信息等环境保护能力的标准化建设，通过积极组织实施生态环境保护人才发展中长期规划，广泛开展全民环境宣传教育行动计划，培育壮大环保志愿者队伍，引导支持社会组织和公众自觉参与环保活动。2011 年 12 月 15 日，环保部宣教中心召开全国环保宣教中心主任座谈会，要求随着生态文明建设的不断深入、公众环保意识的日益提高，研究部署新形势下环保宣教工作面临的新机遇和挑战，更好地发挥环保宣教工作在知识传播、思想动员和行动唤起上的积极作用。

2011 年 10 月 15 日至 18 日，十七届中央六次全会在北京举行，审议通过《中共中央关于深化文化体制改革、推动社会主义文化大发展大繁荣若干重大问题的决定》，明确指出社会主义核心价值体系是兴国之魂，是社会主义先进文化精髓，决定了中国特色社会主义的发展方向。坚持用社会主义核心价值体系引领社会思潮，坚持经济建设中心地位，自觉把文化繁荣发展作为贯彻落实科学发展观的基本要求，推动文化建设与经济建设、政治建设、社会建设以及生态文明建设协调发展，为继续解放思想、坚持改革开放、推动科学发展、促进社会和谐提供坚强的思想保证、强大的精神动力、有力的舆论支持、健康的文化繁荣和良好的生态保障。中国特色社会主义环境文化事业建设的新要求，强调要深入开展社会主义环境伦理教育，加快生态文明建设和可持续发展，“尊重自然、顺应自然、保护自然”的生态文化先进理念逐步取代了“征服自然、改造自然”和“崇尚过度消费、追求奢侈享乐”的不良文化倾向。

2011 年 12 月 15 日《国家环境保护“十二五”规划》客观指出，当今社会生活环境诉求不断提高，突发环境事件居高不下，环境问题成为威胁人体健康、公共安全和社会稳定的重要因素，必须实施全民环境教育行动计划，动员全社会参与环境保护。2011 年 12 月 20—21 日召开第七次全国环境保护大会，李克强同志提出“加强环境保护是促进生态文明建设的根本途径”，加强生态环境保护要在更高层次上实现人与自然、经济社会与资源环境的和谐发展。环境是生存和发展的基本载体，环境状况与健康状况息息相关，良好环境质量是环保工作底线，要深入开展全民环境宣传教育行动计划，引导全社会关心环境、珍惜环境、保护环境，坚持在发展中保护，在保护中发展，积极探索代价小、效益好、排放低、可持续的环保新道路。

2012 年全国环境保护工作会议提出，探索环保新道路要着力完善六大体系，其中之一就是构建全民参与的社会行动体系，绿色消费和适度消费成为自觉行动，形成关心环保、参与环保、践行环保的良好氛围，诠释了环境伦理教育重要意义，强调公民环保意识觉醒和环保行为依靠教育顺利开展，环境伦理教育成为构建环保新体系、探索环保新道路、实现环保观念新转变的重要组成部分。十一届全国人大五次会议审议政府工作报告时强调，“中国绝不靠牺牲生态环境和人民健康来换取经济增长，我们一定能走出一条生产发展、生活富裕、生态良好的文明发展道路”。中国政府始终不渝坚持环境保护道路，凡是影响人类生存环境的行为坚决予以摒弃，联手向环境污染宣战，提升全民环境幸福感，实施稳中求进的绿色、低碳、循环经济发展模式，深入推进我国环境伦理教育事业。2012 年 6 月 1 日环保部通报表扬“十一五”时期 54 名全国环境宣传教育先进工作者，鼓励公众参与环境保护事业，提高环境保护意识，推进生态文明建设。

2012 年 7 月 23 日胡锦涛同志在省部级主要领导干部专题研讨班开班式上，进一步强调中国特色社会主义道路和全面建设小康社会必须把生态文明建设理念、原则和目标全面贯穿到经济、政治、文化、社会建设各个方面和全过程中，推进生态文明建设是涉及生产方式和生活方式根本性变革的战略任务，必须坚持节约资源和保护环境的基本国策，着力推进绿色发展、循环发展和低碳发展，为人民创造良好的生产生活环境。2012 年 8 月 21 日召开了第七届生态省论坛暨生态文明建设工作会议，自党的十七大提出加快生态文明建设发展新要求以来，全国生态文明建设试点已经有 53 个，全国范围内梯次推进生态文明建设新格局已经初步形成，生态文明建设在东部沿海地区已经全面展开，中西部地区生态文明建设步伐也明显加快，生态文明建设法制化进程正在展开有益探索。

2012 年 11 月 8 日中国共产党第十八次全国代表大会充分肯定了在过去五年时间里，我国生态文明建设扎实有效，资源节约和环境保护事业稳步推进，社会主义核心价值体系建设深入开展。十八大报告着重强调要全面落实经济建设、政治建设、文化建设、社会建设与生态文明建设五位一体的总体布局，不断开拓生产发展、生活富裕、生态良好的文明发展道路。大会一致同意将生态文明建设写入党章并作出系统阐述，探索经济、政治、文化、社会、环境和资源相互协调的绿色发展新道路，积极寻求经济发展方式转变和产业结构调整，绝不以牺牲环境为代价换取一时的经济增长，要“牢固树立生态红线的观念”，绝不走先污染后治理、牺牲环境换取经济增长的老路。“绿”与“黑”的艰难抉择事关中国十三多亿人民群众的长远福祉，大力推进生态文明建设，把生态文明建设摆在突出地位，纳入中国特色社会主义建设五位一体的总体布局，坚持节约资源和保护环境的基本国策，从源头上扭转生态环境恶化趋势，增强全民节约意识、环保意识、生态意识，营造爱护生态环境的良好风气，牢固树立尊重自然、顺应自然、保护自然的生态文明理念，努力实现建设美丽中国总体发展目标，将生态环境改善和生态文明建设视为与发展社会主义市场经济、民主政治、先进文化、和谐社会同等重要的顶层设计地位，为人民创造良好生产生活环境，为全球生态安全作出积极贡献，这一切都从国家发展战略高度彰显了中国共产党“绿色”政治信念和执政理念，充分显示了我国坚持科学发展、可持续发展、绿色发展、大力加强生态文明建设的坚定意志和坚强决心。

2013 年 11 月 12 日十八届三中全会强调指出，全面深化改革必须注重改革的系统性、整体性和协同性，加快发展社会主义市场经济、民主政治、先进文化、和谐社会和生态文明，都要紧紧围绕建设美丽中国的主题，深化生态文明体制改革，加快建立生态文明制度体系，健全国土空间开发、资源节约利用、生态环境保护相互协调的体制机制，推动建设人与自然和谐发展的现代化新格局。生态文明建设与经济社会发展密不可分，推进生态文明制度体系建设步伐，必须按照“源头严防、过程严管、后果严惩”的思路，坚持用制度保护生态环境，为生态文明的体制改革指明努力方向。《中共中央关于全面深化改革若干重大问题的决定》对生态文明的制度体系建设作出了科学明晰的顶层设计，指出生态文明建设关键在于尽快建立系统完整的生态文明制度体系，通过制度更好保护生态环境，实行最严格的源头保护制度、损害赔偿制度和责任追求制度，完善环境治理和生态修复制度。

在加快生态文明制度建设过程中，要采取一系列积极有效的制度措施确保改革顺利进行，一是要健全自然资源资产的产权制度和用途管制制度，对各类自然资源生态空间统一进行确权登记，尽快形成归属明晰、权责明确、监管有效的自然资源资产产权制度，在生态空间规划体系建立基础上，划定生产、生活、生态空间的开发管制界限，落实用途管制，健全能源、水、土地等资源节约集约使用制度。国家要健全自然资源资产管理体制和监管体制，统一行使自然资源全民所有者职责和国土空间用途管制职责。二是要划定生态保护红线，推动实施主体功能区制度，建立国土空间开发保护制度、资源环境承载能力监测预警机制和生态环境损害责任终身追究制，适时取消限制开发区域和生态脆弱地区的 GDP 考核指标。生态保护红线是基础性的硬约束条件，是推动绿色发展、加快生态文明体制机制改革、深度调整宏观政策的重要抓手，也是彻底改变不可持续发展方式、严格落实国家中长期发展规划节能减排目标的必要支撑手段。三是要促进环境和资源保护公平机制建设，实行资源有偿使用制度和生态补偿制度，加快自然资源产品价格改革，全面反映市场供求关系、资源稀缺程度、生态损害成本和修复效益，坚持使用资源付费原则，谁污染谁付费、谁破坏谁付费、谁受益谁补偿，积极发展资源有偿使用和生态补偿的环保市场。四是要改革生态环境保护管理体制，建立完善严格监管污染物排放的环境保护管理制度，加大环境监管行政执法力度，完善污染物排放许可制，实行污染物总量控制制度，及时公布环境信息，健全举报制度，加强社会监督，尽快建立陆海空统筹一致的生态系统保护修复和污染防治联动机制，对造成生态环境损害的责任者严格实行赔偿制度，情节严重者依法追究刑事责任。

2014年1月22日中央全面深化改革领导小组第一次会议决定，下设经济体制和生态文明体制改革等6个专项小组，便于在工作职能上统筹协调，保持经济发展与加快生态文明建设两者之间的适当平衡，在优化结构升级、促进经济全面转型的改革发展进程中正确处理好发展与环境的矛盾。大力推进生态文明建设进程，把提升生态文明自觉性放在突出地位，从源头上彻底扭转生态环境不断恶化、资源利用更趋短缺的不利趋势，牢固树立尊重自然、顺应自然、保护自然、关爱环境、节约资源的生态文明理念，坚持节约优先、保护优先、自然恢复为主的生态建设方针，着力推进绿色发展、循环发展和低碳发展，为人民创造良好生产生活环境，实现中华民族永续发展。良好生态环境是人和社会持续发展的根本基础，国土资源是生态文明建设的空间载体，保护生态环境离不开体现生态文明要求的制度保障，节约资源是保护生态环境、加快生态文明建设的根本之策。通过优化国土空间开发格局、全面促进资源节约、加大自然生态系统和环境保护力度、加强生态文明制度建设，加快形成节约资源和保护环境的空间格局、产业结构、生产方式和生活方式，全力构建生态安全、生产有序、生活富裕的美丽新中国。

三、具有中国特色科学发展观的形成

2003年我国人均GDP突破1 000美元，进入国家快速发展过程中难以避免的“矛盾凸现期”，发展机遇和严峻挑战前所未遇。社会主义市场经济体制虽初步建立但不够完善，生产力发展遇到一系列体制机制障碍，区域和城乡发展不平衡现象依然存在，粗放型经济增长方式未能根本改变，主要体现在两个指标上①，一是能耗高（见图1），二是污染物排放量大（见图2）。

人口、能源、资源、环境和技术的瓶颈制约效应日益突出，发达国家上百年快速发展历程中产生的严重环境污染和资源短缺问题，在中国仅历经不到30年时间就集中显现出来，我国经济发展正处于增长速度换挡期、结构调整阵痛期相互叠加阶段，经济社会取得巨大成就，各种矛盾和问题开始集中显现。依据国外现代化进程的历史经验，人均GDP处在1 000～3 000美元之间的发展时期是关键的“黄金发展期”，既有各种矛盾和风险，又有巨大发展潜力，若正确把握、措施得当，会极大促进经济快速发展和社会平稳进步，否则将导致“中等收入陷阱”难以跨越，经济徘徊不前，最终引发经济衰退乃至严重社会动荡。

正确把握发展机遇，必须尊重经济规律和自然规律，谋求经济效益、社会效益和生态效益的动态平衡。科学发展观所追求的发展，不是片面的发展、不计代价的

① 参考国家环境保护总局宣传教育司：解振华2003年4月30日在全国环境宣传教育工作会议上的讲话，《环境宣传教育文献汇编（2001—2005年）》，中国环境科学出版社2006年3月第1版，第43-44页。

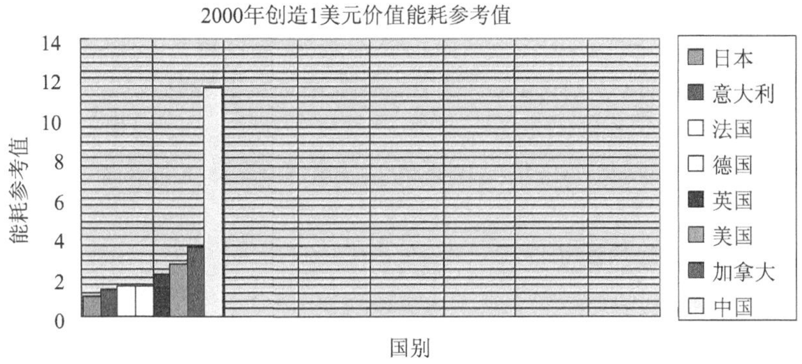

图 1　2000 年创造 1 美元价值能耗参考值

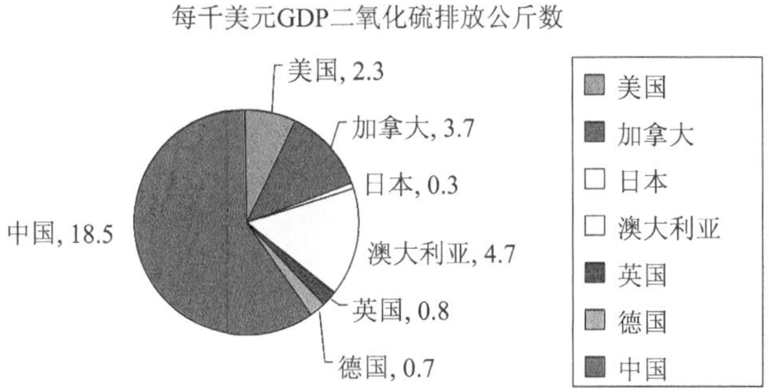

图 2　每千美元 GDP 二氧化硫排放公斤

发展、盲目追求 GDP 的发展。发展要遵循客观规律，创新发展理念，转变发展方式，破解发展难题，实施科教兴国战略、人才强国战略和可持续发展战略，需要提升发展质量，注重发展效益，实现又好又快发展。要努力实现以人为本、全面协调可持续的科学发展，实现社会各项事业有机统一、社会成员团结和睦的和谐发展，实现维护世界良好秩序、保障国家发展权益的和平发展。

为了认真汲取国外建设发展的失败教训，促进经济社会持续快速发展，牢固树立和全面落实中国特色科学发展观势在必行。积极借鉴各国发展经验，准确把握世界变革趋势，科学发展观经历了从酝酿到形成再到发展完善的渐进过程，自提出以来已历时多年，目前经济建设和社会发展并没有真正步入科学发展的正确轨道，全面落实科学发展观仍缺乏自觉性和坚定性，缺少坚强有力的政策指引、完备有效的体制保障和切实可行的措施支持，考核评价体系仍不科学完善，“唯 GDP 论”大有市场，局部利益驱动大行其道，公共监督流于形式缺乏实效性，科学发展观在思想意识架构和社会核心价值观弘扬方面未能引起高度重视，根源就在于科学发展观缺乏应有的战略指导思想定位，国家监管部门缺乏明确有效的监督约束机制。党的十八大报告清醒指出，制约科学发展的体制机制障碍仍然较多，资源环境对社会进步和经济发展的约束明显加剧，发展过程中不协调、不平衡、不可持续的现象依然突出。深入贯彻落实科学发展观，仍是当前和今后相当长一段时期内的一项艰巨任务，需要全社会思想高度统一，加深对科学发展观精神实质和内涵意义的正确理解，下大力气克服一切困难挑战，以伦理道德和责任感为指引，真正将科学发展观转化为推动经济社会又好又快发展的强大动力。

（一）科学发展观的演变历程

2003年7月28日，胡锦涛同志在全国防治非典工作会议上发表重要讲话，提出要坚持协调发展、全面发展和可持续发展。2003年10月中共十六届三中全会提出要坚持以人为本，树立全面、协调、可持续的发展观，促进经济社会和人的全面发展。强调要按照五个统筹的规划目标，统筹城乡发展、区域发展、经济社会发展、人与自然和谐发展、国内发展和对外开放。《中共中央关于完善社会主义市场经济体制若干问题的决定》，将科学发展观确定为深化经济体制改革的一项重要原则，这是在党中央全会上第一次系统阐述科学发展观问题，也是在全党文件中第一次明确提出科学发展观。

2004年3月中央召开人口资源环境工作座谈会，胡锦涛同志阐述了科学发展观的深刻内涵和基本要求，要求深刻认识和牢固树立科学发展观，自觉贯彻落实科学发展观。2004年9月十六届四中全会讨论如何加强党的执政能力建设，明确科学发展观是提高党的执政能力建设的重要内容，深入贯彻落实科学发展观，坚持以人为本、全面协调可持续的原则，高度重视节约资源、保护环境和安全生产，发展循环经济，建设节约型社会，促进社会全面进步和人的全面发展。

2005年年初在省部级主要领导干部专题研讨会上，胡锦涛同志提出构建社会主义和谐社会，是新形势下提高党的执政能力、贯彻科学发展观、推进我国经济社会又好又快发展的重要战略举措。2005年10月十六届五中全会通过《中共中央关于制定国民经济和社会发展第十一个五年规划的建议》，明确提出要落实科学发展观，构建社会主义和谐社会，科学发展观的理论研究基本发展成熟，论述体系较以前更加完整。《建议》强调要以科学发展观统领经济社会发展全局。全面落实科学发展观，必须在思想、组织、作风和制度上形成强有力的保障体系。要深化对科学发展观基本内涵和精神实质的认识，建立符合科学发展观要求的社会发展综合评价体系，坚持从实际出发，尊重群众的首创精神，按客观规律办事，推进改革开放和社会主义现代化建设。

2006年3月两会期间，胡锦涛同志强调坚持用科学发展观武装头脑，指导工作，研究问题，要把全党思想统一到科学发展观上来，把科学发展观转化为谋划发展的正确思路、促进发展的政策措施、领导发展的实际能力。2006年10月十六届六中全会通过《中共中央关于构建社会主义和谐社会若干重大问题的决定》，强调要全面落实科学发展观，坚持以科学发展观统领经济社会发展全局，坚持科学发展，构建和谐社会，科学发展观的战略地位得以确立。

2007年10月党的十七大对科学发展观的时代背景、科学内涵、精神实质、重大意义和根本要求作出更系统的阐述，完整提出科学发展观内涵，第一要义是发展；核心是以人为本；基本要求是全面协调可持续；根本方法是统筹兼顾。深刻指出科学发展观是三代党中央领导集体关于发展重要思想的继承和发扬，是马克思主义关于发展的世界观和方法论的集中体现，是同马克思列宁主义、毛泽东思想、邓小平理论和“三个代表”重要思想一脉相承又与时俱进的科学理论，是我国经济社会发展的重要指导方针，是发展中国特色社会主义必须坚决贯彻的重大战略思想。

2012年11月8—14日，党的十八大胜利召开，这是我国进入全面建成小康社会决定性阶段召开的一次十分重要的大会，审议通过了关于《中国共产党章程(修正案)》的决议，坚持科学发展观这一战略指导思想被赋予新的历史定位，大会一致同意在党章中将科学发展观同马克思列宁主义、毛泽东思想、邓小平理论、“三个代表”重要思想一道确立为党的行动指南，明确指出科学发展观是我们党必须长期坚持的指导思想，必须把科学发展观全面贯彻到现代化建设全过程中去，全面体现在党的建设各个方面。十八大报告将科学发展观确定为中国特色社会主义理论体系的最新成果，确定为中国共产党集体智慧的结晶。科学发展观作为马克思主义同当代中国实际与时代特征紧密结合的产物，把我们党和国家对中国特色社会主义发展规律的认识提高到一个新的水平，成功开辟当代中国特色马克思主义发展新境界，成为指导党和国家全面建成小康社会的强大思想武器。

(二) 科学发展观的内涵实质

科学发展观追求全面协调可持续发展，这绝不是片面的发展、不计代价的发展、竭泽而渔式的发展。全面、协调、可持续发展是科学发展观基本要求。全面是指社会事业各个方面都要发展；协调是指各个方面的发展要相互适应、相互配合；可持续强调各个发展进程的持久性、连续性和环境友好性。

1. 科学发展观是全面发展的发展观

科学发展观的重要目标是全面发展，要按照中国特色社会主义事业总体布局，全面推进经济建设、政治建设、文化建设、社会建设和生态文明建设，实现经济发展和社会全面进步。党的十八大要求把科学发展观贯彻到现代化建设的全过程，体现到党的建设各个方面，推动经济社会全面发展成为深入贯彻落实科学发展观的第一要义。社会主义社会追求全面发展、全面进步，全面发展包含了经济发展和社会发展；包含了政治进步和文化繁荣；包含了物质文明建设和政治文明、精神文明、生态文明建设。促进全面发展，需要正确处理政治、经济、社会、文化和生态文明的关系，努力做到政治民主、经济发达、社会和谐、法制健全、科教进步、文化繁荣、生态文明、人民生活殷实。经济发展是社会发展的前提基础和根本保证；社会发展是经济发展的主要目标和良好社会环境。只有经济发展没有社会的全面进步，就不是全面的发展。

2. 科学发展观是协调发展的发展观

协调发展要做到五个统筹，要建立经济社会发展综合评价体系，推进生产力和生产关系、经济基础和上层建筑相互协调，推进经济、政治、文化、社会建设和生态保护各个方面协调发展。其中统筹人与自然和谐发展，就是要处理好经济建设、人口增长与资源利用、生态环境保护的关系，在推进发展中考虑资源和环境承受力，统筹考虑当前发展和未来发展的需要，既实现当前发展目标，又为未来发展创造有利条件，通过积极发展绿色经济、循环经济和低碳经济，推动资源利用方式根本转变，促进生产、流通、消费、回收过程减量化、再利用和资源化，实现自然生态系统和社会经济系统良性循环。

3. 科学发展观是可持续发展的发展观

可持续发展是人类文明史上的崭新飞跃，与传统意义上的发展相比，可持续发展蕴含着丰富的哲理，是当代环境伦理学最重要的核心价值理念。为了人类的世代生存和永续发展，当代人要具备崇高的道德自律精神，慎重选择自己的环境行为，遵循可持续发展的原则，克制任何不负责任的非理性行为，避免给子孙后代带来环境破坏和不良生态影响。要时刻强调环境权益的公平正义，确保在经济增长和社会发展过程中不造成生态破坏。要在保持人与自然生态系统和谐的基础上促进经济、社会和环境的持续发展，保证自然资源可持续开发利用，为子孙后代提供能满足生存和发展需要的宝贵机会。

科学发展观是以马克思主义关于发展的世界观方法论为基础的，马克思主义唯物史观蕴含着宝贵的可持续发展思想萌芽，“是当代人类需要继承的优秀思想遗产，而且也为中国的科学发展观坚持可持续发展提供了最重要的理论指南”①。科学发展观的一个重要体现是实现可持续发展，破坏和掠夺自然，就是破坏和掠夺人类自己；关注人类必须关注自然；满足人类需要就要维护自然平衡；关注人类当前利益和未来利益同等重要。中国特色社会主义是长期的历史进程，科学发展观最鲜明的精神实质是解放思想、实事求是、与时俱进、求真务实，科学发展观内涵丰富，需要用历史的、辩证的、实践的、科学的、发展的眼光来深入研究。加快生态文明建设，节约资源、保护生态、调整产业结构、转变增长方式、改革消费模式，改善生态质量，确保生态文明理念在全社会牢固确立。

党的十八大专题阐述大力加强生态文明建设、全面落实科学发展观的重要意义，明确提出推动经济社会全面发展是深入贯彻落实科学发展观第一要义；以人为本是核心立场；全面协调可持续是基本要求；统筹兼顾是根本方法。

科学发展观的显著特点可以概括为：一是注重发展的宗旨意识和人文关怀。强调发展是满足人民群众的根本利益需求，满足人的全面发展需要。二是注重发

① 庞文元：《可持续发展与唯物史观》，载《新华文摘》，2012 年第 16 期，第 161 页。

展的整体协调。调动发展主体积极性，加强发展要素的内在联系和有效整合，推进发展良性互动，实现政治、经济、社会、文化和生态协调发展。三是注重发展持久永续。强调适应资源和环境承载能力，当代发展要考虑子孙后代需求，有效建立长效发展机制。四是注重发展的多样性。强调从实际出发，因时制宜，因地制宜，转方式调结构，突出发展重点。

国际经济社会正处于科技创新型、服务密集型、环境友好型、资源节约型的产业结构调整过渡期，我国正处在全面建成小康社会、加快推进社会主义现代化建设、早日实现中华民族伟大复兴的关键阶段。必须加快转变经济发展方式，推进五位一体总体布局建设，不断提升国民经济整体实力，推动经济发展和人口、资源、环境协调发展，应对激烈的国际政治经济和科技竞争形势，提高我国的国际竞争力和抗风险能力。

科学发展观源于理论和实践探索，又在新的发展实践中不断升华，是统领我国经济社会建设发展全局的根本指导方针，人与自然和谐观是应对生态危机的重要理论依据和实践指导，蕴含着人类在更高层次上与自然圆融的内在要求，超越了人类中心主义与非人类中心主义的认识论之争，为实现人与自然的和谐发展提供了方法论指导，把人类福祉与整个生态环境和谐发展紧密联系在一起。既摒弃了人类中心主义尤其是人类沙文主义的主体狭隘自私性，又超越了非人类中心主义的单纯“齐物论”思想，积极倡导和弘扬理性自觉的实践精神，有机结合了人类的内在尺度和自然的外在尺度，合理调节人与自然之间的物质交换关系，促进人类社会系统与自然生态系统和谐共存。我们要在实践增强认识，在新认识中突出实践，在再实践和再认识的辩证发展过程中，不断深化认识，坚持以人为本、以环境为中心的环境保护实践理念，促进人与自然、人与人、人与社会的全面和谐，充分体现“在发展中保护，在保护中发展”的环保新理念，为科学发展固本强基，为经济可持续增长增添动力，为增进人民健康幸福提供根本保障。

第三节 环境伦理教育国内外实践

一、国际环境伦理教育实践

（一）美国的环境伦理教育实践

美国是开展环境教育最早国家之一，19 世纪后期开展的保护自然运动和户外教育活动，是美国环境教育发源的基础雏形。20 世纪 60 年代，面对环境迅速恶化和生态危机对人民健康造成的严重威胁，美国政府开始反思，环境教育资源不足和环境伦理意识缺乏是环境质量下降和生态平衡破坏的主要原因。米德伯理学院

1965 年创建环境科学专业，成为美国高等教育界第一所开设环境类专业教育机构，美国也成为世界上第一个“把环境教育纳入本科层次课程体系中的国家”①。在美国前总统尼克松建议下，美国于 1969 年成立环境质量委员会，人与环境和谐共处的环保思想演变为全国性的环境保护政策。为推进对环境教育功能的认真思考，1970 年尼克松总统提出解决环境问题需要具备环境素养，教育应当承担关键的改革任务，“发展对人与环境关系有新的认识与新的觉醒”②。20 世纪 70 年代被美国确定为“环境的十年”，伴随着全国大规模的公众环境关注，1970 年 4 月 22 日第一个“地球日”应运而生。联邦环境保护局 1970 年 12 月正式运行，作为一个独立的环保机构，成立的“唯一目的就是保护环境”③。

美国基层弱势民众为了争取平等环境权益，自 20 世纪 70 年代广泛开展环境正义运动。提出“环境正义”最早源于民众对美国政府“环境种族主义”和“有毒物排放种族主义”歧视政策的抗议，众多环境正义组织联手抵制美国将有毒有害废弃物集中倾倒在低收入社区和有色人种社区。公众环保意识觉醒形成强大的政治压力，迫使联邦政府不得不对有失公正的环境歧视政策作出回应和调整，承诺在建造有毒垃圾填埋场等联邦政府行动决策时，确保少数派人口和低收入人口能得到公正对待，这推动了环境公平公正的教育理念逐渐深入。为保持人与自然的“生产性和谐”关系，联邦环境保护局提出六条基本环保原则：履行每一代人为子孙后代保管好生存环境的职责；为所有人提供有益于健康、生活富足、充满美感和文化品位的环境；利用环境要确保不造成环境退化，不威胁人身健康和安全；保存重要的历史、文化和自然遗产，创造尊重个人多样性选择的多元化环境；建立人口和资源利用动态平衡，保证高质量的生活享受标准；提高可再生资源的品质，实现消耗型资源的最大回收利用④。

在 1969 年《国家环境教育政策法案》基础上，1970 年美国率先制定世界上第一部《国家环境教育法》，通过立法赋予环境教育强制性的法律地位，集中力量加强环境教育资源的开发、实施、规范、评价、监督和推广普及。通过对公民进行环境质量和生态平衡方面专门教育、成立全国环境教育咨询委员会、设立环境教育资助项目、加强技术援助等有效措施，促使社会加深对保护环境和生态平衡的正确认识。

美国教育总署依据该法案第三条第一款规定，设立环境教育司具体协调与环境教育有关的各项活动，开设提高环境质量、增强环保意识的国家课程；提供环境教育专项经费资助；发放环境教育相关教材和辅导资料，传播相关教育信息；制订

---

① 陈丽鸿、孙大勇：《中国生态文明教育理论与实践》，中央编译出版社 2009 年 6 月第 1 版，第 20 页。

② 祝怀新、林道辉：《环境教育的理论与实践》，中国环境科学出版社 2005 年 7 月第 1 版，第 159 页。

③ 廖红、[美]克里斯・郎革：《美国环境管理的历史与发展》，中国环境科学出版社 2006 年 2 月第 1 版，第 140 页。

④ 参考廖红、[美]克里斯・郎革：《美国环境管理的历史与发展》，中国环境科学出版社 2006 年 2 月第 1 版，第 195 页。

教师职前和在职培训计划；制订野外生态保护研究中心设置计划；制作分发适合各类传播媒介的环境与生态保护教育资料。该法案最终因缺乏资金支持未能真正施行，但在很大程度上推动了美国环境教育框架结构的初步建立，为美国各州和地方教育机构以及各类环保组织和教育学会深入开展环境教育活动提供了积极的指导意义。1970 至 1971 年国家环境教育开发中心、全国环境教育协会和各州环境教育组织相继成立，美国环境教育步入正规化和法制化的发展道路。

鉴于仅通过环境知识传授和环境技能培养，难以从内心深处彻底转变环境态度并积极付诸环保实践行为，科里考特 1971 年在美国威斯康星·斯蒂文大学率先开设《环境伦理学》课程，希望尽快转变环境态度，加强环境责任感和环境伦理意识培养，促进环境伦理规范建构和开展环境伦理实践活动。美国 A. 贝尔和霍威尔公司在大学教科书《环境科学》的第四部分“环境管理原理”，强调指出人类社会发展、文化进步、城市扩张和经济增长都对大自然产生了深刻影响，人们生活质量和环境质量的经济性，很大程度上依赖环境文化和公众环境伦理教育。1971 至 1973 年美国在 4 000 所中小学试行《环境经验学习计划》，作为有效提高教育质量和环境责任的多元化跨学科环境学习体系，推动了美国环境教育和伦理提升进入一个有计划、有步骤、有组织的规范化运行阶段。1975 年罗尔斯顿在《伦理学》发表论文《存在生态伦理吗》，引发了新一轮环境伦理研究热潮，与环境伦理研究相关的学术期刊比如《环境伦理学》相继创刊，有关环境伦理学研究著作纷纷面世，许多大学开设了环境伦理教育课程，相应设立了环境伦理学及相关专业的学士、硕士和博士学位。

缘于对全球环境问题泛滥的深度忧虑，美国政府认为必须教育人们正确认识环境、形成环境关爱意识、培养解决环境问题的恰当技能，这对环境伦理教育和舆论宣传提出更高要求，美国政府每年投入到环境教育方面的大量财政拨款，也为开展环境教育提供了有利的资金和物质保障。为提高环境质量、消除环境对人类健康的严重危害、有效解决环境污染问题，1990 年 11 月 6 日美国前总统布什签署了新的《国家环境教育法》，这标志着美国环境教育法制化进程进入了一个新阶段。该法案对美国环境教育立法原因和目的、设置环境教育专门机构（环境保护署下设环境教育处、国家环境教育咨询委员会和联邦环境教育工作委员会，成立国家环境教育与培训基金会）、制订环境教育与培训计划、保障环境教育经费拨款、发放学生环境实习奖金、奖学金和环境教育奖金、改进环境教育政策措施都做出了详细明确的规定，有针对性地推动了全国范围内环境教育活动的组织实施，包括环境伦理教育在内的环境教育体系得到优先发展，环境伦理关系就是其中一项重要教育内容，目的在于增强国民对环境问题的认识，提高解决复杂环境问题的能力。该法案第八条规定设立环境教育奖金，对积极参与促进地方环境保护且成绩卓越的青少年颁发“总统环境青年奖”；该法案第十条明确要求成立全国性非盈利环境教育与培训基金会，基金会成立的主要目的就是募集经费开展环境伦理教育活动，培养公众环境意识和责任感，健全发达的环境伦理教育系统。

在美国《国家环境教育法》颁布实施后不久，超过 2/3 的州，包括威斯康星州、亚利桑那州、俄亥俄州、马里兰州、佛罗里达州、加利福尼亚州、弗吉尼亚州，相继制定了各自的地方性环境教育法规，明确提出环境教育的责任义务，努力培养具备环保知识和技能、拥有环保责任感和环境决策能力的高素质公民，规定中小学教师要依法接受正规的环境教育，保证为学生提供系统的环境教育课程。威斯康星州曾在环境教育立法及系列行动计划中明确要求，获得教师资格必须接受正规的环境教育课程，400 个所属学区必须为学生提供系统的环境教育课程，环境教育中心和环境教育委员会负责帮助学校有效实施环境教育计划。美国环境保护署还专门制定《环境教育和培训计划》，每年"将环境教育资金的 25%投入到培训方面"①，加强环境教育师资力量培训，开发环境课程，推广授课技巧。针对不同受教育对象的环境道德认知水平，出台了《为确立环境教育计划的方针》，提出了针对不同人群的环境教育具体目标，并将美国国家公园、野生动物保护区、州立公园以及野外环境教育中心统一纳入中小学环境和伦理教育体系。环境教育委员会曾倡导发起过美国历史上进展规模最大的三个环境教育计划，包括教师水教育计划、树木学习计划和设计野生生物调查计划，项目实施的共同特点是通过灵活多样的教学方式和课程模式，"发展学生对环境问题的敏感性、鉴赏力、相关技能和责任感……鼓励他们创造性地解决环境问题"②。

1991 年由世界资源研究所发起设立贝迩项目，美国许多著名大学的商学院踊跃参与，这个国际环境教育项目得到了众多跨国公司支持，宗旨是将环境教育与可持续发展相关内容融入美国商学院的课程体系，共同推进环境教育在更高领域发展，争取让今天的商学院学生——明天的社会管理者，在未来决策过程中成为环境友好的合作伙伴。最初有 5 所大学的商学院带头实施，1999 年贝迩项目被美国国家环境教育基金会授予国家环境成就奖。

1994 年美国可持续发展总统委员会召开全国性环境教育工作会议，发布《可持续发展教育：行动议程》。北美环境教育联盟是普及和推广环境教育的专业团体，是全国范围内开展环境教育的重要组织，组成人员囊括了众多的学校教师、环境教育专家、教育行政官员、环保组织成员、自然中心和博物馆等各类校外成员，1998 年制定了《为了环境教育的卓越性之全美计划》和《环境教育的卓越性——大纲(幼儿～12 年级)》，配合国家统一的教育标准改革，规范环境教育标准，通过制定教材开发选择标准、环境教育教材目录、中小学环境教育大纲和师资培训继续教育计划，将环境教育内容分成幼儿～4 年级、5～8 年级和 9～12 年级三个年龄段分步实施，在注重环境知识的综合性学习同时，突出教育目标的多元化，培养分析解

① 崔建霞：《公民环境教育新论》，山东大学出版社 2009 年 3 月第 1 版，第 229 页。

② 祝怀新、林道辉：《环境教育的理论与实践》，中国环境科学出版社 2005 年 7 月第 1 版，第 163 页。

决环境问题的综合能力和道德责任担当意识，注重多元化的环境伦理理念教育，通过增加“可信性评价”，激发学生的学习兴趣和参与意识，正确辨别新闻媒体发布环境信息的真实性，培养学生树立正确的环境伦理观。2005 年全美环境教育咨询委员会在提交国会报告中，充分肯定环境教育取得的显著成绩，认为美国的环境教育成为有效实施环境管理的重要手段，几乎与环境执法发挥着同等重要的作用，建议在未来行动方案中，明确制定教育标准、加强效果监测、师资培训和公众宣传。

美国的环境教育理念和教学方式呈现灵活多样、注重实践和强化伦理培养的综合性特点。美国环境教育课程体系包括渗透性课程和跨学科独立性课程两大类，学校可以根据不同环境教育目标，合理编制或自主选择恰当的课程教材和辅助读物，采用灵活多样的教学手段，追求优势互补、取长补短、因地制宜的良好教学效果。北美环境教育联合会出版了《优秀环境教材指南》，确立考核教材质量有六个主要衡量指标——公平性和正确性、深度、技能培养、行为定向、教育公平性、良好适用性。其对环境教育教材的甄别标准，因为符合学生认知规律，强调实践教学，注重对环境意识和生态价值观培养，内容丰富且灵活适用，受到各级教育组织的广泛认可与采纳。美国积极采用渗透性课程，在工程制造等实践性较强的应用学科教学中渗透环境伦理教育内容，既不增加学生学业负担，又能改进课程教育的环保目标，潜移默化地运用环境伦理观念来影响学生在未来学习和实践中的环境思维能力。为了有效避免渗透性课程固有的系统性协调性较差、教学内容较分散零碎、师资差异化程度明显、综合教育评价难度较大等不利影响，美国还把各相关学科领域的环境科学知识和概念范畴进行归纳提炼，结合解决环境问题的能力培养，与环境伦理教育有机融合成一门独立的综合性跨学科课程，优化培养兼具环境科学知识、环保技能和环境良知的行为实践者。

美国在具体教学方法上注重实践参与，主张通过户外教学法、问题教学法、环境主题活动法和角色扮演法等方式，激发学生的学习兴趣和主动参与意识，加深对环境问题的认识理解，提高学生的实践动手能力，增强环境伦理意识和价值评判水平，树立环境责任感和参与行动的信心。“地方本位教育”是近年在美国兴起的一种新型环境教育理念和教学方法，阿肯色大学系统洛克菲勒研究院的乔安娜教授介绍，美国现有不少大学正在开展此类教育项目，通过让学生实地考察当地秀美的山川河流、原始森林和农田村庄等自然环境，学生亲身感受和零距离接触大自然，亲近自然、热爱环境的内在情感得到激发，自觉以实际行动保护环境、绿化当地社区、推动社会可持续发展的美好愿望，成为促进环境伦理意识提高的内在原动力。

美国联邦政府和许多州政府通过立法或专门性规定来加强环境教育的师资培训。培训形式主要有职前培训和在职培训两大类。根据美国的国家环境教育计划，中小学教师职前培训的内容十分丰富，既包括环境基础教育、环境教育教学方法、环境教育评价和环境教育课程开发，也包括环境问题解决和环境价值观培养。职前培训的方式主要有职前攻读正规的环境教育专业学位和职前接受环境教育类课程培训及实践指导。在职培训主要通过在职进修研讨班、专题讨论会等形式，帮助在职教师熟悉新的环境教育课程内容和教学教材，提高传授环境知识和实践技能以及价值判断的教学水平。美国在环境教育培训方面的新动向，“规定了大学的教师教育中应该增设环境教育，学校要成为环境教育的典范”①。美国中小学教师接受环境教育的比例正大幅提高，20 世纪 70 年代美国仅有不到 10%的教师接受过环境教育专门培训。为有效提高中小学教师的环境素养，美国环境保护署自 1990 年开始与高校合作广泛开展教育培训项目，加强培训计划修订，加大培训难度，2000 年据统计美国有“大约 39.2%的中小学教师接受过环境教育方法的培训，有 62.1%的教师参加过环境科学与生态知识方面的学习”②。

美国环境教育行动组织将环境教育的内涵界定为“培养对环境负责的行为并改善环境的质量”③。美国环境伦理教育的多元化价值取向突出表现在学科布局、专业设置、课程设计、教学方式、制度保障和绿色创建实践等各个方面。

一是在学科布局上，注重环境科学与自然科学、人文社会科学的交叉融合。Ian Robottom 在《环境教育：实践和可行性》中指出，环境问题不是一个简单的技术问题，涉及政治意识形态、自然资源、经济发展模式、社会结构、社会价值观和道德标准、公众环境参与和保护意识各个方面，是一个复杂的社会问题，环境教育包含了政治、法律、管理、道德、伦理、价值、决策等一系列社会和人文科学知识，诸多环境类边缘学科、交叉学科和综合学科的不同研究领域，有力推动环境伦理教育不断向纵深发展。

二是在专业设置和课程设计上，环境类人文社会科学专业的比重明显增加。美国并没有刻意硬性规定必须在大学设置环境教育类专业，美国大学设置环境类专业，确立环境伦理教育的相关专业基础课程，完全出于解决现实环境问题的迫切需要，主动适应国家环境管理的战略需求，由学校自主决定如何采用学以致用的人才培养模式。美国 53 所知名大学的环境类专业设置中，环境伦理和技术、环境政策与行为、环境技术和社会、能源与环境研究、资源环境与发展等人文社科类本科专业达到了 37%，在研究生阶段这一比例为 14%。其中包括了以培养环境教育师资为主的环境教育、环境指导、环境伦理教育、环境师资和环境宣传教育类的专业设置。随着美国贝迩项目的快速推广，到 2000 年已经有全美国 3/4 以上的商学院正式开设了环境课程，建立起完善系统的课程体系，其中有一半以上将环境课程设定为必修课，有约 1/5 的商学院设置了环境教育方向的学位或双学位。在课程设计上，美国是世界上最早在高等院校开设环境伦理学课程的国家之一。Wolfe 和 Vickie Lynn 在《环境教育的内容和过程研究》中指出，2001 年在美国 496 所大学

---

① 马桂新：《环境教育学》，科学出版社 2007 年 4 月第 2 版，第 12 页。

② 李改：《幼师院校加强环境教育的必要性》，载《环境教育》，2012 年 2 月总第 140 期，第 65 页。

③ 冯杰、高继璐：《美、德、日三国环境教育的特点及启示》，载《环境教育》，2011 年 11 月总第 137 期，第 42 页。

中，55%以上的高校开设了环境伦理、环境哲学和环境素养通识课，其中有 11.6%的高校将上述课程规定为核心必修课程，有 30%的高校将上述课程列为供其他专业学生必选的研究型设计课程，开课的院系以哲学、伦理学、环境科学、生态学和地理学等相关院系为主，也有的高校是在文化学、政治学、管理学、经济学、物理学和化学等院系开设。

三是在教学方式方法上，中小学普遍实行户外教学法、问题教学法、环境主题活动法和角色扮演法，高等教育阶段更注重推行两难选择教学法和课堂讨论教学法。两难选择教学法针对高校学生环境伦理情感认知的阶段特点，通过设计与环境伦理道德相关的两难情景模拟，超越原有环境伦理意识的固有模式，引发学生产生环境伦理认知失调和环境道德焦虑，通过教师的积极引导和激发学生内在的环境情感体验，在积极探索、深度思考和自我超越的基础上，发展建构新的更高层次的环境伦理观和价值评判标准，内化提升自身的环境道德情感。课堂讨论教学法主要针对某一类现实环境问题或环境伦理行为，综合运用环境知识和文献资料，阐述对问题的认识、解决渠道和价值取舍，通过课堂讨论和多方辩论，促进学生提高解决环境问题实际能力和环境伦理批判思维水平。

四是在制度保障上，着重提高大学和科研机构在环境科普教育方面的社会责任。为了增强环境伦理教育效果，美国有相当一部分大学建有能够承担环境科普功能的博物馆、植物园、天文台或农场等，面向社会公众开放，并提供相关的环境教育教学内容和展览活动，比如哈佛大学自然历史博物馆（隶属有机体与进化生物学系，集合了植物学博物馆、矿物学博物馆和比较动物学博物馆三个博物馆面向公众开放的代表性藏品和研究成果）、哈佛大学阿诺德植物园（哈佛大学与波士顿市共建，致力于从基因、发育、生物、进化、生态系统等多角度进行植物多样性研究，是世界公认的植物资源最全面最丰富的植物园）、加州大学戴维斯分校植物园（约有 22 000 多种植物，全天对外开放，为学校师生和广大爱好者学习研究提供便利）。还有一些大学在特定时间段，面向各个年龄层次的社会公众，开办形式多样的环境科普讲座和环境科普实践活动，“美国科罗拉多大学的环境科学合作研究所、华盛顿大学的环境学院、明尼苏达大学、威斯康星大学、哥伦比亚大学等学校及相关院所都很注重环境相关的科普”①，通过一系列有针对性的专题设计，广泛开展适合各个年龄阶段参与的开放性科普活动，旨在提高社会公众的环境兴趣，促进对环境理解。比如哥伦比亚大学为了提高哈得逊河河口附近居民的水资源保护意识，自 2003 年开始每年在“国家河口周”期间举办“哈得逊河日”系列科普活动，哥伦比亚大学天文台每月对公众开放一天，通过提供讲解和展览活动普及必要的天文科普基础知识。

美国相关科研机构也广泛开展面向公众的环境科普教育活动，并在所属的专

① 王民:《国外及港台地区大学环境科普情况》，载《环境教育》，2012 年 5 月总第 143 期，第 55 页。

业实验室开设访客中心、探索中心等长期固定的环境科普展厅对外开放。比如美国的国家大气研究中心就建有梅萨实验室访客中心，每天免费向公众开放，并定期举办与天气和气候变化相关的世界地球日、超级科学星期六和面向学校、社区的图片、模型和互动设备教育展览活动；世界最大的民间非营利海洋研究所——伍兹霍尔海洋研究所建有海洋科学展览中心，在全年的对外开放时间里向公众展示海洋科学研究成果、专用的研究仪器设备，并举办海洋科普系列讲座和面向教师的科学家讲习班；劳伦斯利费莫尔国家实验室是一个主要面向 18 岁以上美国公民，展示核安全、能源与环境安全的专门实验室，其探索中心在限定参观人数的前提下，可通过预约免费开放，并在夏季面向各个年龄段的学生和教师开展科普讲座和前沿科学知识培训活动①。

五是在绿色创建实践上，美国大学长期致力于绿色校园建设。自 2009 年开始，美国的普林斯顿公司每年发布一次美国大学的“绿色评级”，评价指标主要包括学生是否拥有健康的、与环境友好的校园生活；学校在致力于推崇清洁能源、培养学生解决环境与发展困扰能力的恰当举措；学校政策有利于环境保护的责任意识。2014 年普林斯顿评论发布的绿色校园指导手册中，哥伦比亚大学、康奈尔大学、斯坦福大学等 22 所满分高校进入了“绿色评级光荣榜”。越来越多的高校注重在环保方面树立自己的品牌形象，康奈尔大学、南佛罗里达大学、米德伯理学院等将环保发展列入大学战略规划，成立专门的可持续发展委员会，加快推进“绿色大学”环保创建实践活动。比如康奈尔大学专门投资 4 600 万美元用于发展节能设备、倡导环保出行方式减少碳排放、垃圾回收利用或制作天然肥料、支持绿色社团运动。加州大学洛杉矶分校主动减少浪费，使用环保替代产品，在校医院自助食堂使用可生物降解杯替代泡沫塑料杯，每年减少几十万磅废料。米德伯理学院在基建规划中提高校园建筑的能源利用率，在学院规划和日常运作中注重环境的可持续发展，加强学校建筑与自然生态景观之间的有机联系，计划于 2016 年实现碳中和，通过积极的平衡措施实现碳排放总量为零。纽约大学连续两年成为全美购买风能最多的大学，通过这种绿色能源获得的环境收益相当于从道路上移走了 12 000 辆汽车或栽种了 72 000 棵树。②

（二）英国的环境伦理教育实践

英国教育界历来重视发挥田野工作的教育实践功能，强调主动获取环境问题的直接经验具有独特的重要价值。艾沃 · F. 古德森在《环境教育的诞生》一书中提到，18 至 19 世纪早期在英国农业革命中兴起的“乡村学习”，在环境教育实践发展历程中扮演过重要角色。“阿诺德和赫胥黎都关注将自然学习建设成为更具科学

---

① 参考王民等：《欧美科研机构环境科普情况介绍》，载《环境教育》，2012 年 6 月总第 144 期，第 50-51 页。

② 参考搜狐教育《穹顶之下，你的校园环保吗？》，http://learning.sohu.com/20150303/n409301374.shtml

性调查的基础科目”[①]，1889年欧洲第一所乡村寄宿学校在英国诞生，1900年英国教育局向教师推荐珍惜“乡村学习”或“自然学习”的机会，认为增加对乡村生活环境的新认识，可以学会更有效地观察自然过程。为了增强孩子们对环境问题的好奇心，通过实践性教学培养自己对生活环境的精心关爱，英国“在以‘乡土学习’和野外考察为环境教育主要方式的同时，又增加了关心环境保护和对环境负责的伦理方面的内容”[②]。1949年英国成立了自然保护局，确定将自然保护定义为建立在生态学基础上的行动哲学。

自20世纪60年代以来，英国在环境伦理教育方面的研究与实践得到蓬勃发展。英国国家乡村环境学习协会1960年成立，后来更名为国家环境教育协会(NAEE)，强调要以生活环境作为教育资源，通过实地学习和户外观察活动等乡村学习或自然学习形式，亲身经历、感受和体验自然环境，激发学生接触自然、热爱生活的良好情感，引导学生在环境体验中改变环境态度和观念。自然学习方法主要沿袭了卢梭的自然主义教育思想，目的是促进学生个体的身心自然发展。但是从严格意义上讲，这种学习方法未能真正实现环境伦理教育的深层目标——“为了形成受教育者的环境价值观和保护人类生存环境的意识”。“以户外教学为特征的自然学习本身并不是一种为了环境的教育，但它却成为现代环境教育理论的基础。”[③] 1965年在基勒大学召开环境教育会议，探讨如何发展环境教育理论，环境教育计划开始在中小学逐步实施。1965年英国成立环境教育委员会，协调督促与环境教育有关的40多个组织及职业团体积极开展环境教育。1971年环境教育内容开始在英国的初中和高中课堂教学中涉及，并被陆续列为学校规划实施项目的一部分，成为学校正规教育的有机组成部分。

自1974年开始，英国学校委员会采纳卢卡斯模式，分“关于环境的教育”、“为了环境的教育”和“在环境中的教育”三个方面，全面构建环境教育理论和实践框架体系。这三个方面蕴含着丰富的环境伦理教育元素，尤其是“为了环境的教育”，强调发展学生对环境的关注和责任感，综合平衡冲突各方的环境利益和文化价值观念，以尊重自然、尊重他人、尊重未来为基础，寻求为解决环境问题而做出的明智选择，“为所有儿童发展个人的环境伦理，从而使他们为自然环境的利益做出行动”[④]。“为了环境的教育”理念突破环境知识和技能教育局限，“上升到了着重对人进行环境价值观、人生观及个人环境行为品格和习惯的养成和规范教育。后者已实际上进入了环境道德教育的范畴”[⑤]。英国环境教育目标归纳为获取保护环

---

① 艾沃·F.古德森：《环境教育的诞生——英国学校课程社会史的个案研究》，贺晓星、仲鑫译，华东师范大学出版社2001年11月第1版，第97页。

② 刘湘溶、朱翔：《生态文明——人类可持续发展的必由之路》，湖南师范大学出版社2003年10月第1版，第432页。

③ 祝怀新、林道辉：《环境教育的理论与实践》，中国环境科学出版社2005年7月第1版，第6页。

④ 祝怀新：《英国基础教育》，广东教育出版社2003年2月第1版，第179页。

⑤ 邝福光：《环境伦理学教程》，中国环境科学出版社2006年8月修订版，第196页。

境所需要的知识、价值和态度、参与和技能，鼓励学生深刻理解各门学科都可以帮助学生发展关于人类行为和价值判断的环境伦理，有益于环境价值观的澄清，有益于逐步形成开放、尊重、欣赏、理解的环境伦理品质，有效激发热爱环境的道德情感。

1988 年英国发布《第六号通知：国家课程和课程的整体规划》，设立了环境教育、健康教育、生涯教育与就业指导、经济与工业理解和公民教育这五个跨课程教育主题，其中就将环境教育作为学生学习整体课程的一个组成部分，保证学生能够养成良好的环境保护意识，关心并积极参与环境问题的解决。1989 年英国教育和科学部(DES)在《5～16 岁环境教育》中，注重通过学生的亲身体验和直接经历，获得和发展对环境的理解力、技能和伦理意识。其中初等教育阶段涉及的环境伦理教育，要认识到人与环境的相互依赖关系，初步形成对环境的明智关注，提高改善环境的责任心。在中等教育阶段，要求学生提高对环境价值观和态度的认识，清醒意识到未来的环境状况很大程度上取决于人们正在采取的环境决策行为，其中也包括自身决策和行为对环境所产生的直接影响，主动提高对环境的批判性认识能力，增强关心和保护环境的责任感，利用掌握的环境知识和技能以及经济、政治、社会和技术因素，对环境施加有益的影响。为深入认识理解环境的重要性，形成正确的环境价值观，促进环境理念与态度的转变，英国将学校环境本身视为重要的环境教育资源，积极开展显性环境教育课程，全面开展绿色学校创建活动，以校园资源作为环境教育素材，取得了明显的教育成效，在激发环境意识、培养正确价值观和环境态度方面发挥了积极作用，校园环境文化的隐性教育作用充分发挥。

英国主流环境教育理论鼓励学生自己亲自参加环境问题的调查研究，在实际环境实践活动中增长对环境问题的直观认识。1990 年 9 月英国政府将欧共体环境伦理教育指导思想纳入教育与就业部课程委员会并出台了环境教育课程指南，强调环境教育要采取积极的态度鼓励主动发现和探讨各类环境问题，迅速采取行动保护环境。为了有效坚持在课堂内外和学校内外加强环境教育渗透原则，环境教育不仅要传授环境科学知识，还要从知识、态度与价值观、技能各个方面培养综合环境素质，要求在教育过程中鼓励学生多角度考察和理解环境，其中包括伦理学、美学以及历史、宗教和政治等多重视角；唤醒学生的环境意识与环境好奇心，鼓励参与环境问题解决。为了发展环境教育课程，国家课程委员会还确立了知识目标、技能目标和态度目标三个具体目标，其中态度目标要求养成正确的环境态度，学会欣赏环境和生命万物，学会尊重事实、尊重信仰、开放思想、独立思考。

从 1990 年代早期开始，环境教育第三次浪潮兴起，自 90 年代中期开始，环境教育会议积极支持在各级教育中设立交叉学科的绿色课程，作为跨学科课程的综合课程改革一度成为中小学教育一大特色。但实际上新型教育内容没有真正在英国学校里按照国家课程全面严格组织实施，因为教学时间缺乏、教学资源匮乏、师资力量薄弱、师资培训计划和激励机制不完善，大部分学校只能顾及到主要的核心科目课程，作为跨学科教育主题的环境教育相关内容，大多只能被精简安排到地理和科学这两门法定课程中。《环境责任：1993 及未来高等教育议程》曾对一部分高校未能足够重视环境意识教育提出批评，呼吁尽快改变绿色行动在很大程度上仅依赖个别倡导者的消极行为模式，希望通过设立相关环境专业、加强教育基地建设和师资培训措施，积极响应国家绿化议程。1994 年 Willis 组织的高校环境可持续发展调查显示，在 86 所高校中共有 56 所接受关于高校环境承受力的调查，其中的“26％制定了一套环境保护计划，22％的学校建立了课程指导方针，仅有 5％的学校投入了个别人士去研究环境课题”①。为了摆脱环境教育的尴尬处境，英国环境教育协会专门制定《开发环境策略：呼唤学校行动》，印发了《通过国家课程进行环境教学》，希望通过环境教育教学活动，真正抓住“教与学”的关键，按照“国家课程科目规程”要求，制定具体的教学计划，对 5～16 岁中小学生在地理和科学等国家课程科目及其他课程科目中，打破学科限制系统加强环境知识的教学，提高学校在环境教育方面的法定教学程度和实践操作水平，强调教育整体性效果，这是全面培养学生综合环境素质的共识与关键所在，对于培养学生的批判性思维和环境整体理解能力具有独特的影响作用。

深入开展环境课程教学和理论研究，成为英国各大学为响应环境责任而开设正规教育课程的重要组成部分。高等院校作为提高公众环境责任心的核心领军力量，积极为提高环境意识、改革环境政策和实践、构建环境责任文化而不断努力。John Huckle 和 Stephen Sterling 在《可持续发展》中介绍，1993 年英国教育部公布统计数据，到 1988 年已经有 48 所高校开设了环境保护、环保健康、环境管理工程、环境科学和环境研究等环境类学位课程，到 1992 年增加到了 106 所，环境类的专业课程短短几年时间也增加了一倍以上。爱丁堡大学、洛桑比亚大学、诺丁汉川德大学还积极聘请各类全职环境官员和环境专家，尝试建立学生与教师互动、正规课程和非正规课程互补、各类教育资源良性竞争的环境责任感提升实践计划。1995 年桑德兰大学、利物浦约翰摩尔大学和兰夫斯特大学率先在《塔罗里宣言》上签字，赞同为实现可持续发展积极响应“全球思考，本地行动”的环境宣传口号，迈出了环境教育改革独具创新性的重要一步。

1996 年英国教育与就业部在《将环境教育带入 21 世纪》中提出，要通过各级各类正规和非正规教育，向所有年龄段的人群传授“可持续发展和有责任感的世界公民概念”②。强调在环境教育过程践行终身教育理念，积极鼓励“为了参与的教育”实践，在《生存教育》报告中提出，学校教育和工厂教育、家庭教育、休闲教育、学前教育以及全面环境教育，共同推动社会和环境的可持续发展。英国在开展正规环境伦理教育时，关注非正规环境伦理教育形式，提高环境意识、形成环境素质、达

---

① [英]John Huckle, Stephen Sterling:《可持续发展教育》，王民等译，中国轻工业出版社 2002 年 2 月第 1 版，第 111 页。

② 祝怀新:《英国基础教育》，广东教育出版社 2003 年 2 月第 1 版，第 173 页。

成环境共识，成为英国社会环境伦理教育的主要目标，大众媒体和各类环保志愿组织广泛参与，是非正规环境伦理教育作用得以发挥的主要原因。英国 BBC 广播公司、众多电影电视公司、《星期日泰晤士报》和《观察家报》等报纸杂志，通过制作丰富多彩的关于环境问题的广播电视节目、报刊评论和新闻报道，使环保理念深入人心。各类环保专业学会、联合机构和非政府组织，通过广泛开办培训班、研讨会、专题报告会、图片信息展示、提供课程资源和出版学术期刊，加强英国公众对环境问题的研究兴趣和环保意识，譬如英国自然环境研究委员会，就是一个主要从事环境科学研究、培训、知识传播、情趣陶冶和提供专门研究基金的环保非政府组织。

（三）澳大利亚的环境伦理教育实践

澳大利亚的环境教育和伦理意识培养一直处于发达国家前列，环境保护教育涵盖了从幼儿园到大学各个教育阶段。20 世纪六七十年代，面对严重的环境问题和生态失衡，政府大力推进环境保护运动，呼吁在全面了解人与环境关系基础上建立新的道德原则，积极关注环境质量，通过教育改变价值观和环保意识。1970 年澳大利亚召开了全国的教育与环境危机会议，将教育功能阐释为解决当前严峻环境问题的主要途径。

澳大利亚环境教育政策和课程设置重点是“为了环境的教育”，环境价值观教学、批判性环境思维培养、环境知识的跨学科性和解决环境问题的决策技巧、学校和社区互动带来的环境促进作用以及环境问题的实践教学，构成了澳大利亚环境教育主体框架。1972 年澳大利亚组建了世界上第一个绿色政党——塔斯马尼亚联合组织，积极开展空气、水资源、濒危动植物和热带雨林保护运动。1974 年澳大利亚成立环境教育委员会，与澳大利亚课程发展中心共同合作，重视师资培训与教材开发，积极推进环境教育国家战略，增进人们对自然和人工环境的理解，提高对环境行为正确与否的敏感性和辨别力，各州相继开始加强对教师环境教育方面的培训。1980 年课程发展中心将环境教育纳入核心课程，环境学习成为核心课程的九个构成领域之一，重点加强对环境的深入探讨和环境观的形成。“环境学习是各种知识和理解的综合，是保护环境和改善环境的必要前提。”① 自 80 年代中后期开始，澳大利亚环境伦理教育受到广泛重视，忽视环境价值观的现象得到修正，师资培训课程开始重视环境态度和价值观探讨，《澳大利亚学校教育国家目标》注重发展学生对环境平衡发展的理解力和关注态度，环境教育逐渐向涉及价值澄清的环境伦理教育倾斜，其中隐含着对人类中心主义倾向的担忧、对自然环境缺乏人文关怀的担忧以及对全球环境观缺失的担忧。

1989 年澳大利亚教育委员会召开霍巴特会议，《霍巴特宣言》要求加强关注全球的环境平衡发展，增强对环境道德判断、伦理规范和社会正义的理解能力，协助人们以知书达理的市民身份参与生态持续发展，维护社会正义和生态民主。昆士

① 徐辉、祝怀新：《国际环境教育的理论与实践》，人民教育出版社 1998 年版，第 142 页。

兰州教育部特别注重价值观教育，在《生态持续发展的教学：11～12 年级地理学准则》中，详细列举了对实现生态持续发展具有重要意义的价值观原则，培养有学识的公民成为“地球公民”。1993 年在《P-12：环境教育课程指南》指出，可持续发展是一个世界性伦理原则，应成为环境教育的基本指导思想，教师应当根据维护社会正义和生态平衡的价值观，帮助学生发展环境伦理，包括尊重自然、关注环境质量、积极探索人与自然相互作用、增加对环境特性的理解、了解科学知识、参与环境体验、重视本土文化背景对环境意识的独特影响、愿意以可持续方式加强合作促进环境问题解决、主动开拓思路改革创新探索未知。除了各级各类正规学校环境教育之外，澳大利亚相关研究机构也积极参与公众环境保护宣传教育活动，比如联邦科学与工业研究院、核科学和技术组织等公共科学研究机构，设有专门的探索中心、展示中心或访客中心，展示包括大气、水、土壤、植物、食品、生态、能源、生物技术、核能及放射性反应堆等许多与环境有关的研究领域最新成果，并建有亲手实践实验室，举办面向老师和学生的科普讲座和相关课程培训活动。

1992 年《澳大利亚可持续发展的国家策略》确立面向可持续发展的环境教育方针，强调环境教育的整合性、实践性和参与性原则，充分利用多样化学习环境和学校教育资源促进学生提高环境意识，加大教育实践的实施力度。联邦政府在《今天塑造明天：为了可持续未来的环境教育》中，将环境教育理解为能够提高环保意识，获得新的价值观和知识技能，最终能形成有利于生态可持续发展行为模式的一切正式或非正式的教育过程。

2000 年 7 月澳大利亚环境和遗产部颁布《为了可持续未来环境教育的国家行动计划》，强调环境教育是人人必须参与其中的过程。2001 年 5 月组建国家环境教育网络，在全国范围落实国家行动计划提出的一系列策略，统一组织实施环境教育活动。澳大利亚从 2002 年开始实施“可持续学校计划”，注重发展能够尊重学校实际差异性的特色环境实践活动，强调系统性课程体系的有机渗透，希望通过整体性环境教育途径，创建以可持续发展为导向的学校文化，建立社会参与和合作伙伴相互促进的教育机制，最终形成有利于可持续发展的生活方式。

世界自然基金会为应对全球气候变化，倡议发起“地球一小时”的低碳经济全球实践活动，希望民众在每年 3 月的最后一个星期六 20:30—21:30 熄灯一小时，支持全民应对气候变化的全球行动。“地球一小时”活动倡导从身边小事做起，从现在做起，从自我做起，自觉节约能源，主动参与绿色地球建设，为节能环保发挥自己的作用。作为“地球一小时”活动积极实践者，2007 年 3 月 31 日澳大利亚悉尼率先向全球倡议为遏制全球变暖迅速行动起来，悉尼 220 多万个家庭和企业自觉关灯一小时。“地球一小时”作为提高公众环保意识、鼓舞人心、简便容易实施的环境伦理教育实践活动，成为世界上规模最大的环保实践行动和应对气候变化公众行为。

（四）日本、泰国等亚洲国家的环境伦理教育实践

1. 日本的环境伦理教育实践

日本为防治公害，维护国民环境权，加强环境教育，唤醒公众环保意识，早在1967年就制定了《公害对策基本法》。宫本宪一针对日本公害防治暴露出来的深层社会根源，曾一针见血地指出，公害事件不是自然灾害，实质是一场社会灾难。

日本1971年组织成立全国自然保护联盟，1972年制定《自然环境保护法》，1974年在东京专门召开环境教育国际会议。但是，日本的环境教育事业未能真正得到广泛认可和有效实施，虽然有许多教师通过个人努力积极参与环境教育实践活动，但主要还是以"自然教育"为主。1977年日本修订了小学和初中阶段各科课程教学大纲，1978年又修订了高中阶段课程教学大纲，开始有意识增加环境教育方面的内容，比如防治公害、人类与环境、健康与环境，但是环境教育意识淡薄并未得到彻底扭转。1988年的统计调查发现，"仅有19.2%、34.4%和49.7%的小学、初中和高中重视并开展了环境教育，而没有特别考虑环境教育的小学、初中和高中达59.7%、44.2%和36.5%"①。1991至1993年日本文部省陆续编制完成《环境教育指导材料》的小学、初中和高中篇，提出在现行课程体系中开展环境教育，在此之前系统规范的环境教育教学方式并未能通过九年义务教育真正得到全面实施。

1991年日本学者加藤尚武出版了《环境伦理学的劝学篇》，详细介绍了美国的非人类中心主义环境伦理理论，引发了日本国内对环境伦理理论研究和教育实践的广泛关注。环境伦理学不能仅通过对传统伦理学的改良达到真正的教育目标，在传统政治、经济、法律、伦理和教育体制下不可能真正实现环保理念新突破，要提倡对环境伦理理论研究及教育实践的旧伦理框架进行彻底革新。

1993年日本《环境基本法》强调，维持良好环境是人类健康生活必不可少的重要内容，为了保全环境，保证现代及未来人类享受健全富饶的环境恩泽，人类必须长久地妥善维护好生存发展的环境基础。1994年岩佐茂在《环境的思想》中倡议变革保护环境的"看法、理念或者伦理"，人类是自然生态系统的组成部分，要进行环境伦理教育减少环境资源破坏，避免对人类健康和生存造成威胁。通过研究造成环境破坏的经济活动，在经济活动开展过程中恰当地将环保观念内在化，倡导开展有益于环境改善、注重在日常生活中思考环境问题、改变不合理生活方式的环境伦理教育新模式。1996年日本第15届中央教育审议会发布《展望21世纪我国应有的教育》，提出将环境教育纳入整个学校教育活动，通过体验式学习，加深学生对人与自然关系的理解，培养正确的环境态度，开展环境教育问题国际合作。1998年提出面向可持续未来的教育主张，要求将环境教育贯穿终生教育全过程，在整个学校课程体系中实施环境教育，为学生创造更多的机会接受环境教育，迎接现代社会面临的环境挑战。

自1999年开始，日本文部省强制性要求每个学校建立"整合学习课"，课程标准涉及不同的主题背景选择，其中就包括了环境教育和国际理解、信息技术、福利

① 祝怀新、林道辉：《环境教育的理论与实践》，中国环境科学出版社2005年7月第1版，第203页。

与健康等相关方面。这类课程与环境教育的跨学科特征相吻合,能有效克服教育内容零散的缺陷,便于各学科在环境教育领域进行整合,保证学生的环境理解力、环保意识和态度得到全面发展。日本国立环境研究所为了增强公众的环境科普知识,长期通过开设公开实验室,面向公众展示关于物质循环、垃圾回收、废物利用、能源净化、环境风险控制、生态环境管理研究成果,坚持定期召开不同活动主题的环保讲座、研讨会和互动式体验活动,每年夏天环境研究所还面向全体初中和高中生举办暑期科学营活动,专门增进对环境多样性保护和环境风险防控意识教育,收到了良好的教育效果。

2. 泰国的环境伦理教育实践

1974 年泰国在宪法中明确规定,国家要维持环境平衡,消除伤害公共健康的环境污染。1975 年颁布实施《国家品质改进与保育法案》,专门成立国家环境局并下设环境教育处,督导环境教育相关事宜。鉴于在环保过程中通过环境立法和具体治理措施并未取得显著成效,泰国政府认识到必须借助教育的力量,引导人们认识保护自然资源和环境的重要性,提高人们的环境意识和环境问题处理能力,达到提高环境质量、从根本上解决环境问题的目的。

1977 年泰国制定国家环境教育计划,强调要实现七个方面的教学目标,包括帮助学生获得环境问题及起因的相关知识和理解能力,学会运用知识解决和防止环境问题发生;学会正确理解人与环境的和谐关系;培养学生探索环境问题的兴趣;自觉养成保护环境的正确态度、价值观和责任感;树立节俭和有效利用资源资源的意识;帮助学生培养独立自主作出环境决策的能力;利用已获得的环境知识改进个人和社会生活标准。按照上述教育目标,环境伦理教育主要包括环境保护意识的教与学的完整过程,受教育者要形成对待环境问题的正确态度和价值观,勇于担当保护环境的伦理责任。

泰国在初等和中等教育阶段的环境教育课程,主要集中在基本技能、生活经验、个性教育和工作经验这四个相互联系的领域,环境伦理教育在初等教育阶段主要集中在个性教育领域,在中等教育阶段主要通过社会学和科学领域的教学活动,培养学生为解决环境问题收集相关事实和信息的意愿,以及对待当地环境问题的主动意识,培养学生养成保护环境的良好习惯,形成正确的环境态度。在具体课程教案的设计过程中,着重考虑通过课堂和学校活动发展维护环境质量的态度和价值观,积极参与并共同负责环境质量的改善提高。在个性教育领域,泰国还详细列举出一系列维护环境质量的正确态度和价值观,将道德问题与环境保护实践融为一体。在生活经验领域,强调通过各种实践活动,弘扬和发展这些环境价值观,帮助人们养成普遍的环境意识和解决环境问题的决心与能力,提升青年一代对未来的责任心和改善环境的义务感。

3. 其他亚洲国家的环境伦理教育实践

近年来亚洲其他国家环境教育迅速发展。印度和菲律宾相继举办过环境教育与区域性发展的专门师资培训班，为促进环境教育国际交流、区域性合作和可持续发展，还召开过建立环境教育网络的研讨会议。1986年印度颁布实施“新教育政策”，认为“形成环境意识很有必要”①。突出强调了环境伦理教育的重要性，要求从儿童开始，面向所有年龄的人和所有相关部门，明确各级中小学和高校要将环境伦理教育纳入整个教育过程，其中就包括环境意识培养。

二、国内环境伦理教育实践

我国当前严重的环境问题已经给人民正常生活和社会发展带来很大威胁，全球蔓延的环境问题与每个人的生活质量和生存状况休戚相关，单纯依靠环境理论工作者和专业环保人士，不可能彻底解决环境污染和资源破坏问题，必须切实提高全体社会成员的环保意识，树立正确的环境态度和价值观，有针对性发展改善环境的实践技能。1990年联合国“环境素质年”将环境素质界定为满足全人类可持续发展需要的基本知识、技能和动机，环境素质作为主动参与环境保护的道德素养，源自环境伦理原则和行为规范内化，为了将环境问题真正融入个人环境意识，“切实可行的道路是将其融入所有知识的教育中去，进行环境教育”②。

环境伦理学作为研究人与人、人与环境之间伦理关系的学科领域，具有自身独特的发展规律，在传授环境伦理知识和环境保护技能同时，还承担着人文陶冶、伦理育化、环境意识提高和环境道德养成的功能界定。认识源于实践又高于实践，正确的认识不是自然而然的本能获得，必须经过后天教育来思辨习得，“教育在人类的社会实践中便具有特别重大的作用”③。通过环境伦理教育，普遍提高环境道德水平，善待环境深入人心，他律自觉转变为自律，环境伦理素养才能在缓解人类与环境的矛盾实践中真正发挥主导作用。

20世纪80年代末，西方国家经历了大规模的先污染后治理阶段，环境认识出现了根本转型，尝试通过环境与发展的可持续性研究，重视环保意识和环境人文素养熏陶，提高公众环境人文知识和道德修养，避免陷入边污染边治理或先污染后治理的环保误区。随着全球环境保护运动蓬勃发展，我国在21世纪全面进入科学发展阶段，科学发展观对提升科学文化素质和环境道德修养提出了更高要求，构建社会主义和谐社会要求环境教育必须立足中国国情，加强环境人文学科专业建设，努力提高全民环境意识。未来的环境专业人才不仅要具备环境科学专业技能，更应当具备关爱环境的综合环境素质、道德情感和伦理价值观，“专业环境教育中开设环境伦理学、环境管理学、环境法学、环境教育学、可持续发展论就成为越来越普遍

① 徐辉、祝怀新:《国际环境教育的理论与实践》，人民教育出版社1998年版，第159页。
② 徐辉、祝怀新:《国际环境教育的理论与实践》，人民教育出版社1998年版，第204页。
③ 邝福光:《环境伦理学教程》，中国环境科学出版社2006年8月修订版，第75页。

的现象了"①。

《中国大百科全书》将人文学科界定为研究人类信仰、情感、道德和美感各门科学总称。人文科学也可以通俗理解为注重情感、美感、信仰、道德、思维熏陶,提高人性教养的科学研究体系,教育学属于人文科学的研究范畴。与之相对应,环境人文学科是环境教育的重要载体,涵盖了传统人文学科与当代环境科学融合发展的一系列交叉学科,比如环境哲学、环境伦理学、环境法学、环境经济学、环境管理学、环境政治学、环境社会学、环境教育学、环境美学和环境史学。环境人文科学承担着传授环境知识和技能、提高全民族环境意识和环境道德素养的时代使命,加强环境人文学科建设是提高我国环境教育整体水平的战略选择。

我国从 1978 年开始在部分高校招收环境保护专业的研究生,在此之前,全国已经有 30 多所大学设置了 20 多个环境保护相关专业,北京大学、北京师范大学和武汉大学等高校,在我国开展环境教育的早期阶段就开设了环境法学、环境规划与管理学等学科专业。20 世纪 90 年代以来,环境人文学科进一步发展,中国人民大学、北京大学等高校又相继开设了环境经济学、环境伦理学等学科领域。

我国目前的环境教育发展现状,在学科建设水平和专业设置方向上与西方发达国家还有较大差距,远不能适应科学发展的时代需要。20 世纪 90 年代中期,美国环境人文学科在所有环境类专业设置占据重要位置,49 种本科环境类专业人文学科占到 37%,53 种环境类研究生专业占到 14%,环境伦理和技术、环境政策与行为、环境技术和社会、能源与环境等新兴专业备受欢迎。我国本科环境类专业中的环境人文学科仅占不到 10%,专业设置不均衡发展的状况需要尽快改善②。20 世纪 90 年代中期,世界银行的技术援助项目《中国高等学校环境教育发展战略研究》指出,环境问题的产生根源不仅来源于自然结构本身,社会结构和人类实践行为的不合理性才是导致环境问题频发的更深层原因,环境问题不是简单的技术问题,解决环境问题需要自然科学和社会科学的有机结合,加快环境社会科学与人文科学的理论研究和学科建设是我国目前所面临的紧迫任务。

我国环境科学类专业人才的教育培养发展迅速,大批环境工程类专业人才已经成为环保战线的重要有生力量。2005 年我国就有 200 多所高校设置了不同层次的环境类相关专业,为社会建设和环保事业输送了数以万计的环境科学专业人才,专业设置的主要特征是以污染控制和生态保护类为主体,与环境科学与工程类学科专业的发展趋势相比,目前我国环境人文学科的发展相对滞后,学科研究基础和师资力量相对薄弱,对环境人文学科的重视程度也明显不够,"具有人文和社会

---

① 马桂新:《环境教育学》,科学出版社 2007 年 4 月第 2 版,第 75 页。

② 参考王耀先:《加强环境人文学科建设是中国环境教育的战略选择》,载《环境教育》,2011 年 1 月总第 127 期,第 46 页。

科学内容的环境伦理学、环境管理学、环境社会学、环境法学发展缓慢”①。大学生的环境意识总体水平与社会政治经济文化的可持续发展差距依然很大。相比较而言，环境人文学科之间各个不同学科专业领域的建设发展层次也不尽如人意，宏观上缺乏长期规划和总体设计，各学科一定程度上处于放任自流、各自为战、总体失衡的无序竞争状态，不能有效体现环境人文学科的交叉、综合、融通和复杂性特征，环境经济学和环境法学虽然发展相对较为迅速，但学科之间的发展不平衡也难以形成团队优势和竞争合力，包括环境伦理学在内的许多学科研究领域仍然相当薄弱，发展速度相对滞后。环境伦理教育理论研究和实践探索的薄弱现状亟待加强，加快生态文明建设步伐必须对此给予高度重视。

（一）教材出版和课程开发

1. 积极推进环境伦理教材建设是加快课程体系建设的基础和关键。钱易和唐孝炎院士在2000年主编了非环境专业环境教育公共课教材《环境保护与可持续发展》，首次专门设立“环境伦理观”一章。环境伦理教育类的专门教材建设在近几年得到了大力发展，相继编印出版了一大批具有较高理论水平和实践指导意义的环境伦理教材，如1992年湖南师范大学出版社出版的《生态伦理学》（刘湘溶著）、2002年高等教育出版社出版的《环境伦理学》（裴广川主编）、2004年北京大学出版社出版的《环境伦理学：环境哲学导论》（戴斯·贾丁斯著，林官明、杨爱民译）、2004年高等教育出版社出版的教育部高教百门精品教材《环境伦理学》（余谋昌、王耀先主编）、2004年湖南师范大学出版社出版的《伦理拓展主义的颠覆——西方环境伦理思潮研究》（李培超著）、2006年中国社会科学出版社出版的《环境的哲学与伦理》（叶平著）、2006年中国环境科学出版社出版的《环境伦理学教程》（邝福光著）、2007年山东人民出版社出版的《环境正义——发展中国家环境伦理问题探究》（曾建平著）、2009年人民出版社出版的《生态批判与绿色乌托邦——生态学马克思主义理论研究》（王雨辰著）、2010年中国环境科学出版社出版的《环境哲学：生态文明的理论基础》（余谋昌著）等等。今后要着重加强环境伦理学教材在国际化视野与本土化行动上的有机契合，在编撰环境伦理学教材时借鉴美国学者L. H. 牛顿和C. K. 迪林汉姆在《分水岭：环境伦理学的10个案例》（第3版）采取的独特视角，以困扰人们伦理思维的转基因作物、人口激增、温室效应、屠杀类人猿、博帕尔公司爆炸、农药残留、抗生素抗性、渔场衰退、过度采伐、清除核武器等现实案例为突破口，有针对性地增加典型案例素材，立足于真实发生的鲜活环保实例，比如三峡库区的环境污染与生态破坏现状、黄海海域蓝藻爆发、松花江污染、怒江电站搁浅、圆明园湖底改造、日本福岛核电站泄漏等环保事件，达到持续激发学生进行批判性思考和伦理认知冲突的理想教育效果。

① 法文君、李品将：《普通院校普及环境教育的紧迫性及对策》，载《环境教育》，2011年总第129期，第65页。

2. 国内环境伦理教育课程体系建设基本概况。据不完全统计，我国目前已有数百所高校在人文社科专业、理工类环境专业和全校公共教育课程体系中，为本科生和研究生开设了环境伦理类相关课程。1998年清华大学倡导创建“绿色大学”，尝试将环境保护和可持续发展教育理念渗透到综合性教学和实践环节，“环境保护和可持续发展”课程成为本科生公共基础课，“环境学”和“可持续发展引论”等课程被列入研究生限选课，为有效提高学生综合环境素质提供了良好的课程教学平台。据南京林业大学王国聘教授介绍，南京林业大学自1998年开始编写出版环境伦理学的理论与实践教材，2001年在全校开设环境伦理学选修课，并在伦理学和社会生态学专业硕士和博士研究生课程体系中将环境伦理学确定为学位课，突出重视实际案例教学、环保社会实践活动与环境角色扮演等课堂教学形式，推进环境伦理教育在过程、方法、机制、普遍规律和实践渗透上的有机结合。必须承认，目前已经设置与环境伦理教育相关的环境人文社科类教学单位和教学组织在全国高校和科研院所中仍然为数不多，绝大多数高校的环境通识教育还仅限于在环境科学、环境工程类专业开设一些专业基础课程，比如“环境伦理学”、“环境经济学”、“环境法学”、“环境生态学”等，或者在相关学院及全校开设一些环境通识性和素质教育课程，比如“环境保护与可持续发展”、“环境与资源保护”、“环境保护概论”、“环境导论”等，重理工轻人文的环境教育现状在短时间内不可能根本改变。

3. 积极通过国际合作开发环境教育课程。借助中国贝迩项目(BELL)的不断拓展，较为完善系统的绿色课程体系和教材库初步建立起来。北京大学、北京师范大学等高校开设了面向研究生和MBA班学生的环境类公共选修课，紧紧围绕环境伦理学原理、环境公共政策、环境保护公众参与、环境经济学研究、环境影响评价、环境法治建设等主题，以环境伦理应用、环境公共政策制定、环境技术与市场化结合为主线，以课堂教学、环保专业人士和企业管理层环境专题讲座、实地参观考察、学习小组项目研究、环保主题演讲和辩论赛等社会实践活动为课程载体，坚持问题导向，以社会关注环境热点问题为着眼点，不断丰富完善中国贝迩项目的环境公共课教材库，《绿色管理》、《国际著名企业管理与环境案例》、《环境科学案例研究》、《环境科学案例研究教师手册》等教材和案例教学手册受到广泛认可与好评。在教学实践环节，环保部宣教中心还与北京大学、北京师范大学、中国人民大学、南京大学、西安交通大学、大连理工大学、宁夏大学等高校联合举办多期贝迩绿色示范课程班、环境与发展论坛、贝迩绿色演讲，以“公众参与和舆论监督”、“企业如何应对环境的压力和挑战”、“工商管理学院的环境教育”、“企业、城市与可持续发展”、“绿色贸易壁垒”、“可持续能源之路”为主题，借助田野调查、案例分析、实际取证质询、多媒体辅助等教学手段，着重培养学生的环境问题应对能力、独立思考能力、团队合作意识和领导创新思维，探索跨学科的可持续发展教育路径，为培养具有较高环境素养的复合型人才、搭建社会化培训平台、探索环境问题最优化解决方案、加强环境公共政策公众监管提供了很好的实践案例。

以国际合作环境教育项目为例，国家环保部宣教中心和瑞典隆德大学国际工业和环境经济学院联合举办了中瑞环境教育合作项目——“环境小硕士”(YMP)项目，课程是由隆德大学国际工业和环境经济学院为主开发研制的英语环保课程，主要涉及地理、生物、化学、物理等自然学科和环境伦理、环境经济、环境法学等人文社会学科，整个课程分为网上学习、课题研究和效果评议三个阶段，学生在整个学习过程中可以系统学习环境科学知识，提高英语学习能力和运用水平，提升环境保护意识和社会责任感、使命感，同时通过课程作业的交流展示、课题实验演示、社会实地调查和辅导教师启发式教学，能够很好地提高学生的自主学习能力，帮助学生开阔对环境问题的认识视野，加深对环境伦理意识的认知程度，培养对环境科学主动探索的自主学习兴趣。

(二) 学科专业设置

我国于1991年6月成立了高等学校环境科学教学指导委员会，环境科学被原国家教委确定设置为一级学科。1997年6月6日国务院学位委员会办公室颁布《授予博士硕士学位和培养研究生的学科专业简介》，共设置哲学、经济学、法学、教育学、文学、历史学、理学、工学、农学、医学、军事学和管理学12个学科门类，一级学科由72个增加到88个，二级学科由654个调整为381个。《简介》对学科门类和一级、二级学科的研究内容和业务范围进行简明扼要的阐述和相对明确的界定，客观反映了当时我国研究生培养学科专业设置现状、课程基本情况、主要研究领域以及各学科领域发展趋势。2008年又颁布《授予博士、硕士学位和培养研究生的学科、专业目录》(修订版)，在新的学科专业目录中，理学学科门类在生物学一级学科增设了生态学二级学科。2011年在原《授予博士、硕士学位和培养研究生的学科、专业目录(1997年颁布)》和《普通高等学校本科专业目录(1998年颁布)》的基础上，修订编制了《学位授予和人才培养学科目录(2011年)》，在理学学科门类下新增设了生态学一级学科，进一步扩大了环境和生态领域相关学科专业结构布局、研究范围和办学自主权。

根据《学科专业简介》设置标准，我国尚未明确设置环境伦理学一级或二级学科，与环境伦理教育密切相关的学科门类、一级学科和二级学科主要体现在：

1. 哲学学科门类→哲学一级学科→伦理学二级学科：学科研究范围中明确提出应用伦理学(包括经济伦理、环境伦理、生命伦理、科技伦理)研究领域。科学技术哲学二级学科：学科研究范围中明确提出要开展生态哲学、环境与发展研究等研究领域。

2. 经济学学科门类→理论经济学一级学科→人口、资源与环境经济学二级学科：学科研究领域中明确提出要进行人口与资源、环境、经济协调发展和可持续发展问题研究。

3. 法学学科门类→法学一级学科→环境与资源保护法学二级学科:学科研究领域中明确规定可以设立环境保护法、资源法、能源法、国土整治法等研究方向。法学学科门类→社会学一级学科→人口学二级学科:研究方向之一是人口与资源、环境、经济、社会发展和可持续发展问题。

4. 理学学科门类→地理学一级学科→自然地理学/人文地理学二级学科:学科研究领域涵盖了自然资源与环境保护、城市与区域规划和可持续发展等研究方向。理学学科门类→生物学一级学科→生态学二级学科:强调当前研究方向要突出人类的生存问题,注重全球变化、生物多样性保护、生态系统的修复重建、可持续发展的理论与实践研究。

5. 工学学科门类→环境科学与工程一级学科→环境科学/环境工程二级学科:环境科学强调对生态环境相关问题的发生过程、产生机理、预防和调控规律及防范措施进行应用基础研究,加强环境规划与管理,改善和提高环境质量。环境工程强调运用现代工程技术原理方法,防治环境污染、合理保护利用自然资源、促进人与环境的和谐共处。

南京大学、中南财经政法大学和吉林大学等一些高校,在哲学一级学科下设的科技哲学、马克思主义哲学或伦理学二级学科里,开设了环境哲学和环境伦理学研究方向。中国社会科学院在伦理学二级学科里开设了涵盖环境伦理学研究领域的应用伦理学研究方向。清华大学从1997年起开设了面向全校博士研究生的“可持续发展引论”选修课,并结合“绿色大学”建设,建立完善了环境伦理学、环境法学概论、清洁生产导论、能源与环境、环境风险分析等面向全校学生的“绿色课程体系”。清华大学还在环境教育国际合作交流方面取得明显成效,与耶鲁大学联合开展了环境双硕士学位项目,这是作为美国常春藤名校的耶鲁大学第一次与非“常春藤盟校”开展的双硕士学位项目。

毋庸置疑,环境伦理学科的受重视程度和拓展前景,与环境保护事业的历史发展阶段和环境意识的孕育成长过程密切相关。目前我国上千所高校中“只有约10%的院校在非环境类专业开设了有关的环境教育课程”①。广大高校学生的环境意识普遍较差,不利于我国环境保护事业可持续健康发展,也不利于全面贯彻落实科学发展观、加快资源节约型和环境友好型社会建设。尽管环境人文学科已经被公众普遍认为是最终实现向现代生态文明时代跨越的理论基础,但事实上恰恰是这些承载着人文精神与价值革新的环境人文学科正在遭遇冷落,发展前景堪忧!在环境人文学科基础薄弱且发展缓慢的艰难发展历程中,环境伦理学也未能例外,郇庆治曾不无遗憾地指出,“环境人文社科学科在人文与社会科学中的‘寄生性’境遇在最近兴起的环境科学与工程学科中也未能幸免”②。

---

① 马桂新:《环境教育学》,科学出版社2007年4月第2版,第82页。

② 郇庆治:《亟待发展的中国环境人文社科学科》,载《环境教育》,2011年1月总第127期,第49页。

随着高等教育体制改革的逐步深入，国家教育教学综合改革进入攻坚期，学校办学自主权逐步扩大，专业设置的审批程序相对宽松，学校在办学实践中自主设置二级学科和专业研究方向的自主性明显增强，为了适应经济社会发展需要，遵循办学规律，依据办学特色和学术研究优势，环境伦理学等环境人文学科专业已经具备了独立设置的政策可行性和现实必要性。北京大学、清华大学、南京大学、同济大学、中国海洋大学、南京林业大学、哈尔滨工业大学、湖南师范大学、广西师范大学等为数众多的高校，积极响应全面落实科学发展观的国家战略部署，顺应环境学科体系内在发展需求，相继开设了与环境伦理研究密切相关的本科和研究生专业，初步形成了较为完整系统的教学大纲和教学体系。

（三）学术研究与教育机构

环境伦理学研究和环境伦理教育发展态势良好，研究队伍迅速壮大，但相对于环境科学和环境工程学而言仍是一门新兴学科，在中国社科院余谋昌教授的不懈努力和积极倡导下，1994 年中国环境伦理学专业委员会正式成立，作为专门的全国性环境伦理学研究学会，这个挂靠在中国伦理学会的二级学会，是国内较早成立的环境人文学科学术研究学会之一，自建立起积极开展了一系列行之有效的学术研究和专业教育活动，在九十年代中期就针对“生态中心主义和人类中心主义”，开展了具有较大规模和学术影响的系列学术辩论活动，2004 年在南京召开国际学术研讨会，广泛吸收借鉴国际环境伦理思想，发掘传承中国传统环境伦理智慧，从话语表达、理论体系建设、实践路径、教育背景、文化精神、价值向度和本土化关切等诸多方面创建具有中国特色的环境伦理学体系，重视理论自洽性、逻辑圆通性、实践可行性、教育生动性和现实紧迫性的有机统一，积极倡导尽快创建“中国特色的环境伦理学学派”。

2003 年中国环境哲学专业委员会成立，这是一个挂靠在中国自然辩证法研究会的二级学会，2007 年在学术年会上发表了旨在倡导生态文明建设的“鹫峰宣言”。中国生态文明研究与促进会 2011 年 11 月 11 日在北京正式成立，成为我国第一个以生态文明命名、经国务院批准设立、具有专业性、公益性和非营利性典型特征的环境保护组织，成立的宗旨是加快推进生态文明建设，为生态文明建设提供理论研究载体和政策建议平台，进一步深入研究生态文明建设的重大问题，努力发挥政府与社会的桥梁纽带作用，深化生态文明理论研究，努力构建共同参与、共同建设、共同分享的生态文明建设新格局，大力促进我国生态文明事业的持续健康发展，采取有效措施推广新的发展理念、发展方式和消费模式，探索实现发展与环境双赢、人与自然和谐共存的科学发展道路。

中国贝迩项目目前进展顺利。在环保部宣教中心的大力推动下，2004 年宣教中心与北京大学、清华大学、复旦大学、中国人民大学、大连理工大学等高校合作，在中国人民大学商学院最早成立了中国贝迩研究中心，推广贝迩项目环境教育课程，促进和加强更多高校在环境教育领域开展国内外双重合作交流。

时至今日，中国环境伦理学专业委员会、中国环境哲学专业委员会、中国生态文明研究与促进会、中国自然辩证法研究会、中国伦理学会等各级各类相关学术研究团体，在环境伦理理论研究、环境伦理教育实践和环境伦理教育改革创新相关研究领域相互沟通、加强协作，专业学术期刊影响力不断扩大，环境伦理教育的课程建设和教材建设扎实开展，跨学科跨领域的环境伦理教育研究与其他环境人文社科类、环境科学与工程类学科专业的学术研究和交流平台更加广泛、开放与融合，各种形式的环境伦理研究主题年会、国际学术研讨会、学术交流活动、专家学者论坛、学术沙龙繁荣兴盛，更加凸显时代主题、理论创新和实践探索，生物多样性保护、全球气候变化、生态文明建设与可持续发展、生态政治与公平正义、城市社区建设与低碳经济循环发展等实践性很强的环保主题成为环境伦理学术研讨会议上的主要研讨议题，日趋活跃的学术交流活动在理论交流互通中更加注重对实践应用的指导意义。

第六章　环境伦理教育框架构想和实施办法

第一节　环境伦理教育存在问题剖析

强国必先强教。教育关系中华民族的长远发展和人的全面发展，国家繁荣强盛取决于国民素质高低，国民素质提高关键要依靠教育。环境伦理教育是当前环境保护事业可持续发展的迫切需要，是妥善解决环境保护与经济社会发展系列矛盾的必由之路，是增强环保责任感和使命感、转变传统不可持续发展模式、推动综合素质教育不断完善的必然选择，切实加强环境伦理教育、大力提高环保意识、加快推进生态文明建设已经刻不容缓。

一、我国环境伦理教育缺失的现状调查

环境伦理教育事业加快内涵发展的核心是彻底解决好三大问题：为了谁发展？谁来主导发展？怎样实现发展？必须统筹好“两个服务”意识，既要牢固树立为国家和社会发展服务的理念，又要充分体现个人全面发展的诉求，这是事关环境伦理教育发展方向的两个最基本价值取向，国家经济、政治、社会、文化和生态的发展繁荣是不容回避的教育责任，要将人的全面发展当成人类发展进步的最高追求，遵循教育发展内外部协同的逻辑规律，坚持环境伦理教育与经济社会发展和生态保护的协同提升，坚持环境伦理教育与人全面发展的有机统一，坚持环境伦理教育与整体教育事业的协调一致。

环境伦理知识缺乏、环境道德意识缺失和环境价值观沦丧是加速助长环境恶化的重要原因。“以道德滑坡、消费主义兴起、行为短期化和社会流动加速为主要特征的价值观念变化，在很大程度上直接加剧了中国环境状况的恶化。”①加强环境伦理教育是可持续发展的重要渠道，不仅关系到我国环境保护事业的成败，也直接关系到经济可持续发展。发展绿色经济、循环经济和低碳经济，不仅是一个经济问题，更是一个社会发展问题，低碳经济离不开低碳社会和生态文化支撑，低碳社会和生态文明建设是低碳经济的系统保障。低碳经济作为经济可持续发展的新模

① 包智明、陈占江：《中国环境社会学研究的回顾与反思》，载《新华文摘》，2012 年第 4 期，第 149 页。

式，从社会系统论观点来看，经济运行状况脱离不了政治、文化、教育、人口、伦理等各个社会子系统之间的关联和耦合。地球生态系统“由于人类环境不道德行为所引起的破坏，当前已达到了直接影响人类继续生存发展的危险境地”。① 当今社会环境伦理道德底线不断被突破，人们对生态环境危机形成机理的伦理正当性产生质疑，寻求人与自然和谐相处的环境道德文化救赎成为共同的伦理诉求，彻底扭转环境伦理的沦丧现状、拯救环境道德危机已经成为政治、经济和社会可持续发展的基本道德要求。地球是人类世代依托的最宝贵资源，“不仅是物质资源，也是精神资源”。② 环境伦理教育与公众参与环境政策制定联系日趋紧密，保护环境实质上就是保护人类自己，《共同的继承》强调保护环境与人类生存具有紧密的内在连接，“接受环境策略，最关键的是广大公众的环境意识”③，环境危机是人类缺乏环保意识、无节制破坏环境的必然结局。提高人类整体环境意识和提升环境伦理道德水平是解决环境问题的关键，新的环境伦理道德涉及人生观和价值观变革，是实现人类与自然环境协同发展的推进器。环境伦理道德具有鲜明的后天获得性，环境伦理教育综合改革必须依赖人类社会源远流长的文化传承，依赖适应时代变革和发展要求的社会教育功能。

公民环境意识高低已经成为衡量现代国家文明程度的一个重要指标，反映出经济社会发展的深层价值取向。环境意识有广义和狭义之分，人与环境之间各种关系认知、情感理解和心理反应都可称为广义上的环境意识，狭义的环境意识特指个体根据自身基本价值观念参与环境保护的自觉性。目前我国公众整体环境意识相对比较低下，公民环境责任感相对缺失，要透过外在表象从深层次上探究导致公民环境意识淡薄的根源所在，从症结入手寻求彻底解决的有效途径，尽快建立和完善公众环境意识自觉形成机制，自觉认识维护环境权益的重要性，追求环境公平和社会公正，大力发展环境伦理教育，提高公众的环境意识和道德素质，实现环境保护和经济发展的高度融合，走可持续发展之路。

环境教育是提高全民族思想道德素质和科学文化素质的基本手段。当前公民环境意识整体较低，不同区域和群体之间差异明显，加强环境伦理教育工作任务紧迫。1998 年北京大学进行了全国公众环境意识调查，结果显示我国公民环境意识总体水平普遍较低，主要表现在四个方面，一是环保知识普遍水平较低，共 13 道环保知识题(每题 1 分)，被调查人的平均得分仅为 2.8 分。二是环境道德意识相对较差，有 70%的人对废物处理不符合环保要求，75%的人在购物时不考虑环保因素。三是公众参与环保的热情较低，能达到低参与度标准的被试者仅占 65.9%。四是对于人与自然的和谐共存关系，有 1/3 的人存在模糊或者错误认识。近年来

① 邝福光:《环境伦理学教程》，中国环境科学出版社 2006 年 8 月修订版，第 140 页。

② 杜维明、范曾:《天与人——关于儒学走向世界的对话》，载《新华文摘》，2010 年第 14 期，第 36 页。

③ [英]John Huckle, Stephen Sterling:《可持续发展教育》，王民等译，中国轻工业出版社 2002 年 2 月第 1 版，第 243 页。

我国广泛开展过许多项涉及各个群体环境意识的调查研究，除了广泛面向全体公民外，还专门进行过针对不同的城镇居民、农村居民、大学生群体、中小学生群体、企事业单位工作人员、特定的社区居民以及旅游区居民的专项调查，调查结果显示，大学生群体从总体上看环境意识相对较强，环保参与度相对较高，但仍存在较大的局限性和不均衡性，付诸行动的自觉性不高。2007 年胡荣在分析影响城镇居民环境意识相关因素时指出，城乡居民环境意识不容乐观，“教育成为影响环境知识的最主要因素，环境的恶化和环境知识的提高在很大程度上影响着居民的环境价值观”①。与城镇居民相对薄弱的环境意识相比，农村居民和旅游区居民的环境意识更加薄弱，中华环境保护基金会和中国人民大学社会调查中心进行《全民环境意识调查》，城乡之间环境意识存在较大差异，城市居民有环境保护意愿的有 89.0%、认为我国环境问题严重或较严重的占 81.7%、对环保政策法规一无所知的有 12.2%。农村居民相应的占比分别为 58.2%、54.0%和 48.1%②，农村居民虽然具备朴素的环保认知倾向和情感意识，但环境知识缺乏、环境自觉行动滞后、环境法律法规缺失以及受到功利意识和经济利益驱动，导致农村居民的自我约束力存在明显缺陷，影响了参与环境保护的积极性和主动性，城乡之间在环境通识教育上的差距越来越明显。尤其是占全国中小学生 70%左右的农村中小学生，“环境保护观念比较落后，由知识到行动的转化率较低，参与环境保护的积极性不高”③。在环境伦理教育方面处于明显劣势，对环境污染的危害严重性缺乏足够认识，对常见的环境污染和生态破坏了解不多，环保法律法规和污染防治技术很少掌握。2008 年中国环境意识项目办发布《2007 年全国公众环境意识调查报告》，显示公民的主体环保意识已经出现错位，大多是以环境污染受害者的客体身份来被动回应。不同年龄、性别、受教育程度、人口特征、经济收入状况、生活区域变化等因素，都对环境认知产生不同程度的差异性影响。政府和环保部门、教育部门工作不到位，“对自己的作用以及所应当承担的责任认识不清”④，环境教育主动意识淡薄和参与氛围缺失也是不容忽视的重要诱因。《中小学环境教育实施指南》总结了自 20 世纪 80 年代中期以来我国中小学开展环境伦理教育取得的成绩和经验，也客观指出学校环境教育过于注重环境知识传授，忽略相应的环境价值观与技能培养，未来公民的社会责任感和解决问题能力尤显薄弱。为了更好培养中小学生环境忧患意识和可持续发展环境观，推动包括环境伦理教育在内的环境教育事业顺利开展，教育部决定在第八次基础教育课程改革中，将相关环境伦理教育内容正式纳入中小学课程体系之中。

早在 2003 年我国已颁布实施了 9 部环境保护法律，与环境相关的资源保护法

---

① 包智明、陈占江：《中国环境社会学研究的回顾与反思》，载《新华文摘》，2012 年第 4 期，第 151 页。

② 参考洪大用：《我国城乡二元控制体系与环境问题》，载《新华文摘》，2000 年第 5 期，第 23 页。

③ 赵亚娟、孙杰：《加强农村环境教育的几点建议》，载《环境教育》，2012 年 1 月总第 139 期，第 72 页。

④ 李培超：《“绿化”生存与发展的规则：生态伦理学对中国现代化建设意义的探究》，载《新华文摘》，2000 年第 1 期，第 34 页。

律有10多部，环境法规有30多项，环境标准有466项。截至2011年我国环境保护相关的法律和行政法规有70余部，地方性法规、规章多达1 000余部，以《宪法》为国家根本大法，《环境保护法》为国家环境保护基本法，遵循上位法优于下位法、特别法优于一般法、新法优于旧法、同位阶的法律规范在各自适用范围内具有同等法律效力的立法原则，初步建立起从国家到地方、涵盖环境保护和资源利用各个层面的完整环境法律体系（示意图如下）。

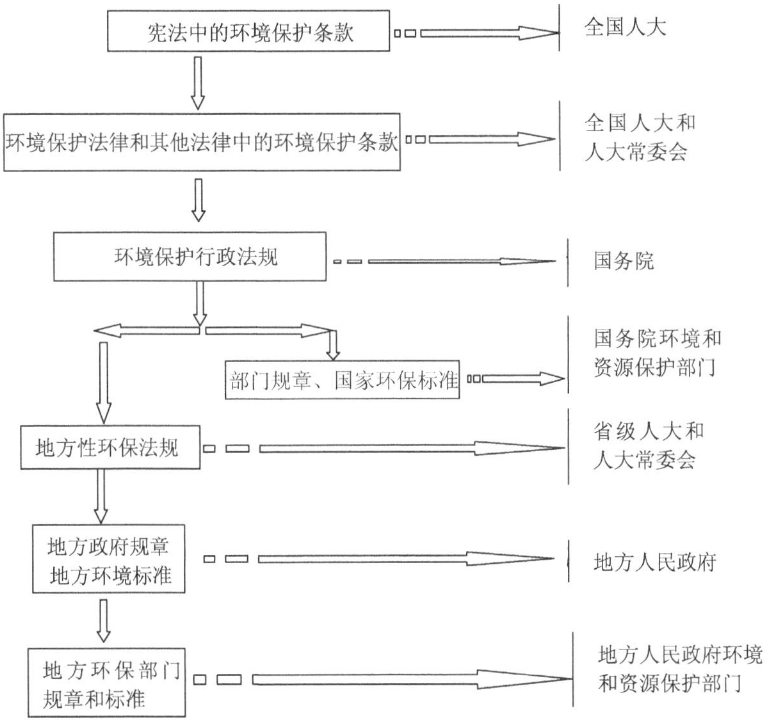

我国环境法律法规在实施过程中有法不依、执法不严的现象较为严重，一个重要原因就是公众在思想认识层面上缺乏环境伦理道德支撑，未能形成环境道德共识和良好环境行为习惯，环境伦理道德的自律性与环境法律法规的他律性未能有效结合。环境法律法规是合乎规范采取环境行为的最基本制度底线，环境伦理道德是提高人们环保自觉意识的内在动力，环境意识缺乏是环境问题日趋严重的深层次原因，目前社会上尚未真正营造环保优先的人文环境，可持续发展"缺乏文化价值层面上的人文精神的熏陶，致使已制定的战略措施和法令法规也难以实施"①。我国每年GDP增长有3.4%是以牺牲环境为代价获得的，为了积极践行环境友好型和资源节约型生产生活方式，国家积极倡导"适度的物质消费，丰富的精神追求"，坚持以人为本的科学发展观，坚持由"不发展是最大的问题"彻底转变为

① 刘湘溶、朱翔：《生态文明——人类可持续发展的必由之路》，湖南师范大学出版社2003年10月第1版，第451页。

“不科学发展是最大的问题”。

我国环境伦理教育事业未得到应有重视，一定程度上忽视了对环境价值观和道德认知能力培养，削弱了公民环境责任感和科学决策及动手能力。李克强同志在参观“十一五”环保成就展暨第十二届中国国际环保展览会时强调，“现在环保科技已能上天入地，但环保理念还需深入人心”。为了切实加强环保理念教育，缓解日益沉重的环境承载压力，2011 年全国环境保护工作会议要求“深化环境宣传教育……继续开展全民环境教育试点”。刘湘溶先生呼吁调动公众参与环保的自觉性，环境伦理教育既是现实的迫切要求，也是道德哲学与道德教育内在结合的时代产物。当今社会环境科学日益发达，环境立法日趋完善，但知而不行、有法不依现象比比皆是，根本原因不在于科学本身，也不在于法制健全与否，关键是环境道德的认识问题，如果环境伦理道德得不到足够尊重，环境知识传播和环境法规执行就不可能得到应有的重视。环境教育不仅包括环境治理、污染防治、生态保护等实践技能知识培养，更要深入研究环境发展与社会、经济和人自身发展之间的辩证关系，“树立正确的环境道德观和环境保护意识，达成人们对于环境问题的关心、理解和积极态度等方面的内容”①。

西方发达工业化国家的公众环保意识和政府、非政府环保组织以及生产企业的环保自觉性日益增强，通过大力研发绿色科技，倡导绿色生产和采购模式，开拓绿色消费市场，通力合作扩大宣传示范效应，循环经济、低碳经济、清洁生产、绿色消费等健康环保的生产生活方式迅速推广，成功实现了经济发展与环境保护的“双赢共存”。联合国统计署的调查结果显示，“84%的荷兰人、89%的美国人、90%的德国人，在购物时，会考虑消费品的环境保护标准”②。英国、德国、法国等国家经调查有半数以上民众认为全球变暖问题后果严重，在日本这一比例高达 73%，美国民众虽然对应对气候变化持抵触态度，这一比例也达到 42%。在所有受访国家中，中国民众的比例最低，只占到了 24%③。艾伦·汤普森也通过研究全球气候变化对消费主义文化造成的强烈冲击，客观还原了环境道德建构的现实图景，突出论证了倡导环境伦理的必要性。

三、我国环境伦理教育面临的突出问题

（一）环境伦理教育在制度建设层面还很不完善，约束力不严，执行力不强，公

① 刘湘溶、朱翔：《生态文明——人类可持续发展的必由之路》，湖南师范大学出版社 2003 年 10 月第 1 版，第 445 页。

② 国家环境保护总局宣传教育司：潘岳 2003 年 10 月 25 日在中国环境文化促进会第二届会员代表大会暨首届“绿色中国”大型主题论坛会上的讲话，《环境宣传教育文献汇编（2001—2005 年）》，中国环境科学出版社 2006 年 3 月第 1 版，第 57 页。

③ 参考宋言奇、陈宇光：《以低碳社会促低碳经济发展》，载《环境教育》，2011 年 3 月总第 129 期，第 50 页。

信力不高。国家环保主管部门和教育主管部门尚未真正形成合力，缺乏强有力的政策保障和资金支持，环境伦理教育尚未建立完善的全民教育体系，其他政府部门和众多的环保非政府组织也未能有效发挥环境伦理教育功能。

（二）环境伦理教育的法制化建设进程亟待加强，缺乏完善健全可操作性强的专门性法律法规，不利于依法保障环境伦理教育的顺利推行。

（三）环境伦理教育考核评价和衡量指标体系不完善，有明确约束力的硬性评价指标不多，缺乏有效评估手段，记忆型知识题目成为评估重点，环境态度和价值观以及实践技能达不到适当的评估，大部分软性衡量指标可操作性不强，无法实现有效监督。

（四）环境伦理教育目标定位存在偏差，未能真正纳入素质教育和公民道德教育整体框架内，环境伦理教育大多流于形式，发展现状很不平衡，受重视程度和保障力度远远不够，环境伦理意识提高和综合环境素质培养缺少全社会广泛支持和普遍认同，包括政府、社区、企业、学校、家庭和教育专家在内的全方位支持合作不能及时到位。

（五）环境伦理教育专业化师资力量明显不足，专职教师严重匮乏。职前和在职师资培训计划得不到应有的重视，缺乏系统有效的培训组织和机制保障。

（六）环境伦理教育理论创新力度不够，中国特色环境伦理理论研究和教育方式方法相对滞后，教学内容单一，教育手段陈旧，实践教学环节缺乏针对性、特色性和实效性，达不到预期教育效果，知行脱节现象较为严重。

（七）环境伦理教育课程体系和教材库建设十分薄弱，特色课程、精品课程和优秀统编教材数量有限，开展案例教学的参考资料和辅助资源十分匮乏，整个环境伦理教育基本处于目的性不明确、系统性不完善、时效性不明显的尴尬境地。

（八）环境伦理教育发展不平衡局面未得到根本改观，东西部差异、城乡差距和校际差别明显存在，普及环境伦理教育的深度和广度参差不齐，受不同地域社会政治经济文化发展水平和重视程度影响，城市中心区域教育成效较明显，偏远贫困地区中小学对环境伦理教育基本上无人过问，"两极分化"现象较为严重。

（九）环境伦理教育的主体责任意识和权益保护意识不明确，强调较多的往往是保护环境的个人义务，保障公民环境权益的正面教育引导常常被忽略。"保护环境就是保护生产力"的教育理念过多强调环境保护对经济发展的重要意义，公众有效促进环境问题妥善解决所发挥的积极推动作用则缺乏应有的正确认识。

（十）环境伦理教育尚未形成成熟的理论研究体系，中国特色环境伦理理论研究和教育实践存在理论局限性和实践薄弱性，需要在西方先进环境文化交融中取长补短，需要把中国传统文化中的优秀环保理念发扬光大，探索适合中国国情的环境伦理教育方法和实践途径。

第二节　环境伦理教育框架构想和具体实施措施

环境素质培养是有效实施公民素质教育的重要使命之一，环境教育是全面落实科学发展观、积极实现可持续发展战略的重要举措，是提高公民环境道德和环境科学文化素养的重要途径，是建设环境友好型和资源节约型社会的基础性、系统性和长期性重大教育工程，是迈向可持续发展的必由之路。环境伦理教育是搭建价值理念载体和促进行为改造的渐进过程，普及环境伦理教育、唤醒“生态良知”任重而道远。在当今社会顺利实施环境伦理教育，对于加强环境保护、加快生态文明建设具有重大现实意义。

环境专业技能教育、环境法学教育与环境伦理教育是环境教育三个方面的基本内容，环境专业技能教育通过传授环境知识来建立科学的环境认知能力；环境法学教育通过弘扬环境法律法规来确立保护环境的良好秩序；环境伦理教育通过培养环境伦理情感来树立正确的环境价值观。从根本上看，三者缺一不可。

环境专业技能教育是基础。普及环境和各构成要素之间的基本概念、基础环境知识和专业技能，是环境保护和生态文明建设的出发点和立足点，没有丰富全面的环境科学知识和环境工程技术背景，日益严重的环境危机不可能得到有效治理，环境保护事业脱离了环境科技知识的广泛开发应用，只能是“空中楼阁”，最终沦为一纸空谈。

环境法学教育是保障。建立健全完善的环境法律法规，提高公众模范遵守环境法规和开展环境保护事业的法律素养，大力培养具有良好法律意识的环境法律人才，自觉运用环境法律法规维护合法的环境权益，推动环境法制文化健康发展是环境保护和生态文明建设的迫切需要和有力保障。

环境伦理教育是根本。教育的目的是培养高尚的生态道德人格，树立环保参与热情、绿色生活情怀、生态道德信念和环境忧患意识，在知性、理性和德性各个方面自觉接受生态伦理道德的育化熏陶。美国早期社会学家曾对社会学一些核心问题，比如社会秩序问题、行为失范和越轨问题进行广泛探讨，社会控制理论的代表人物罗斯十分关注现代社会和谐关系创造的社会条件研究，通过对各种社会控制手段的详细考察，罗斯认为最根本、最有效的社会控制手段是“富有情感的并能触及人们的内在精神领域”①。圣雄甘地将可能导致人类毁灭的原因归结为七个方面：没有原则的政治、没有劳动的富裕、没有良知的快乐、没有是非的知识、没有道

① 张旅平、赵立玮：《自由与秩序：西方社会管理思想的演进》，载《新华文摘》，2012 年第 16 期，第 153 页。

德的商业、没有人性的科学、没有牺牲的崇拜。延伸至环境教育领域和环境保护事业，人们必须彻底改变“只有掌握环境知识才会保护环境”的科学至上主义环保理念，牢固树立“只有热爱环境才能保护环境”的环保伦理价值观，清醒地认识到环境伦理道德是具有内在约束力的社会规范，是人们内心环境意识觉醒的根源所在，担当起环保责任和履行环境义务最终依赖人类自身环境意志的磨炼和环境价值观的抉择，普及环境科学知识和健全环境法律制度可以为环境道德行为提供必要的科技支撑和法律保障，环境伦理行为的“道德化”和“良知性”才是最终真正关爱环境、珍惜资源、自觉行动、和谐共处，并通过可持续发展实现生态文明建设目标的最根本保证。

《中小学环境教育实施指南》在强调多学科渗透教育时明确指出，各学科课程在进行环境道德教育过程中，都不同程度地包含着与环境有关的行为习惯、道德规范、法律法规和价值判断等方面教育内容，教师应当在提供必要的环境信息基础上，侧重于环境态度和价值观养成方面的教育，积极引导学生通过自主探究和相互交流，辨析人们对待环境的不同态度和行为，寻求并尝试建构可以满足可持续发展需要的道德规范和行为方式。同时，从贴近生活实践，强调亲身体验的角度出发，鼓励引导学生自觉从身边事物开始认识、关心环境，参与保护环境的实践活动。环境教育事业已经在全国各大中小学全面推进，各级各类学校在课程教育体系中都不同程度增加了环境伦理教育内容，保护环境、节约利用资源的环境伦理意识逐步渗透到公众的日常生产生活。

不同学习类型和智力水平对实际教学效果将产生非常大的差异性影响，教师必须善于把握适合不同学生的学习类型，深入了解学生可能存在的认知误区，引导学生尝试不同形式的体验式或发现式学习，主动弥补缺陷不足，激发学习兴趣和潜能，正确发挥自身能力优势。伯奈斯·迈克卡赛鼓励通过与人交流、观察和聆听、抽象思考、动手实践这四种常见的学习类型提高学习效果。霍华德·加德纳对七种不同智力类型进行分类，提倡教师通过深入了解学生的语言能力、逻辑推理能力、空间能力、音乐能力、肌肉运动知觉能力、人际能力和自我能力，达到理想的个性发展教育目标。在实际环境伦理教学过程中并不存在绝对固定的单一最优教学法，最优教学法因人而异，为了帮助学生解决复杂的环境问题，提高环境伦理教育的实效性，教师不能将各种教学方法简单地人为界定为孰优孰劣，凡是能促使学生发扬优点、改正缺点、团结协作、养成恰当环境伦理思维能力的教学方式，都可以当做适宜的优秀教学方法，根据实际需求情景加以综合运用。罗尔斯顿就建议环境伦理学要加强对自然界价值和权利的理论与实践研究，要学会“对大自然的全面欣赏”[1]。环境伦理教育当务之急是清醒认识人类所面临的环境挑战，自觉采取行动帮助地球恢复更具友好性的动态秩序平衡。为了采取负责任的实际行动，应当加

① 马桂新:《环境教育学》，科学出版社 2007 年 4 月第 2 版，第 152 页。

强环境认知、活动技能和伦理规范学习，将不同道德发展阶段与解决环境问题的知识技能结合起来，养成开放兼容的道德思维能力，充分尊重他人信仰和价值观，深刻反思自身道德观念，学会批判地思考和处理环境伦理实际问题，这是环境伦理教育过程中需要着重思考和应对的关键问题，事关整个环境伦理教育事业变革的成败。

"教育公民尊重文化遗产，保护环境并采取有利于可持续发展的生产方法和消费方式。"①人类生活在浸润着道德价值观和哲学思考的现实世界，为了克服环境伦理教育片面重视伦理理论研究而轻视教育实践研究的弊端，必须加强环境伦理理论的宏观指导，从哲学、伦理学、教育学和心理学等多学科视角审视教育实践，促进环境伦理教育更加贴近生活、贴近自然、齐抓共管、多管齐下，切实增强教育的时效性、针对性和开放性。必须充分认识环保事业的紧迫性，在组织实施过程中注重与自然亲密接触，根据青少年在不同成长阶段的认知水平和道德发展潜能，注重教育方式的生动灵活性，通过亲身体验或结合真实案例开展启发式教学，提高学生对现实环境问题的关注度，加深学生热爱大自然的朴素情感，自觉树立环境伦理道德观，争做合格的"生态公民"。

环保部《2015年全国环境宣传教育工作要点》要求牢牢把握围绕中心、服务大局的政治方向，提高环境保护舆论引导能力，提升环境文化的影响力和传播力，推动公众理性有序参与环境保护公共事务，提高面向社会开展环境宣传的实效。为了大力倡导绿色生产方式、生活习惯、消费观念和环境价值观，加快培育环境伦理道德规范，形成热爱生态环境和保护资源能源的良好社会风尚，环境伦理教育新模式需要在我国生态文明建设大的框架体系中着力建构。

一、环境伦理教育要更加关注道德认知水平发展

环境伦理教育的关键是全面了解学生在成长过程中的道德和智力发展水平，明确区分家庭教育、学前教育、学校教育、社会制度、生活习俗、风土人情、历史文化传统以及文化特性差异对学生道德和智力发展水平的不同影响，根据环境伦理教育的不同教学目标、德育原则、道德发展水平和智力特征，探索适应学生思维发展规律、需求爱好和背景知识的环境价值观和道德观教学内容，构建与学生的生活、学习和实践活动紧密相关的环境伦理教育系统。

（一）环境伦理道德认知水平研究

威廉姆·B. 斯特普和多萝西·A. 考克斯在《环境教育活动手册》中，从不同的环境伦理教育内容和教学规律出发，针对环境伦理认知的差异化程度，进行明确的

① 赵中建：《全球教育发展的历史轨迹——国际教育大会60年建议书》，教育科学出版社1999年12月第1版，第513-514页。

阶段性区分。一是在小学低年级要求教育者能够认识到学生基本需要具有相似性或相近性，引导学生在向自然索取时学会积极反哺自然和社会。二是在小学中年级引导学生意识到人类只有树立保护地球意识，才能长久保护好生物多样性；人类不能不计后果地掠夺地球资源，应当拥有关爱地球的意识；人与人、人与自然和谐共处是未来的唯一可行性选择，人类只有关爱地球，人与人之间、人与地球之间才能和睦相处。三是在小学高年级要求学生明白，为了满足地球各种生命形态的当前和未来需求，人类有义务保护地球，为保护地球改变不合乎伦理规范的价值观和行为模式，有助于改善人与人、人与自然之间的友好共处关系。四是在初中阶段要求学生树立地球资源共有的观念，人类要改变生活方式，避免侵害其他生物物种的合理生存权利，人与环境和谐的基础是遵循合乎伦理的适宜生活方式。五是在高中阶段要求学生关心地球上所有生命形态和整个地球生态系统的动态平衡，在崇尚社会公平公正的伦理基础上，追求人与人、人与自然和谐共处的环境伦理观。

戴维·英格莱森在《环境教育课程计划指南》中列举了不同年级学生在环境教育目标上优先发展的重点。①

表 6-1　不同年级学生优先发展的重点

年级	主要目标	次要目标	年级	主要目标	次要目标
3 年级	意识 态度	知识 能力 参与	7～9 年级	知识 能力 态度	意识 参与
4～6 年级	知识 态度	意识 能力 参与	10～12 年级	知识 能力 参与 态度	意识

从表 6-1 可以看出，尽管环境教育在不同年龄段存在侧重点差异，环境知识和能力培养随着年龄增长和智力发育逐步成熟愈显重要，但更值得关注的是对待环境问题的正确态度、环境伦理意识的全方位渗透和环境行为的主动参与。环境伦理教育应当引起足够重视，并贯穿整个环境教育过程，在教学过程中注重借助于师生之间的情感交融，更好地激发学生热爱大自然的亲近感，增强解决环境问题的紧迫感，培养保护资源和环境的责任感。

霍华德·加德纳将智力定义为“一种或多种文化或社会环境所珍视的问题或产品的能力”，提出了存在“多元智力”的初步论断，概括论述了言语—语言智力、数理—逻辑智力、视觉—空间智力、音乐—节奏智力、身体—动觉智力、自知—自省智力和交往—交流智力共七种智力类型，后来又运用严密的衡量标准，确认人具有自

① 参考黄宇、田青、郭玉峰：《学校中的环境教育——计划与实施》，化学工业出版社 2003 年 8 月第 1 版，第 66 页。

然智力，这种智力能够了解自然界不同物种类型之间的相互关系连接，具有自然智力的人能够认识到自然界各种动植物及其差别，并卓有成效地灵活运用这种能力增进环境认同。詹纳·格洛克、苏珊·沃茨和玛吉·迈耶认为发展学生的自然智力非常重要，教师应该像教育学生掌握数学和阅读能力那样，提供一切便利条件重视发展学生的自然智力，要综合考虑和运用各种教学方式促进学生智力发展，包括自然智力的发展和环境保护技能的提高，作为生活在地球上的人，有必要拥有与大自然亲密接触和交往的美好经历，正如圣路易斯新城市学校校长托马斯·霍尔所言："自然智力为我们帮助学生理解和学习知识提供了又一条途径。"①

不同教育阶段的教学目标决定了教学范围和教学内容具有差异性，确定教学目标需要按照学生的智力和道德发展水平来设定，要充分考虑教学顺序的科学性，从最简单的概念介绍和感性思维能力培养入手，随着学生智力不断发育成熟逐步复杂化。要时刻注意环境伦理知识和技能的逻辑顺序，在低年级首先侧重于具体的直观感受和亲身体验活动，到高年级再逐渐引入抽象性概念。要始终围绕基本伦理规范和道德行为技能，帮助学生从易到难梯次获取认识环境问题的相关信息资料，学习运用发散性思维找到问题存在的深层根源，客观评价不同解决方案的价值取向和道德感受，围绕解决具体环境问题的不同途径，探究可能涉及的决策理念、价值观和环境伦理理论，积极组织开展专题研讨和课堂教学，尝试以理智的批判性思维反思环境行为的伦理意义。

我国目前的道德教育形式是"养成教育"而不是"学成教育"，"养成教育"追求"以习养性"，主要通过学生的道德实践过程培养良好的道德习惯和道德品质。"学成教育"崇尚"学以悟道"，是道德和价值观方面的提高性教育，是从"知其然"提升为"知其所以然"，道德范畴的层次性、道德主体的差异性、道德教育过程的阶段性，决定了"养成教育"和"学成教育"既有区别又有联系。道德教育简要划分为行为规范教育和道德理论教育两个层面，在道德教育目标、教育内容、教育手段、教育途径和实践过程方面相应有所侧重，"养成教育"和"学成教育"要根据青少年的认知特点和心理发展规律恰当加以区分，基础教育阶段适合以"养成教育"为主，高等教育阶段适合以"学成教育"为主，环境伦理教育需要根据相对应的道德认知水平、生理和心理发育程度以及情感认识阶段，有针对性进行环境教育实践活动。

阿德勒作为个性心理学创始人，强调"人格的统一"，他认为"人格的统一"可以理解为人的行为表现出一贯的特性，每一个举动都是他整个人格的一种外在表现形式，学校必须把学生作为具备完整人格的独立个体进行启发教育，通过研究学生对现实生活的适应程度和准备情况，引导社会情感、自信心和理解力向着符合社会演变规律的健全人格发展。在环境伦理道德发展过程中，依赖学校道德教育的主

① [美]詹纳·格洛克、苏珊·沃茨、玛吉·迈耶:《自然智力——校园中的科学》，邵红香、周亚译，教育科学出版社 2003 年版，第 8 页。

导作用，道德推理能力由较低层次向较高层次发展，同时不同年龄段、不同性别和不同文化特质的影响，都对道德发展产生显著的差异性影响。开展环境伦理教育必须全面了解掌握学生的德育和智育水平，熟悉特定人群的文化传统和知识背景，积累与教学目标、发展水平、背景知识、能力结构相互协调的伦理教育基础材料，更好拓展学生的批判思维能力。同时，需要时刻注意教育过程的有机衔接，伴随着学生智力发育水平和道德认知发展阶段，将环境道德意识的培养、环境道德素质的提高和环境保护实践活动的主动参与意识始终贯穿到整个教育过程中，避免出现阶段性中断和脱节，导致教育效果弱化乃至逐渐消解。

（二）环境伦理教育的不同发展阶段研究

《中小学环境教育专题教育大纲》明确建议环境教育专题“从小学一年级到高中二年级，按平均每学年 4 课时安排教学内容”。可以根据实际情况对每学年的课时适当进行调整，总学时从地方课程和校本课程妥善安排。不同受教育者的智力发展水平、心理成熟程度各不相同，各自具有不同的心理和生理特点，在道德意识和道德行为表现上也呈现出各不相同的特征。智力发展和品德成长的阶段理论对有效实施环境伦理教育提供了坚实的理论支持和实践指导，学校可以适当调整教学内容和教学方式方法，从受教育者的实际情况出发加强环境道德教育。

一是感性认识阶段。七八岁以下的幼儿尚未具备理性逻辑思维能力，主要通过语言交流和记忆“映象”来模仿和描述某一事物或经历的事情，行为方式主要依赖于直观感觉和对事物的感性认识。心理学研究认为，幼儿时期普遍存在特殊的“泛灵心理”，热爱大自然是孩子的天性，婴幼儿时期是进行环保教育，培育生态情感最佳的关键时期。在这个智力阶段孩子只能理解一些真实发生的事情，并不能理解未来可能发生的事情，因为道德推理刚刚开始发展，孩子尝试着理解正确与错误的区别、伦理规则的含义以及惩罚所起的作用。这个阶段要注重介绍恰当的环境行为习惯，注重持续强化环境启蒙教育，环境伦理教育的阶段性重点不是传授系统的环境知识和复杂的伦理理论，而是要及早教育孩子认识一些简单环境行为的对错（随意践踏草坪、乱扔垃圾是不应当的坏行为，珍爱自然生物、自觉回收垃圾是值得提倡的好行为），避免养成一些与环境不和谐的不良行为习惯。要尽可能带他们多参加户外体验活动和田野生活，与大自然亲密接触，通过提高参与兴趣引导他们了解恰当的环境行为习惯，逐步形成最基础的环境伦理意识萌芽。美国作家理查德·洛夫在《林中最后的孩子》中指出，儿童长期处于封闭的城市生活中，因与自然阻隔容易造成“自然缺失症”，内心产生对大自然的恐惧感，进而自身出现抑郁、焦躁甚至无法与人正常沟通交往，产生心理障碍和情感缺失。教师要积极通过“自然体验”这一有效教育活动，引导孩子们加深对大自然的直观认识，感同身受地体验自然之美。

二是前期逻辑思维阶段。七八岁至十一二岁阶段的小学生开始有意识积累逻辑思维能力，能够利用简单的逻辑推理进行事物之间的联系、比较、分类和属性判断，思考方式主要基于事实和简单推理的两分法分析模式。美国卡内基·梅隆大学的戴维·克拉尔和匹兹堡大学的米莉娜·K. 尼加姆曾于2004年对三四年级的小学生进行调查，发现在适当指导下儿童可以理解一些抽象概念。这个阶段学生可以依据自己的观点对正确或错误的行为进行初步判断，针对伦理规则提出自己的看法和异议，从相互对立的立场上对环境行为进行评判，做出一些对或错的简单道德判断。此时的学生并不能处理复杂的环境伦理道德问题，但已经具备了学习了解环境知识和伦理规范的能力，能够对观察到的环境问题进行简单的比较、归类和解释，是进行环境知识系统学习和培养基本环境伦理认同感的最佳时期。通过组织学生尽可能参加环境实践活动和环境意识体验活动，可以引导学生运用发散性思维认识环境问题的相互对立性，主动注意他人的环境行为并表达出赞同抑或反对的价值判断，并尝试去调查了解环境问题产生的原因、造成的严重危害后果和应当承担的环保责任。

三是抽象思维阶段。十一二岁至十四五岁的初中教育阶段，学生已经具备一定的抽象思维能力，能够根据接触到的事实和掌握的知识积累，进行情景假设和逻辑推理，从事物的相互关联性角度开展理性抽象思维，从事实表象探究不同行为范式的伦理动机并预设行动结果。这个年龄段学生已经开始形成不同的个性品质和自我意识，能在社会道德约束和个人意愿之间进行需求平衡并做出选择，学习思考道德行为“错误”与“惩罚”之间的程度差异，主动寻求他人的帮助和提出合作的要求，尝试对接触到的环境问题拥有自己的是非判断能力和评价标准，能有意识地阐述自己的逻辑思维倾向和价值观念，根据自身认可的价值评判标准进行对错判断，也能够通过情景模拟、角色扮演、案例分析、田野调查、专题辩论、实验操作和文学创作等方式锻炼提高智力发育水平。

批判性思维作为一种解释模式，是指导人们信念与行动的一种评价体系，是经过深思熟虑之后着眼于信仰什么和决定如何做的辩证思维方式。发展批判性思维能力就是发现偏见和纠正偏见的过程，可以通过注重思维的逻辑性和客观性，创造性提出新思想和新观念，依据判断作出妥善处理环境问题的行动决定。批判性思维能够在现有知识结构基础上，经过仔细分析和逐层推理，规避依据不完整信息作出的判断，力求发现隐藏在表象之中的结论判断。英国的斯特灵和澳大利亚的费恩通过研究发现，批判性环境教育有五个基本特征，其中之一就是强调基于整体观的环境意识发展，“强调发展环境伦理，这种伦理基于对环境质量的敏感性和关注”①。英国教育与就业部在开发环境教育课程时明确提出，要提高学生对环境的批判认识能力，有效的环境教育依赖批判性思维技能的发展和环境价值观的澄清，以及相关环境知识的批判性反省和环境决策过程的经验积累。“批判性思维不仅有助于学生全面客观地看待环境和环境问题，理解他人的价值观，也有助于自身价

① 祝怀新、林道辉：《环境教育的理论与实践》，中国环境科学出版社2005年7月第1版，第36页。

值观的完善发展。”[①]抽象性思维阶段的环境伦理教育至关重要，将对个体环境伦理意识养成产生深远影响，在组织环境理论知识系统学习时，要帮助学生集中发展批判性和创造性思维能力和认知水平，引导学生端正环境道德态度，增强环境责任意识和参与意识，主动评价与环境相关的行为方式是否得当，尝试参与处理和解决涉及面较广的现实环境问题。

四是创造性思维阶段。自十四五岁以后的高中、大学和成人教育阶段，个体的逻辑思维和理性判断能力逐步趋于成熟，分析问题解决问题的能力进一步增强，伦理道德意识也趋于理性化，开始形成自己的道德品质和价值评判体系。这一较长阶段的环境知识和技能学习不再局限于基础的环境技能掌握，更需要侧重于环境科技知识的专业训练和专门伦理知识体系的深入学习。应当鼓励学生自觉培养具有开放性、创新性和批判性的逻辑思维方式，明确自己作为“地球公民”应当承担的环境责任，加强环境伦理道德修养，自觉践行环境伦理道德规范。

（三）不同道德教育阶段基于认知水平的环境伦理教育侧重点

1. 初等教育阶段环境伦理教育侧重点

在初等教育阶段进行环境伦理教育，要坚持“浅近性”原则。少儿和初级教育阶段具有启蒙教育的性质，必须把培养朴素的环境情感放在首位，促进环境认知目标和技能目标的协调融合。“自然是最好的老师”，这一阶段教育取得成功的前提是吻合儿童的天性，学会以欣赏的态度看待自然环境，在遵循自然生态系统基本规律的前提下，理解“人与自然协调”的价值取向。德·帕普勒在《孩子热爱大自然》中认为，在教育实践中积极健康愉快的情感因素值得重视，“情感基础第一，不是认知第一。在情感上和大自然的融合，从中产生的美是具有环境意识行为的先导”[②]。儿童对所接触事物的概念理解主要通过直接知觉来把握，他们初步具备了表达爱憎情感的能力，爱和恨的情感体验与具体感受过程相互关联，热爱大自然是儿童的天性。在实际教育过程中，要从环境意识的萌芽开始，通过对环境概念的浅显认识和环境问题的直观感受，寓教于乐，培养孩子对人与自然关系的感性认识，树立“保护环境光荣，污染环境可耻”的环境道德观和价值观，进一步增强环保主动性。

要加强道德感培养的个性启蒙教育，从孩子身边可以直接接触到的家庭、社区、学校和社会生活环境入手培养环保意识，启发引导孩子对周围环境保持好奇心，形成朴素的真实情感体验，有针对性地加强有益于身边生活环境的行为规范训练。要注重编写内容丰富、通俗易懂、图文并茂、寓教于乐的环保教材和教育资料，德国十分注重幼儿热爱自然、关心环境的环境情感培养，鼓励幼儿真实接触自然、认识自然、感受和欣赏自然之美，体验创造的乐趣和与自然亲近的美好感受，逐步

① 崔建霞：《公民环境教育新论》，山东大学出版社 2009 年 3 月第 1 版，第 209 页。
② 朱长林、楼振华、沈爱忠：《小学环境素质教育》，中国环境科学出版社 2003 年 2 月第 1 版，第 7 页。

积累与环境共处的经验，为真正形成良好的环境素养打下基础。在德国盛行的环保亲子活动，借助亲情的纽带，通过家长和孩子共同参与、相互合作进行的一系列亲近自然、保护环境的亲身体验活动，在交流沟通中增进情感、培养环保意识、提高环保素质。德国畅销环保教科书《与孩子共享自然》，通过寓教于乐的许多环境问题模拟游戏，潜移默化培养了学生的环境素养和发散性创新思维。美国作家詹妮弗·沃德在《我爱泥巴——一年四季52个亲子趣味绿色周末》中建议，家长和老师要主动修复孩子与自然界之间的人为割裂，带领孩子走进自然，消除与自然的陌生感，体验自然的神奇伟大，在与自然环境的亲密互动中陶冶情操。教育家陈鹤琴先生认为大自然是生态环境中最直观生动的教育课堂，“大自然和大社会是最好的教材”。教育家陶行知先生积极提倡教、学、做三位一体的“生活即教育”理念，“在做中教，做中学，做中求进步”可以促使孩子走进自然，亲近自然，与环境对话，感知生命的多样性和变化关系，提高学习兴趣，积累生活经验，满足环境求知欲和主动探索的积极性，这种以自然为友、喜爱美好事物、欣赏自然之美的纯真情感是促进环保意识养成的重要基础。

“少若成天性，习惯成自然”，为提高探究自然的体验式学习效果，要依托自然课和社会课教学，采取课堂教学和课外活动紧密结合的教育形式，综合运用观察法、渗透法、演示法、考查法、角色扮演法、实验法和讨论法等教学方法，通过爱鸟教育展览、动植物保护课程教学、环保类课外户外实践活动（如春游、登山、种植花草树木、参观考察、举办环保讲座、歌舞、游戏、图片摄影展、征文比赛、智力竞赛等），以景育情、寓教于乐、以情促行、潜移默化，逐步引导孩子们培养感性的环境意识和主动的环境参与技能。随着环境情感体验的不断丰富，环境伦理情感的教育内容也不断扩展，由校园绿化有助于学习环境的优化、爱护花鸟鱼虫有助于美化环境保护生态等局部情感认同，逐步过渡到热爱社区环境、关心区域和国家乃至整个地球生态系统，初步理解“只有一个地球”的情感追求，积极争做地球公民，逐渐养成保护环境的良好行为习惯。

《中小学生环境教育专题教育大纲》要求小学1～3年级保证有12课时、4～6年级保证有12课时进行环境教育教学活动，小学生要学会通过触摸大树、倾听自然、欣赏美景等游戏方式，运用各种感官感知大自然，讲述对自然环境变化特点的不同感受。列举出各种直接和间接来源于自然的生活用品，增进对自然的感情，了解在日常生活中对自然资源和能源的需要。通过对家庭用水、用电、用气等生活必需品和纸笔本等学习用品需求量差异变化情况进行直观了解，树立勤俭节约、爱护自然、保护环境的优良品质。利用环保知识竞赛和废物利用活动，强化小学生在日常生活中的环保行为规范，检查评价并自觉改正不合理的环境行为习惯。通过调查了解初步掌握所生活区域的环境特点、环境问题和形成原因，以小组讨论、交流访谈、整治规划等方式探索如何改善周围环境质量，消除自己或他人的环境不友好行为影响，倡议采取漫画比赛、征文比赛、张贴环保标语等方式，开展垃圾分类、卫生清扫、废品回收等力所能及的环保实践活动。

2. 中等教育阶段环境伦理教育侧重点

在中等教育阶段进行环境伦理教育，要坚持“针对性”的原则。中等教育阶段学生理性思维能力逐步增强，个性心理逐渐发展成熟，感性认识逐渐过渡到理性认识，形象思维逐渐过渡到抽象思维，美感接受能力和认识问题、解决问题的能力也大幅度提高，作为思想观念和意识形态从形成到成熟的过渡阶段，对环境问题的独立思考和理性判断，能够在激发环境保护意识、端正环境价值观、从审美需要和情感体验上追求人与环境和谐方面发挥不可替代的重要作用。

参照《中小学生环境教育专题教育大纲》，中学生要利用合计 20 课时的环境教育教学活动，通过各类视听资料，了解当前主要的区域性和全球性环境问题，以及对自然生态、经济社会发展产生的各种不利影响。掌握可持续发展的基本含义和必要性，结合实际开展清洁生产和非清洁生产的环境影响认知研究，根据不同能源资源的消耗统计数据，讨论分析未来可能面临的资源能源需求形势和环境承载力保障问题。采取座谈、讲座、参观、实地考察等形式，了解地方政府、环保部门、社会组织、社区民众在应对环境问题时所采取的重要举措。通过辩论会、主题讨论和市场调研等方式，反思日常消费活动对环境产生的影响，倡导满足基本生活需求、有生活品质、对环境友善的良好生活方式。

德国美学家席勒将人的本性发展区分为自然人、审美人和道德人三个循序阶段，他认为人欣赏美、想象美、追求美和创造美的内在愿望激发着人们的审美能力和道德情操，教育最重要的任务就是在美育的熏陶下，由感性到理性提升人的道德情感，在审美心理发展演变历程中超越功利性取向，获取内心愉悦的情感体验满足和道德升华。在这个阶段要由简单的环境直观感受转变为间接的伦理熏陶和规范约束，要及时传授基本的抽象的环境道德概念和环境道德准则，加强正确的环境价值观培养，树立对待环境的友好态度，在已有环境知识和环境意识基础上，综合采用启发式讲授法、观察与实践法、实验演示法、课堂讨论法、团体辩论法教学方法，有针对性加强课堂教学中环境伦理理论与实践的有机结合。同时，鉴于此阶段学生的生理和心理发育特征，尽管抽象逻辑思维开始占据主导地位，“但逻辑思维发展还是‘经验型’的，在思维过程中具体形象成分仍然起主要作用”①。在进行抽象逻辑思维时，为避免理解、判断和推理上出现困难，需要具体、直观、形象、感性的经验支持。在这种独立性和依赖性并存、自觉性和幼稚性交错的关键时期，通过积极激发保护环境、爱护生态和关爱生命的道德情感，主动增强关注区域性和全球性环境危害问题的道德意向，并结合相关的音乐、影视、绘画、雕塑等文艺作品和报刊书籍等文学作品的熏陶感染，可以增强环境美学鉴赏力和美学价值观念，增强关爱环境、自觉保护环境、提高环境质量、学以致用的环境行为意识和环境思维水平。

---

① 汪建红、王芝平:《初中环境素质教育》，中国环境科学出版社 2003 年 9 月第 1 版，第 3-4 页。

在中学阶段有效开展环境伦理教育的主要方式和类型:

一是将环境伦理课程纳入学校正常教学计划中,单独开设相关课程。这种教育形式有助于系统全面地进行环境伦理教育,避免环境伦理理论与实践脱节、分散和不系统化的问题。但是单独设课可能会增加学生的课业负担,也可能造成教学资源的重叠和浪费。

二是将环境伦理教育内容结合到各个具体学科的教学计划中,避免“学科孤立”。实行“课程渗透为主”的课程设置方法,这是我国目前环境伦理教育最普遍采用的教学模式,这种教育方式符合课程综合化改革的要求,在不增加学生课程学习总学时的同时,结合生物、化学、物理、地理、科学、历史、语文、政治等不同学科的环境知识切入点,综合编制各个学科的环境教育内容纲要,通过课堂教学进行环境道德的渗透教育,潜移默化激发和增强学生的环境保护意识。但是可能会因为知识零散缺乏系统性,难以保障环境意识的全方位健全发展,实现不了环境综合技能的全面提高。

三是开设环境伦理教育类选修课程,便于因材施教。此类课程既可以在施教过程中注重环境伦理教育对象的个体差异,又可以实现培养独特个性的施教目标,从而满足特定学生群体对环境问题的特殊兴趣爱好和求知欲望。由于针对性和目的性较强,对学生环境知识背景要求较高,不太可能让所有学生都普遍实现特定的教育目标。

四是将环境伦理教育课程与课外活动和社会实践紧密结合在一起。通过组织环保兴趣活动小组,参加环保实践活动,深化、巩固和延伸课堂学习效果,多渠道帮助学生结合学科知识背景,考察学校周围可能接触到的实际环境问题,学习如何思考和解决实际环境问题,这对于整合利用各学科的环境伦理认知能力、培养学生的环境道德感和责任感具有显著影响。这种教育形式具有生动活泼、因地制宜、着眼实际、内容丰富、实践性强、参与度高等优点,有助于促进个人环境保护伦理观念与实践技能应用的有效契合。

(三)高等教育阶段环境伦理教育侧重点

在高等教育阶段实施环境伦理教育,要坚持“普及性”的原则。“大学之道,在明明德,在亲民,在止于至善。”大学精神的核心是“士志于道”,是要明道、德治、学会做人。高等学校是环境伦理教育的主要阵地,如何有效地提高大学生的环保意识和环境保护行为自觉性,加强环境伦理教育和宣传发动工作,强化社会舆论监督,完善环境法律法规,增强环境保护责任感和使命感,是关乎环境问题能否真正得到妥善解决的关键所在。

高等教育阶段的大学生已经掌握了较系统的环境理论知识和专业技能,分析问题的理性思维能力趋于成熟,解决实际环境问题的专业技能储备也达到一定程度,这一时期要引导他们深刻理解环境危害行为的相互关联和全球泛滥现象,增强对整个地球生态系统脆弱承受能力的深切关注和忧患意识,帮助他们树立人与自然和谐、可持续发展的科学发展观，清醒地认识到经济社会发展与环境保护之间不协调所产生的严重危害后果，杜绝以牺牲环境为代价而肆意破坏环境，自觉树立新型经济发展价值观。

环保作家冯永锋在推进大学生环境调研联盟建设时指出，成长是一种渐进的过程。这个阶段的环境伦理教育主要可以分为两种类型。一是主要面向从事环境保护和污染综合治理专业人才进行的伦理教育；二是面向全体大学生和研究生实施的具有普遍意义的环境伦理通识教育。采取的教育形式可以灵活多样，既可以开设相关的环境伦理类选修课程，也可以结合专业背景，开设环境伦理类必修课程；既可以在高校基础课程设置体系中渗透环境伦理，学习相关环境知识教育内容，也可以通过专题学习、专门讲座、课堂讨论、团体辩论、论文竞赛、环保志愿者行动、环保社团活动等学习形式，达到环境伦理理论与实践的自然结合。

二、环境伦理教育要更加注重教育内容的改革创新

迈克尔·奥克肖指出，道德教育决定了道德生活的各种形式，教育不仅反映着每一种形式的基本特征，而且也是“培养和维持这种形式的必要条件”①。伦理道德教育既是时代的产物，也是弘扬伦理道德哲学的重要途径，从理论根源出发认识伦理道德教育，可以说“有什么样的道德哲学就有什么样的道德教育”。不同道德哲学相应蕴含着不同的道德教育观和道德含义，道德哲学需要走向生活，道德哲学和伦理理论不断充实和发展，决定了人们开展道德教育和实施道德行为的选择方式。

环境伦理教育作为适应新时代发展需要的伦理道德教育形式，必须从环境伦理学理论体系中寻求适用于环境道德推理和道德判断的道德教育基础，只有这样，环境伦理理论研究才会树立起主动的自觉意识，才能区别蕴含其中的普适性结论和特殊性结论。“正确看待从前人那里继承下来的相关思想遗产，以及从国外引进的相关思想成果。”②古今中外的哲学家对环境伦理学理论探讨富有成效，所取得的具有一般普适性的伦理观点，对当前环境伦理学研究和环境伦理教育实施具有普遍的指导意义和应用价值，是符合环境伦理教育基本规律。但需要足够重视，理论指导实践最重要的是在普适性基础上把握特殊性、时代性和针对性，学会把握时代脉搏构建适宜的环境伦理教育框架，道德教育“不是为了一般意义上的人，而是为了我们这个时代、这个国家中的人们”。涂尔干的上述道德教育理念并不是狭隘的本位主义或利己主义，而是强调要寻求符合社会现实基础和时代特征的教育策略，这也正是环境伦理教育的目标所在。

---

① [美]约瑟夫·P. 德马科、理查德·M. 福克斯：《现代世界伦理学新趋势》，中国青年出版社 1990 年版，第 365 页。转引自《寻归绿色——环境道德教育》，序，第 2 页。

② 贾新奇：《公民伦理教育的基础与方法》，北京师范大学出版社 2007 年 11 月第 1 版，第 165 页。

教学内容在取舍上成功与否是影响教育成果最显著的决定因素，是保证教育顺利实施的有效载体。“只是增加教育的数量是不能构建可持续的未来。问题在于教育的内容和合理性。”①要及时调整教育方向，培养批判思维能力和合作参与意识，将相关知识、技能、洞察力和价值观融入到环境伦理教育之中。联合国教科文组织在《21 世纪前夕人口教育行动纲领》中指出，环境伦理教育不是单纯增加课程学习科目，可以“构成一种旨在改善生活质量的全球性视角，并可作为一种综合性力量服务于教育革新”②。目前我国环境伦理教育的内容相对空洞，渗透性不强。相对于单一的环境污染和环境保护教育，虽然对唤醒学生环境保护意识起到一定的警示作用，但是缺乏内心深层道德渗透和情感共鸣的环境教育内容，很难得到公众的深入感知和行动参与，究其根本，工具理性的利益驱动“忽略学生的环境道德情感、环境道德意识和价值观培养……缺乏‘为什么要’和‘怎样要’的道德追问和道德选择”③。人类个体的道德修养水平与环境伦理认知之间存在必然的内在联系，人们尊重、关爱、奉献、怜悯等道德品质能否自觉投射到自然万物，需要内化于心的环境伦理道德意识来保障，外部环境本身具有强烈的诱导性和暗示性，在无序的环境管理氛围中环境破坏行为极易滋生蔓延，在缺乏道德自律和公众监督的情况下，如果个人的环境道德自我约束意志不够坚决，其环境行为将会逐渐偏离道德规范的自我约束，保护环境的主动意识将逐渐弱化，环境保护的实际效果将不自主地慢慢退化。

社会交换理论可以对这种环境认知原有平衡被打破的行为现象给予恰当的原因解释，“人际交往的基础是彼此之间物质与心理的交换……重建认知平衡，往往会跟随管理者作出非伦理行为”④。这种“破窗效应”将会导致公正感和义务感消失，人们主动参与环境保护的内在驱动力逐渐减弱，最终结果是人们逐渐丧失从自我做起、从身边小事做起、自觉参与环境保护的积极性，对环境污染和破坏行为逐渐麻木、漠视直至视而不见。为了有效避免言行脱节的教育失范行为，真正增强学生的环境责任感，达到环境伦理教育“亲近自然、爱护环境、珍惜资源”的教育目标，“要积极引导学生将学到的环境道德知识，转化为自己的环境道德行为习惯”⑤。要防微杜渐，以正确的环境道德准则评价和检验自己的行为，自觉抵制和主动防范侵害环境、破坏资源、威胁生态的不道德行为发生。

环境伦理教育具有跨学科性、综合性、与社会实际和个人生活紧密联系等特点，环境伦理教育内容必须融入整个学校教育课程体系。实现环境伦理教育目标，首先在于教育内容的选择和创新，没有正确的教育内容作为支撑，教育方式方法再

---

① 马桂新:《环境教育学》，科学出版社 2007 年 4 月第 2 版，第 58 页。

② 汪建红、王芝平:《初中环境素质教育》，中国环境科学出版社 2003 年 9 月第 1 版，第 328 页。

③ 马桂新:《环境教育学》，科学出版社 2007 年 4 月第 2 版，第 82-83 页。

④ 谭亚莉:《管理者非伦理行为导致组织腐败的理论探讨》，载《新华文摘》，2012 年第 7 期，第 129 页。

⑤ 汪建红、王芝平:《初中环境素质教育》，中国环境科学出版社 2003 年 9 月第 1 版，第 67 页。

有效也不可能达到理想的教育目标。“伦理德行不仅含有知性因素，还含有情感因素……伦理德行的培养不能单靠知识的传授，还需要活生生的经验、体验。”①要通过生态道德规范教育，培育生态良知，推动人类社会生产生活方式和风俗习惯以及价值信念的生态转向，自觉将道德规范转化为自身实际行动。生态道德实践活动可以通过征集生态建设方案、绿色志愿者行动、创建绿色学校和社区、加快节约型社会建设、全民参与生态文明建设等各种形式，扎实转化为保护自然、改善环境、维系生态平衡的直接行动，并体现在人类生活的各个方面。

环境伦理教育的内容体系构建，要注重学科之间的交叉和融合，注重知行合一理论与实践结合，注重国内外环境伦理教育的借鉴参考，要根据学生道德发展水平和认知能力差异，以提高教师和学生的综合环境素质为最终目标，以生态学、环境学、生态哲学、环境伦理学、环境法学、环境教育学和教育学、心理学、美学等学科教育内容为基本立足点，遵循生态性和科学性原则、基础性和系统性原则、现实性和参与性原则、理论性和技能性原则，结合环境知识的传授、环境价值观、伦理观、文化观的弘扬和环境友好行为习惯的养成，尝试构建跨学科的环境伦理教育综合体系。

三、环境伦理教育要广泛借助科学系统的教育教学方式和手段

“教学方式的转变是一场革命，不仅要求对教学方法改革，而且还要改革教学内容，要建立规范课程体系、改进课程设置、改进教学管理、创新人才培养模式等。”②教学方式改革要坚持以人为本，因材施教，全面发展，要充分考虑教育活动、教育对象、教育者与受教育者之间互动关系的特殊性。

环境伦理学的重要使命是对环境问题进行伦理审视和教育引导，这也是环境伦理教育方式深刻变革的生命力所在。教育者必须根据不同的教学内容，在学生适宜的年龄阶段，选择科学有效的教学方法，顺利实现他律到自律的升华，帮助将受教育过程转化为自我发展的过程，将环境道德外在约束转化为学生的内在要求。教学过程既是一个认知的过程，也是一个情感的过程，认知和情感教育都是教学目标，也都是有效提高教学效果的手段。

环境伦理教育作为具有特定教育目标指向的教育形式，首先要转变教育思想，更新教育观念，以可持续发展思想为指导，根据环境伦理教育实际情况适时调整教学目标、课程体系设计和实施环节，寻找一条能够将教学方式改革与国家课程、地方课程和校本课程的教育目标和教学内容有机结合起来的新途径。

环境伦理教育要加强对学科自身本质特征和发展规律的科学认识和准确定位，加强教学经验积累和教育方式方法研讨交流，有针对性加强科学研究，立足环

① 贾新奇:《公民伦理教育的基础与方法》,北京师范大学出版社 2007 年 11 月第 1 版,第 165 页。

② 孙刚:《关于加快我国教育发展方式转变的思考》,载《新华文摘》,2011 年第 5 期,第 123 页。

境伦理提升和道德品格健全，追求教育质量全面提高。

环境伦理教育要在全面实施素质教育、加强德育教育过程中，注重学生环境素质全面提高和健康可持续发展，在“总体规划、强化教育、全面渗透和活动体验”的原则指引下，争取全方位实现与学校常规教育紧密结合、与学科渗透紧密结合、与实践活动紧密结合、与社会终身教育理念紧密结合。

环境伦理教育要借助科学系统的教育教学方法和手段，在遵循教育科学一些教学共性特点和方法基础上，彰显学科特性、规律性和个性发展。环境伦理教育过程中广泛采用的教学方法主要有讲授法、问题解决法、实验法、野外观察法、模拟法、游戏法、快速联想法、讨论法或辩论法和环境警示教育法。在教学过程中要以环境伦理教育特有的教育性质、教学内容和发展目标为出发点，采用动态的相互联系的教学方法改革，尽快将灌输式和封闭式环境伦理教学向开放式、启发式、探究式、讨论式、参与式和互动式教学转变，鼓励学生独立思考、自由表达，增强自信心，激发想象力和创造力，切实提高学生对环境科学的理性思维能力、环境伦理道德认知水平和环境保护主动践行意识。

（一）学科融合

环境伦理教育要注重多学科渗透功能。环境伦理教育并不是要取代现有的任何学科，而是要综合运用多学科融合的教育策略和灵活的课程形式，在不增加学生学业负担和不影响现有学科教育目标实现的同时，通过多学科或跨学科课程的交叉渗透，充分体现复杂多变的环境问题的共性伦理诉求。联合国教科文组织和国际教育局召开国际公共教育大会第 31 届会议，通过了第 65 号建议《学校环境的研究》，鼓励“运用积极的方法来研究环境和获取环境知识……开展跨学科的活动以获取广泛的知识”①。美国通过法定的师资培训计划不断丰富教学资源，保障教师在各自学科教学中做好渗透课程的模式改革，在美国开设的所有课程都不同程度渗透了环境方面的教学内容，“科学教师渗透的环境内容最多，占 27.4%，英语或阅读教师在渗透环境主题的比例中占 14.7%，社会科学教师占 14.0%，其次比例较高的分别是数学、健康教育等学科教师”②。澳大利亚的环境教育课程体系开发，也呈现出单一学科与全面课程渗透有机结合的教育模式，其中跨学科课程作为环境教育的基本课程特征之一，通过广泛渗透进各个学习领域，努力发展学生积极参与保护环境的理解力、技能和态度。2003 年澳大利亚联邦教育、科学和培训部对全国学校课程进行了涉及 100 多项环境教育内容指标的专项调查，发现在科学、人类社会和环境、健康和体育、技术和数学等学科环境教育的学习效果比较明显，“所有接受调查的课程文件也都包括一些与道德、价值观和观点相关的结果”③。

---

① 赵中建:《全球教育发展的历史轨迹——国际教育大会 60 年建议书》，教育科学出版社 1999 年 12 月第 1 版，第 364-365 页。

② 祝怀新、林道辉:《环境教育的理论与实践》，中国环境科学出版社 2005 年 7 月第 1 版，第 170 页。

③ 祝怀新、林道辉:《环境教育的理论与实践》，中国环境科学出版社 2005 年 7 月第 1 版，第 185 页。

与环境伦理教育紧密相关的课程内容指标主要涉及环境情感、态度和价值观教育，比如环境审美情感、人类社会对有限资源的依赖性认识、对科学、社会与环境相互作用的理解、对生命主体相互作用的感知、对环境保护责任感和道德感、对环境文化和生命形态的尊重、对可持续生活方式的接受程度以及自觉付诸行动的意愿。

大力提倡在环境伦理教育教学过程中加强学科融合，关键原因在于不同学科教育会不同程度影响人类在社会方面和个性方面的道德价值观，不同学科之间道德影响源于“相互关联的责任”，这种道德责任体现了道德主体自律意识，保证了道德主体对道德准则和规范的自觉遵守。以地理教学为例，江河湖泊、山川平原的终极意义在于改造和指导人际关系时所发挥的作用，这是一种社会价值体现，地理学科本身涉及人类生活与自然的互动，实际上关系到社会互动和情感变化。我国在《普通高中地理课程标准（实验稿）》中建议，要树立可持续发展观念，形成文明的生活和生产方式，注重评价学生是否形成可持续发展观念，是否形成环境资源保护意识和法制意识，是否具有对社会和自然环境的责任感，是否养成关心爱护人类环境的行为规范。在地理教学中渗透环境伦理教育，有助于将地理教学的课程目标与环境伦理教育目标有机结合，有助于体现地理教学的有效价值体系，有助于实现环境情感和伦理价值观培养的素质教育目标。

1. 多学科模式或渗透型模式

多学科模式是将环境伦理理论知识与实践技能自觉渗透到相关各个学科，通过教育教学活动和课程讲授，将环境伦理教育有效穿插进行，学生在整个教育过程中得到全方位的多学科引导，避免对现有各学科的课程完整性和规范性造成破坏。在多学科渗透过程中，一是要注重渗透的目标性，在确立课堂教学基本目标时，结合学科研究方向提高环境伦理教育的契合度。二是要注重渗透的有机性和整体性，把握渗透教育的结合点，在知识传授和实践能力培养时避免牵强和生硬。三是要从不同学科知识体系的内在框架中发掘与环境伦理教育紧密相关的教育素材。四是要注重渗透的实效性和直观性，在教学中灵活运用语言、文字、视频和图像等各类辅助教学手段，充分利用可获得性强、触动性大、客观真实存在的环境问题教育资料，调动学生的学习兴趣和参与积极性。

多学科模式便于将环境伦理教育与相关学科教育教学活动有机结合，节省了专门的师资培训成本和教学时间，有助于学生从不同学科视角审视环境伦理问题，进而更深入、更系统和更直接地增进对环境保护的全面了解。缺点是多个不同学科之间实现良性协调和有机衔接的难度较大，不利于环境伦理知识的系统传授，不利于环境伦理教育的深入研究和综合课程评价，教学效果和课程质量的改进提高难以精确测量。

中小学校要参照教育部基础教育改革基本思路、教学大纲和课程标准，依据教学特点和内容要求，有针对性组织各个学科专业教师编写具体的教学渗透方案。学校教学研究部门要协调开展不同学科涉及环境伦理教育领域的教改专项和课堂观摩，注重多学科渗透和全课程融合，逐步培养学生对环境科学的理性思维能力。注重感性认识和抽象思维的结合，在相关环境专业课程理论教学中适当增设环境伦理学及环境人文类课程知识点，通过环境自然科学和环境人文科学的融合渗透，注重发挥环境科学多学科交叉的学科特点，注重非环境类专业的通识性教育，将环境伦理教育与人口、资源、环境现状及可持续发展紧密结合在一起，有效避免过度专业化的教学倾向。在实际教学环节尽可能利用实物资料展示、图片信息分享、主题活动讨论等视听结合的教学方式方法，充分调动课堂气氛和学习兴趣，启发环境伦理思维能力，开阔环保视野，促进环境意识和环境素质逐步提高。综合环境素养不可能通过一门或几门学科知识传授就可以实现，需要通过整个学校教育与家庭教育和社会教育共同协作才能实现，在基础教育阶段过早开设单独的环境保护类课程并不适宜，不利于有效培养受教育者的综合环境素质。

高等学校在环境伦理道德教育教学过程中，要在专职环境伦理教师开设《环境伦理学》、《环境保护与可持续发展》、《环境与生活健康》、《自然资源管理与应用》等环境科普类公共选修课基础之上，突出环境伦理教育的综合性、交叉性、渗透性、现实性特点，积极研究并加强在自然科学领域、工程技术领域、管理科学领域、人文社会科学领域全方位进行环境伦理的渗透教学，帮助学生在学习相关领域专业知识时，结合现实社会存在的各类环境问题，自觉寻找合适切入点，从环境保护视角看待环境问题，增强环境伦理意识，树立良好的环境道德观念，提高综合解决环境问题的知识能力水平。

2. 跨学科课程模式或单一的独立学科模式

跨学科模式是将环境伦理教育相关教学内容融会贯通为统一整体，尝试发展成为一门完整的独立的环境伦理课程，将环境伦理的系统理论、概念含义、教学内容、课程进度、教学实践等环节紧密结合在一起，深入进行教学研究和课程评价体系建设，有利于切实提高环境伦理教育的系统性、针对性、时效性和可评价性，有效克服多学科模式或渗透式课程易造成的内容重复、易受教师个人能力水平局限和学科教学内容系统性较差等不利影响。“在理论上，道德教育并不是任何其他学科的一个组成部分。”①思考环境伦理教育问题时，应当自觉地按照环境伦理教育的特定目标，以一个独立的研究领域和问题视角深入思考。

将环境伦理教育作为独立科目专门设置，一是可以有效避免将道德教育强加到学生身上，避免在道德教育过程中出现强制性的教育目的，可以将学生选择道德教育课程的权利真正赋予学生本身。二是可以有效避免在道德教育课程与其他学科结合过程中必然形成的特定教学内容和分级体系的继承延续，这种继承不利于建立道德教育必需的坦率真实的课堂气氛，也不利于道德教育“非灌输”和“无绝对

① ［美］霍尔、戴维斯：《道德教育的理论与实践》，陆有铨、魏贤超译，浙江教育出版社 2003 年第 1 版，第 189 页。

正确和错误答案”的道德教育原则真正得以贯彻实施。环境教育学者威尔什倾向于建立单一学科的环境教育课程，单独课程的设置为环境伦理教育创造了必要的保障条件，能够系统性实现现行学科无法替代的综合教育效果，“渗透于现行学科之中进行环境教育，容易使之消失于这些学科之中，实现不了环境教育的目的和目标”①。

环境伦理教育的跨学科课程模式在整合过程中要将教育内容合理划分为适应不同年龄阶段学生环境认知能力的明确主题或活动单元，比如针对尊重生物、保护土壤和森林植被、节约能源、保护生物多样性、关注大气、水和自然资源保护、生态系统平衡、污染物防治、可持续发展等教育主题，注重发掘与历史、地理、自然、科学、数学和语言文学等不同学科的契合度，在教学中增强学生对环境问题有一个整体的框架把握，“掌握调查、分析环境问题，提出解决办法所需要的知识和技能，并在分析问题的过程中澄清自己的价值观”②。

当然，环境伦理教育课程跨学科模式也存在一定的缺陷，主要在于独立的课程设置需要专门师资配备、专门授课课时安排和专门课程体系设计，需要投入较多人力、财力，会增加师资培训难度和学习者的课业负担，不利于充分利用多学科优势全方位渗透环境教育理念，在我国现行教育体制下，在全年级大范围地普遍实施存在可操作性争议。

3. 多学科和跨学科的模式互补

课程设置是教育实施过程中必须妥善解决的重要问题，也是教育目标顺利实现的有效载体。目前，尽管多学科渗透性课程模式因为拥有便于契合环境知识和技能鲜明的跨学科特性，在环境知识和技能教育中占据着主流地位，但是无形之中各学科之间的协调难度加大，难以有效激发学生的环境意识和培养正确牢固的环境态度和价值观，综合评价的难度也相应加大，因为各学科教学活动琐碎的片段化倾向，培养受教育者综合环境素质的目标难以准确把握。因而，环境伦理教育在多学科模式和跨学科模式的选择上要取长补短，努力超越多学科或者单一学科模式本身所固有的教育局限性，全面结合不同地区和各级各类学校的具体教育需求，综合考虑环境伦理教育在不同年龄段的教育目标、不同受教育程度和认知水平、不同师资建设水平和专门教育技能、不同的教育实施保障条件。要针对当前环境伦理道德普遍存在一定缺失的现实情况，适当采用取长补短、模式互补、结合并存、灵活机动的相互借鉴方法，注重加强各种具有不同地方特色和学校特点的环境伦理教学实践经验探索，在小学和初中阶段适当侧重于实施多学科模式的环境伦理教育课程，随着年龄增长，环境伦理观念逐步增强，综合知识结构体系也日益完善，抽象思维能力逐步丰富，道德理解能力和价值认同感也不断增强，在高中阶段和高等教

① 祝怀新、林道辉：《环境教育的理论与实践》，中国环境科学出版社 2005 年 7 月第 1 版，第 57 页。

② 祝怀新、林道辉：《环境教育的理论与实践》，中国环境科学出版社 2005 年 7 月第 1 版，第 171 页。

育阶段开始逐渐实行以跨学科独立课程设置为主、多学科渗透教育为辅的教育教学模式，通过多学科知识背景的相互启发和渗透影响，实现独立研究领域内的环境伦理教育在跨学科背景下更好地进化演变和提升超越。

（二）课堂讨论和案例教学

讨论或辩论是环境伦理教育摆脱两难困境的一种有效方法。真正能够在环境伦理教育过程中得到实质性发展，“就是经历了真正的道德冲突的挑战”①。通过采用对假设的道德两难问题进行课堂讨论，可以帮助学生解释当前阶段的不适当情形，“讨论将间接地帮助学生提高其道德思维的水平”②。在课堂讨论中恰当运用案例教学法，有利于培养独立思考环境问题的能力，提高对环境伦理知识学习的兴趣和信心，改善主动参与教学实践活动进行双向交流的积极性。通过引起人们普遍关注、真实存在的环境案例教学，有助于在教学过程中开展问题导向型的交互式教学模式实践探索，在积极引导学生讨论分析各类典型环境事件过程中，潜移默化地培养学生的环境伦理观。“案例所切入的问题能否引起学生的兴趣，使学生主动参与到案例的分析讨论中来，是影响案例教学效果的关键。”③案例教学过程学生能否主动有效参与其中至关重要，案例教学的成功开展，离不开环境伦理教育案例的成功甄别和课程案例库的有效建立。

通过课堂讨论和案例教学等形式进行环境伦理教育教学，教师的引导式和启发式参与有助于激发学生的深入思考和探究思维。在环境伦理问题和案例设计时要充分考虑以下要素：一是可行性因素。通过主动学习，学生能够理解所设计的案例与问题，能够较好地收集整体解决问题所需要的基础材料。二是可利用价值因素。能够帮助学生进一步丰富环境科学知识和理论素养，提高伦理教育学习标准。三是生活背景因素。设计案例能够定位于普遍存在、辨识度高、触动性强的真实情景，最终因为贴近生活、受众面广而产生有较大意义的教育结果。四是主动性因素。应当考虑到学生的学习需求和求知兴奋点，尽可能紧密围绕学生认为重要和感兴趣的环境问题。五是合乎伦理性因素。案例设计的初衷是成功再现环境危害和生态破坏可能引起的严重后果和伦理反思，决不能在学习过程中加大对生物安全的伤害威胁或者对环境造成二次破坏。六是可持续性因素。选取案例需要锻炼学生的问题解决能力，花费一定的时间与精力来完成场景布置或案例陈述，有利于课堂教学与课外实践的有机结合。

“有效提问”方式有助于启发学生进行积极思维，是教师在合作学习和互动交流中一种行之有效的教学方法，为了正确实施“有效提问”，需注意：(1) 教师首先

① ［美］柯尔伯格：《道德教育的哲学》，魏贤超、柯森等译，浙江教育出版社 2000 年第 1 版，第 80 页。

② ［美］霍尔、戴维斯：《道德教育的理论与实践》，陆有铨、魏贤超译，浙江教育出版社 2003 年第 1 版，第 42 页。

③ 彭越等：《民族高等院校非环境专业大学生的环境教育探索》，载《环境教育》，2011 年第 135 期，第 66 页。

要围绕研讨可能涉及的环境伦理问题，提前做好信息收集和问题设计，尽可能提出一些灵活多样、能激发学生兴趣和发散思维的问题。（2）问题提出后要给学生留有足够的时间来思考和讨论，时间长短要根据问题的难易程度、课堂教学总体时间安排、学生的环境知识背景和道德推理能力恰当地灵活掌握。（3）教师要鼓励学生针对问题进行积极思考和讨论交流，充分进行分享和争辩。（4）要鼓励学生积极参与问题回答，必要时可以采取追问的方式进行深入探究式提问，启发学生进行更进一步的探讨。（5）针对学生基于不同价值判断作出的不同回答，教师不宜过早评判和急于总结，要善于引导学生相互之间进行更充分的辩论和后续问题的延伸。（6）课堂讨论结束后，教师可以对提出问题进行适当的总结和提示，总结和提示不宜对问题的结论轻易做出对与错的定性判断，而要侧重于对支撑问题答案的不同论据和信息进行梳理，在保护学生自尊和平等沟通的前提下争取达成共识。（7）对存在较大争议性和需要做出两难抉择的问题，教师应该鼓励学生积极进行调查研究，引导学生课后进一步探究问题实质，拓宽视野范围去主动接受实践检验。

复杂环境问题大多富有争议，环境问题涉及的伦理抉择通常不会存在绝对统一的正确或错误结论，环境决策相应也存在两难抉择，不同决策的正面效应和负面效应交错并存。比特利对运用伦理道德观念解决环境问题遇到的困难进行深入剖析，他认为在解决具体环境冲突时，很难指望从伦理学角度找到具体的操作规范，更恰当的做法是“塑造一种伦理倾向，使伦理对环境决策产生方向性影响”①。爱因斯坦曾说过，想象力比知识更重要。在环境伦理教育的课堂教学和案例分析过程中，通过讨论或辩论，可以创造一种促使学生关心当代环境伦理问题的恰当氛围，有助于培养学生正确认识和理解影响环境问题解决的各个主要和次要伦理因素，甄别各种可能存在的正面和负面影响，增强批判性思维和交流沟通能力，这种价值评判水平的发展，可以引导学生通过积极的努力，阐明自己的道德判断意向，全面权衡影响环境伦理决策的矛盾焦点，找到妥善解决道德冲突的价值衡量标准及行为方式。

（三）加强实践教学，拓展第二课堂

实践是认识的基础，实践有利于认识的改善提高。课堂教学是实践教学的理论基础，实践教学是课堂教学的拓展延伸，两者相辅相成、相互促进。针对西方传统哲学习惯性地将自然界理解成与人的实践活动相分离的独立存在物，马克思强调要通过人类实践活动这一媒介，将现实的自然界真实呈现出来，离开人类实践活动，被抽象和孤立的自然界是无法正确认识的。环境伦理实践教学与理论教学相比，具有直观性、综合性和创新性的特点，是有效实施环境伦理教育的重要手段。

---

① ［美］伦纳德·奥托兰诺：《环境管理与影响评价》，郭怀成、梅凤乔译，化学工业出版社 2004 年 1 月第 1 版，第 39 页。

“环境知识变为环境意识需要一个转化过程，这个过程就是实践，实践才使人的主客观达到统一。”①环境意识的形成依赖实践，只有在实践中才能真实表现出来。实践教学法对于提高学生对自然资源和环境问题的伦理认识、培养学生的环境实践动手能力和增强创新思维具有重要指导意义，只有在真实环境活动中亲身体验，才能促进良好环境意识和自觉行为转化，环境伦理教育才可能真正实现教育目标，更有助于引导学生树立对环境问题的忧患意识、主动参与意识和是非价值判断，培养学生利用环境伦理知识正确认识和解决环境问题的主动性，帮助学生在实践锻炼中主动掌握改善和优化环境质量的伦理规范与技能技巧。

亚里士多德提倡将伦理学视为关于实践教学的科学，实践探究或实地学习被认为是一种最基本且颇具实效的伦理教育手段，为了使自己的行为能够达到正义的道德层面，人们应该在实践中努力要求自己“像正义的人”那样去做。帕尔默认为在环境伦理教育实践过程中，“实地探究为研究环境问题提供了最为有效的方法”②。皮亚杰的认知心理学理论强调主客体在实践过程中具有相互促进作用，为了调动学生主体积极性，需要加强主客体相互作用，通过知识建构促进心理发展成熟。德国环境教育协会和教师培训中心的霍尔曼教授经过研究发现，更多的知识传授并不一定意味着行为能真正改变，环境教育最有效方法是参与实际行动。迪奥斯博士主张环境学习是教育研究中最具革新的教育形式，通过培养理解能力和批判意识引向对环境的关爱。欧洲众多国家的环境教育组织纷纷发起“校园栖息地”活动，鼓励学生在“在景观中学习”。美国广泛实施“个人户外成长组织”项目，通过学生在真实自然界中学习体验获取成长经验和环境认知，提高参与教学的兴趣，形成环境价值观评判标准，更有助于环境伦理教育有效实施，“户外教学法”已经成为美国中小学实施环境伦理教育普遍采用的重要教学方法，美国国家教育协会曾明确强调，户外教育等实践教学能够更充分帮助学生了解环境与人之间的相互关系。苏黎世欧洲环境保护教育会议提倡实施积极主动的教育策略，“环境教育的教学方法应该要求孩子参加野外活动，作第一手的调查和参与问题的开放式辩论”③。

在辩论、讨论和探讨实际解决方案时，教师的角色扮演是组织者和协调者，不是领导者和支配者，要时刻注意保持“中立”，恰当关注学生的主体意识，把每个学生视为具有独立人格的人，创建宽松融洽的心理引导氛围，尝试与学生建立真诚、信任、理解、合作的互动关系，引导学生积极参与主题活动、参观考察、调查访问和

① 林培英等：《环境问题案例教程》，中国环境科学出版社2002年9月第1版，第21页。

② J. A. Palmer and P. Neal. The Handbook of Environmental Education. P33. Routledge. London, 1994. 转引自祝怀新：《英国基础教育》，广东教育出版社2003年2月第1版，第184页。

③ International Union for Conservation of Nature and Natural Resources, Final Report, European Working Conference on Environmental Conservation Education, Supplementary Paper, No. 34, Switzerland 1972(IUCN), P6.

社会实践活动。环境伦理教育相关研究表明,最有效学习一定程度上发生在课堂之外。世界自然基金会研究发现,“学校的隐性课程同显性课程一样具有影响力”①,隐性课程虽然并不是通过正式教学计划进行,但是学校和班级环境氛围营造、教师的环境素养、校园环境美化、校园文化建设成果、师生良好互动关系、教学方式方法创新等隐性教育因素,都可以潜移默化影响学生的环境情感、信念、意志、价值观,以及获取知识的内生动力。英国教育与科学部(DES)曾在学校调查时发现,超过80%的学校认为田野研究“重要或非常重要”。注重户外阅历有助于强化对环境问题的认知,直接影响人们对自然世界的态度,与大自然疏远会产生与自然环境的分离感,导致对环境丧失兴趣,降低对环境问题的敏感性和责任感。野外实习和观察可以有效提高学生对知识、技能和伦理概念的理解,学生通过野外实习经历,可以亲身体会和获得关于环境问题的第一手资料,增强对环境的兴趣和鉴赏能力,形成积极的环境态度,将注意力集中到对特定环境要素的理解掌握上,最大限度实现学习目标。

学校组织的各种环境伦理教育课外活动是学校广义课程的重要组成部分,是课堂知识学习拓展与课外实践经验结合的有效载体,这种体验式学习有利于调动受众的主体作用,激发公众主动参与和内在学习的兴趣,培育良好的环保主体意识,课堂内外两种教育形式相辅相成、密切配合、寓教于乐,在时间上更充裕,在空间上更广阔,在内容上更丰富,在方法上更灵活,在实践上更丰富,能够起到课堂教学难以企及的良好教育效果。“体验式教育以学习者为中心……给公众提供了一个自我探索的平台”②,公众能够亲身体验实际生活中严重的环境污染现状,由被动参与转向主动参与的生态公民。

强化环境伦理教育的正外部性作用,能够有效促使外在环境知识经验与内在环境保护意识相互转化,在实质性环境情境感染下,将内化的环境知识和经验通过环境认知和价值观指导,以实践的形式转化为实际行动,这种环境认知和体验相互转化、强化和固化,最终促成自觉的环境保护意识和可持续的环保行为习惯。

杜维明在东西方伦理学的比较研究中得出结论,“德性伦理与习惯一样,要经过一个内化的过程,才能成为生命的一部分”③。研究环境伦理德性的获得,必须深入了解环境伦理德行的内化过程,依赖环境实践活动进行客观检验。环境伦理教育不能只偏重于言辞忽略实践,教育和言行必须协调一致,否则社会将出现偏离价值衡量客观标准的道德危机。“环境教育的目的是提高学生的环境意识,培养学

① [英]John Huckle, Stephen Sterling:《可持续发展教育》,王民等译,中国轻工业出版社2002年2月第1版,第75页。

② 许星伟、苏彤:《环境宣教新探:体验式教育的新途径》,载《环境教育》,2012年5月总第143期,第56页。

③ 杜维明:《21世纪儒学面临的五大挑战》,载《新华文摘》,2012年第5期,第36页。

生正确的环境态度价值观……只有实践才能使主客观达到统一。”①环境伦理教育更多关注说理与示范的辩证统一，努力实现从“行仁义”到“由仁义行”的道德实践转化，“道德不能仅仅依靠说教，道德实践在某种意义上更多地需要通过示范来引导”②。道德教育理论教学与实践教学的有机衔接对于人生观和价值观改造具有重要意义，杜威将文化价值、知识价值和训练价值进行过比较，认为这三种价值必须有机结合，才能充分发挥通过实践提升道德品质的教育功能。

环境伦理教育本身就是环保实践活动的产物，具有鲜明的实践向度。环境伦理教育关注点应该放在积极参与环境实践活动上，通过“从知识到态度再到行动”的转化模式，构建新型环境认知结构和环境伦理情感体验。前苏联心理学家列昂捷夫倡导将活动的概念引入心理学领域，环境伦理教育过程也需要实践参与和活动体验，“学生的经验是他所以成为教育活动主体的社会学基础，也是学生发展的内在生长点，教育赖以进行的支撑点、交接点”③。在环境伦理实践过程中，要积极鼓励加大环境伦理教育氛围的培育力度，充分利用中小学教学大纲设立综合实践课和研究性学习课，积极拓展环境伦理教育的空间、时效和实践内容，增强积极参与环境保护的实践能力和创新精神，在“教育以人为本”、“教育回归生活”的教育观念更新转变中，积极凸显“人自由且全面发展”的教育目标。

《中小学环境教育专题教育大纲》建议将课堂教学和实践活动的课时安排比例设定为 3∶1，目的就是通过自主探究学习，结合学生的身心发育特点，灵活选择切合实际和实践需求的教学途径和学习方式。为了增强环境伦理实践时效性和可操作性，需要注意的重点环节：一是选择主题实践活动时，教师要积极引导学生结合自己感兴趣的、易获得的、本土化或社会反响强烈的环境问题，对环境问题备选方案进行讨论、交流、分析、归类、筛选和提升，确定恰当的活动主题。二是活动主题确定后，需要对具体的活动方案进行设计，明确主题活动的设计背景、活动参与者的范围、活动时间、地点、活动过程、组织形式、实施建议、应急预案和评价体系等活动要素。三是主题活动结束后及时进行成果展示和经验总结，在总结阶段教师的重要任务是指导学生客观分析活动的成功经验和改进方案，营造宽松、和谐、富有建设性的研讨氛围，保护学生参与环保的积极性，引发学生对环保主题实践活动的真实思考和感悟，鼓励学生在自我反思、相互评价和独特体验中增进保护环境的社会责任感。

环境伦理教育要充分发挥第二课堂的教育作用，主要是根据学生现有的知识结构和专业背景，以学生的环境伦理意识培养为中心，积极探索环境伦理教育的本土化研究。“在以生态为核心的价值观深入人们的日常行为之前，重要的是了解当地的文化……行为的改变，会改变人们的核心价值观……教育必须重视行为和核

---

① 陈晓侠：《以农为本，开展农村环境教育》，载《环境教育》，2012 年 1 月总第 139 期，第 74 页。

② 杨国荣：《教育的使命》，载《新华文摘》，2011 年第 24 期，第 111 页。

③ 王道俊：《把活动概念引入教育学》，载《新华文摘》，2012 年第 19 期，第 123 页。

心价值观两个方面。它强调未来的安全，必须把它看做是减轻社区问题的一个过程。这意味着教育必须从本地人中发起：他们的价值观、他们的希望和信仰。这样的教育必须是真实的而且是主动的。”①环境伦理教育要有针对性地围绕具有地方特色、体现本地元素、可实地获得的环境问题体验机会，通过在课外时间组织参加与环境保护和环境文化建设相关的课外互动体验活动，不断创新地开展环境伦理教育实践内容和方式方法革新，开展形式多样的环境伦理教育实践活动。“课外学习活动的主要场所有校园、社区、自然环境、环境教育基地等，在活动过程中要抓好讲、观、录、问、思、写、展7个环节，并注意相互之间的协调。”②支配学生个体自觉调节环境行为习惯的主要力量来自环境价值观和道德观，课外学习活动在巩固课堂知识的同时，通过踊跃参加环境污染源调查、校外环境状况实践调查、环境宣教联盟组建、清洁生产或污染治理先进企事业单位考察、环境保护宣传咨询活动、环保社会实践课程、生态环境考察、环保夏令营体验、绿地认养、绿色学校创建活动，积极组织在“2·2国际湿地日”、“3·12植树节”、“3·22世界水日”、“4·22世界地球日”、“6·5世界环境日”、“6·17世界防治荒漠化和干旱日”、“9·16国际保护臭氧层日”、“12·29国际生物多样性日”等特殊环境保护纪念日，利用宣传平台开展形式多样的大型环保志愿活动、主题教育活动、环境科普知识讲座、生态环境主题黑板报、环保标语、宣传画、摄影竞赛和环境文化橱窗展示、校园广播媒体宣传、环保主题文艺晚会、绿色消费和低碳经济知识竞赛、废旧物品和垃圾分类回收利用成果展览、环保手工艺作品展示、绿色学校内涵宣讲报告、环境伦理教育优秀论文评选、课件评比、授课技巧竞赛、环境保护主题演讲比赛、环保创意发明竞赛、环境伦理观念大讨论，主动参与节水节电、关爱大自然、环境文明创建活动等丰富多彩、喜闻乐见的环保实践行动，争当环保志愿者和宣传者，直接接触、认识、探索大自然和环境污染与资源破坏问题，其亲身经历能够深刻影响学生的环境情感，有效开阔环境伦理视野，培养少年儿童的观察能力、语言表达能力、写作能力以及关注身边环境，获取、筛选和处理环保信息的能力，促使学生在观察、记录、分析、展示、讨论、倾听、交流和感悟等实地探究过程中，深化对环境保护知识宣传教育的感性和理性认识，形成正确的环境价值观和伦理意识，提高对环境问题的研究分析能力、团队合作精神和环境责任感，尽快养成关心环境、自觉保护环境、主动参与环境伦理教育事业的理想信念和价值观念。

各级各类绿色创建示范建设基地、环境伦理教育实践基地、示范中心能有效扩大环境伦理教育的受众范围，提高走近自然、感悟生活、关爱健康、珍惜生命的教育实效，帮助学生亲身体验环境污染和生态破坏带来的严重后果，切实感受到环境保护对改善人类生存环境的重要意义，增强环境保护的责任感和紧迫感，最终形成陶

---

① [英]John Huckle, Stephen Sterling:《可持续发展教育》，王民等译，中国轻工业出版社2002年2月第1版，第169页。

② 汪建红、王芝平:《初中环境素质教育》，中国环境科学出版社2003年9月第1版，第114页。

冶情操、促进环境道德养成、积极参与环境保护行动的环境伦理价值观。加强实践教学、拓展第二课堂应当主要依靠政府教育和环保主管部门的大力支持和积极运作，这些教育基地的科学设置和规范化管理，能够提供可靠且有序的教育资源，有效避免教师和学校为寻找环境伦理教育第二课堂教学需要的适宜场地所面临的种种困难；能够具有较强的针对性和示范性，合理消除教育资源的零散性和紧缺性缺憾；也能够得到必需的条件保障、维护管理与资金支持，提高户外教育资源的可利用率与综合效益。我国已经有许多地方合理利用科技馆、博物馆、文化馆、档案馆、动植物园、自然保护区、风景名胜区、具有环保示范作用的各类企事业单位和绿色社区、高校科研院所实验室和教学科研孵化器，成功创建了众多的形式多样、富有成效的环境教育实践基地，环境教育实践基地的创建不仅改善了外在的自然环境，丰富了环境教育的内涵，并且开辟了有效开展环境伦理教育的新途径，把环境科学知识普及与环境教育实践、环境保护意识培养与素质教育拓展巧妙地融合为一体，成为提高全民生态文明意识和推动公众参与环保实践的有效载体。以广西为例，“据不完全统计，广西绿色环保教育基地每年接待访客量达 300 万人次，其中青少年学生占 55%左右，环境教育基地逐渐成为广大青少年接受课外环境教育的主要阵地。”①再比如，安徽马鞍山市环境教育实践基地，就是总投资 2 000 万元建成的“一所集爱国主义教育、环境教育、科普教育、国防教育、社会实践教育、法制教育为一体的多功能综合性素质教育基地”②。全市 30 岁以下的年轻人都在这个环境教育基地接受过培训，全市初中二年级的学生在学校统一安排下都在这里接受为期七天的教育培训，这种实地考察的环境教育方式比单纯的学校环境教育形式更加直观、生动，更能激发年轻一代保护环境的主动意识和参与意识。为了更好地发挥环境教育基地的教育效果，马鞍山环保局和教育局还专门签订《马鞍山市青少年环境教育实践基地环境教育工作协议》，进一步强化多部门合作开展环境教育的工作机制，广大学生在积极参加环保实践活动中增加了环保知识，树立了正确的环境伦理道德观、价值观和绿色生活理念，逐步将环保道德意识主动转化为节约资源能源、自觉保护环境的良好行为习惯。

为了更好地贯彻落实《全国环境宣传教育行动纲要(2011—2015 年)》，进一步规范中小学环境教育社会实践基地的建设与管理，根据《环境保护部 教育部关于建立中小学环境教育社会实践基地的通知》，环保部和教育部于 2013 年 8 月 9 日印发《全国中小学环境教育社会实践基地申报与管理办法(试行)》，以提高青少年环境素养、普及生态文明和可持续发展理念为根本目标，确立了 A(具有公众环境教育功能的博物馆、科技馆、文化馆、展览馆等)、B(自然保护区、城市公园、森林公

① 韦建华：《浅谈广西环境教育基地的主要做法与思考》，载《环境教育》2012 年 9 月总第 147 期，第 53 页。

② 周仕凭：《“钢城”为什么这样绿——安徽省马鞍山市环境教育巡礼》，载《环境教育》，2012 年 1 月第 139 期，第 27 页。

园、动植物园、湿地公园、风景名胜区等)、C(环境监测站、垃圾填埋场、污水处理厂、危险废物处理中心等)、D(具有环境教育功能的科研院所、企业、场矿、社区、农村环境综合治理示范点、有机食品生产基地等)四类实践基地的申报范围、申报条件、申报程序和具体管理要求,自 2014 年起逢双年申报一次,确保面向中小学生开展的环境教育体验和实践活动,能够得到充分体现环境友好理念的合格场所保障,并且不以营利为目的,配备专门的解说指导人员,每年接待中小学生进行环境教育体验和实践活动人数达到 2 万人次以上,教育活动内容需要合理结合当地的环境资源条件与特色。

(四)环境价值观澄清

对环境问题的正确认识和环境政策的科学制定,在很大程度上取决于人们对环境价值观的伦理认知。《剑桥哲学词典》对环境哲学的概念含义进行了系统研究,出于补救的目的,“促进重建新的伦理,这种新伦理要求认识到自然界的内在固有价值”①。我国环境伦理教育模式的最大弊病在于未能专注于“学思”,仅局限于“学答”,没有扎实做好“以人为本、以环境为本”的价值观教育。钱学森先生“为什么我们的学校总是培养不出杰出人才”的诘问振聋发聩、发人深省,环境伦理教育同样需要冷静思索并积极求解“钱学森之问”,环境伦理教育改革是一个复杂的系统工程,涉及价值观念、教育体制、社会环境、文化传统、劳动人事制度等多方面因素影响,教育体制改革要更多地关注人的活动及价值取向,在实践层面上更好地呈现出自身独特的文化底蕴和行动方式。

正确认识环境的内在价值观,有利于人们运用批判性思维寻求环境问题的解决方案,资源节约型和环境友好型“两型社会”建设,本质上是对自然生态内在意义和固有价值的肯定性实践,对资源和环境的“伦理责任”凸显了对地球生态系统的道德关怀,彰显了自然价值“善”的本真。人类进行价值判断的过程就是一个求善求美的认识过程,环境伦理价值判断实质上就是基于人这一“主体尺度”对生态自然的不同认识标准,对各种环境伦理观念和价值倾向所作出的客观评判和内在取舍。当今社会价值观教育边缘化的倾向应当引起人们高度重视,“人类更好的生存与发展的环境基础在于自然价值的增值”,②要避免在创造社会价值的时候严重低估自然价值存在的合法性基础。

环境伦理教育应当努力回归到应有的基本定位上来,环境伦理教育的重要手段和方式方法是帮助学生在各类环境教育课程教学范围中系统接受环境伦理和价值澄清教育。帮助学生建立正确的环境伦理观和价值观是环境教育的重要目标,帮助学生学会思考环境问题产生的根源、掌握批判性思维和创造性思维、实现从批判性思维向实践性环境伦理探究的转变,是环境伦理教育的重要环节。罗伯特·

---

① 代讯:《审美态度的恰当性:中国当代美学的自然美》,载《新华文摘》,2011 年第 22 期,第 98 页。

② 黄志斌、刘晓峰:《两型社会建设与自然生态的内在意义与价值》,载《新华文摘》,2011 年第 20 期,第 162 页。

恩尼斯在《哈佛教育评论》发表《什么是批判性思维》，对教育人们学会运用批判性思维"对陈述作出正确的评价"进行了系统分析。美国维思里安大学校长迈克尔·S.罗斯进一步提出，如果没有移情的能力和深入本质的理解力，批判性思维将会枯燥无味。为了教育学生正确掌握批判性思维技巧，教育者要有意识引导学生发展批判性思维，从规范的探索者角度展示探索的目标、行为规范和文化价值观。社会学家罗勃特·赫钦斯建议理想社会应该将学习视为整个人生的过程，"开发每一个人的潜能，不仅是普遍提高社会道德水平的必经之路，甚至是一个文明盛衰的关键"①。要积极营造一个所有的成员得以充分发展个人潜能的学习环境，通过不断学习创新促进创造性思维培养和价值观更新。

环境教育是实现环境保护目标、证明环境价值和澄清概念、理解人与自然、社会和文化之间相互联结的一个重要教育过程。许多教育工作者都认为应该帮助学生建立完整的价值体系，有效途径就是时刻注重在整个教育阶段使用价值澄清法。哈什曼曾指出，在环境教育中运用价值澄清法、价值分析法和道德发展阶段法，可能会取得良好的效果。路易斯·拉斯在《价值观和教学》中将价值澄清过程分为三个主要步骤，每个步骤都对应着如何引导学生深入思考。根据拉斯和西蒙及其他价值澄清学派学者的观点，教师的主要任务就是帮助学生及早澄清价值的性质和结果。

价值澄清法强调培养高度自尊、自信和整合型的学生，对儿童实际拥有的价值观和价值判断能力表达了充分乐观的态度，认定学生对自己的价值有更清楚的认识，对自己价值的适切性抱有很大的信心，强调学生要进行系统研究来实现价值观改善，要充分意识到不管是成人还是儿童，都会在价值观上犯错误，都需要进行价值观改造，需要系统学习影响价值观形成的各方面因素。教师要通过价值澄清的方法，教育学生端正态度，提高认识，善于评判价值真伪和道德善恶，勇于挑战自我，纠正价值偏差，提高自尊心和价值改善意愿，在道德教育过程中发展运用推理技能的能力，完善解决问题必需的价值体系和行为动机。受教育个体要完整形成价值观体系，可能涉及认知规律和以道德推理为中心的各类活动形式，教育工作者作为一个积极推动者，要通过"聆听和发问"帮助学生深刻领会自己的情感体会和价值倾向。

贝尔建议环境教育工作者运用价值澄清法进行教学时，必须全面了解专家们对这种教学方法利弊的看法，清醒地认识到价值澄清法主要目的是帮助学生对个人信仰做出选择，依据收集到的信息和价值判断标准，主动评价个人信仰的优缺点和可能产生的行为结果，在包容和理解其他不同价值信仰的基础上，对基于个人信仰作出的决定感到舒适满意并积极采取行动。自 20 世纪 80 年代末开始，包括美国在内的西方国家开始反思单纯强调价值中立的价值澄清思维，提倡核心价值观

① 韦政通：《伦理思想的突破》，中国人民大学出版社 2010 年 2 月第 1 版，第 147 页。

的正面引导意义，希望通过品格教育、素质提高、国民教育和价值规范的重新确立，恢复道德教育多元化价值取向的主流凝聚力和社会“共意”。

人类社会面临着纷繁复杂的环境问题，涉及个人和社会的环境价值观和环境伦理态度。环境价值观不可能僵化地严格界定最佳的讲授时间和明确的讲授方式，环境伦理教育并不适合通过机械教授环境价值观而真正实现道德成长。相关研究已经证实，仅仅依靠环境知识的课程学习不能必然实现提高环境质量的教育目标，“通过将环境态度的内容融入教学，环境教育者能帮助学生更好地了解他们自己，并帮助他们的道德成长”①。实施环境伦理教育需要时刻关注环境价值观的渗透，在各类环境知识传授和环境教育课程设计探索阶段，面对具有争议性的环境问题和两难的环境伦理抉择，教师的个人价值观和伦理信仰会通过日常谈吐举止、课堂讲授方式、带有倾向性和个人偏好的角色扮演以及各种有意无意的行为习惯表露出来，产生强烈的心理暗示和示范效应，“引导学生对自己或他人关注的环境问题进行持久而深入地思考，还有助于学生对环境问题的兴趣和求知欲望，同时还能有效地使学生认同正确的环境价值取向”②。从而对学生的行为习惯和道德成长产生直接影响，成为学生道德规范养成的学习榜样和模仿对象。此外，父母、亲属、同学、朋友、社区和社会环境也会成为个体价值观和行为习惯养成的重要影响因素。

环境伦理教育要克服实证主义的量化倾向，向注重人文主义的解释理论和社会批判理论发展，在教育研究过程中要对环境伦理知识进行描述性分析，积极展开环境现状的理性批判，通过对个体环境情感认知的诠释，深入反思环境问题产生的深层社会根源。韦政通认为“人类教育最大的缺失之一，是不能有效地教人具有对各种信念批判的能力”③，现实社会中环境价值观和环境意识信仰存在分歧，价值冲突和情感困惑在现实社会不同程度地存在，人们要生存，要获得对食物、土地、水、清洁空气、房屋和能源等各类物品的实际需求，如果不能有效调节个人需求与环境保护之间的动态平衡，人的需求就会危害到环境质量和整个地球生态系统，不同国情、宗教信仰、公民权利、生活习惯和种族观念也会对环境价值观产生不同的甚至截然相反的理解认识，在社会化进程中伴随着理性能力提升、知识普及和社会互动影响增加，基本环境伦理道德理念必然受到来自个体意志、个性选择、文化多元和利益冲动的明显干扰。“避免多元价值观体系下道德虚无主义的重要方式就是为社会成员提供在价值观上可以共商的基础，这就可以扩大和保证社会成员的公共参与范围和程度。”④后现代主义提倡对技术理性进行反思和批判，强调思想

---

① 黄宇、田青、郭玉峰：《学校中的环境教育——计划与实施》，化学工业出版社 2003 年版，第 44-45 页。

② 朱长林、楼振华、沈爱忠：《小学环境素质教育》，中国环境科学出版社 2003 年 2 月第 1 版，第 27 页。

③ 韦政通：《伦理思想的突破》，中国人民大学出版社 2010 年 2 月第 1 版，第 59 页。

④ 李萍：《社会管理的伦理审视初探》，载《新华文摘》，2012 年第 13 期，第 42 页。

解放、价值共存、主体自由，要提供理论范式和思维方式进行人与自然、人与社会的关系重构，避免陷入价值解构和祛魅化倾向，导致历史虚无主义和价值观“碎片化”，最终在价值多元主义或价值中立思潮引导下，出现价值信仰的无序冲突、功利化和非理性化，“价值共识以及社会凝聚力被瓦解，漠视责任和极端个人主义泛滥，引发了社会价值的模糊和行为选择的失范”①。价值观澄清要凸显历史文化特色、民族传统继承、审美精神弘扬和人文理想追求，一味强调绝对的“价值中立”，逃避价值立场甄别，不利于从根本上解决多元化价值冲突，不利于构建具有确定性主导意义的价值标准体系。

环境伦理教育工作者在设计教育课程时，首先需要了解学生的伦理认知水平和环境伦理相关知识背景，在确定教学目标之前要注重区分不同学生在学习能力发展上的层次等级，在低年级和基础教育阶段强调环境问题的感性认识和环境伦理的体验式教学，随着年龄增长、伦理认知能力提高和环境知识积累，循序渐进增加环境伦理规范的案例教学。在环境伦理教育中运用价值澄清法和奖惩教育法，可以鼓励人们独立思考和甄别行动，通过对环境伦理行为进行比较、分析和综合评价，鼓励学生进行自我审视，学习如何养成正确的判断标准和衡量条件，帮助学生参加各种能够真实表达情感和信仰的活动方式，提高批判性思维能力，寻求达到更高的道德推理水平，增强学生对环境问题的伦理认知能力，改善学生对复杂环境问题的伦理鉴别力，对各自的道德信仰作出评价、选择和取舍，有效解决内心冲突和道德困惑，养成自觉的环境行为习惯，坚定捍卫合乎社会规范的环境道德行为。

中国特色生态文明建设在理念和实践上具有鲜明特征，加快中国特色生态文明建设贵在创新、重在建设、旨在教育。一是要在价值观念上，以平等态度和充分的人文关怀关注和尊重生态环境，使经济社会发展与资源环境相协调。二是在目标追求上，注重增进人民群众的经济福利和环境权益，促进社会和谐可持续。三是在实现途径上，探索资源节约与环境保护并重的新道路，积极倡导自觉自律的绿色生产生活方式，着力构建节约资源能源和保护生态环境的产业结构、增长方式、消费模式，在长期建设进程中全面推动经济社会绿色繁荣。

四、环境伦理教育要充分发挥新闻媒体的宣传教育功能

《全国环境宣传教育行动纲要(2011—2015 年)》强调要加强舆论引导，增强环境新闻报道的吸引力、感召力和影响力，要充分利用媒体资源，牢牢把握话语权，为推进环境保护事业营造良好氛围。自 2015 年 1 月 1 日实行的新《环境保护法》第九条明确要求对环境违法行动进行舆论监督，新闻媒体要大力开展环境保护法律法规和环境保护知识的宣传引导，注重发挥新闻媒体的舆论导向作用，借助全覆盖

① 葛晨虹:《后现代主义思潮及对社会价值观的影响》，载《新华文摘》，2013 年第 19 期，第 42 页。

的远程终端网络体系，扩大环境信息的公开化程度，提高环境信息披露的透明度，增强环境忧患意识。

新闻媒体是环保理念和环境伦理意识的重要宣传和传播载体，新闻舆论监督是公众积极参与环保事业、弘扬环保意识的重要形式。环境新闻报道和影视作品具有广泛性、及时性、空间无限性、大众性、权威性、冲突性和复杂性等特点，新闻媒体通过对环境状况公报、各类污染源排放检测数据、严重污染事故和生态环境破坏行为的公开报道，能够通过全新视角、典型案例、翔实数据、客观评价、直观感受、激烈冲突和震撼效果，进一步增强环境信息公开的透明度，帮助公众及时了解环境事件进展情况和政策制定依据，激发公众理性参与维护环境权益的积极性，通过舆论监督震慑力推动公众对环保问题的有效监督。

推动全社会牢固树立生态文明理念，必须充分发挥新闻媒体和文艺工作者的积极作用。现实社会环境污染和资源破坏现象未能有效控制，各级各类正规教育部门、非正规教育机构和新闻媒介等非正式教育资源要紧密配合共同发挥教育合力，环境新闻报道要充分认识“新闻传播是特殊生产力”，具有强大的社会示范效应和教育功能，深入研究新闻报道的动力机制、作用机理、实践途径、价值观引领和教育效果显现方式，在恪守客观真实的道德底线同时，提高环境问题的透明度、公众知情权和监督权，积极通过环境新闻报道有效推进环境问题的社会化认知、伦理教育、全员动员和社会回应机制建设，通过大众媒体环境新闻报道这一有效传播行为，充分发挥主流媒体的社会公信力和影响力，引导社会公众对蕴含其中的环境伦理理念和行为方式开展广泛的价值判断，普遍增强社会认同感、环保责任感和行动紧迫感。

新闻媒体广泛开展环境保护主题宣传教育和环境危机警示教育活动，一是有助于通过环境信息传播普及环保知识，培养受教育者的正确环境意识。二是有助于对生态环境系统的有机统一性、相互关联性、不可逆破坏性加深了解，理解人类生存发展的环境依赖性。三是有助于通过切身体验和直观感受，清醒地认识到人类目前面临的环境危机主要源于人类的非理性无序行为。四是有助于促使公众将自己的生存发展自觉地与生态环境的质量改善联系在一起，达到激发和推动公众积极投身环保事业的宣传教育目标。这些贴近现实生活、易于激发人们深刻反思的环境伦理宣传教育活动是一种普及性很强的教育形式，教育面广，说服力和感染力强，直观感受明显，时间、地点、规模和形式灵活机动，传媒手段也相当丰富，能够起到广泛深入、行之有效的舆论引导和教育效果，能够在更广范围、更多领域、更短时间内促使人们达成全民性环境保护共识，为自觉避免环境危害产生的不利影响而迅速行动起来。

浙江省环保厅在全国率先推出环保科普读物《城市居民环保知识读本》手机应用和电子书客户端，通过电子载体和媒介吸引更多公众关注环保，成为环境宣传教育工作的有益尝试。2013 年 9 月 6 日《生态文明启示录》在长春开机，这部 12 集环保电视纪录片以“大背景、小故事”的独特视角，客观反映我国的环境变迁历史、环境污染成因、环境治理现状，向人们形象地揭示出保护生态环境、实现绿色崛起关键在于生态文明建设。2015 年 2 月底知名记者、主持人柴静以调查记者的独特视角和环保良知，推出了耗时近一年时间、个人自筹资金近 100 万元制作完成、时长 103 分钟 55 秒的社会公益环保宣传教育视频力作《穹顶之下》，这部具有浓郁纪录片风格的调查视频，完整展示了柴静作为一名新时代新闻工作者，恪守职业道德和人文关怀、敢于直面大气污染现实问题、倾力探寻雾霾产生根源、凸显环保使命感的心路历程，“空气里充满了金钱的味道”一语警醒世人，如何科学、理性看待 GDP 增长和经济发展，广泛引发了公众对自觉参与环境保护事业的多维思考与心灵共鸣。

美国和英国等国家的新闻媒介环境宣传报道积极有效，作为成功提高公众环境意识的经验借鉴，值得我国在加强环境伦理教育过程中认真学习总结。伴随着“教育的普及和大众媒体的发展，特别是 20 世纪 50 年代电视的引入，人们对环境的积极性开始增长”①。美国新闻媒体在宣传报道中激发和增强了公众的环境保护意识和参与意识，广泛引导广大青少年在学校开展有意义的环境伦理辩论活动，将对环境质量的关注转化成社会公众心目中具有广泛基础和重要地位的关键问题。John Howson 和 Adrian Cleasby 呼吁英国媒体要发挥批评性教育功能，同时强调具有批评性环保意识的观众，其媒体意识将对新闻媒体产生导向性推动作用，“随着可持续发展问题在媒体中的增加，逐渐地就能充分提高人们的可持续发展意识”②。借助于大众媒体和公众的批判性思维和系统性理解，真正促进公众环境意识的整体性变化和广泛性参与，实现了文化多元化融合和批判性环境保护意识的健康发展。

近年来我国陆续拍摄了《环境保护任重道远》、《中国生态问题警示录》、《中国西部生态环境警示录》、《自然传奇》、《大气层消失》、《青藏线》、《可可西里》、《话说长江》、《再说长江》、《森林之歌》、《水问》、《日本水俣病 50 年警示中国要重视环境保护，防止公害发生》、《日本建设循环型社会的成功实践值得中国借鉴》、《中国环保之路》、《为了地球的明天》、《拯救臭氧层》、《美国环保之窗》、《日本环保之窗》等电视片、纪录片、专题片、内参片，以及《气候变化》、《节能减排》、《生物多样性保护》、《绿色奥运》等环保题材公益广告片，通过表彰“绿色学校”、“绿色社区”、“绿色家庭”创建活动、开辟专栏宣传报道“三河”(淮河、海河、辽河流域)、“三湖”(太湖、滇池和巢湖)、“两区”(酸雨控制区和二氧化硫污染控制区)、“一市”(北京市)、“一海”(渤海海域)污染防治达标治理行动、跟踪报道中华少年环境保护世纪行活动、

---

① 廖红、[美]克里斯·郎革：《美国环境管理的历史与发展》，中国环境科学出版社 2006 年 2 月第 1 版，第 125 页。

② [英]John Huckle，Stephen Sterling：《可持续发展教育》，王民等译，中国轻工业出版社 2002 年 2 月第 1 版，第 191 页。

《湘江母亲河——东方莱茵河之梦》、从入海口到源头的“黄河十年行”活动、“保护母亲河行动”并启动保护母亲河监护岗、举办中国环境保护宣传周、评选“绿色中国年度人物”、广泛开展环境问题警示教育、以世界环境日、世界地球日、国际生物多样性保护日、国际保护臭氧层日等特定纪念日为主题开展卓有成效的系列教育宣传活动，不断改进环境宣传教育的内容及形式，主动适应大数据时代媒体融合进行交互式传播的新要求，有效填补了覆盖面窄、辐射效应小、反馈不及时、信息共享程度低等不足之处，既注重采用报纸、电视、广播电台、书籍影音资料、“12369”环保举报热线等传统媒体中介，又广泛利用互联网、手机报、电子图书、慕课、微直播等新兴媒体传播渠道和优质数字教育资源系统，以及便于广泛参与、信息交流、意愿表达、有序互动、优势互补的微博、微信、电子邮件、QQ、移动 APP 应用等自媒体新平台，集知识性、趣味性、便捷性、警示性和教育性为一体，有效建立了环境新闻和公众舆情收集、研判和处置机制，加快建设多层次、多角度、全方位的综合报道和信息交流平台，进一步提高环境舆论的正确引导效能，保护公众参与环保事业的积极性。

全面实施全民环境宣传教育行动计划，需要在政府主导、市场激励、媒体引导、社会动员的环保宣教大格局下，尽快构建能够正确发挥舆情导向的宣教工作保障体系。各级环保主管部门和新闻媒体要切实做到：

一是充分认识生态文明建设的重要性、必要性和紧迫性，加快建立健全环境宣传教育工作目标责任制。环境宣教工作事关生态保护意识的培育，必须倡导履职尽责，高度重视环境宣传教育工作职责，将环境宣教工作真正纳入环境保护整体工作部署。

二是充分体现为民服务意识，弘扬满足社会诉求的舆论影响。建立环境新闻发言人制度，健全重大环境事件信息收集与发布制度，密切配合加强环境新闻发布工作，规范进行环境问题正面宣传，通过形式多样的新闻媒体和网络载体，主动回馈或披露社会关切度高的环保热点，完善公众参与机制，保障公众对环保工作依法享有知情权、参与权、监督权、举报权。

三是注重开放透明，依法公开环境信息，改进宣教方式，提高环境文化传播能力，力争科学真实、通俗易懂、及时透明、准确权威，避免专业术语化、刻板教条化、数据堆砌化、语焉不详化、避重就轻化。

四是创新发展环保舆情应对机制，牢固树立社会主义价值观，践行马克思主义新闻观。要忠实履行本职使命，铭记社会责任，弘扬职业精神，恪守职业道德，捍卫职业伦理，坚持准确监督、科学监督、依法监督和建设性监督。

五是加强伦理引导，有效提高公众的环保意识和道德水平，及时反映人民群众参与环保事业的强烈意愿，为促进环境伦理教育发挥更大实效，为实现美丽中国梦传递正能量，推动环境文化建设大繁荣、大发展。

五、环境伦理教育要充分体现政府的教育主导力量

（一）政府担当环境伦理教育职责的现实必然性

中国作为新兴经济体国家取得了令世人瞩目的持续长足发展，迅速成为世界第二大经济体，对全球经济增长的贡献率达到30%左右，经济总量从1971年约占全球1%提升到2012年的11.5%，北上广等经济发达地区人均GDP已经接近高收入国家的人均水平，2012年中国人均GDP达到6 000美元，2014年中国人均GDP已经接近7 500美元。21世纪世界政治、经济、文化和能源资源格局发生深刻变化，中国的国际大国地位凸显，国际社会对中国作为最大"发展中国家"的角色定位和责任担当产生了新的诉求，中国在国际政治经济格局和环境治理领域面临着"角色被转换"的巨大压力，美国和日本等国家将中国视为最大的竞争对手和威胁力量，小岛国联盟、最不发达国家集团和部分发展中国家出于各自不同利益集团的利益最大化考量，也开始对中国作为"发展中国家"的定位提出质疑。中国正面临着更加复杂严峻的国际形势，国内经济平稳运行的下行压力也持续加大，为了保持中国经济中高速平稳增长的新常态，必须全面深化改革，大力提高创新能力，彻底扭转粗放的经济发展方式，解决好过剩产能突出问题，缓解日趋严重的能源资源危机。仅从能源生产消费的世界格局分析，1999年我国能源消费总量不及美国的1/2，但到2012年就已经占到了全球消费总量的21.9%，超出美国23.8%，成为世界第一大能源消费国和温室气体排放国。与此形成鲜明对比，美国的能源消费总量由2001年占全球24.2%，2012年已下降到17.7%。国家统计局《2012年国民经济和社会发展统计公报》数据表明，我国2012年进口石油3.1亿吨，进口煤炭2.9亿吨，能源生产与消费的差距进一步拉大，能源消费已经超过国内生产能力，对能源进口的依赖程度急剧增加。2015年我国政府工作报告突出强调"能源生产和消费革命，关乎发展与民生"，中国政府要迎难而上，确保经济社会发展总体平稳，大力发展风电、光伏发电、生物质能，积极发展水电，安全发展核电，开发利用好页岩气和煤层气，严格控制能源消费总量，加强工业、交通、建筑等重点领域节能减排监管力度，尽快把节能环保产业打造成新兴支柱产业，积极发展循环经济，坚决治理环境污染，打好节能减排攻坚战。

全面提高政府的环境保护监督管理水平，既是做好环境保护和环境伦理教育工作的基本保证，也是有效提高政府公共服务水平和管理绩效的必然要求。国家善治离不开良好的社会管理、国家理性和对权力的恰当制约。"人性的弱点决定了没有国家理性和对权力的有效限制，国家向善和良好秩序的建立只能是一种愿望。"[①]环境是一种典型的公共资源，具有明显的外部性效益，保护改善环境、加强

① 张旅平、赵立玮：《自由与秩序：西方社会管理思想的演进》，载《新华文摘》，2012年第16期，第154页。

环境管理、提高环保意识是政府义不容辞的职责。“任何一项教育政策都是一种教育领域的政治措施,任何政治措施本身都代表或蕴涵着政府对于教育事务和教育问题的一种价值选择。”[①]丹尼尔·A.科尔曼强调,不应当将环境危机仅仅归咎于个人的行为失当,不能寄希望通过个人生活方式改变来达到彻底解决环境问题的目的,引发环境灾难的深层社会原因不容漠视,“当我们过多地追究个人的责任时,我们反让政府和公司溜之大吉”。[②] 从根本上扭转环境破坏的不利局面,必须从政治和制度层面深入探究引发环境危机的深层根源,政府部门在许多重大环境问题上难辞其咎,政府应当为种种环境失误行为承担应尽的责任。

环境伦理教育的核心是确立环境保护价值观,环保价值观弘扬是基于国家和政府在敬畏生命、敬畏责任、敬畏制度上的政策导向。寻求行之有效的环境危机解决方案时,人们必须深刻反思,为什么公众环境意识教育推广最终并没能真正遏制日益恶化的环境危机?当今世界保护环境、消除环境灾害的许多努力以失败告终,“涉及政府管理、政策制定及法规执行的许多项目最终落败尤其值得注意”[③]。欧文·休斯认为加强政府绩效管理有利于积极应对政府信任危机,完善政府各部门的内部管理与跨部门协调,共同寻求公共责任承担或分担机制。加强政府绩效管理是提高管理效力的基本工具,环境污染破坏危及人们生存,成为引发社会矛盾冲突的重要因素,政府绩效管理本质上就是要体现公众最基本的公共价值追求,加强环境伦理教育、提高公民环境保护意识、提升政府应对环境危机挑战的掌控能力,增加公众对政府的信任水平和满意度,发挥政府管理效能和政府公共价值的创造功能,成功展示出政府管理职能的定位转变、战略决策、治理创新、体系重构和多元价值导向。

完整的环境伦理教育体系包括政策制定、执行和评估三个主要方面,环境伦理教育政策制定的科学性、政策执行的有效性和政策评估的完善性,是检验教育实施效果的有效保障。美国政策学家艾利森认为,政府在政策目标实现过程中,所有影响因素中对政策的正确理解和有效执行占到90%以上的贡献率。寻求可持续发展的生态社会呼唤公众生态智慧发展和生态文明建设加强,个体和全球的环境伦理责任必须有机结合起来,全球环境保护责任依赖于当地行动,国家和各级地方政府在我国环保事业健康发展中发挥着不可替代的关键性作用,应当充分体现政府的环境伦理教育主导地位,强化环境伦理教育政策的贯彻执行力度。

凡事预则立,不预则废。为了更充分发挥政府在环境伦理教育领域的主导作

---

① 杨挺、黄蓉生:《我国青少年思想政治教育政策:回顾与展望》,载《新华文摘》,2012年第8期,第118页。

② [美]丹尼尔·A.科尔曼:《生态政治——建设一个绿色社会》,梅俊杰译,上海世纪出版集团2006年7月第1版,内容简介。

③ [美]丹尼尔·A.科尔曼:《生态政治 建设一个绿色社会》,梅俊杰译,上海世纪出版集团2006年7月第1版,前言第3页。

用和组织保障，积极推进环境宣传教育活动，增强环保责任意识和伦理道德观念，保护环境理应成为各级政府的法定职责。要切实将环境伦理教育落实到实处，增强教育的时效性、针对性、专门化和经常性考核，研究制定具体衡量标准和常规化考核评价指标，通过建立量化考核和激励机制，积极推介教育成果展示和经验交流活动，加强受教育者的亲身体验式实践锻炼。同时，环境保护主体不能局限在个体环境意识提高和环境保护行为实践，全面消除环境危机依赖国家环境保护主管部门和教育主管部门的协作联动、环境教育政策制度的强力约束、环境伦理教育决策的全面引导和环境法律法规的不断健全，环境伦理教育的实施主体不应当仅限定在抽象的全体社会公众。

中国环境与发展国际合作委员会 2013 年会强调，人类只有地球这一个家园，加强环境保护事业的国际合作，不仅包括思想交流，也包括加强技术和产业合作，共同推动生态文明建设。发展的最终目的是为了人民，环境保护是重要的民生问题，必须协调好发展与环境的关系，通过产业转型升级落实污染防治监管措施，将节能环保产业打造成助推绿色发展的支柱产业，在促进经济发展中保护好环境。2014 年我国政府工作报告呼吁深化生态文明体制改革，围绕山清水秀的美丽中国建设，加快建立生态文明制度，“要像对贫困宣战一样，坚决向污染宣战”，这次宣战不是要向老天爷宣战，实际上是向粗放的生产生活方式宣战，向包括雾霾在内的各类环境污染宣战，必须要“铁腕”治污加上“铁规”治污。2015 年的政府工作报告又强调环境污染是“民生之患、民心之痛”，要铁腕治理、重拳执法，贵在行动，成在坚持，紧抓长抓严抓不松劲，这意味着中国政府已经意识到环境污染的严重性，采取强制措施加大污染破坏惩治力度。

为了从根本上解决政府环保法定责任落实不到位、职责分散交叉、权责不一致、权威性不够、独立性不强等现实问题，必须抓住科学发展的重要战略机遇期，积极应对新常态，从扩大再生产的全过程着手，进行全方位的污染物严格监管制度创新，加快实施一体化污染防治管理模式改革，建立健全权责清晰、分工合理、运转高效、法制保障的生态环保管理新体制。“谁来代表全社会公众，当然是政府，政府必须具备‘绿色控制’能力。”[①]治理环境污染，政府责无旁贷。政府是环境保护第一责任人，要切实加强政府的环境监管职能，明确政府在实施环境保护过程中的主体责任，更好体现政府的社会管理能力，提高公共服务水平，强化公众环境自觉意识，健全生态环境保护的责任追究制度。

中国加快建立社会主义新型市场经济，既要突出市场在经济体制改革和资源配置的决定性作用，又要高度重视政府在政策引导、资源配置和决策干预上的影响作用，经济发展新常态下的环境保护事业和生态文明体制建设，离不开政府和市场

① 国家环境保护总局宣传教育司：潘岳 2003 年 10 月 25 日在中国环境文化促进会第二届会员代表大会暨首届“绿色中国”大型主题论坛会上的讲话，《环境宣传教育文献汇编(2001—2005 年)》，中国环境科学出版社 2006 年 3 月第 1 版，第 57 页。

的双重调控，必须注重政府的职能界定和责任明晰，避免政府对绿色经济发展盲目干预，加强政府在宏观调控、市场监管、公共服务、社会管理和环境保护上的职能转变，彻底解决好政府职能越位、缺位和不到位现象长期并存，着重强化政府在严峻生态形势下的环境保护历史使命，决不能放任政府的环境监管职能沦为“橡皮图章”，环境影响评价制度仅落实在“理论模型”上，环保责任追究的“一票否决”最终成为“一纸空文”。为避免环保意识缺失和盲目追求 GDP 快速增长导致环境严重破坏，国家必须尽快构建环境产权制度，完善环境损害赔偿机制，严格落实环境保护责任制，探索编制自然资源资产负债表，建立生态环境损害责任终身追究制。各级政府要牢固树立“保护环境，守土有责”的责任意识，始终坚持可持续发展，尊重和支持公众的环境信息知情权、传播权、环境决策参与权和环境政策监督权，积极行使国家参与环境保护的公权职能，通过环境伦理教育体系建设、环境立法、国家环保标准修订、环境影响评价公告、绿色环境标志审核、ISO14000 环境管理体系认证、环境产权公平交易、国民经济核算体系相关环境质量评价指标、编制污染防治可行性技术指南、确定行业环境影响管理评估规范、优先在政府采购强制目录中购买环境标志产品、加强领导干部离任的自然资源资产审计等宏观环境政策，规范环境保护与经济利益的协同发展，遏制所有可能导致“蓝色困境”的“黑色产业”蔓延，加强生态文明建设和环境文化建设，推动公众环境保护意识、环境伦理价值观、社会环境道德的大力弘扬，鼓励公众普遍认同并广泛参与环境道德行为。

中组部在《关于改进地方领导班子和领导干部政绩考核工作的通知》中明确提出，不能仅仅把地区生产总值及增长率作为地方各级政府政绩考核的主要指标，对限制开发区域和生态脆弱的国家扶贫开发工作重点县要取消生产总值考核，进一步完善干部政绩考核指标体系，生态文明建设和可持续经济发展、民生改善、社会和谐进步成为考核评价的重要内容，要切实加大资源消耗、环境保护、消化过剩产能和安全生产的考核指标权重，重视对人民健康状况、教育文化事业发展方面的考核要求，对造成严重资源浪费或严重生态破坏的行为严肃追究责任。新《环保法》第六条第二款突出强调地方各级人民政府应当对本行政区域的环境质量负责。2014 年《环境保护部约谈暂行办法》明确要求，为了有效督促地方政府及相关部门履行环保责任，解决当地面临的突出环境问题，保护人民群众环境权益，环保部建立约谈制度约见并督促未有效履行环保职责的地方政府及部门负责人。从 2014 年底开始，环保部已经公开约谈了十个地区的政府负责人，针对专项督查情况提出整改要求。从约谈企业的“督企”到约谈政府的“督政”，转变约谈模式实质上是要建立健全环保问责制度，加大环保违规违法行为纠错力度，强化各级地方政府的环境监管责任和宣传教育职能，坚持源头严防、过程严管、后果严惩，完善地方政府决策者与环保部门监管者的协作联动机制。

《国家环境保护“十二五”规划》指出加强环境保护的一个基本原则是“政府引导、协力推进”，要求健全国家教育行政部门的监督评价考核制度，严格做好常态化、规范化的监督检查工作，努力克服教育政策有效性不足、执行力差、保障措施不到位的缺陷。政府权力"越位"和责任"缺位"并存的现状，对环境伦理宣传教育造成不可推卸的负面影响，政府责任要实现从"缺位"到"归位"的转变，关键在于政府环境管理职能和管理模式的改革，政府"善治"并不意味简单的责任回归，实质是优化强化政府监管责任。要坚持在政府引导下，明确各行各业的全民教育主体责任，真正承担自觉保护环境的社会责任，加强环境信息公开和舆论监督，动员全社会广泛参与环境保护事业，克服政府、非政府组织、企事业单位和社区在环境伦理教育实践中不尽如人意的短板效应，加快环境伦理教育理论与实践结合，推进政府主导下环境伦理教育的系统化、一体化、网络化和终身化进程。

（二）以大气污染防治为例，对政府积极倡导污染治理进行实证研究

中国科学技术情报研究所在《国外公害概况》中提到，在巴黎和东京街头，人们为呼吸新鲜的富氧空气，特意制造了有偿购买的空气自动净化器，并设想生产制造可以储存阿尔卑斯山脉或海滨地区新鲜空气的"空气罐头"，形象描述并尖锐讽刺了大气污染对人们日常生活造成的严重影响。近年来我国大气污染形势日趋严峻，以可吸入颗粒物（PM10）、细颗粒物（PM2.5）为特征污染物的大气环境问题日益严重，PM2.5 主要来源是燃煤、机动车尾气、工业废气、扬尘、生物质燃烧排放的细小微粒，以及这些排放源中二氧化硫、氮氧化物二次转化形成的细微粒子。尽管PM2.5 已纳入空气质量检测指标体系，全国各地相继出台空气重度污染应急预案，但是居高不下的 PM2.5"爆表"现象触目惊心，持续恶化的雾霾天气处于重度污染级别，曾导致 PM2.5 逼近 1 000 的高值，微粒浓度超过美国最新健康安全标准的 75 倍，蔓延至全国的大范围长期雾霾天气，正深深触痛着每个中国人的敏感神经，当口罩从特种商品变成大众必需品，环境问题确实应当深刻反省。以PM2.5为热点的环境治理成为公众舆情关注的最大焦点，北京、上海、广州地区超过八成居民认为空气污染严重影响了生活质量和身体健康。雾霾是环境恶化的产物，高投入、高污染、高排放、低效益、不可持续的经济高速增长模式加剧了环境恶化状况，治理雾霾，首要责任在政府，雾霾治理的根本举措在于产业结构调整，这需要政府部门和执法部门上下协调、多方联动，政府承担环保责任和发挥教育职能需要多措并举，可以通过财政拨款、政府补贴、税收优惠政策和公民宣传教育，鼓励引导企业和个人积极参与科技创新、节能减排和环保实践活动，"教育公众提升对气候变化问题的意识，让更多的公众去关注相关问题，这些都只有依靠政府的努力才能得以实现"①。

"全民防霾"运动呼唤中国政府要切实履行好环保主体责任，尽最大努力进行综合治理，正式向人们诟病最多的雾霾宣战，全面实施防治大气污染的"蓝天工程"，保护人民群众的身体健康。2012 年国务院发布新的《环境空气质量标准》

① ［美］尼克·达拉斯：《低碳经济的 24 堂课》，王瑶译，电子工业出版社 2010 年 4 月第 1 版，第 129 页。

(GB 3095—2012)，重新制定了环境空气质量的功能区划分、标准分级、污染物项目、取值时间及浓度限值、采样与分析方法、数据统计时效的有效性等相关规定，首次将 PM2.5 纳入监测范围，增设了 PM2.5 平均浓度限值和臭氧 8 小时平均浓度限值，并收紧了 PM10、NO_2、铅、苯并芘等污染物的浓度限值。

2012 年环保部、发改委、财政部联合印发《重点区域大气污染防治“十二五”规划》，这是我国第一部综合性大气污染防治规划，规划的最大亮点是认识到我国大气环境保护的严峻形势，着眼于解决区域性复合型大气环境问题，以解决 PM2.5 等大气污染问题为根本出发点和落脚点，维护人民群众的身心健康和环境权益，探索实施统一规划、统一监测、统一监管、统一评估、统一协调的区域大气污染联防联控工作机制，下定决心到 2015 年将我国重点区域的可吸入颗粒物、细颗粒物年均浓度分别下降 10%和 5%。《重点区域大气污染防治“十二五”规划》相关数据显示，我国大气污染物排放量已远远超出环境承载能力，2010 年二氧化硫、氮氧化物排放总量分别达到 2 267.8 万吨和 2 273.6 万吨，已经是全世界污染物排放最多的国家。包括京津冀、长三角、珠三角在内 13 个重点区域，国土面积约占全国 14%，却已成为经济活动水平和污染排放高度集中的主要区域，集中了全国近 48%的人口，产生了全国 71%的经济总量，同时也消耗了 52%的煤炭，排放了 48%的二氧化硫、51%的氮氧化物、42%的烟粉尘、约 50%的挥发性有机物，单位面积上的污染物排放强度达到全国平均水平的 2.9～3.6 倍，二氧化硫和可吸入颗粒物的年均浓度为 40 $\mu g/m^3$ 和 86 $\mu g/m^3$，是欧美发达国家的 2～4 倍。二氧化氮的年均浓度为 33 $\mu g/m^3$，其中北京到上海之间的工业密集区是我国对流层中二氧化氮浓度最高区域。按照新修订的环境空气质量标准，重点区域内有 82%的城市空气质量不达标，京津冀、长三角和珠三角区域每年雾霾污染天数达 100 天以上，个别城市甚至超过了 200 天，复合型大气污染严重损害了人民群众身心健康。《规划》以 2010 年为基准年，提出六大保障措施，加强组织领导、严格考核评估、加大资金投入、完善法规标准、强化科技支撑、加强宣传教育，要求至 2015 年重点区域的二氧化硫、氮氧化物、烟粉尘排放量分别下降 12%、13%、10%，可吸入颗粒物、二氧化硫、二氧化氮、细颗粒物年均浓度分别下降 10%、10%、7%、5%，基本建成区域性联防联控机制，环境空气质量有很大改善。针对环境宣传教育，一是利用世界环境日和地球日等重大环境纪念日，广泛开展宣传教育，普及环境保护知识，全面提升公民的环境意识，增强环境保护参与能力；二是加强人员培训，提高各级领导干部的认识程度，提升环保人员的业务水平；三是充分发挥新闻媒体作用，积极宣传联防联控的重要性、紧迫性、政策措施、治理成效，宣传先进典型，加强舆论监督，营造良好氛围。

自 2013 年 1 月 1 日起，北京、上海、广州、天津等 74 个城市率先公布 PM2.5 等大气污染物实时监测数据。《2014—2015 年节能减排低碳发展行动方案》要求各级政府对本行政区域内的节能减排降碳负总责，主要领导是第一责任人，明确目标责任，强化目标责任制考核，加强节能减排控制，严格控制能源消费增长，实现低碳发展，促进经济提质增效升级。为确保“十二五”节能减排目标顺利实现，2014—2015年单位GDP能耗要逐年下降3.9%，单位GDP的二氧化碳排放量分别下降4%和3.5%以上。2013年9月10日国务院制定《大气污染防治行动计划》，以保障人民群众身体健康为出发点，坚持政府调控和市场调节相结合的方式，采取全面推进和重点突破相结合、区域协作与属地管理相协调、总量减排与质量改善相同步等十个方面35项具体措施，计划到2017年全国地级以上城市可吸入颗粒物浓度比2012年下降10%以上，全国空气质量总体改善，重度污染天气较大幅度减少，京津冀、长三角、珠三角区域空气质量明显好转，细颗粒物浓度分别下降25%、20%、15%左右，以北京为例，细颗粒物年均浓度控制在60微克/立方米。在此基础上争取再用五年时间，逐步消除重污染天气，优良天数逐年提高，全国空气质量明显改善。2013年10月23日京津冀及周边地区大气污染防治协作小组第一次会议召开，从2013年11月11日开始，全国大气污染防治部际协调小组办公室定期发布《大气污染防治工作简报》，及时通报在大气污染防治工作方面的最新进展情况。

自2014年1月1日起，实时发布空气质量信息的城市增加到190个，自2015年1月1日起，全国338个地级及以上城市共1436个监测点位将实时发布可吸入颗粒物(PM10)、细颗粒物(PM2.5)、二氧化硫(SO_2)、二氧化氮(NO_2)、臭氧(O_3)和一氧化碳(CO)等6项指标的实时监测数据和空气质量指数(AQI)，我国空气质量新标准监测网络已经全面建成。

2014年4月30日国务院印发《大气污染防治行动计划实施情况考核办法(试行)》，严格落实大气污染防治工作主体责任，希望依据《大气污染防治行动计划》，完善空气质量改善目标完成情况(以PM2.5细颗粒物和PM10可吸入颗粒物年均浓度下降比例为衡量标准)和大气污染防治重点任务完成情况(产业结构优化调整、清洁生产、煤炭管理与油品供应、燃煤小锅炉整治、工业大气污染治理、城市扬尘污染控制、机动车污染防治、建筑节能与供热计量、大气污染防治资金投入、大气环境管理共10项考核内容)两大类指标，通过总量控制、源头治理、区域联动的多方不懈努力，建立大气污染防治协作机制，坚持行政手段、经济手段和法律手段“三管齐下”，突破雾霾围城，践行低碳理念，共创绿色生活，共享清洁空气，将“APEC蓝”长久保持下去。

根据环境保护部发布的空气质量报告，2015年1月份74个直辖市、省会城市和计划单列市达标天数比例在3.2%～100%之间，平均达标天数占比48.2%，在51.8%的污染天气中，轻度污染为25.6%，中度污染为13.3%，重度污染为11.0%，严重污染为1.9%，污染超标天气中以PM2.5为首要污染物的天数最多，其次是PM10。随机选取全国范围内367个城市空气质量日报显示数据，2015年1月31日天气晴朗，空气质量优的比例占到15.3%，良的比例占到62.9%，轻度、中度、重度和严重污染的总比例为21.8%；2月3日空气质量则明显下降，优的比例仅为 7.6%，良的比例也下降到 39.4%，轻度、中度、重度和严重污染的总比例高达 53%，所有实时检测的城市有半数以上处于不同程度的空气污染之中，重度和严重污染的比例高达 15.6%，空气质量状况不容乐观。

术语和定义：空气质量指数air quality indes（AQI），
定量描述空气质量状况的无量纲指数。

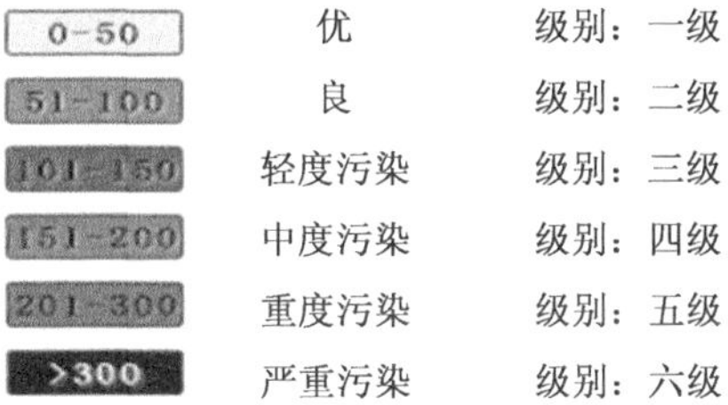

全国城市空气质量状况统计（2015年1月31日）

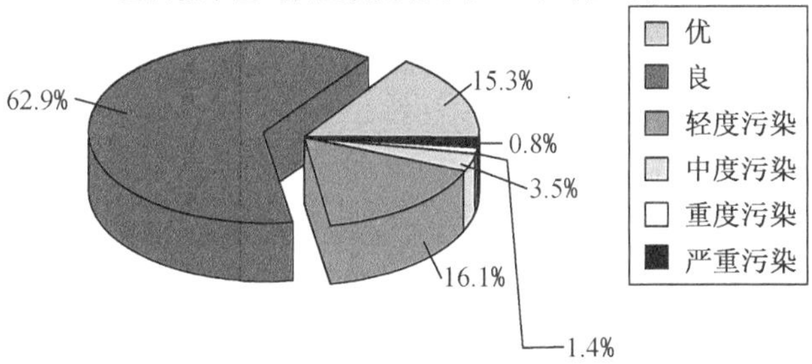

全国城市空气质量状况统计（2015年2月3日）

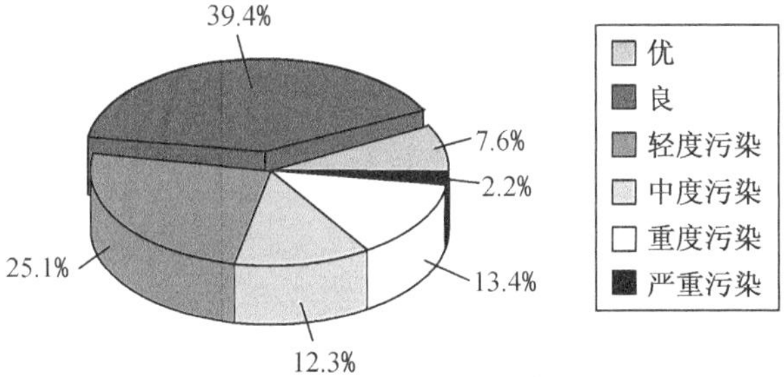

2015 年 2 月 2 日环保部按照《环境空气质量标准》，发布了 2014 年重点区域和 74 个城市空气质量状况，2014 年京津冀地区 PM2.5 年均浓度下降了 12.3%，长三角地区下降了 10.4%，珠三角地区下降了 10.6%，其中京津冀地区下降 18.7%，长三角下降 51.8%，珠三角没有出现严重污染天气。74 个城市 PM2.5 年均浓度下降 11.1%，达标天数比例有所增加，重度和严重污染天数的比例下降了 3 个百分点。2014 年仅有海口、拉萨、舟山、深圳、珠海、福州、惠州和昆明 8 个城市的 6 项空气质量监测指标年均达标，其他 66 个城市不同程度存在超标现象，三大重点区域空气污染仍然严重，尤其是京津冀地区是污染最严重的区域，13 个地级以上城市中有 11 个排在污染最严重城市的前 20 位，其中有 8 个城市排在污染前 10 位，

PM2.5年均浓度超标达1.6倍以上。重污染天数未能得到有效遏制，2014年2月和10月连续发生了两次持续时间长、污染程度重的大范围重度污染天气过程，呈现出特征较明显的复合性污染态势，传统的煤烟型污染、汽车尾气污染和二次污染相互叠加，PM2.5、PM10和O_3等污染物严重超标现象时有发生，大气污染治理总体而言仅仅初见成效。环保部近期以《"同呼吸　共奋斗"公民行为准则》为设计核心，面向社会发布公益宣传海报，倡导公众关注空气质量，养成节约用电习惯，选择绿色消费方式，共同建设美丽中国。2015年"两会"期间雾霾治理等环保议题也再次顺理成章成为舆论焦点和当今社会热点话题，反映出公众环保意识日益增强，公众对改善环境质量、维护身体健康充满着热切期盼。

表6-2　2014年重点区域空气质量状况分析表

空气质量检测指标	京津冀地区	长三角地区	珠三角地区
监测区域占地面积	21.9万平方公里	21.07万平方公里	5.47万平方公里
监测区域涵盖省市	北京市、天津市、河北省	上海市、江苏省、浙江省	广东省
涵盖地级及以上城市	13个	25个	9个
平均达标天数	156天(比74个城市平均达标天数241天少85天)	254天(比74个城市平均达标天数241天多13天)	298天(比74分城市平均达标天数241天多57天)
达标天数比例	21.9%～86.4%	51.6%～94.0%	70.2%～95.6%
达标天数平均比例	42.8%(74个城市平均值2014年为66.0%，2013年为60.5%)	69.5%(74个城市平均值2014年为66.0%，2013年为60.5%)	81.6%(74个城市平均值2014年为66.0%，2013年为60.5%)
重度及以上污染天数	17.0%(74个城市平均值2014年为5.6%，2013年为8.6%)	2.9%(74个城市平均值2014年为5.6%，2013年为8.6%)	0.4%(74个城市平均值2014年为5.6%，2013年为8.6%)
超标天数中首要污染物排序	PM2.5、PM10和O_3	PM2.5、O_3和PM10	O_3、PM2.5和NO_2
PM2.5年均浓度	93微克/立方米(12个城市超标)	60微克/立方米(24个城市超标)	42微克/立方米(6个城市超标)
PM10年均浓度	158微克/立方米(13个城市超标)	92微克/立方米(22个城市超标)	61微克/立方米(1个城市超标)
SO_2年均浓度	52微克/立方米(4个城市超标)	25微克/立方米(无城市超标)	18微克/立方米(无城市超标)

续表 6-2

空气质量检测指标	京津冀地区	长三角地区	珠三角地区
NO_2年均浓度	49 微克/立方米（10个城市超标）	39 微克/立方米（11个城市超标）	37 微克/立方米（3 个城市超标）
CO 日均值第 95 百分位浓度	3.5 毫克/立方米（3个城市超标）	1.5 毫克/立方米（无城市超标）	1.5 毫克/立方米（无城市超标）
O_3日最大 8 小时均值第 90 百分位浓度	162 微克/立方米（8个城市超标）	154 微克/立方米（10个城市超标）	156 微克/立方米（4 个城市超标）
PM2.5 年均浓度下降比例	12.3%	10.4%	10.6%
重度和严重污染天数所占比例	下降 18.7%	下降 51.8%	未出现严重污染天气

六、环境伦理教育要注重发挥非政府组织和企业的教育影响力

（一）环境非政府组织发挥教育带动功能

环境保护非政府组织（ENGO）是围绕生态环境保护开展社会管理、公民宣教、学术研讨和公益服务的社团组织，是处于政府和企业这两大责任主体之间的缓冲区，作为独立于政府、致力于环境保护的非暴力性非营利性组织，除了具有独立性、社会公益性、非政府性、志愿参与性和组织合法性等非政府组织的一般特征，还具有目标明确、专业性强、关联度高、发展速度快、教育效果好等诸多显著性特征，能有效填补国家和企业无法全部涉及或难以充分发挥功能的各个相关环保领域，在环境保护运动和环境伦理教育方面发挥更大的引领和协调作用。《21 世纪议程》也曾突出强调在向可持续社会过渡时期，面对日益增长的各类环境与发展问题，应当积极鼓励众多的环保非政府组织在环境管理和伦理提升方面广泛进行培训。

欧美国家不断加强学校与众多环保非政府组织的合作，充分利用丰富的社会资源帮助公众在实践活动中加深对环境伦理的理解，增强环境伦理教育的应用成效。美国注重政府积极引导以及政府机构和非政府组织双管齐下的协同教育功能，美国环境教育行动组织（EEA）的教育宗旨，不仅局限于环境知识传授，今天的学生将是明天的决策者和领导者，要更加注重培养他们对环境高度负责的行为，为了改善环境质量需要“学习并实践保护、维持和恢复环境所必需的技巧”①。美国政府和环保组织在环境教育实践活动中为民众提供了充分的制度保障和支持力度。1971 年成立的绿色和平组织是全球最大的民间环保组织，宗旨就是保护地球

① 冯杰、高继璐：《美、德、日三国环境教育的特点及启示》，载《环境教育》，2011 年 11 月总第 137 期，第 42 页。

生态环境和包括人类在内各种生物安全及持续发展，积极采取行动做出适宜的改变，通过长期的不懈努力和实际行动，已成功阻止了个别核国家向发展中国家和公海倾倒核废料的不法侵害行为；呼吁发起时至今日仍备受关注的反对捕鲸运动；启动了保护南极洲这一影响深远的环保倡议行动。英国的世界自然基金会强调要充分意识人类与生存环境之间的复杂关系和各种影响因素，环境伦理教育核心是培养优秀的环境决策者，作为环境决策者需要准备的绝不仅仅是对待环境问题的态度和价值观，抑或是促进某种环境思想意识的养成，更重要的是促进关于教育权利的观念体系建立，帮助人们将人类活动控制在环境承载力之内，充分理解决定环境质量和结构变化的自然和社会结构因素，"有环境意识的公民都将在教育中发挥作用"①。

1999 年我国第一次参加了在华盛顿召开的环保 NGO 论坛，当时仅有十几家环保 NGO 参会，经过近十年的快速发展壮大，中华环保联合会《2008 年中国环保民间组织发展状况报告》统计显示："截至 2008 年 10 月，全国共有环保民间组织 3 539 家，比 2005 年增加了 771 家。"②其中由政府发起成立的有 1 309 家，学校组织成立的环保社团有 1 382 家，其他草根组织有 508 家，国际环保组织驻中国的派驻或分支机构有 90 家，港澳台地区有 250 家左右。数量庞大的环保 NGO 主要作用是教育、引导和带动广大公众参与环保行动，协助和推动政府制定实施环保政策，监督和帮助企事业单位及社会力量注重环保理念，参与环境保护与环境伦理教育专项实践活动，教育活动广泛涉及环保宣传教育系列主题论坛暨研讨会、生物多样性保护、自然生态区保护、大气和水源净化防治、水土流失和沙漠化治理、社区环境保护、节能减排、资源回收再利用、绿色消费、环境权益维护等诸多方面。自 2003 年以来，以自然之友、地球村、公共环境研究中心、达尔问自然求知社为代表的环保非政府组织，针对都江堰杨柳湖、木格措水坝、怒江和金沙江虎跳峡建坝、圆明园东部湖底防渗漏工程、北京动物园搬迁、小南海水电站工程、大企业污染源分布等重大公众事件，立足于可能造成的不利影响和严重破坏后果，对环境决策的科学性与合理性提出强烈质疑，成为公众广泛参与生态环境保护的重要推动力量。自然之友总干事李波认为小南海建坝将对长江珍稀鱼类产生近乎毁灭性的不利影响："停建小南海是金沙江水电乱局中野生珍稀鱼类的最后一根救命稻草！"为了保护金沙江珍稀鱼类的独特生境，从生态科学和环境保护的多重角度出发，紧急呼吁停建小南海水电站将是主动担负历史责任的正确选择。

"制约草根环保组织发展的两大瓶颈，一是人力资源，二是资金瓶颈。"③此外，法律不健全也是一个重要的制约因素。全国 3 500 多家环保非政府组织中比较活

---

① [英]John Huckle, Stephen Sterling：《可持续发展教育》，王民等译，中国轻工业出版社 2002 年 2 月第 1 版，第 58 页。

② 关音：《我国环保 NGO 的发展与生态环境保护》，载《环境教育》，2012 年 4 月总第 142 期，第 60 页。

③ 冯永锋：《马天南：不符合"标准"的环保领袖》，载《环境教育》，2012 年 1 月总第 139 期，第 33 页。

跃的仅有 300 多家，大部分草根机构举步维艰，生存状况堪忧。目前我国民间环保组织的整体发展水平还处于较低级运作状态，社会影响力普遍不大，志愿者参与积极性不高，环境立法不完善和资金以及人才严重匮乏等不利因素相互影响、彼此牵制，最终导致民间环保组织的独立性和自主活动能力受到限制，作为政府和公众沟通协调的桥梁，应有的衔接作用发挥不理想，在提高公民环境意识和参与意识方面带动和引领作用不明显，引导公众有效参与的教育功能需要得到更好发挥；环保非政府组织与政府部门、学术研究机构、企业、新闻媒体和社会精英的相互沟通、理解信任需要全力加强；环保 NGO 为了教育引导公众提高环境保护意识、积极参加环保系列活动、增强自觉参与积极性，需要发挥政府、非政府组织、企业、社区、学校、家庭和环保志愿者的教育合力。

环保非政府组织能适时应对重大环境问题并迅速做出反应，“民间团体已经演化出了一贯的价值观和信念……没有民间团体这个强有力的伙伴，政府满足需求的能力就很低下，甚至都不能发现需求的存在”①。没有公众广泛参与就不可能实现环境保护的持续深入，在唤醒和激发公众环保意识、全方位调动参与积极性方面，环保 NGO 能实现政府部门无法替代的积极影响和社会认同。为了促进环保非政府组织的健康有序发展，充分发挥在建设资源节约型和环境友好型社会中的重要作用，有效构建环保非政府组织与政府和广大公众的良性互动平台，国家和各级环保、教育行政主管部门要着力在四个方面进行有益探索。一是要创新机制，为环保 NGO 营造规范的发展环境；二是要关注热点，共同应对环境问题；三是要互通互信，为环保 NGO 发展壮大制造声势；四是要重视学生志愿者和大学生社团的健康发展。基于此，环保部专门制定《关于培育引导环保社会组织有序发展的指导意见》，为规范引导环保社会组织、推进生态文明建设、实施可持续发展战略奠定了良好的组织基础。

（二）企业环保文化的教育示范作用

自 20 世纪 80 年代以来，欧美发达国家开始兴起以环保、劳工和人权为主要内容的企业社会责任运动，伴随着经济全球化迅猛发展和环境污染破坏的全球化扩散，企业的社会责任意识开始觉醒，主动承担环境保护责任引起人们关注和期待，成为有效弥补政府随意干预和市场调节缺陷的“第三种力量”，逐渐呈现出企业自觉追求经济效益与环境伦理协调可持续发展的“双赢”格局，增强了企业的环境保护意识，强化了企业的环境保护责任。

随着我国经济迅猛发展和社会主义现代化建设稳步推进，中国已经发展成为世界第二大经济体，保护环境成为保障经济社会可持续发展的根基。企业是经济社会发展的市场主体和环境保护的责任主体，加快经济结构调整和产业升级换代，

① 尼古拉斯·迪金：《政府、民间团体和企业在英国社会福利中的协作伙伴关系》，载《新华文摘》，2010 年第 22 期，第 141 页。

有利于提高经济效益、发展质量和市场竞争力，尽快淘汰高污染、高能耗、高排放的落后产业和过剩产能，大力发展高新绿色环保技术产业。但是，也有少数企业的社会责任感缺失，盲目追求收益最大化，自觉履行环境道德责任的自律意识淡薄，环境保护的法定义务、社会责任与谋求经济利益之间关系失衡，导致环境损害事件频繁发生，引起了国家环保主管部门的高度重视，仅 2014 年各级环保部门向公安机关移送的涉嫌环境违法犯罪案件就达到 2 080 件，是过去十年总和的 2 倍。各级党委政府都要严格环境执法责任，强化企业环保的主体责任，提高违法制裁成本，加大对环境污染和资源破坏的监管力度，以零容忍的高压态势依法严肃追究违法企业的民事刑事责任和经济赔偿。同时要积极开展环境伦理教育，增强企业家对环保价值理念的正确认识，严格遵守节能环保减排的相关法律法规和行业标准，通过节能减排增效来完成升级改造，及时公开节能环保信息，保障公众知情权，提升企业良好社会形象，督促企业主动实现由他律到自律的环保理念转化，在争做环境标志获证企业、申领环境安全设备使用、运行和制造许可证、加强企业自律意识、树立行业环保标杆、制定环保技术规范、推广环保先进典型、增强社会监督、引领道德风尚各个方面发挥正面引导，树立良好的品牌效应。

中西方伦理学界都曾系统探讨过道德对于经济生活的影响和道德的经济价值，阐述了道德作为特殊生产资源，在经济价值转化过程中具有的独特经济价值和积极意义，道德这种特殊的生产资源具有“生产性”的精神资源和精神生产力，“道德是现代化大生产不可或缺的精神要素”①。道德作为伦理关系的价值凝结，规则体系在社会生产过程中普遍存在，生产有效性和经济高效益都离不开社会道德的支撑。实践证明，生产者的道德状况与生产力发展水平具有正相关性联系，在价值创造过程中可以发挥独特的价值甄别作用。“无视环境伦理，不讲生态道德，这种使用价值的创造过程根本上是对生产力的破坏。”②道德作为生产活动中“非制度性约束”因素，是参与创造使用价值、有效提高产品质量、减少生产成本、降低资源消耗和环境污染的必要条件。

环境伦理道德作为社会化大生产中不可缺少的精神要素，作为环境伦理关系的价值凝结和规范体系，必须“考虑自己的价值观和世界的映像是否保持在一个公开动态可持续世界的能力”③。作为社会财富的主要创造者，企业生态伦理建构必须基于有利于生态平衡和环境保护的核心价值观，从生存与发展的战略高度和长远价值判断出发，倡导环境伦理道德观念，时刻提醒企业在追求商业利润同时，加倍珍惜环保信用和责任意识，企业生产行为必须符合节能环保标准，决不能放纵丛林法则和强盗逻辑盛行，单纯为了攫取短期利润不惜一切代价。企业只有内化为

---

① 王小锡:《论道德的经济价值》，载《新华文摘》，2011 年第 23 期，第 51 页。

② 王小锡:《论道德的经济价值》，载《新华文摘》，2011 年第 23 期，第 51 页。

③ [英]John Huckle，Stephen Sterling:《可持续发展教育》，王民等译，中国轻工业出版社 2002 年 2 月第 1 版，第 208 页。

经济主体高度自觉的环保意识，才能在生产过程中自觉承担社会责任感，努力实现经济效益、社会效益和生态效益的协调统一；只有在真正"流淌着道德血液"的企业生态伦理指引下，才能充分发挥精神生产力和价值增值的正相关作用，最终转化为生产高效性、价值增值性、资源节约性、环境友好性和经济可持续性。

七、环境伦理教育要大力倡导绿色创建实践活动

（一）创建绿色学校

学校是实施环境教育主阵地，环境伦理教育是学校环境教育的重要组成部分，在引导学生全面看待环境问题、培养社会责任感和解决实际环境问题能力、提高环境素养方面发挥着不可替代的重要作用。1996年国务院发布《关于环境保护若干重要问题的决议》和《全国环境宣传教育行动纲要（1996—2010年）》，明确提出创建"绿色学校"的行动倡议，要求加快实施可持续发展战略，打造绿色育人环境，加强环保知识技能教育，培育环境伦理道德观念，加快和谐校园和节约型社会建设，积极在中小学创建"绿色学校"，在高等学校创建"绿色大学"，在全国范围内创建活动蓬勃兴起，呈现出全方位、多层次、高效率、齐发展的良好势头。以"绿色学校"创建活动为载体的环境伦理教育，成为全方位实施素质教育的有效途径，广大青年一代环境意识的培养、环境知识技能的加强、自觉环保行为的养成、"环境友好型"与"资源节约型"和谐社会建设和生态文明建设进程都取得了明显成效，绿色学校创建活动已经成为涉及地区最广、学校和师生参与最多、影响范围最大、实践体验教育效果最好的全国性环境教育项目。

绿色学校创建活动通过积极有效的实践参与，在学校整体管理、教育教学和基本建设中，引导教师和学生主动关注环境问题，在受教育、学知识和长身体的同时，树立热爱大自然、保护地球家园的高尚情操，追求人与自然的和谐相处，在头脑中孕育可持续发展的思想萌芽，提高对环境负责任的环境素养，学会从自身做起，从身边小事做起，积极参加环境保护行动。从关心学校环境到关心周围、关心社会、关心国家、关心世界，在教育和学习过程中学会创新并积极实践，通过学生带动家庭，通过家庭带动社区，通过社区带动社会，带动更多公民更广泛地参与保护环境行动。绿色学校创建活动成为学校实施素质教育的重要载体，也成为新形势下环境教育的一种有效方式，要积极倡导拓展创建渠道，以丰富多彩、全员参与的创建实践活动促进环境教育全面发展，环保意识普遍提高和生态文明内涵式建设。

在我国"绿色学校"创建过程中，认识不到位、理解不全面、行动不积极的情形仍客观存在，不同学校之间环保意识提升带动效应参差不齐。不足之处归纳起来主要体现在四个方面：一是规模普遍不大，对创建工作不够重视；二是层次不高，国家级和省部级绿色学校比例低；三是辐射效应不明显，一些学校在绿色学校创建过程中，尚停留在独善其身的传统思维上；四是作为环境教育的主渠道和主阵地，绿

色学校在创建经验、创建模式和创建方法还不够系统全面，宣传推广力度不够大；五是绿色学校创建在组织领导机制上不能实现科学高效，在校园环境建设管理上尚未真正建成长效机制，在学校创建与社会合作方面联动机制仍存在缺陷。

中小学“绿色学校”创建活动要进一步加强环境保护知识传授和环境伦理教育，将全面实施素质教育、加强校园精神文明建设与独特的环保文化氛围营造紧密结合在一起，加强专门的组织领导机构建设，完善建立环境伦理教育体系，重视开展师资培训和技能提高，加强环境类课程开发和教材建设，切实加大专项教育经费的投入力度，优先保证环境伦理教育真正做到教学计划有合理安排、专业化师资队伍有较高水平、课堂讲授教材既能体现国家课程统一要求又具有鲜明的本土化特色、环境教育主题活动丰富多彩富有成效。要在教学课程体系中尤其是思想品德、语文、科学、物理、化学等课程中主动渗透环境伦理意识和环境保护相关知识，要结合当地独特的地域性环境特点或能亲身体验到的实际环境问题，发掘更多的本土化环保元素，激发环境伦理认知水平，引起学生对自己生存环境的密切关注，有效培养学生良好的环境行为习惯，真正认识和理解环境伦理道德既是国家环境保护事业的大政方针，也是每个公民应尽的责任和义务，会取得事半功倍的教育效果和情感共鸣。

为了积极贯彻《全国环境宣传教育行动纲要(2010—2015 年)》，加快推进高校的环境教育工作，将环境教育作为素质教育重要内容纳入教学计划，有组织地开展“绿色大学创建活动”，2013 年 9 月来自全国 20 多所高校的专家在哈尔滨工业大学召开了绿色大学建设研讨会，对环保部宣教中心以 50 多所高校为基础形成的绿色大学创建调研报告、未来发展思路、推动方式、建设重点和实施步骤进行深入研讨，一致认为创建绿色大学是国家实施生态文明建设战略的有效途径，是培养环保意识、加强素质教育、建设高水平大学和培养可持续发展人才的必然选择。高等学校在创建“绿色大学”时，要注重“探求真理、追求科学、服务社会”的办学理念，努力追求绿色环保的时代特色和区域特质；要依据 2008 年住房与城乡建设部、教育部《关于推进高等学校节约型校园建设，进一步加强高等学校节能节水工作的意见》和《高等学校节约型校园建设管理技术导则》，加强节约型校园的比较研究和经验借鉴，区分不同国情、校情和办学优势及其特色，对绿色大学的建设、运行和管理模式进行有益的研究探索，系统做好推动绿色科技发展、建设可持续发展多功能示范区、完善生态友好型校园建设规划、优化绿色育人环境等绿色大学基本框架设计方案；要注重发挥绿色科技开发应用的引领示范效应，通过环境科技进步和科研成果转化促进学校长远发展和社会进步；要注重资源节约和生态友好型校园的规划设计，在校园微环境中探索循环利用、节能减排、生态和谐、管理完善的新型校园建设发展方向；要注重绿色育人环境建设，培育绿色环保高素质人才，加强环境伦理教育理念的育化功能，建设绿色校园文化和环境文明；要注重将环境伦理理念的教育培养与创建实践紧密结合在一起，将提高教育质量与加强素质教育紧密结合在一起，将创建绿色大学的初衷与加快可持续发展的目标紧密结合在一起。

（二）创建绿色社区

《2001—2005年全国环境宣传教育工作纲要》要求“十五”期间在全国广泛开展“绿色社区”创建活动，通过贴近群众、走进生活的有效环保实践活动，倡导生态文明和绿色生活方式，积极将提高社区环境管理水平与环境伦理教育、精神文明建设、公众参与环境保护有机结合起来。

社区是社会的缩影，是城市的基本组成单位，“绿色社区”创建实践活动蕴含着健康向上、主动参与的环保教育因素，从众、认同、感染、体验和服从等道德心理调节机制，结合外在的社区环境影响效能，能够对青少年身心尚未完全发育成熟的环境道德认知能力产生复杂影响。意识决定行动，提升社区居民环境意识和生态文明理念，既是创建目标，也是创建的先决条件，作为落实国家环保国策的基础工程，构建环境保护公众参与机制，建设生态文明城市，增强了广大市民的环境意识和环境道德观念，提高了社区居民保护环境的自觉性和积极性，为城市环境保护与经济社会的可持续发展做出了贡献。“绿色社区”创建活动日益成为展示社区环保成果，宣传低碳环保生活理念，加强节能减排教育，改变不良生活习惯和环境破坏行为，发挥环境伦理道德示范引导功能的重要教育阵地。

（三）创建绿色家庭

国家环保总局和全国妇联从2003年开始联合开展“绿色家庭”创建活动，在全国范围内开展环境保护知识竞赛、征文活动、出版环保家庭普及科普读物、新闻媒介开辟环保专栏、绿色生活展示等丰富多彩的绿色创建教育形式，提倡通过合理的绿色消费观念，引导健康的家庭生活方式，推动节能节水和循环利用技术，推行主动购买环保标志性产品的绿色消费意识，带动更多家庭积极参与环境保护，争做环境保护型和谐家庭。随着我国环境伦理教育深入开展，绿色家庭创建活动取得了较明显成效，绿色消费意识和节俭意识得到越来越多消费者的认可，教育效果得到初步显现。中国社会调查事务所和中国消费者协会调查显示，“72%的受访者认为‘发展环保事业，开发绿色产品，对改善环境状况有益’，54%的消费者表示愿消费绿色产品……约80%的消费者表示愿购买绿色食品。”①

前苏联教育家霍姆林斯基积极倡导学校教育和家庭教育的协调统一，注重营造良好的教育氛围，在学校和家庭之间架起沟通链接的桥梁，“教育的效果取决于学校与家庭的一致性”②，学校教育教学和家庭教育是相辅相成的两个基本教育形式，家庭教育在启蒙教育和校外教育阶段发挥着巨大的教育潜能，榜样的力量是无穷的，学生家长的环保意识和环境素养展示以及环保教育亲子体验，能够最直接地

① 刘志雄：《中国绿色发展的条件与面临的挑战》，载《新华文摘》，2013年第18期，第33页。

② 肖安庆：《论中学环境教育的策略》，载《环境教育》，2012年6月总第144期，第81页。

潜移默化影响学生的环境道德认知。家庭教育是社会教育的重要组成部分,创建"绿色家庭"能够有效发挥家庭的环境伦理教育功能,是提高广大学生环境保护意识、踊跃参加环境保护社会实践的有效措施,在养成良好的公共环境道德和日常生活习惯方面发挥了积极的示范作用。

(四)发挥创建活动的环境伦理教育合力

"教育是所有人的责任,而不仅仅是政府的或教师的责任……合作更应是一种行动者参与和共同履行责任的有效方式。"①全方位多角度合作教育是提高教育质量的必要因素,公众环境态度改变和环境价值观确立是学校、家庭、社区共同参与教育的结果,也是经济社会可持续发展的目标要求,学校是实施环境伦理教育的有效形式和主要载体,家庭是实施环境伦理教育的基础单元和社会细胞,社区是实施环境伦理教育的组成要素和活动场所。

"道德的发展是一个自然的成熟过程……日常的家庭和学校的环境是真正的道德教育环境"②,为了促进学生尽快完成道德成长过程,通过多种渠道来拓展、支持和鼓励创设新的教育环境,可以帮助受教育者酝酿和收获更高更成熟的思维水平。各类绿色创建活动都是有效实施环境伦理教育的显性或隐形教育形式,通过构建"学校教育学生、学生带动家庭、家庭影响社区、社区辐射社会"的全方位教育体系,能够将环境伦理教育目标细化,内化为现实生活中的各类教育环境,潜移默化地熏陶人们内在的环境责任感。这些有形的教育载体和无形的教育模式能够通过尊重自然、珍爱生命的真善美教育,树立正确的人生观和积极的生态信仰,明确个人与家庭、个人与社会、个人与自然的定位、意义、作用和责任义务,逐步形成关于"人—社会—自然"的整体生态思维方式,培养人与社会协同、人与自然融洽的理想信念,加强尊重自然、尊重环境、尊重整个地球生态系统的伦理态度教育,促使每一个体都能准确理解个人在家庭中的生存意义,理解家庭作为社会基本单元在维系社会关系中的地位和价值,理解学校作为传播精神财富、弘扬环境伦理道德的重要场所,在实施素质教育、参与全社会环境保护和可持续发展中的特定引导作用,明确个人、家庭、社区、民族和国家在整个地球家园中的生态关系和价值体现。"绿色学校"、"绿色家庭"和"绿色社区"创建活动相互影响、相互促进、相互带动,绿色创建活动涵盖领域不断拓展,环境伦理教育实践活动不断走向深入,作为落实科学发展观、构建和谐社会、推动环境保护事业蓬勃发展的有效手段,为绿色创建活动实践范围扩展和教育质量提高奠定了良好基础。

---

① 赵中建:《全球教育发展的历史轨迹——国际教育大会60年建议书》,教育科学出版社1999年12月第1版,第531-532页。

② [美]霍尔、戴维斯:《道德教育的理论与实践》,陆有铨、魏贤超译,浙江教育出版社2003年第1版,第188页。

八、环境伦理教育要切实加快法制化建设进程

法治建设是加强国家治理体系和治理能力建设的重要依托，法律是治国之重器，良法是善治之前提，守法是法治之根本。全面推进依法治国总目标是坚持中国特色社会主义制度，加强中国特色社会主义法治建设，形成完备的法律规范体系、高效的法治实施体系、严密的法治监督体系、有力的法治保障体系，加快建设社会主义法治国家。缺乏环境伦理教育方面严格的法律法规监督制约机制，将严重制约环境伦理教育事业的健康有序发展，中国环境质量“局部好转，总体未遏制，形势严峻，压力加大”的现实状况，迫切呼唤环境伦理教育事业能够得到更严格的制度保障和更严密的法治支撑。

“法律滞后比道德建设滞后更具灾难性，有法不依为道德滑坡提供了法律庇护。”①法律规范是着眼于他律的强制性硬约束，重在“惩恶扬善”，道德规范是侧重于自律的软约束，重在“劝善抑恶”。法律是道德的最后底线，法律滞后和有法不依使道德滑坡成为必然，权力滥用更助长了道德沦落。有效治理道德滑坡和伦理失范，既要发挥道德教育和思想意识形态的有效引导，又要加大法治力度，以法治强化德治，以他律强化自律，通过加强法制建设维系和保障道德建设。

费尔巴哈认为“法律也同样是道德，是一种带强制性的道德，它的各种义务是必须遵守的”②。违反法律规定的行为必然会受到法律的惩罚和道德的谴责。韩立新认为现代社会有效约束人类行为的主要力量，一方面来自法律和行政制度，另一方面来自伦理道德，“从道德和法律的关系来看，道德是法律的基础，一个社会赋予法律的权利的最终根据在于道德”③。耶林在论证道德与法律的辩证关系时指出，“法是道德的最低限度”，法是道德规范中最低级的、最具体的道德要求，法是道德原则的具体化体现，道德是法的上位概念，具有强迫力的法律规范通过立法理念来发挥强制性的社会惩罚作用，这是人类文明发展的客观反映，也是调整可持续发展的法律关系和道德义务的行为规范。

习近平同志在首都各界纪念现行宪法公布施行30周年大会讲话中强调，要努力培育社会主义法治文化，弘扬社会主义法治精神，坚持把依法治国和以德治国结合起来，高度重视道德对公民行为的规范作用，“法律是成文的道德，道德是内心的法律”。享有权利和履行义务是法律和道德的共同价值追求目标。法律和道德是相辅相成的，分别从外在强制和内在约束两个侧面，对人类的合法权益给予充分的法律保障，对人类行为作出必要的道德限制。针对环境伦理教育而言，自觉保护环境只有通过法律和伦理的双重约束，真正成为人类的环境行为习惯，真正内化为友

---

① 韩剑琴：《让伦理学走出书斋》，载《新华文摘》，2012年第9期，第118页。

② 唐凯麟等：《西方伦理学流派概论》，湖南师范大学出版社2006年3月第1版，第160页。

③ 韩立新：《环境价值论》，云南人民出版社2005年4月第1版，第7页。

善对待环境的伦理义务和法定责任，环境保护事业这一“空前的人类事业”才能真正得以实现。

“法律的生命在于实施”。环境立法主要目的是通过对人类行为的规范和调整，促进人与自然的和谐，环境法律法规是环境保护理念的刚性约束和环境保护行为的制度保障，完善立法体系，提升法律价值，构筑法律精神，健全执法程序，规范执法行为，保障法定权益，这是提高公民环境保护意识、加快环境保护法制化进程的根本保证。尽管我国《宪法》第二十六条规定：“国家保护和改善生活环境和生态环境，防治污染和其他公害。”《环境保护法》也明确指出一切单位和个人都有保护环境的义务，有权对污染和破坏环境的行为进行检举控告。但这种宪法依据和控诉权利行使并不是有明确意义的法定权利保障，当公民的环境权益受到侵害时，相应的法律保护和救济机制并不明确，这种宣言式的法律规范并不具备有效诉讼价值和司法实践基础。管仲曾积极倡导法治的善与人性的善要有机结合起来，化育万民、存养善性是立法之根本，“夫法者，天下之程式、万世之仪表也”。公民环境权应当成为公民依法享有一项基本生存权利，公民环境权缺失，包括公民接受环境教育权益的不明确，导致公民无法利用法律武器合法保护自己的环境权利。公民自觉保护环境的意识得不到法律保护，公众自觉参与环境保护缺乏相应的法律保障途径，这将不可避免损害到公众保护环境的积极性，蕴含在公众广泛参与过程当中的巨大环境保护力量也就得不到彰显，接受环境伦理教育的主动性和自觉性也相应被削弱。虽然社会生活中绝大多数环境保护问题可以通过政策制定、行业规则和道德规范约束调整解决，但是通过国家强制力来保障公民环境权益、提高环境保护意识的自觉性仍是我国法治建设中亟待解决的迫切需求。“公益诉讼”制度的颁布实施，在一定程度上对污染环境、侵害公众合法环境权益的危害行为产生了法律意义上的威慑和遏制作用，在维护司法公正、保障公民权益方面取得了可喜进展。

中国特色社会主义法律体系为改革开放和社会主义现代化建设提供了有效的法律保障，具有中国特色的社会主义法律体系已经基本建成，全面落实科学发展观、建设社会主义和谐社会、完善环境和资源保护立法、促进低碳经济和绿色经济发展、保障经济社会可持续发展，已经成为我国新时期法律体系建设的重要组成部分。目前我国环境保护方面的法律有 20 多部，在日趋完善的环境保护法律、行政法规和环境标准体系建设中，有关环境教育尤其是环境伦理教育的专门立法还是空白，与此形成鲜明对比，环境教育立法工作在许多国家得到了高度重视。美国早在 1970 年就颁布了《环境教育法》，英国、日本、巴西、菲律宾、韩国等国家也都相继制定了专门的环境教育法规，对教育经费保障、人才培养制度、教育管理机构各个方面进行了各有侧重的法律界定。关于人才培养制度，美国明确规定设立环境实习生制度和总统青年环境奖学金制度，日本设有专门的专业人才认定制度，菲律宾有国家服务培训制度，韩国有社会环境教育顾问制度，但不同国家环境教育法规的制度内涵和侧重点有所不同，美国和菲律宾主要集中于对青年学生加强人才队伍培养，美国的实习生制度和总统青年奖主要奖励在环保领域表现突出或就业去向涉及环境相关专业领域的在校学生，菲律宾的国家服务计划面向正在接受高等教育的大学生。日本和韩国侧重于专门人才管理，日本的人才认定制度涵盖了具有环境教育能力的所有团体和个人，韩国环境教育主要实施目标是集中为社会培养环境教育顾问，并进行相应的资格授予和办理雇佣手续。关于设立教育管理机构这个方面，美国和韩国的环境教育主要由环境主管部门负责，美国依法设有三个法定的教育机构，环境规划署下设环境教育处负责环境教育法各项制度、措施和项目运行，环境教育咨询委员会和联邦特别工作组类似于政府在环境教育领域的智囊团和监督机构，主要协助政府在开展环境教育决策和项目实施过程中提供科学权威的建议解决方案。日本、巴西和菲律宾等国家都采取了环保部门、教育部门和其他机构共同管理的教育模式。

台湾地区以环境教育基本法为根本，对环境教育的立法目的、原则和制度做出了系统的法律规定，对实施细则给予明确的司法解释，并对环境教育两个最重要的载体——教育机构和教育场所的认证与管理以及环境教育基金制度进行详尽规定，于 2010 年建立起“基本法—实施细则—配套规定—资金保障”既相互衔接又独立完善的环境教育法律体系。新颁布实施的《环境教育法》及《环境教育法施行细则》、《环境教育机构认证及管理办法》、《环境教育实施场所认证及管理办法》、《环境教育法裁量基准》和《环境教育基金收支保管及运用办法》等一系列环境教育法规，分别对环境教育的总体目标、主管部门职责、教育机构认证、教育对象确认、教育基金设立与使用用途、教育经费投入保障机制、教育设施和场所设置、教育活动推进和奖励措施、违法处罚标准与制裁措施多个方面制订了完善的规范化建设实施计划，提供了必要的法律依据和制度保障。上述国家和地区建立健全较完备的环境教育法律法规体系，为顺利开展我国环境伦理教育立法工作提供了有益借鉴。

环境教育是加强环境保护、实现观念更新和价值认知重构的主要手段和重要过程，对重建社会关系和转变发展方式影响深远，通过环境教育调整价值取向，实现从意识到行为改变的系统构建，协同推进生态文明建设，需要系统的理论引领、科学的方法指导和严格的法律保障。环境伦理教育作为环境教育的重要组成部分，有助于正确认识环境保护与可持续发展的内在联系，对于提高公众环保意识、妥善解决各类环境污染和生态破坏问题具有重要的现实意义。加快环境伦理教育的法制化建设进程，有利于环境教育活动贯彻实施，有助于倡导环境保护伦理观念，推动环境伦理教育各方面资源整合利用，明确环境伦理教育主管部门的工作职责和教育义务，强化公民的受教育权和法定责任，设置环境伦理教育必需的组织机构，有效落实人力物力财力保障，更好地增进全民族环境伦理素质，维护好生态平衡和社会公平正义。

环境教育立法是环境宣教工作有序开展的重要法律保障，是环境教育管理工作改革创新的努力方向，也是环境宣教工作快速步入法制化、规范化发展道路的直接体现，强化德育与法治并举的社会约束机制，成为提升法治思维、推动法治建设的重要渠道，对于建构多层次的环境伦理教育体系、努力营造学校教育、家庭教育和社会教育紧密衔接的德育系统具有重要的保障作用。经宁夏回族自治区人大常委会第二十七次会议审议通过，《宁夏回族自治区环境教育条例》自 2012 年 1 月 1 日起正式施行。《条例》共分为六章三十九条，主要包括总则、组织管理、学校环境教育、社会环境教育、保障与监督、附则六大部分，该条例是我国在台湾地区之后首部有关环境教育的专门立法，标志着中国大陆已开展近 40 年的环境教育事业拥有了第一部专门的地方性法规，填补了我国环境教育立法领域的空白。《条例》明确了环境教育是以环境意识、环境道德、环境法制、环境科普知识为主要内容，培养环境保护技能和环境价值观的教育活动。条例规定公众拥有自觉参与和共同承担保护环境、造福后代的法定责任义务，有利于普遍提高公民的环境保护意识，为我国环境教育立法工作开创了新局面，对推动国家层面和其他省级地方政府尽快制定环境教育立法、在全社会倡导可持续的科学发展观产生了积极促进作用。天津市环境教育立法工作紧随其后，2011 年《天津市环境教育条例》列入天津市立法预备项目，2012 年 9 月 11 日经天津市第十五届人大常委会第三十五次会议审议通过，于 11 月 1 日起正式施行，该条例对环境教育的定义、原则、对象、实施方式、途径以及各部门在环境教育中的职责义务进行了明确规定。作为贯彻落实《天津市环境教育条例》的重要举措，天津市专门配套制定了《2013 年天津市环境教育工作计划》、《关于加强面向社会环保宣传和舆论引导工作 2014 年实施方案》和《关于推进环境保护公众参与的实施意见》系列办法，正式成立市、区两级环境教育工作领导小组，将环境教育列入市委组织部的领导干部培训计划。各级学校对环境教育的课时量化，规定不少于 4 课时。对纳入国家和天津市排污重点监控企业和依法受到环境违法处罚企业，明确规定必须接受相关的环境教育培训，并通过举办生态文明建设专题研究班等形式，加强全市环保系统工作人员在环境教育方面的规范化、法制化和制度化建设。

国家层面加快环境教育立法的呼声日益高涨，2012 年环境保护部建议将环境教育立法列入全国人大常委会五年立法规划，并为推动国内环境教育立法工作提供经费支持。2013 年 9 月 6 日由环保部宣教司、政策法规司和宣教中心举办的环境教育立法座谈会在北京召开，会议听取了宁夏和天津率先开展地方环境教育立法的经验介绍，与会专家对环保部宣教中心和中国政法大学联合起草的《国家环境教育法(草案)》进行充分讨论，对草案涉及的环境教育立法可行性、可操作性、相关具体条款的个性和共性问题广泛征求意见。“必须制定专项法律法规，用国家强制力来保障环境教育得以有力开展。”①加快推进国家层面环境教育立法进程，有利于规范发展环境教育的法制化建设，提高公众环境意识，加大生态文明建设力度，

① 王彬辉:《台湾〈环境教育法〉解读》，载《环境教育》，2011 年 10 月总第 136 期，第 50 页。

构建全民参与的环境保护社会行动体系。全面推进依法治国，必须做到“法立，有犯而必施；令出，唯行而不返”，从而保证法律严格实施。十八大明确提出全面建成小康社会的奋斗目标，十八届三中全会《关于全面深化改革若干重大问题的决定》对全面深化改革作出顶层设计，强调生态文明建设关系人民福祉、关乎民族未来，需要建立系统完整的生态文明制度体系，实行严格的源头保护制度、损害赔偿制度和事故责任追究制度，完善环境治理和生态修复制度，用法治制度保障生态文明建设顺利进行。为了保障生态文明建设目标有序推进，十八届四中全会立足于建设法治中国，《中共中央关于全面推进依法治国若干重大问题的决定》坚持依法治国、依法执政和依法行政共同推进，坚持法治国家、法治政府和法治社会的一体化建设，全面推进科学立法、严格执法、公正司法和全民守法的改革进程，运用好科学发展的重要战略机遇期，统筹社会力量、平衡社会利益、调节社会关系、规范社会行为，促进国家治理体系和治理能力现代化，真正实现经济发展、政治清明、文化昌盛、社会公正和生态良好的战略发展目标。

新《环境保护法》经十二届人大常委会八次会议修订，自 2015 年 1 月 1 日起施行，这部环境领域的基础性法律，为经济发展新常态下促进经济社会可持续发展、建设美丽新中国提供了更有力的法治保障，被称为是“史上最严的”、“有牙齿”的环境保护基本法。改革主要体现在三个方面：基于环境承载力推动建立绿色发展模式，推动多元治理的结构体系，明确行政监管部门法定责任。法律的生命力在于实施，法律的权威也在于实施。“天下之事，不难于立法，而难于法之必行。”治理污染全社会人人有责，需要经历一个过程，节能减排与经济社会发展密切相关，加强环境伦理教育可以显著提高广大人民群众的环境保护意识。同时要抓住要害，加大环保部门的执法力度和能力建设，决不允许干扰执法、法外施权，“环保法的执行不是棉花棒，是杀手锏”。严格贯彻实施新的《环境保护法》，是加快推进生态文明建设、维护国家环境安全、保护人民群众生活环境和身体健康的重要抓手。

中国正面临历史上前所未有的环境与发展矛盾，相对于经济增长，中国环境排污强度已经超出历史上最高两个国家——德国和日本的 2～3 倍，今后在新环保法执行中必须细化各项配套措施，着重加强执法力度，避免“环保执法过松过软”，牢固树立“守法是底线”的新常态。环保部和中国法学会以“生态环境法治保障”为主题举办大型系列活动，通过收集整理生态环境法治保障的国内外立法案例与成功经验、召开各类环保与法律专家座谈会、开展较大规模实地调研活动、全国范围内征集生态环境法治保障制度创新事例、举办全国性主题征文活动和专门学术论坛，全面加强我国生态环境法治保障，广泛征集专家对大气污染、水污染和土壤污染等基本环境要素的治理建议，编辑出版国内外生态环境法律法规汇编、优秀案例库和论文集，宣传新环境保护法和相关法律知识，积极推动政府相关部门严格执法，为加快建立系统完整的生态文明制度体系提供智力和信息支持，充分调动社会各方力量参与环境保护事业。

新《环境保护法》强调保护环境是国家的基本国策，促进生态文明建设首次被列入新《环境保护法》的立法目的。环境保护坚持“保护优先、预防为主、综合治理、公众参与、损害担责”的原则，第六条重申“一切单位和个人都有保护环境的义务……增强环境保护意识，采取低碳、节俭的生活方式，自觉履行环境保护义务”。第九条明确提出“各级人民政府应当加强环境保护宣传……教育行政部门、学校应当将环境保护知识纳入学校教育内容，培养学生的环境保护意识”。虽然新的《环境保护法》有关条款已经涉及环境教育这一领域，但作为国家环境保护事业“基本法”，主要是立足于对我国基本环境制度作出框架性规定，未能明确环境教育尤其是环境伦理教育的相关内容、教育对象、组织结构和责任义务，国家层面的环境教育立法势在必行。

我国环境教育立法处于起步阶段，环境伦理教育相关立法更加薄弱，无法保证环境教育事业全面步入法制化轨道。加快环境伦理教育法制化进程，抓紧完善相关的环境教育法律法规，克服教育实施过程中“无法可依”的尴尬局面，更好发挥环境教育领域的法治引领和规范作用，构建全民参与环境保护的社会行动体系，统筹推进环境伦理教育事业科学立法、严格执法、公正司法、全民守法。

一是加强相关法律法规和管理规章制度建设。教育和环保主管部门积极推进立法进程，增强针对性和可操作性，正式启动立法程序，加快有法可依、执法有据、违法必究的监督保障机制改革。

二是积极完善环境规划、环境管理、环境标准，通过制定法律细则、部门规章和地方法规，全方位构建立体式覆盖、可操作性强、完整规范、明确高效、权责统一的环境教育法律支撑体系。

三是保障环境伦理教育顺利有序实施，在教育活动的组织、实施、资金、场地、人员、师资、考核、评价等方面明确相关法律规定，尤其是资金安排、场地指定、人员配置、教育计划、教学内容、教学大纲、考核评价和相关责任要明确定性或定量，着力解决好违法成本低、责任追究难、目标责任薄弱、法定义务不明确等执法过程中可能出现的问题，避免成为难以有效贯彻落实的“软法”。

四是允许社会组织和民间资金在国家法定框架下合乎规范地纳入国家环境教育体系，积极扩展教育空间，改进教育手段，创新教育模式，鼓励社会教育机构参与环境伦理教育事业，独立自主开展环境伦理领域的全民教育，通过道德意识和责任心锻炼，积极实践理想的环境行为，“关于环境的法律条文才能得到严格遵守并得到补充”①。

五是依赖党和政府对环境管理公权力实施有效监督，以“出重拳、用重典”为主基调，多部门协同推进，在实施环境伦理教育过程中制定严格的教育评价指标，对

① 赵中建:《全球教育发展的研究热点:90年代来自联合国教科文组织的报告》,教育科学出版社2003年4月第2版,第15页。

部门职责和管理权限做出明确规定，真正纳入部门和领导干部的考核体系并接受社会监督。

六是强化政府环保部门和教育部门在教育教学组织实施过程中的主导地位，制定质量评估指标，按照各级各类学校实施环境教育的周期、课时数、培训内容、执行主体等量化考核指标，充分突出各级各类学校的教育主体地位。

七是通过环境教育的法制化、规范化建设，赋予公众广泛参与环境事务和发挥教育功能的各项实际权利，促进公众依据国家法律赋予的权利和义务，参与环境保护事业制度落实，大力彰显保护环境的公众意识，切实保障环境伦理教育事业蓬勃发展。

九、环境伦理教育要注重保障和配套措施的完善

(一) 资金保障

环境伦理教育经费投入明显不足，已经成为制约教育活动有效开展的重要因素，教育资金短缺直接影响教学必需的教学仪器设备以及教材、报纸杂志和音像制品等必备教辅资料购置，影响师资培训质量和教学实践实习基地建设。值得借鉴的是，美国通过立法程序专门设立环境教育与培训专项基金，每年对国家环境教育专项预算进行授权，巴西、日本和韩国虽然没有单独设立专项教育经费，但也通过颁布环境教育相关法规，对政府提供必要的财政支持提出原则性要求。

2011 年 4 月 22 日环保部等六部委联合编制《全国环境宣传教育行动纲要(2011—2015 年)》，明确提出要加强环境宣传教育工作，增强全社会的环境保护意识，推动尽快建立全民行动体系，为建设资源节约型、环境友好型社会打下基础，为不断提高生态文明建设水平营造良好舆论氛围。各级政府要加大环境宣传教育工作的资金投入力度，把环境宣传教育经费纳入年度财政预算保障落实。各级环保宣传教育部门要积极扩宽资金投入渠道，努力争取财政资金，加大环境伦理教育基础设施建设专项资金的转移支付力度，充分调动社会力量，扩大社会资源进入环保宣教领域，多途径多渠道增加社会融资能力。

《国家中长期教育改革和发展规划纲要》提出到 2012 年确保实现教育财政性支出占国内生产总值 4%的教育经费增长目标，充分表明了党和政府推动教育改革发展的坚定决心。2012 年和 2013 年全国教育经费执行情况统计公告显示，2012 年国家财政性教育经费支出总额为 22 236.23 亿元，圆满实现既定目标达到了 4.28%，比 2011 年的 3.93%增加了 0.35 个百分点。2013 年国家财政性教育经费支出达到 24 488.32 亿元，比 2012 年增长了 10.13%，占 GDP 的比例维持在 4.30%，初步实现了国家财政性教育经费投入持续增加的良好势头，整个“十二五”期间全社会预计环保投入总量可能超过 5 万亿元。

为确保《全国环境宣传教育行动纲要(2011—2015 年)》各项中心工作顺利完

成，国家必须加大资金投入力度，切实做好环境伦理教育工作的资金保障。

一是加强环境伦理教育顶层设计和制度架构，明确规定教育资金的制度保障、政策激励和法定责任，保证公共财政对环境伦理教育和环境文化建设的投入增长幅度高于财政经常性收入的增长幅度，稳步提高环境伦理教育经费占环境教育事业的财政支出比例。

二是将环境伦理教育专项经费统一纳入各级政府的本级财政预算体系，通过新《预算法》等相关立法程序，保证专项教育资金得到较大幅度的增长。

三是各级地方政府根据国民经济和社会发展状况，逐步扩大环境伦理教育的公共财政覆盖范围，逐步完善社会公益性环境伦理教育事业财政拨款保障机制。

四是各级环境保护部门要严格将上缴国库或财政专户的排污费按规定比例计提，确保划拨一定比例的财政专项资金用于环境伦理教育经费支出。

五是积极拓宽环境伦理教育经费筹集渠道，逐步建立包括政府、企业、社会和个人在内的多元化投资机制，吸引国际社会援助、公益慈善组织、企事业单位和个人加大对环境保护事业的定向捐赠，设立环境保护教育基金会，争取各类社会组织和工矿企业进行资助，完善环境保护建设投资项目切块列支教育专项经费，号召全民参加环保宣传教育志愿活动，弥补环境伦理教育经费的不足，鼓励、支持、引导各类社会资金加大对环境教育事业的支持力度，对面向社会筹集的教育资金的来源渠道和适用范围进行全过程监管。

六是各级政府要以编制国民经济和社会发展“十三五”规划为契机，将环境伦理教育纳入国民经济和社会发展规划之中，积极组织实施，通过切实加大财政、金融、税收、发改委等政府主管部门在相关领域对环境伦理教育政策的支持力度，完善联合投入的保障机制，提高教育资金的使用效益和规范化管理力度。

七是严格考核评估机制，采取“以奖代补”、“以奖促防”、“以奖促治”等资金优先方式，对各级政府开展环境伦理教育资金保障情况和教育规划实施情况的年度考核和终期评估，考核评价结果向社会公开，既作为各级政府领导班子综合考核评价和领导干部选拔任用测评的重要依据，又要量化资金奖励指标，有针对性“奖优罚劣”，提高有限的教育专项资金发挥最大的社会综合效益。

（二）师资保障

从 1990 年开始，美国大多数的州设置了环境教育中心，进行专门化的师资培训，这些师资培训计划为美国的环境教育提供了重要的师资保障。以威斯康星州为例，环境教育中心设置在威斯康星大学斯坦福重点校，教育活动之一就是与各个大学广泛合作，“提供环境教育研究生课程，同时对在职教师提供各种环境教育科目”①。通过组织教师进行教育评价、召开环境专题研讨会议、提供环境教育信息网和资料库等多种培训形式，共同促进教师环境素养和教学技能提高。美国在

① 马桂新：《环境教育学》，科学出版社 2007 年 4 月第 2 版，第 49 页。

2000年“约有39.2%的中小学教师接受过环境教育方法的培训，有62.1%的人参加过环境科学与生态知识方面的学习”①。美国环境教育教师培训计划，为加强环境伦理教育师资培训工作提供了有益借鉴和启示作用。

教育是促进人类发展的重要手段，“教育是心灵与心灵的沟通，灵魂与灵魂的交融，人格与人格的对话”②。教师的基本职能是传道、授业、解惑，教师是人类文明的传承者，是人类灵魂的工程师，是具有教育智慧的学者和人格修养的楷模。教师的责任具有广义的多维角度和关系属性，既可以简单归纳为教育责任、法律责任和道德责任，也可以从逻辑关联角度划分为学习责任、工作责任、生活责任和自我责任、社会责任，以及政治责任、经济责任、法律责任、道德责任共同组成的结构统一体，教师责任中的“社会伦理性”成为教师角色伦理的核心要义，基于伦理认识之上的道德引领责任，集中凸显了教师始终追求的价值内涵，教师承担的责任体现了教育实践过程中的伦理道德诉求，是教育改革核心价值理念影响下的社会产物，既有源于社会期待的外部客观责任认定，也有源于价值观信仰的内部主观责任担当，人们普遍期望教师能够担负起道德指引和教书育人作用，帮助学习者在信息甄别和价值观判断中不至于迷失方向。

教师是学校和课堂中通过有效教育渠道进行教育变革的关键活动者，不仅帮助和指导学习者吸收知识，还要使学习者认识到自己的特性，对多元文化坚持“百家争鸣”的宽容态度，发扬兼容并包的开放精神，在终身学习中满怀信心面对未来。要把加强师资队伍建设作为推动教育科学发展的一项重要基础工作，教育大计要依靠“教师为本、教学相长”的理念来实现。“学为人师，行为世范”，教师是学习环境的设计者、学生学习的指导者、帮助者和学习伙伴，教师是立教之本、兴教之源，习近平同志在2013年9月10日第29个教师节来临之际，鼓励老师树立中国特色社会主义理想信念，带头践行社会主义核心价值观，自觉增强立德树人、教书育人的荣誉感和责任感，“学生对情感方面的学习不同于认知方面，往往是自发地对教师模仿、认同，在不自觉的情况下接受教师的影响”③。

联合国环境与发展委员会在《我们共同的未来》中认为，在达成可持续发展所需的转变过程中，教师扮演决定性的角色。教师自身的环境专业知识结构、环境伦理研究水平、环境伦理素质、环境保护参与能力、师德建设水平、团结合作精神和动机意识，是决定环境伦理教育效果的关键性因素，教师的职业道德、教育策略、教学能力和教育效果也是决定教师教育影响力发挥的重要载体。

21世纪年轻一代综合素质评价的重要衡量标准，是环境伦理道德意识和道德行为能力的高低。在学生身心发育和道德发展阶段，“与其让成人社会自然地影响

① 马桂新：《环境教育学》，科学出版社2007年4月第2版，第50页。
② 温家宝：《强国必强教　强国先强教》，载《新华文摘》，2010年第21期，第4页。
③ 汪建红、王芝平：《初中环境素质教育》，中国环境科学出版社2003年9月第1版，第111页。

他们的发展，不如学校积极地按社会的良好运行规则来对学生施加影响”①。环境伦理教育的专门师资队伍建设，是提高教育质量、促进环境伦理教育事业科学发展的根本保障，如果将环境伦理教育比作是国家环境保护事业的基石和灵魂，教师就是理所当然的奠基者和灵魂工程师。教师的环境伦理意识和环境行为习惯具备言传身教的重要示范效应，是受教育者培养环境道德意识和养成合乎伦理环境行为能力的重要教育主体，是推动环境伦理教育有效实施的关键引导者。

“综合环境素养不仅仅由受教育者的认知能力构成，还应包括保护与改善环境的动机、坚持可持续发展观的信念、正确的环境价值观与态度、牢固的环境道德感与责任感、强烈的环境意识、执著地保护环境的精神等情感因素。”②教师必须充分意识到环境伦理教育面临的挑战，注重环境伦理理论知识和社会实践技能的培训提高，主动提高自身的环境伦理素养，丰富和完善教学技能和实践经验，善于根据学生在不同成长阶段的智力发育水平、道德接受能力、学习需求和兴趣爱好，适应开放式讨论和研讨式互动学习的实际需要，有针对性设计一个适宜的学习环境，充分尊重学生的选择权和自主学习愿望，有效激发学生的发展潜能，促进学生的批判性思维、创新精神、自主意识和求知欲望得到良性发展，激励学生主动践行环境保护参与行动。

在环境伦理教育课程和教学项目的规划设计中，教师要妥善做到：(1) 教学目标与学生的道德和智力发展水平相适应；(2) 教学内容与学生的家庭背景、社会环境、文化传统、世界观价值观、环境道德观以及环境道德认同度相适应；(3) 教学方式方法要结合区域环境问题，注重结合学生的环境知识和技能水平，真正激发学生的道德兴趣和伦理追求；(4) 教学实践要秉承作家和历史学家瑞恩·杜勃伊斯倡导的“全球思考，当地行动”理念，启发学生对全球环境危机的忧患意识，增强个人付诸行动的紧迫感，主动检验日常行为习惯是否符合环境伦理规范，自觉将环境伦理意识转化为实际行动；(5) 始终牢记地球是人们赖以生存的源泉，充分认识个体环境伦理行为习惯的养成对缓解全球性和区域性环境危机、提高环境质量的积极意义，为了子孙后代长久生存权益，坚持从自身做起，从身边做起，从现在做起，积极投身到环境保护事业的各项具体实践活动中去。

为了切实提高我国环境伦理教育工作者的理论教学水平和实践指导能力，必须建立健全专门的环境伦理教育师资准入和退出制度，高度重视环境伦理教育师资的培训体系建设，师资培训内容主要包括环境科学基础知识、环境伦理教育理论、环境伦理教学方法和环境伦理教学实践技能。教育主管部门和环保主管部门要设立常规化和制度化的培训渠道，努力提高环境伦理教育师资的理论素养、人才培养技能和科学研究能力，切实加强“双师型”人才培养工作力度，将环境伦理师资

① 杨韶刚：《西方道德心理学的新发展》，上海教育出版社 2007 年 10 月第 1 版，第 440 页。

② 朱长林、楼振华、沈爱忠：《小学环境素质教育》，中国环境科学出版社 2003 年 2 月第 1 版，前言。

培训列入整体师资培训工作计划当中，通过正规的学历学位教育、开办专门培训班、举办培训讲座、学习班和专题报告、考核环保实务工作经历等各种形式，促使环境教育理论研究成果得到推广应用，保证广大一线教育工作者能获得更多学习和提高的培训机会。教育部在《幼儿园、小学、中学教师专业标准（征求意见稿）》中要合理体现环境教育专业教师的发展标准及要求，在教育部的中西部农村中小学国家培养计划中，将农村中小学教师的环境教育能力和素质提高提到议事日程上来，作为教师培养工作的一项重要任务。环境保护部作为面向社会各界进行环境保护宣传教育和能力培训的行业主管部门，承担着全国范围内各级各类绿色学校和绿色社区创建活动，要加强与世界资源研究所和国内外众多知名高校的教育培训合作交流，积极提高环境教育师资的教育水平和管理能力，不断提升环境教育师资的整体素养和实践能力。

（三）组织机制保障

环境伦理教育在引导人们全面正确看待环境问题，培养良好社会责任感和解决环境实际问题能力，提高环境文明素养具有不可替代的重要作用。国务院新出台的《关于加强环境保护重点工作的意见》、《国家环境保护“十二五”发展规划》、《大气污染防治行动计划》，召开了第七次全国环境保护大会，都明确提出积极开展环境保护宣传教育工作，创造优美和谐的生态环境，推进生态文明建设，提高生态文明建设水平，这在国家层面上对做好环境伦理教育事业组织机制保障提出了更高要求，成为加快社会主义现代化建设一个新的目标任务。

《中小学环境教育实施指南》要求学校在教育过程中加强环境伦理教育的文化氛围建设，健全相应的管理机制，做好环境伦理教育工作的组织保障。为了有针对性加强环境伦理教育，各级各类学校要组织成立环境伦理教育领导小组或专门管理委员会，负责环境伦理教育的组织实施和协调沟通工作，环境伦理教育要相应纳入学校环境教育总体规划和年度工作计划中，鼓励全校师生员工积极参与环境保护、提高环境伦理意识、增强环境伦理教育的自觉性和主动性。环境伦理教育领导小组在学校主管领导的直接协调下，具体负责环境伦理教育师资的配备和队伍建设；师资培训项目的论证；环境伦理教育项目的规划与实施；环境伦理教育课程体系的设立和教育内容的交叉渗透；环境伦理教育场地供应、时间安排以及图书资料、新闻媒介、网络平台、音像制品、环境监测指标信息等环境教育资源的开发利用；综合教育实践活动的整体安排部署；学校与政府、企业、社区、环境保护机构、环境保护非政府组织、环境伦理教育教学基地等各类教育资源长期协作共建。

在宏观层面上，教育部高等学校环境科学与工程教学指导委员会应尽快成立环境伦理教育教学指导分委员会，集中力量对我国目前环境伦理教育的发展现状和存在的问题进行调查研究和综合分析，重点筛选和培育一批具备环境伦理教育优秀师资和学科优势的国家级和省部级重点学科，广泛开展国际合作交流和师资引进与培训，逐步提高环境伦理教育话语权。要制定环境伦理教育重点发展规划和特色示范建设规划，分步骤拓宽专业研究领域，分层次、分区域、分行业、分时段在高等学校、科研院所和中小学循序渐进做好环境伦理教育改革试点工作。

（四）课程设置和教材开发保障

课程教学是学校组织实施教育过程的主要渠道，课程设计需要明确的教学目标、教学范围、教学顺序和教学方法。环境伦理教育课程需要有计划、有目标、有组织地将现代环境道德教育理念融合到受教育者的综合环境素质提高上，制订教学计划时要充分考虑学生偏好的学习类型、智力与道德发展水平以及基于道德水平形成的行为模式，要将教学目标与教学方法、评价手段、实践检验有机结合，吸引学生的主动参与意识，有效激发学生的学习兴趣，利用批判思维，合理引导不同环境道德动机下的价值冲突，促进学生良好环境道德的内化转变。要加快课程设置改革和专业布局调整，有计划地组织专家编写前沿研究水平的专业课程教学大纲和教材教辅资料，注重在国家课程、地方课程和校本课程这三级课程体系改革中积极探索环境伦理教育和可持续发展教育改革，主动将当今社会具有争议性和普遍性的环境伦理问题，通过野外调查、课堂辩论、班组讨论和尝试解决等教学形式引入到课程教学中，学生可以运用批判性思维和创造性思维能力，充分讨论与日常生活和社会环境问题直接相关的环境伦理认识，提高对复杂环境问题的理解能力、道德推理能力，以及尊重他人信仰、和睦相处的人际交往理念。

1. 高度重视新课程标准中校本课程的开发和创新。校本课程是有效实施环境伦理教育的重要课程类型，校本课程可分为自主型、国内合作和国际合作三种形式，作为选修课程，校本课程蕴含着丰富的教育资源，可以灵活体现当地社区和学校的环境特色和乡土风情，对实施环境伦理教育具有独特的引导示范作用。真实面对、针对性强、学用结合、素材丰富、富有说服力和感染力、参与积极性高是校本课程能够有效激发学生学习兴趣的显著特征。在校本课程开发过程中，涉及环境教育工作的各级环保和教育主管部门，要加强优秀教学成果交流，推进环境伦理教育改革创新，紧扣全面素质教育新要求和环境伦理教育工作重点，运用最新教育理念、课堂设计、教学方法、教学模式和授课艺术，以开展优秀环境伦理教育示范课程评选活动为载体，充分挖掘环境伦理教育因素，采取灵活多样的课程组织形式，科学合理搭建起课程框架，注重增强教学内容的趣味性和现实可得性，将渗透教育和专题研究有机结合，提高校本课程的有效区分度、合理难易度和年龄适宜度，加快建设内容丰富、体系完整、广泛参与、构成元素独特的新型环境伦理教育校本课程体系。

2. 有针对性加强环境伦理教育地方课程体系建设。在义务教育阶段将“自然与环保”等环境教育类课程设定为必修课，规范做好课时、教材、教具、教师四落实。要结合学科特点挖掘环境伦理教育基础素材，积极通过渗透式、启发式和引导式教育实践活动，促使环境教育进教材、进课堂、进头脑，把学生渴求真知、探索实践的主动学习意识真正融入自觉运用环境知识关心自然、保护生态和节约资源的实际行动上来。

在现代学校环境伦理教育课程中，教育目标和教育标准的规范性往往具体体现在教材编写和开发理念上，不同的教材内容在保持教学目标规范性同时，也为开展灵活多样的环境伦理教育教学提供了充足的开放空间。环境伦理教材必须符合不同年龄段和不同区域差异影响下的学生认知规律，注重对人类与自然环境的相互关系及作用机理进行系统研究，合理引导环境意识和生态价值观，强调参与环境实践行动的重要性，时刻注意将环境知识教育与环境伦理意识教育有机结合，更加贴近学生的实际生活、思考习惯和知识层次，更加重视提高学生和教师的主动参与热情，提供更多有助于自由发挥教学技巧的便利条件，有针对性选派环境知识丰富、教学经验和教学效果好、结合环境实际问题、启发学生环保自觉意识的优秀教师积极投身环境伦理教育事业。

3. 国家课程整体协调性原则有助于实现环境伦理教育的必要整合。在国家课程中多学科课堂渗透教学是环境伦理教育主要渠道，要注重加强环境科学知识和伦理教育的课堂渗透和学科融合，充分挖掘各个学科教学大纲与环境保护、污染防治、资源利用之间的密切联系，开发创新各学科与环境保护相关知识点的有机衔接，主动采取研究性学习、专项课题研究、社会实践教育、情景模拟训练等渠道，在各个相关学科领域全方位渗透环境保护知识和环境伦理思维，时时处处感染、教育、影响和培育每个学生的环境意识和价值观念，整体协调人与自然和社会的互动关系，促使学生理性与情感、精神与体魄得到均衡发展，保障环境伦理教育真正实现环境知识传授、伦理意识提高和实践能力增强的素质教育目标。

十、环境伦理教育要关注生态文化和生态文明建设的蓬勃发展

文化是民族的血脉，是人类的精神家园。文化是动态的“文而化之”，文化的价值就在于通过化育，将人类社会发展进程中创造的物质财富和精神成果赋予人类生命之中，在实践检验中彰显文化的价值维度。文化是社会发展最终起决定作用的力量源泉，文化建设的根本是社会核心价值体系建设，弘扬文化的重要意义在于引领风尚、教育人民、服务社会、推动发展和促进文明。

文化集中体现了代表一个社会或者民族的独特精神、物质、理智和情感特征的价值认同体系，在“融入人的基本权利的同时，还包括了生活方式、传统和信仰、艺术和文学”①。多元文化具有独立性、完整性和丰富的差异性，多元文化富有成效的交流和对话更有利于文化特性发展和价值观弘扬，文化传播对教育带来了新的挑战，尤其对直接指向精神成长、价值选择、伦理转化、实践检验的道德教育提供了

① 赵中建：《全球教育发展的历史轨迹——国际教育大会60年建议书》，教育科学出版社1999年12月第1版，第497页。

新的生机。“基于道德与文化之间天然的、本体意义上不可分割的联系，道德和道德教育始终存在于一定的文化谱系之中。”[①]道德和道德教育在价值理想上体现了文化特有的内在精神和价值准则，在教学内容上反映了不同文化类型特别要求的人伦规范。文化的基础在于文化心理，道德文化建设实质是促成社会统一的道德文化心理认同和道德规范关系解读，文化依赖道德精神引领和道德信念支撑。为了有效避免道德教育实践的技术化、空壳化、相对化和外在化倾向，深刻变革道德教育的文化传承和价值脉络，避免现实社会道德教育应有的文化品位、文化追求和文化路向被不良倾向所蒙蔽，坚决以现代文化蕴含的价值观为根本指向，重新审视道德教育的文化本质和价值追求，应该成为我国当前道德教育理论建设和实践改革的努力方向。钱穆将中国的文化精神称为“道德的精神”，这种道德精神是中国文化历史传统的中心，是人内心要追求的“做人”的理想标准，“是人类自己的内心要求。我们的天性，自要向那里发展，这是人类的最高自由”[②]。

《易经》主张“刚柔交错，天文也。文明以止，人文也。观乎天文，以察时变，观乎人文，以化成天下”。文化始于自然，文化源于生活，文化在积累和传承中不断创新。文化是人类社会最重要的精神属性，深刻影响着人们的思维导向与生产生活方式，大自然是人类的精神家园和文明载体，文化内涵孕育着人与人之间平等交流融合，也包含着人与自然和谐共生共荣。德国学者卡西尔在《人论》中提出“人是文化的符号，是文化的产物，也是文化的载体”[③]。人类学家林登在阐释文化对人类生存、社会延续和理想追求的重要意义时强调：“若没有文化，人类绝不会比类人猿更高明。”[④]黑格尔认为“人的一切文化之所以是人的文化，乃是由于思想在里面活动”，文化是人类精神投射的荧幕，是伦理精神革新的基石，新的文化精神革新要求必须同时进行文化改造。

人不仅是自然人，更是本质上具有特定文化素养的社会人，人类正确认识自然、利用自然、保护自然和尊重自然，是更深文化内涵和更高文明程度上的人类文化自觉意识和哲学思想体现。“文化自觉更是指思想上的自觉，是我们在思想上真正形成对自身文化性质的理解”[⑤]，只有对当今世界文化发展转型过程中不同文化形态有一个清晰认识，充分认识文化认同的重要性，努力从行动上体现我们的文化认同，构建我们自身文化的特殊性和普遍性，人类才能实现真正的文化自觉。

生态文化是正确对待人与自然和社会的关系，实现人与社会、人与自然协调可持续发展的思想支撑，是在生态价值观指导下，体现人与人、人与自然和谐关系的新型文化形态和社会意识形态，是正确处理和协调人与自然关系的“整体文化价值

① 戚万学：《当前道德教育的文化困惑与文化选择》，载《新华文摘》，2010 年第 3 期，第 112 页。
② 钱穆：《中国历史精神》，九州出版社 2012 年 2 月第 1 版，第 128-129 页。
③ 唐凯麟：《当代新技术革命与人的发展》，载《新华文摘》，2010 年第 10 期，第 113 页。
④ 韦政通：《伦理思想的突破》，中国人民大学出版社 2010 年 2 月第 1 版，第 4 页。
⑤ 江怡：《从文化自觉到哲学自觉》，载《新华文摘》，2012 年第 19 期，第 35 页。

观”,是人类思想观念和环境意识领域发生深刻变革的时代产物,是人类面对生态危机,在更高层次上寻求尊重自然法则的回归,在可持续发展过程中寻求文化转型和生产生活方式变革的必由之路。文化的发展,文明的进步,都是以大自然的存在和延续为基础,都是以人类的文化传承和伦理提升为媒介,生态文化的建设与发展,与现代人类的科学观、教育观、伦理观和生态观密切关联,是现代全球文化发展历程不可或缺的重要组成部分,是新形势下环境保护事业的必然要求,是推动公民道德建设、加快社会主义精神文明建设、全面实施素质教育的重要时代特征。环境文化建设不仅体现在意识形态建设上,更应当“体现在制度建设上,形成制度环境文化,以环境伦理道德规范人们的行为,促使师生形成新的行为习惯和生活方式”①。

一切形而上的思想、意识、道德观念都是由形而下的存在决定的,人类的聪明才智、道德风尚、精神追求以及物质和精神财富都依赖于大自然的赠予。建设和谐社会离不开人与自然的和谐相处,人与人、人与社会和谐相处的前提和基础是人与自然的和谐。作为一个有体的系统整体,文明是考量人类整体生存发展能力的价值认定标识,是对整个社会文明完整形态的准确把握,从各自特定的属性展现人类调整与外部世界复杂关系的认识能力。“文明是人类、其他动物、植物与土地之间相互的和彼此依赖的合作,这种合作随时都有可能因其中一方的失误而受到破坏。”②文明绝不允许人类去粗暴征服一个稳定而永恒的地球。人类历史本身既是自然史的延续,又因为人类的创造性活动在根本上区别于自然,人类文明是一种永恒的价值追求,是社会发展进步的规律性和社会主体成长的合乎目的性的有机统一,文明作为考量人类整体生存发展能力的价值认定和价值标识,集中反映出人类调整与外部世界的关系和人类自身关系的社会实践能力,人类文明发展演变的价值根源在于自然价值和社会价值的双重建构,这离不开伦理教育的推动作用和价值主体的逻辑关系认定。人类与地球之间和谐关系已经被严重改变,影响深远的新连接关系实质上已经演变成一种“冲突”关系,“今天的人类文明对全球环境造成威胁,而全球环境变化对人类文明也造成了威胁……彻底改善和最终修复文明社会与地球的关系才是真正的解决方案”③。面对全球性环境问题的严重性和复杂性,阿尔·戈尔认为不应当限定具体环境问题或环境危机的化解,要用生态文明的道德视野来看待、考虑、认识和理解环境,主动改善和修复人类社会与地球的关系,修正在文明发展低级阶段的工具化和功利化价值衡量尺度。《新共和报》和《旧金山纪年报》高度评价戈尔在《濒临失衡的地球》一书中,对环境危机富有理性的深入

---

① 马桂新:《环境教育学》,科学出版社 2007 年 4 月第 2 版,第 304 页。

② [美]伦纳德·奥托兰诺:《环境管理与影响评价》,郭怀成、梅凤乔译,化学工业出版社 2004 年 1 月第 1 版,第 6 页。

③ [美]L. H. 牛顿、C. K. 迪林汉姆:《分水岭:环境伦理学的 10 个案例》,吴晓东、翁端译,清华大学出版社 2005 年 6 月第 1 版,第 3-4 页。

分析和强烈的道德价值取向,"呼吁我们承担起道德责任,呼吁人从内心深处懂得道德和责任这两个词意味着什么"①。

生态文明基于对生态文化的普遍认同,生态文化的熏陶为人类文化向大自然延伸提供了道德取向上的"正能量",生态文明更依赖于生态文化教育传播和弘扬,在生态文明进程中教育功能的发挥主要在于促进科学观和价值观改变,提升国民对生态文化的延续传承能力,引导人们正确评价科学技术应用,推动生态技术发展,提高生态文化发展水平。人类一切社会活动与自然互动关系是紧密联系在一起的,在历史唯物主义基础上重建人与自然、人与社会和人与人之间的新型和谐关系,有助于帮助现代文明彻底摆脱危机丛生的现实困境,树立全新的生态世界观,培育和谐的生态智慧,建设和弘扬生态文明,这是指导环境保护事业的灵魂和精神动力,是从根本上解决环境和生态破坏问题,加快经济社会可持续发展的内在要求,先进的环境伦理和发展观教育是助推社会进步与文化建设进程、增强可持续发展软实力的正确抉择,是促进人类社会在自我反思、自我批判、自我改进和自我完善中实现环保使命的思想保障。

生态意识具有强调整体、关注未来和追求和谐三个主要特征,生态意识是现代社会和未来发展对每个人基本素质的普遍要求,生态文明建设从生态价值观维度出发,通过生态价值观建设和环境伦理教育,引导人们树立正确的自然观、消费观和幸福观,不断提升人们的生态价值境界,形成自觉的生态意识,逐渐将这种生态意识内化为人们坚定的行为信念。环境伦理教育是现代素质教育的重要内容,环境伦理教育在促进人与自然和谐相处、遵守生态伦理规范、尊重自然客观规律、提高生态保护意识方面发挥着不可替代的教育功能。人与自然和谐相处是社会主义和谐社会建设的一项重要内容,也是生态文明建设的必然要求,社会主义核心价值体系引领的社会主义先进文化是落实科学发展观、加快生态文明建设的根本保障,加强社会主义环境伦理教育是推动社会主义文化大发展、大繁荣的有机组成部分和重要实施载体,也是社会主义现代化建设的必然要求。

生态文明既是理想境界,又是现实目标;既是生动实践,又是长期过程;生态文明既追求人与人之间的文明和谐,也追求人与大自然的文明和谐;生态文明既可以实现人与人之间和睦相处的美妙感受,也能够真切体验到人与自然友好相处所带来的愉悦、快乐、幸福、安宁和温暖。环境伦理教育是加快环境文化建设的有效措施和活动载体,环境文化建设是提高环境伦理意识、树立人与自然和谐的生态文明观、改善环境保护水平的重要思想基础,体现了现代绿色文明的时代进步要求,代表先进文化的重要发展方向。"广泛开展群众性生态文明创建活动是最行之有效的方法之一。"②生态文化建设需要依靠的主体是人民群众,各种生态理念、道德原

① [美]阿尔·戈尔:《濒临失衡的地球》,陈嘉映等译,中央编译出版社 2012 年 8 月第 1 版,前言。

② 李世书:《农村生态文化建设载体研究》,载《环境教育》,2011 年 12 月总第 138 期,第 45 页。

则和价值取向必须作为一种文化因素扎根在人民群众心中，才能真正转化成为人民群众的内在思想观念和自觉行动准则。

环境文化建设涉及环境保护方方面面，深入开展环境保护必须深刻变革全社会的环境伦理思想，各级环境保护创建活动（环保模范城市、生态示范区、绿色学校、绿色社区、绿色家庭、环保小卫士、环境教育基地）、丰富多彩、群众喜闻乐见的环境保护文学艺术作品（环保类影视作品、环境科普读物、环境文学类图书、杂志、书法、绘画、歌曲及文艺节目）、环境伦理道德理论研究和环境哲学思想研究（环境伦理学理论流派研究、环境哲学与环境政治学研究、环境美学研究、环境经济与环境法学研究、环境社会学和心理学研究）都是环境文化建设的重要组成部分。环境文化理念的广泛渗透，"预示着人类文明已从传统工业文明逐步转向生态工业文明，并将以自然法则为依据来改革人类的生产和生活方式"①。生态文化是根据生态系统的内在联系法则，最优化解决人与自然辩证关系的意识形态集合体，生态文化建设是提高环境和生态保护意识，加快落实科学发展观和推动生态文明建设的根本保障，必须大力培育和弘扬以科学知识为基础、以科学方法为支撑、以科学思想为核心、以科学精神为灵魂、以科学伦理为指引的先进文化教育，积极倡导人与自然和谐相处的伦理文化。

生态文明是继原始文明、农业文明、工业文明之后，反映人类社会中人与自然和谐程度的新型社会文明观，是在物质文明、精神文明、政治文明和社会文明基础之上的更高级文明形态，是处理与自然关系时必须遵循的基本行为准则，是人类文明理念发展进步到高级阶段的产物。五大文明构成系统之间相互生成、相互交织、相互构建、相互融合，加快生态文明建设进程符合中国经济社会可持续发展的现实需要，是人类文明史上质的提升和飞跃。生态文明是超越工业文明的又一新型文明形态，是对可持续发展模式的追求、对虚假消费和不合理生产生活方式的克服、对合理生活需求与内心幸福的满足，是追求合理经济增长、科技进步、社会民主正义和人类全面发展，保持自然和谐发展，彰显人类整体利益，突出区域发展特色的新型环境伦理观、价值观和发展观，统筹人与自然的和谐发展，正确处理好经济发展与生态保护的关系，是推动文明发展的长远大计和应有之义。建设生态文明是关系人民福祉、关乎民族未来、关涉国家富强的长远大计，节约资源和保护环境是我国经济建设和社会发展必须长期坚持的一项基本国策。

生态文明是人与自然、人与社会、社会与自然之间和谐共生的生存格局和价值架构，不仅包含自然意义上优美生态环境的视觉体验，也包括健康生存条件和完美生活质量上的情感体验，整体呈现出理性生存的结构样态，道德担当对于维系生态价值链的和谐稳定至关重要。人类文明由工业文明向生态文明转化，最终实现人

---

① 国家环境保护总局宣传教育司：潘岳 2003 年 10 月 25 日在中国环境文化促进会第二届会员代表大会暨首届"绿色中国"大型主题论坛会上的讲话，《环境宣传教育文献汇编（2001—2005 年）》，中国环境科学出版社 2006 年 3 月第 1 版，第 54 页。

类文明的持久永续发展，必须同时遵循经济规律和自然规律，合理利用自然资源，保护和优化生态环境；必须坚持环境正义、代际公平和尊重自然的根本原则，加强生态文化和环境道德建设，妥善处理好人与人之间、当代人与后代人之间、人与社会之间以及人与自然之间的和谐关系，创造一种爱护环境、保护环境、对环境友好的文化氛围，为实现人与自然的和谐提供源源不断的精神动力和价值支持。

人与自然和谐是生态文明的本质特征，建设生态文明要以科学发展观为指导。生态文明建设是“美丽中国梦”的重要支撑，生态文明建设以尊重和维护自然、把握自然规律为前提，以人与自然、人与人和人与社会和谐共生为宗旨，以保全资源环境承载力为基础，以建立可持续发展的产业结构、生产方式、消费模式为着眼点，涵盖了先进的生态伦理观念、发达的生态经济、完善的生态制度、可靠的生态安全和良好的生态环境，强调人要自觉自律，人与自然要相互依存、相互促进、相互融合，加快建设生产发展、生活富裕、生态良好的新型文明社会。“环境保护优先”理念充分体现了我国对自然规律和经济社会发展规律的认识更加深化，对发展和保护的辩证统一关系把握更加科学，对保护环境就是保护生产力、改善环境就是发展生产力的理念更加认可。生态文明提升了人与自然的道德关系，引导人们以非功利眼光正确处理人与自然的关系，生态文明研究的突破点在于对人类生存发展现状的理性提升和道德关怀，生态文明建设涉及政治民主、经济发展、科技进步、思维方式、城乡建设、消费水平和人格修养各个方面，根本目标就是实现人与自然、人与社会以及人自身关系的和谐共生，指导思想是中国特色社会主义理论体系，本质特征是和谐可持续发展，价值追求是提高环境伦理道德素养。

生态文明建设实践活动必须将制度建设和价值观教育有机结合在一起。生态文明宣传教育是一项长期的系统工程，既涉及个体行为方式、思维模式和伦理价值观，也涉及全社会伦理道德体系的生态扩展和重新建构，生态文明宣传教育要改变重口号轻实践、重形式轻效果、重文化轻实践的不利局面，将生态文明宣传教育从无形转变为有形，注重在日常生产生活消费方式中培养良好的行为习惯。“只有通过生产方式和生活方式的变革，确立现代文明新的发展范式，才有可能根本解决人类文明的可持续发展问题。”①生态价值观建设成效依赖于人们生态意识的自觉和价值境界的深入，依赖于人自身自然属性与社会属性的平衡、人与人以及人与社会组织的平衡、人类社会与自然生态系统的平衡，环境伦理教育正是提供生态伦理基础价值认识、启发人们生态觉醒的有效制度保证。平等性价值观贯穿于整个生态社会建构的全过程，价值共赢是使社会生态系统形成完整生态价值链的基本要求，积极奉行人与自然共生共荣、人与人平等相处的平等、公平、正义的生态伦理价值观，是实现社会生态化教育和管理的价值认知保障，是生态文化体系建设的核心价值观。生态文明必须从全社会各个层面共同推进，以节能减排为抓手，以生态补偿

---

① 崔伟奇：《论风险观念的价值哲学基础》，载《新华文摘》，2012 年第 13 期，第 38 页。

为重点，以环境伦理为先导，以素质教育为根本，营造爱护生态环境的良好社会风尚，建立反映市场供求和资源稀缺程度、体现生态价值和代际补偿的资源有偿使用制度和生态补偿制度。

建设生态文明是关系人民福祉、关乎民族未来的长远大计，加强生态文明宣传教育，增强全民族节约意识、环境意识、生态意识，转变发展模式，呵护碧水蓝天，建设美丽中国，确立环保优先理念，形成合理消费风尚，营造爱护生态良好风气，已经成为党和政府的紧迫任务和全体社会成员的共同责任。为了全面贯彻落实科学发展观，积极实践生态文明，以生态文明支撑美丽中国，尽早实现中华民族伟大复兴的中国梦，环境伦理教育必须顺势而为。环境伦理教育已经成为拓展道德选择视野，凸显新时代环境和谐发展的道德新要求，构建伦理道德新体系的重要德育工作新目标。保护生态环境、建设生态文明离不开环境法律法规的外在约束力，更离不开生态伦理道德的内在约束力，构建社会主义和谐社会离不开先进文化的有力支撑，生态文化建设作为先进文化的重要构成部分，在构建社会主义和谐社会中具有重要意义，生态文化建设的有效载体是环境伦理道德教育的广泛开展。环境宣传教育的重要任务就是要从各个角度、运用多种手段宣传生态文明理念，中国实现绿色转型和绿色发展的内在基础就是全社会生态文明理念的养成、环境意识的树立和环境文化的发展。绿色发展涵盖了自然资本、经济资本、社会资本和人力资本四大要素，面临的最大挑战是环境保护、社会发展和经济增长的协调发展，环境资源的公共产品属性和环境污染的负外部性效应，决定了国家层面的绿色转型关键在于经济社会发展模式的根本转变，要以生态文明意识转型和道德约束机制为引领，以绿色、生态、环保为中心，以低碳、循环、健康和可持续为主线，通过合理有效的资源配置和人与自然的包容性增长，最终实现人类发展与生态和谐的兼容共存。美丽中国蕴含了自然环境之美、国家精神与社会发展之美两大价值维度，政治、经济、文化、社会、生态文明建设五位一体的中国特色社会主义现代化，迫切呼唤道德自觉意识支撑下的文明觉醒和人的自由全面发展。加大生态文化的宣传教育力度，深入开展环境伦理教育培养，通过广泛的宣传教育和开展环保活动，强化对生态文明理念的理解，形成环境友好的共同价值取向，改变一味追求短期利益的粗放型经济增长方式，把生态文明思想转化为保护环境的自觉行动。

在生态文明建设实践活动中要注重生态保护制度建设，要立足于考核评价制度、基本管理制度、资源有偿使用制度、生态补偿制度、市场化调节机制、责任追究和赔偿制度的补充完善，通过加强环境监管，改变忽视自然发展客观规律、盲目追求短期利益的粗放型经济增长方式，以环境伦理为先导，以转方式调结构为根本，以节能减排为抓手，以生态补偿为重点，营造爱护生态环境的良好社会风尚，深化资源型产品价格和税费改革，建立反映市场供求和资源稀缺程度、体现生态价值和代际补偿的资源有偿使用制度和生态补偿制度，通过设定配额总量进行配额分配、建立交易市场降低履约成本、遵循市场规律实现配额交易等途径，积极开展节能减排指标、碳排放权、污染物排放权和水权等交易制度平台建设。要彻底改变“唯GDP是瞻”的错误发展观，正确认识环境保护优先的极端重要性，把资源消耗、环境损害、生态效益纳入经济社会发展的综合评价体系，建立以生态文明建设为导向的目标责任体系、考核办法和奖惩机制，通过“环保问政”机制倒逼环保考核体系实现“绿色转轨”，推进人与自然和谐价值观的传播，营造爱护生态环境的良好社会风气，在全社会弘扬人与自然和谐相处的生态伦理观，增强全民节约意识、环保意识和生态意识，丰富精神文明建设和公民素质教育的内涵，努力将先进的环境价值观、生态文明观和道德共识演化为全社会的良好生产生活习惯，为社会主义环境文化建设奠定重要的文化基础和伦理支撑；必须追求人与自然和谐共处、环境优化与经济可持续增长的发展目标，坚持生产发展、生活富裕、生态良好的文明发展道路，加快建设资源节约型、环境友好型社会；必须促进经济社会与资源环境的协调发展，自觉践行绿色文明行为习惯和社会风尚，积极探索可持续经济发展模式和生产生活方式，坚定不移地走中国特色社会主义环境保护新道路。

参考文献

[1] 章海山.西方伦理思想史[M].沈阳:辽宁人民出版社,1984

[2] 罗国杰.伦理学名词解释[M].北京:人民出版社,1984

[3] [美]戴维·埃伦费尔德.人道主义的僭妄[M].李云龙,译.北京:国际文化出版社,1988

[4] [美]艾伦·格沃斯.伦理学要义[M].戴杨毅,译.北京:中国社会科学出版社,1991

[5] 国家环境保护局.中国环境教育的理论与实践[M].北京:中国环境科学出版社,1991

[6] 马铁丁.环境心理学与心理环境学[M].北京:国防工业出版社,1996

[7] 联合国教科文组织国际教育发展委员会.学会生存——教育世界的今天和明天[M].华东师范大学比较教育研究所,译.北京:教育科学出版社,1996

[8] [美]奥尔多·利奥波德.沙乡年鉴[M].侯文蕙,译.长春:吉林人民出版社,1997

[9] [美]丹尼斯·米都斯.增长的极限——罗马俱乐部关于人类困境的报告[M].李宝恒,译.长春:吉林人民出版社,1997

[10] [美]蕾切尔·卡逊.寂静的春天[M].吕瑞兰,李长生,译.长春:吉林人民出版社,1997

[11] 张坤民.在面向21世纪的中国高等学校环境教育研讨会上的讲话[C].北京:中国环境科学出版社,1997

[12] 徐辉,祝怀新.国际环境教育的理论与实践[M].北京:人民教育出版社,1998

[13] 陈学飞.美国、德国、法国、日本当代高等教育思想研究[M].上海:上海教育出版社,1998

[14] 徐嵩龄.环境伦理学进展:评论与阐释[M].北京:社会科学文献出版社,1999

[15] 余谋昌.生态伦理学——从理论走向实践[M].北京:首都师范大学出版社,1999

[16] [美]R F 纳什.大自然的权利[M].杨通进,译.青岛:青岛出版社,1999

[17] 金瑞林,汪劲,王灿发.环境与资源保护法学[M].北京:高等教育出版社,1999

[18] 冉圣宏.环境教育[M].北京:教育科学出版社,1999

[19] 李道增.环境行为学概论[M].北京:清华大学出版社,1999

[20] 赵中建.全球教育发展的历史轨迹——国际教育大会60年建议书[M].北京:教育科学出版社,1999

[21] 林培英.环境、人口与发展教育[M].北京:中国环境科学出版社,2000

[22] 汪劲.环境法律的理念与价值追求——环境立法目的论[M].北京:法律出版社,2000

[23] [美]霍尔姆斯·罗尔斯顿.哲学走向荒野[M].刘耳,叶平,译.长春:吉林人民出版社,2000

[24] [美]霍尔姆斯·罗尔斯顿.环境伦理学[M].杨通进,译.北京:中国社会科学出版社,2000

[25] 万以诚.新文明的路标——人类绿色运动史上的经典文献[M].长春:吉林人民出版社,2000

[26] 俞国良,杨治良. 环境心理学[M]. 北京:人民教育出版社,2000
[27] [美]柯尔伯格. 道德教育的哲学[M]. 魏贤超,柯森,等,译. 杭州:浙江教育出版社,2000
[28] [英]彼得斯. 道德发展与道德教育[M]. 邬冬星,译. 杭州:浙江教育出版社,2000
[29] 武汉大学思想政治教育系. 比较德育学[M]. 武汉:武汉大学出版社,2000
[30] [法]亨利·柏格森. 道德与宗教的两个来源[M]. 王作虹,成穷,译. 贵阳:贵州人民出版社,2000
[31] 贺国庆. 近代欧洲对美国教育的影响[M]. 保定:河北大学出版社,2000
[32] 朱坦. 环境伦理学——理论与实践[M]. 北京:中国环境科学出版社,2001
[33] 樊浩. 伦理精神的价值生态[M]. 北京:中国社会科学出版社,2001
[34] [法]爱弥儿·涂尔干. 道德教育[M]. 陈光金,沈杰,朱谐汉,译. 上海:上海人民出版社,2001
[35] 国家环保总局,中共中央文献研究室. 新时期环境保护重要文献选编[M]. 北京:中央文献出版社,中国环境科学出版社,2001
[36] 叶平. 道法自然——生态智慧与理念[M]. 北京:中国环境科学出版社,2001
[37] [英]艾沃·F 古德森. 环境教育的诞生——英国学校课程社会史的个案研究[M]. 贺晓星,仲鑫,译. 上海:华东师范大学出版社,2001
[38] 田青,张伟. 整合与扩展——从环境教育到可持续发展教育[M]. 北京:学苑出版社,2001
[39] 许欧泳. 环境伦理学[M]. 北京:环境科学出版社,2002
[40] [美]理查德·T 德·乔治. 经济伦理学[M]. 李布,译. 北京:北京大学出版社,2002
[41] 裴广川,林灿铃,陆显禄. 环境伦理学[M]. 北京:高等教育出版社, 2002
[42] 高力. 公共伦理学[M]. 北京:高等教育出版社,2002
[43] [美]戴斯·贾丁斯. 环境伦理学:环境哲学导论[M]. 林官明,杨爱民,译. 北京:北京大学出版社,2002
[44] 龚群. 当代西方道义论与功利主义研究[M]. 北京:中国人民大学出版社,2002
[45] [英]C D 布劳德. 五种伦理学理论[M]. 田永胜,译. 北京:中国社会科学出版社,2002
[46] 许鸥泳. 环境伦理学[M]. 北京:中国环境科学出版社,2002
[47] 左玉辉. 环境学[M]. 北京:高等教育出版社,2002
[48] 林培英,杨国栋,等. 环境问题案例教程[M]. 北京:中国环境科学出版社,2002
[49] [英]John Huckle, Stephen Sterling. 可持续发展教育[M]. 王民,等,译. 北京:中国轻工业出版社,2002
[50] [英]Joy A Palmer. 21 世纪的环境教育——理论、实践、进展与前景[M]. 田青,刘丰,译. 北京:中国轻工业出版社,2002
[51] 肖锋. 高技术时代的人文忧患[M]. 南京:江苏人民出版社,2002
[52] 祝怀新. 英国基础教育[M]. 广州:广东教育出版社,2003
[53] 赵中建. 全球教育发展的研究热点——90 年代来自联合国教科文组织的报告[M]. 北京:教育科学出版社,2003
[54] [奥]Arnulf Grubler. 技术与全球性变化[M]. 吴晓东,赵宏生,翁端,译. 北京:清华大学出版社,2003
[55] [加]大卫·铃木,阿曼达·麦康纳. 神圣的平衡——重寻人类的自然定位[M]. 何颖怡,译. 汕头:汕头大学出版社,2003

[56] [美]德尼・古莱. 发展伦理学[M]. 高铦,温平,李继红,译. 北京:社会科学文献出版社,2003
[57] [古希腊]亚里士多德. 尼各马科伦理学[M]. 苗力田,译. 北京:中国人民大学出版社,2003
[58] [奥]陶在朴. 生态包袱与生态足迹——可持续发展的重量及面积观念[M]. 北京:经济科学出版社,2003
[59] [美]P Aarne Vesilind, Alastair S Gunn. 工程、伦理与环境[M]. 吴晓东,翁端,译. 北京:清华大学出版社,2003
[60] [美]阿拉斯代尔・麦金太尔. 伦理学简史[M]. 龚群,译. 北京:商务印书馆,2003
[61] 黄宇,田青,等. 学校中的环境教育——计划与实施[M]. 北京:化学工业出版社,2003
[62] 刘湘溶,朱翔,等. 生态文明——人类可持续发展的必由之路[M]. 长沙:湖南师范大学出版社,2003
[63] [美]杜威. 道德教育原理[M]. 王承绪,等,译. 杭州:浙江教育出版社,2003
[64] [美]路易斯・拉思斯. 价值与教学[M]. 谭松贤,译. 杭州:浙江教育出版社,2003
[65] [英]约翰・威尔逊. 道德教育新论[M]. 蒋一之,译. 杭州:浙江教育出版社,2003
[66] [美]霍尔,戴维斯. 道德教育的理论与实践[M]. 陆有铨,魏贤超,译. 杭州:浙江教育出版社,2003
[67] [加]克里夫・贝克. 优化学校教育——一种价值的观点[M]. 戚万学,赵文静,等,译. 上海:华东师范大学出版社,2003
[68] 顾明远,孟繁华. 国际教育新理念[M]. 海口:海南出版社,2003
[69] 吴继霞. 当代环境管理的理念建构[M]. 北京:中国人民大学出版社,2003
[70] 汪建红,王芝平. 初中环境素质教育[M]. 北京:中国环境科学出版社,2003
[71] 朱长林,楼振华,沈爱忠. 小学环境素质教育[M]. 北京:中国环境科学出版社,2003
[72] 姜冬梅. 环境教育教学方法及应用[M]. 北京:中国环境科学出版社,2003
[73] 向玉乔. 生态经济伦理研究[M]. 长沙:湖南师范大学出版社,2004
[74] 李培超. 伦理拓展主义的颠覆——西方环境伦理思潮研究[M]. 长沙:湖南师范大学出版社,2004
[75] 蒙培元. 人与自然——中国哲学生态观[M]. 北京:人民出版社,2004
[76] 廖小平. 伦理的代际之维[M]. 北京:人民出版社,2004
[77] 任俊华,刘晓华. 环境伦理的文化阐释——中国古代生态智慧探考[M]. 长沙:湖南师范大学出版社,2004
[78] 刘湘溶. 人与自然的道德话语——环境伦理学的进展与反思[M]. 长沙:湖南师范大学出版社,2004
[79] 蔡守秋. 环境资源法教程[M]. 北京:高等教育出版社,2004
[80] 余谋昌,王耀先. 环境伦理学[M]. 北京:高等教育出版社,2004
[81] 曾建平. 寻归绿色——环境道德教育[M]. 北京:人民出版社,2004
[82] [美]伦纳德・奥托兰诺. 环境管理与影响评价[M]. 郭怀成,梅凤乔,译. 北京:化学工业出版社,2004
[83] 史根东,王桂英,等. 可持续发展教育报告・2003 年卷——中国 EPD 教育概论[M]. 北京:教育科学出版社,2004
[84] 李艳芳. 公众参与环境影响评价制度研究[M]. 北京:中国人民大学出版社,2004

[85] 王正平. 环境哲学——环境伦理的跨学科研究[M]. 上海:上海出版社,2004
[86] 范恩源,马东元. 环境教育与可持续发展[M]. 北京:北京理工大学出版社,2004
[87] [英]克里斯托弗·卢茨. 西方环境运动:地方、国家和全球向度[M]. 徐凯,译. 济南:山东大学出版社,2005
[88] 周宏春,刘燕华. 循环经济学[M]. 北京:中国发展出版社,2005
[89] 王树义. 可持续发展与中国环境法治——《中华人民共和国环境保护法》修改专题研究[M]. 北京:科学出版社,2005
[90] 韩立新. 环境价值论——环境伦理:一场真正的道德革命[M]. 昆明:云南人民出版社,2005
[91] [美]彼得·辛格. 实践伦理学[M]. 刘莘,译. 北京:东方出版社,2005
[92] 李文阁. 生活价值论[M]. 昆明:云南人民出版社,2005
[93] 章海荣. 生态伦理与生态美学[M]. 上海:复旦大学出版社,2005
[94] 舒远招,朱俊林. 系统功利主义的奠基人——杰里米·边沁[M]. 保定:河北大学出版社,2005
[95] 徐祥民,肖国兴,李启家. 环境法学[M]. 北京:北京大学出版社,2005
[96] 那力. 国际环境法[M]. 北京:科学出版社,2005
[97] 祝怀新,林道辉. 环境教育的理论与实践[M]. 北京:中国环境科学出版社,2005
[98] 李久生. 环境教育论纲[M]. 南京:江苏教育出版社,2005
[99] 刘铁芳. 走向生活的教育哲学[M]. 长沙:湖南师范大学出版社,2005
[100] 唐代兴. 生态理性哲学导论[M]. 北京:北京大学出版社,2005
[101] 李爱年. 环境法的伦理审视[M]. 北京:科学出版社,2006
[102] [美]罗伯特·C 所罗门. 伦理与卓越——商业中的合作与诚信[M]. 罗汉,黄悦,等,译. 上海:上海译文出版社,2006
[103] 吕忠梅. 环境法案例辨析[M]. 北京:高等教育出版社,2006
[104] [美]查尔斯·E 哈里斯,迈克尔·S 普里查德,迈克尔·J 雷宾斯. 工程伦理概念和案例(第 3 版)[M]. 丛杭青,沈琪,等,译. 北京:北京理工大学出版社,2006
[105] [美]丹尼尔·A 科尔曼. 生态政治——建设一个绿色社会[M]. 梅俊杰,译. 上海:上海译文出版社,2006
[106] 肖显静. 环境与社会——人文视野中的环境问题[M]. 北京:高等教育出版社,2006
[107] 廖红,[美]克里斯·郎革. 美国环境管理的历史与发展[M]. 北京:中国环境科学出版社,2006
[108] 张德昭. 深度的人文关怀:环境伦理学的内在价值范畴研究[M]. 北京:中国社会科学出版社,2006
[109] 唐凯麟,舒远招,等. 西方伦理学流派概论[M]. 长沙:湖南师范大学出版社,2006
[110] 刘爱玲. 绿色科学技术与可持续发展[M]. 北京:科学出版社,2006
[111] 舒远招. 西方进化伦理学——进化论用于伦理学的尝试[M]. 长沙:湖南师范大学出版社,2006
[112] 刘述先. 全球伦理与宗教对话[M]. 石家庄:河北人民出版社,2006
[113] [美]约翰·贝拉米·福斯特. 生态危机与资本主义[M]. 耿建新,宋兴无,译. 上海:上海译文出版社,2006

[114] [日]岩佐茂. 环境的思想——环境保护与马克思主义的结合处[M]. 韩立新,张桂权,等,译. 北京:中央编译出版社,2006
[115] 郑惠子. 走向自然的伦理[M]. 北京:人民出版社,2006
[116] 朱步楼. 可持续发展伦理研究[M]. 南京:江苏人民出版社,2006
[117] 叶平. 环境的哲学与伦理[M]. 北京:中国社会科学出版社,2006
[118] 国家环境保护总局宣传教育司. 环境宣传教育文献汇编(2001—2005年)[M]. 北京:中国环境科学出版社,2006
[119] [美]彼得·S温茨. 现代环境伦理[M]. 宋玉波,朱丹琼,译. 上海:世纪出版集团,上海人民出版社,2007
[120] [美]彼得·S温茨. 环境正义论[M]. 宋玉波,朱丹琼,译. 上海:世纪出版集团,上海人民出版社,2007
[121] [日]涩泽荣一. 右手论语左手算盘[M]. 戴璐璐,译. 北京:中国言实出版社,2007
[122] [美]尤金·哈格洛夫. 环境伦理学基础[M]. 杨通进,江娅,郭辉,译. 重庆:重庆出版集团,重庆出版社,2007
[123] 曾建平. 环境正义——发展中国家环境伦理问题探究[M]. 济南:山东人民出版社,2007
[124] 贾新奇. 公民伦理教育的基础与方法[M]. 北京:北京师范大学出版社,2007
[125] 杨通进,高予远. 现代文明的生态转向[M]. 重庆:重庆出版集团,重庆出版社,2007
[126] 杨韶刚. 西方道德心理学的新发展[M]. 上海:上海教育出版社,2007
[127] 涂艳国. 教育评价[M]. 北京:高等教育出版社,2007
[128] [英]布莱恩·巴克斯特. 生态主义导论[M]. 曾建平,译. 重庆:重庆出版社,2007
[129] 徐再荣. 全球环境问题与国际回应[M]. 北京:中国环境科学出版社,2007
[130] [瑞士]克里斯托弗·司徒博. 环境与发展——一种社会伦理学的考量[M]. 邓安庆,译. 北京:人民出版社,2008
[131] 林红梅. 生态伦理学概论[M]. 北京:中央编译出版社,2008
[132] 李承宗. 和谐生态伦理学[M]. 长沙:湖南大学出版社,2008
[133] 崔建霞. 公民环境教育新论[M]. 济南:山东大学出版社,2009
[134] 陈丽鸿,孙大勇. 中国生态文明教育理论与实践[M]. 北京:中国编译出版社,2009
[135] 王雨辰. 生态批判与绿色乌托邦——生态学马克思主义理论研究[M]. 北京:人民出版社,2009
[136] [美]尼克·达拉斯. 低碳经济的24堂课[M]. 王瑶,译. 北京:电子工业出版社,2010
[137] [美]托德·莱肯. 造就道德——伦理学理论的实用主义重构[M]. 陶秀璈,译. 北京:北京大学出版社,2010
[138] 韦政通. 伦理思想的突破[M]. 北京:中国人民大学出版社,2010
[139] 王学俭,宫长瑞. 生态文明与公民意识[M]. 北京:人民出版社,2011
[140] 王明初,杨英姿. 社会主义生态文明建设的理论与实践[M]. 北京:人民出版社,2011
[141] 崔永和. 走向后现代的环境伦理[M]. 北京:人民出版社,2011
[142] 王宏斌. 生态文明与社会主义[M]. 北京:中央编译出版社,2011
[143] 季芳. 从生态实践到生态审美——实践美学的生态维度研究[M]. 北京:人民出版社,2011
[144] [英]戴维·佩珀. 现代环境主义导论[M]. 宋玉波,朱丹琼,译. 上海:上海人民出版社,2011

[145] 曹孟勤. 人向自然的生成[M]. 上海:上海三联书店,2012
[146] 刘铮,艾慧. 生态文明意识培养[M]. 上海:上海交通大学出版社,2012
[147] 张一鹏,郝占虎,等. 大学可持续发展教育[M]. 北京:中国环境科学出版社,2012
[148] [美]阿尔·戈尔. 濒临失衡的地球[M]. 陈嘉映,译. 北京:中央编译出版社,2012
[149] [美]斯图尔特·布兰德. 地球的法则:21 世纪地球宣言[M]. 叶富华,耿新莉,译. 北京:中信出版社,2012
[150] John Passmore. Man's Responsibility for Nature, Ecological Problems and Western Traditions. New York,1974
[151] Tom Regan. The Case for Animal Rights. Berkeley and Los Angeles: California University Press,1983
[152] Devall B, Sessions G. Deep Ecology. Salt Lake City:Peregrine Smith Books, 1985
[153] Paul W Taylor. Respect for Nature:A Theory of Environmental Ethics. Princeton:Princeton University Press. 1986
[154] J Baird Callicot. In Defense of the Land Ethic. Albany: State University of New York Press, 1988
[155] Robin Attfield. The Ethics of Environmental Concern. 2nd cd. Athens. Georgia: Georgia University Press, 1991
[156] B G Norton. Toward Unity among Environmentalists. Oxford: Oxford University Press, 1991
[157] Lele S M. The Sustainable Development: A Critical Review[J]. World Development, 1991 (19):606-621
[158] S Sterling. Coming of Age-A Short History of Environmental Education. Walsall: NAEE, 1992
[159] Joseph R Des. Jardins. Environmental Ethics:An Introduction to Environmental Philosophy. Wadsworth, 1993
[160] J Fien. Environmental Education:A Pathway to Sustainability? Geelong:Deakin University Press, 1993
[161] Robert Elliot,ed. Environmental Ethics. Oxford: Oxford University Press, 1995
[162] UNESCO. The International Workshop on Environmental Education:Final Report. Belgeade. Yugoslavia. Paris:UNESCO/UNEP, 1975
[163] Karen J Warren. Ecological Feminist Philosophy. Bloomington: Indiana University Press, 1996
[164] Turner R K. Sustainable Environment Management[M]. London: Belhaven Press, 1998
[165] Joy A Palmer. Environmental Education in the 21st Century. Routledge: London&New York, 1998
[166] Anthony Weston,ed. An Invitation to Environmental Philosophy. Oxford:Oxford University, 1999
[167] R Attifield. The Ethics of the Global Environment. Purdue University Press, 1999
[168] L Pojman. Global Environmental Ethics. Mayfield Publishing Company, 2000
[169] Karlskrona. Education for Sustainable Development. Ministry of Education and Science, 2003.

作者简介

成强，男，中国海洋大学博士。山东省烟台市人。1993 年毕业于烟台大学生物化学专业，获得理学学士学位；2001 年在北京大学高等教育研究所获得高等教育学硕士学位，2015 年获中国海洋大学环境规划与管理专业博士学位。自 1993 年毕业留校后在烟台大学工作至今。研究方向主要集中在高等教育理论与实践、环境伦理理论研究与教育实践、生态文明建设、心理学教育等领域。先后承担过多项山东省高等学校科学研究项目，在《山东师范大学学报》(人文社会科学版)、《鲁东大学学报》(哲学社会科学版)、《中国成人教育》等刊物发表学术论文十余篇，参编著作两部，获得山东省高等学校优秀科研成果奖、烟台市社会科学优秀成果奖、山东省教育系统优秀调研成果奖等多项奖励。